高职高专“十四五”建筑及工程管理类专业系列教材

建筑施工技术

（第2版）

Construction Project

主　编　姚　荣　王思源

副主编　闫志刚　邵红才　何海荣

主　审　郭正兴

内容简介

本书按照高等职业教育土建类专业的教学要求，以国家现行建设工程标准、规范和规程为依据，根据编者多年的工作经验和教学实践编纂而成。本书对房屋建筑工程施工工序、工艺、质量控制与质量缺陷防治等做了详细阐述，并融人思政元素，坚持以就业为导向，突出实用性和实践性，内容通俗易懂，文字规范、简练，图文并茂。

本书的主要内容包括绪论、土方工程、地基处理与基础工程、砌筑及外墙外保温工程、混凝土结构工程、预应力混凝土工程、结构安装与钢结构工程、防水及屋面保温工程、建筑装饰装修工程、建筑幕墙工程。

本书可作为高职高专院校土建类专业教材，也可作为现场施工技术人员和建造师考试的辅助培训教材。

图书在版编目(CIP)数据

建筑施工技术/姚荣，王思源主编. —2版. —西安：西安交通大学出版社，2024.4
ISBN 978-7-5693-3569-9

Ⅰ.①建… Ⅱ.①姚… ②王… Ⅲ.①建筑施工—高等职业教育—教材 Ⅳ.TU74

中国国家版本馆CIP数据核字(2023)第252276号

书　　名　建筑施工技术(第2版)
　　　　　JIANZHU SHIGONG JISHU (DI 2 BAN)
主　　编　姚　荣　王思源
责任编辑　史菲菲
责任校对　雒海宁
装帧设计　任加盟

出版发行　西安交通大学出版社
　　　　　(西安市兴庆南路1号　邮政编码710048)
网　　址　http://www.xjtupress.com
电　　话　(029)82668357　82667874(市场营销中心)
　　　　　(029)82668315(总编办)
传　　真　(029)82668280
印　　刷　陕西奇彩印务有限责任公司

开　　本　787mm×1092mm　1/16　印张　20.25　字数　530千字
版次印次　2013年7月第1版　2024年4月第2版　2024年4月第1次印刷
书　　号　ISBN 978-7-5693-3569-9
定　　价　59.80元

如发现印装质量问题，请与本社市场营销中心联系。
订购热线：(029)82665248　(029)82667874
投稿热线：(029)82665379
读者信箱：511945393@qq.com

第2版前言

建筑施工技术是高职高专院校土建类专业的一门核心课。它主要研究建筑工程施工中各主要工种的施工工艺、施工技术和方法。建筑施工技术课程实践性强、知识面广、综合性强、更新快，理论结合实际，综合运用有关学科的基本理论和知识，采用新技术和现代科学成果，解决生产实践问题。本书针对高职高专学生学习认知特点，着重基本理论学习、技术及工艺的应用。

为更好地贯彻实施建筑工程技术新标准，提高教学质量和水平，适应建筑施工技术发展的需要，保持教材内容的先进性，编者在第1版书使用基础上广泛地征求意见，查阅资料，深入实践，按现行国家规范要求，淘汰落后的施工技术，增加了新的施工技术和施工工艺，并新增了与教材内容相配套的数字化教学资源。

本书由扬州职业大学姚荣、扬州技师学院王思源担任主编，扬州职业大学闫志刚、邵红才及沙洲职业工学院何海荣担任副主编，江苏扬建集团有限公司邹厚存参编。具体的编写分工为：姚荣编写绪论、项目3、项目4，王思源编写项目7，闫志刚编写项目2、项目6，邵红才编写项目8、项目9，何海荣编写项目1，邹厚存编写项目5。数字化教学资源由姚荣制作。本书由姚荣负责校核、统稿。东南大学郭正兴教授审阅了全部书稿，并提出了宝贵建议，在此表示衷心的感谢。

本书可作为高职高专院校土建类专业教材，也可作为现场施工技术人员和建造师考试的辅助培训教材。

在编写过程中，编者参考了许多专家学者的文献资料，由于篇幅所限未在书中一一注明出处，在此对他们表示衷心的感谢。

由于编者水平有限，书中难免有不足之处，欢迎广大读者批评指正。

编　者

2024年1月

目录

绪　论

1."建筑施工技术"课程的性质、研究对象和任务

建筑施工技术是建筑工程技术专业的一门重要课程，是研究建筑工程施工中各主要工种工程施工方法、施工原理和施工工艺的一门应用性学科。建筑项目的施工是一个复杂的过程。为了使项目便于组织施工和验收，我们常将建筑项目施工划分为单项工程、单位工程、分部工程、分项工程和检验批。一般民用建筑按工程的部位和施工的先后次序划分为地基与基础工程、主体结构工程、建筑屋面工程、电气工程、给排水工程和建筑装饰工程等分部工程；按施工工种的不同划分为土石方工程、砌筑工程、钢筋混凝土工程、结构安装工程、屋面防水工程、装饰装修工程等分项工程。一般一个建设项目由若干单项工程组成，每个单项工程由若干单位工程组成，一个单位工程由若干分部工程组成，一个分部工程由若干分项工程组成，一个分项工程由若干检验批组成。

"建筑施工技术"以建筑工程施工中不同工种的施工为研究对象，根据其工程施工的特点和建筑的规模，结合工程施工地点的地质水文条件、气候条件、机械设备和材料供应等客观条件，通过运用先进技术，研究工程施工规律，保证工程施工质量、成本、安全和进度的统一。简单地说，建筑施工技术就是以各工种工程施工的技术为研究对象，以施工方案为核心，结合具体的施工对象的特点选择该工程各工种工程最合理的施工方案，决定最有效的施工技术措施。

建筑施工技术研究的任务是：掌握建筑工程施工原理和施工方法，保证工程质量和施工安全的技术措施；分析和解决建筑施工中遇到的技术问题；以各工种工程施工为研究对象，选择最合理的施工方案，采用先进的工艺、技术和方法，保证工程质量与安全，经济、合理地完成各工种工程的施工；了解建筑施工领域的最新技术进展，并在建筑工程施工实践中灵活运用，建造符合设计要求的工业与民用建筑。

2.我国建筑施工技术发展概况

早在新石器时代，人类就已架木巢居，以避野兽侵扰，进而以草泥作顶，开始建筑活动，后来把居室建造在地面上。到新石器时代后期，人类逐渐学会用夹板夯土筑墙、垒石为垣、烧制砖瓦。战国时期，我国的砌筑技术已有很大发展，能用特制的楔形砖和企口砖砌筑拱券和穹隆。《考工记》记载了先秦时期的营造法则。秦朝以后，宫殿和陵墓建筑已具相当规模，木塔的建造更显示了木构架施工技术已相当成熟。至唐代，大规模城市的建造，表明房屋施工技术也达到了相当高的水平。北宋李诫编纂了《营造法式》，对砖、石、木作和装修、彩画的施工法则与工料估算方法均有较详细的规定。元、明、清时期，人们已能用夯土墙内加竹筋建造三、四层楼房，砖券结构得到普及，木构架的整体性得到加强。清朝的《工程做法则例》统一了建筑构件的模数和工料标准，制定了绘样和估算的准则。现存的故宫等建筑表明，当时我国的建筑技术已达到很高的水平。

19 世纪中叶以来，水泥和建筑钢材的出现，产生了钢筋混凝土，使房屋施工进入新的阶段。自鸦片战争以后，我国的沿海城市也出现了一些用钢筋混凝土建造的多层和高层大楼，但多数由外国建筑公司承建。此时，由我国私人创办的营造厂虽然也承建了一些工程，但规模小，技术装备较差，施工技术相对落后。

新中国成立后，我国的建筑业有了根本性的变化。为适应国民经济恢复时期建设的需要，扩大建筑业建设队伍的规模，引入了苏联的建筑技术。在短短几年内，就完成了鞍山钢铁公司、长春第一汽车制造厂等1000多个规模宏大的工程建设项目。1958—1959年在北京建设的人民大会堂、北京火车站、中国历史博物馆等结构复杂、规模巨大、功能要求严格、装饰标准高的十大建筑，更标志着我国的建筑施工开始进入一个新的发展时期。

我国建筑业的第二次大发展是在20世纪70年代后期，国家实行改革开放政策以后，一些重要工程相继恢复和上马，工程建设再次呈现出一派繁忙景象。20世纪80年代，以南京金陵饭店、广州白天鹅宾馆和广州花园酒店、上海新锦江宾馆、北京国际饭店和北京昆仑饭店等一批高度超过100 m的高层建筑施工为龙头，带动了我国建筑施工的发展，特别是现浇混凝土施工技术的迅速发展。进入20世纪90年代，随着房地产业的兴起，城市大规模的旧城改造，高层和超高层写字楼与商住楼的大量兴建，使建筑施工技术得到了很大的提高。

新中国成立70多年来，随着社会主义建设事业的发展，我国的建筑施工技术得到了不断发展和提高。在施工技术方面，不仅掌握了大中型工业建筑、多层和高层民用建筑与公共建筑施工的成套技术，而且在地基处理和基础工程施工中推广了钻孔灌注桩、旋喷桩、挖孔桩、深层搅拌法、强夯法、地下连续墙、土层锚杆施工等技术。近些年来，在各类混凝土灌注桩中普遍推广了卓有成效的"后注浆施工工艺"，使桩身质量获得更可靠的保证，桩基沉降得以减少，单桩承载力大幅度提高；在现浇钢筋混凝土模板工程中推广应用爬模、滑模、台模、隧道模、组合钢模板、大模板、早拆模板等技术体系。粗钢筋连接应用了电渣压力焊、钢筋气压焊、钢筋冷压连接、钢筋螺纹连接等先进连接技术。混凝土工程采用了泵送混凝土、喷射混凝土、高强混凝土以及混凝土制备和运输的机械化、自动化设备。在预制构件方面，不断完善了挤压成型、热拌热模、立窑和折线形隧道窑养护等技术。在预应力混凝土方面，采用了无黏结工艺和整体预应力结构，推广了高效预应力混凝土技术，使我国预应力混凝土的发展从构件生产阶段进入了预应力结构生产阶段。在钢结构方面，采用了高层钢结构技术、空间钢结构技术、轻钢结构技术、钢与混凝土组合结构技术、高强度螺栓连接与焊接技术和钢结构防护技术。在大型结构吊装方面，随着大跨度结构与高耸结构的发展，创造了一系列具有中国特色的整体吊装技术，如集群千斤顶同步整体提升技术，能把数百吨甚至数千吨的重物按预定要求平稳地整体提升安装就位。在墙体改革方面，利用各种工业废料制成了粉煤灰矿渣混凝土大板、膨胀珍珠岩混凝土大板、煤渣混凝土大板、粉煤灰陶粒混凝土大板等各种大型墙板，同时发展了混凝土小型空心砌块建筑体系、框架轻墙建筑体系、外墙保温隔热技术等，使墙体改革有了新的突破。进入21世纪，激光技术在建筑施工导向、对中和测量以及液压滑升模板操作平台自动调平装置上得到应用，使工程施工精度得到提高，同时又保证了工程质量。另外，在计算机、工艺理论、装饰材料等方面，也掌握和开发了许多新的施工技术，有力地推动了我国建筑施工技术的发展。

在国内外信息技术发展的推动下，建筑技术发展取得了巨大成绩：深基坑支护、超高层结构、综合爆破、大型结构和设备整体吊装、预应力混凝土和大体积混凝土等多项技术均达到国际先进水平。新技术推广屡获明显成效，建筑技术呈综合化发展趋势，逐步形成完整规范化的建筑体系。建筑行业加快先进建造装备、智能装备的研发、制造和推广应用，不断提升各类施工机械的性能和效率，提高机械化施工程度，提升企业装备水平。

3. 建筑施工标准、规范、规程和工法知识

为了加强建筑工程施工技术管理，提高施工技术水平，保证工程质量，降低工程成本，我们必须认真学习国家颁发的建筑工程施工及验收规范，这些规范是国家的技术标准，是我国建筑科学技术和实践经验的结晶，也是我国建筑界所有人员应共同遵守的准则。

建筑标准、规范、规程是我国建筑界常用的标准的表达形式，它以建筑科学、技术和实践经验的综合成果为基础，经有关方面协商一致，由国务院有关部委批准、颁发，作为全国建筑界共同遵守的准则和依据。我国标准分为国家标准、专业标准、地方标准和企业标准四级。建筑工程施工常用的施工及验收规范是按工业与民用建筑的分部分项工程分别制订的，如《建筑地基基础工程施工质量验收标准》(GB 50202—2018)、《砌体结构工程施工质量验收规范》(GB 50203—2011)、《混凝土结构工程施工质量验收规范》(GB 50204—2015)、《屋面工程质量验收规范》(GB 50207—2012)、《建筑装饰装修工程质量验收标准》(GB 50210—2018)等，这些为国家级标准，由住房和城乡建设部发布。有些专项技术规范也可由其他部委颁发。

近年来新颁布的各分部工程的施工质量验收规范，突出"验评分离、强化验收、完善手段、过程控制"的特点，对各分部工程和分项工程施工质量验收标准、内容和程序，施工现场质量管理和质量控制要求以及技术要求，涉及结构安全和基本功能的见证及抽样检测方法等均做了具体、明确、原则性的规定。因此，凡新建、改建、修复等工程，在设计、施工和竣工验收时，均应遵守相应的施工质量验收规范。

规程比规范低一个等级，一般为行业标准，由各部委或重要的科学研究单位编制，呈报规范的管理单位批准或备案后发布实施。它主要是为了及时推广一些新结构、新材料、新工艺而制定的标准，如《高层建筑混凝土结构技术规程》《整体预应力装配式板柱结构技术规程》等，除对设计计算和构造要求做出规定以外，还对其施工及验收做出了规定。规程试行一段时间后，在条件成熟时也可升级为国家规范。规程的内容不能与规范抵触，如有不同，应以规范为准。对于规范和规程中有关规定条目的解释，由其发布通知中指定的单位负责。随着设计与施工水平的提高，规范和规程每隔一定时间都要进行修订。

工法是以工程为对象，以工艺为核心，运用系统工程原理，把先进技术与科学管理结合起来，经过一定工程实践形成的综合配套的施工办法。它应具有新颖、适用和保证工程质量、提高施工效率、降低工程成本等特点。它是指导企业施工与管理的一种规范文件，并作为企业技术水平和施工能力的重要标志。工法分为企业级、省(部)级和国家级，实行分级管理。工法的内容一般应包括工法的特点、适用范围、施工程序、操作要点、机具设备、质量标准、劳动组织及安全、技术经济指标和应用实例等。

4."建筑施工技术"课程的学习要求

"建筑施工技术"是一门理论面广、综合性强的职业技术课程。它与建筑工程测量、建筑材料、房屋建筑学、建筑力学、建筑结构、土力学与地基基础、建筑工程计量与计价、建筑施工组织等课程密切相关，掌握和运用这些课程的理论知识和操作技能，是学好"建筑施工技术"课程的保证。

为了加深对理论知识的理解，学生学习本课程时，还要与习题作业、课程设计、生产实习、工种实训等实践性环节相结合，将理论与实践相结合，应用所学施工技术知识来解决实际工程中的一些问题，提高自己分析问题和解决问题的能力，做到学以致用。除对基本理论、基本知识必须理解掌握之外，教师还要了解国内外施工技术的发展现状，要充分利用现代化教学手段加强直观教学，并结合在建工程进行现场教学。

项目 1 土方工程

学习目标

知识目标：了解土方工程的种类和分类方法，熟悉土方施工的特点和土的性质，能进行土方工程量计算；了解土方边坡形式和边坡支护类型；了解地下水降水方法，熟悉轻型井点施工要求，掌握轻型井点降水方法和降水计算；了解土方施工机械类型、特点和适用范围，熟悉回填土料要求和回填方法。

能力目标：熟练进行土方工程量计算，能正确选用土方边坡支护类型；了解地下水降水方法，掌握轻型井点施工要求及设计方法；正确选用土方施工机械，熟悉回填土料要求和回填方法。

思政目标：培养敬业精神，“九层之台，起于累土”，意识到地基的重要性。

1.1 土的工程分类及工程性质

土方工程是建筑工程施工的第一步，也是建筑工程施工中的主要工程之一。土方工程包括土的开挖、运输和填筑等施工过程，有时还要进行排水、降水、土壁支撑等准备工作。

土方工程施工往往具有工程量大、劳动繁重和施工条件复杂等特点。土是一种天然物质，种类繁多，土的性质受工程地质和水文地质影响较大。土方工程多为露天作业，施工时受气象、水文、地质、地下障碍等因素的影响较大，不可确定的因素也较多。

在建筑工程中，最常见的土方工程有场地平整、基坑（槽）开挖、地坪填土、路基填筑及基坑回填土等。平整场地，是指工程破土开工以前对施工现场厚度在±300 mm 以内的就地挖填和找平。基坑（槽）开挖是指开挖宽度在 3 m 以内、长宽比大于等于 3 的基槽或长宽比小于 3、底面积在 20 m^2 以内的基坑的土方开挖工程。凡不满足以上平整场地、基坑（槽）开挖条件的土方开挖，均为挖土方。回填土，包括夯填和松填。基础回填土和室内回填土通常采用夯填的方法。

1.1.1 土的工程分类

土的分类繁多，从不同的技术角度有不同的分类，如按土的沉积年代、颗粒级配、密实度、液性指数分类等。土的工程分类直接影响土方工程施工方法的选择、劳动量的消耗和工程费用。

作为建筑工程地基的土，根据土的颗粒大小可分为岩石、碎石土、砂土、粉土、黏性土和人工填土。在土木工程施工中，土按开挖难易程度可分为八类，如表 1－1 所示。其中前四类属一般土，后四类为岩石。

表 1-1　土的工程分类

土的分类	岩、土名称	天然重度/(kN/m³)	抗压强度/MPa	坚固系数(f)	开挖方法及工具
一类土(松软土)	略有黏性的砂土、粉土、腐殖土及疏松的种植土,泥炭(淤泥)	6～15	—	0.5～0.6	用锹挖掘,少许用脚蹬或用板锄挖掘
二类土(普通土)	潮湿的黏性土和黄土,软的盐土和碱土,含有建筑材料碎屑、碎石、卵石的堆积土和种植土	11～16	—	0.6～0.8	用锹、条锄挖掘,需要脚蹬,少许用镐挖掘
三类土(坚土)	中等密实的黏性土或黄土,含有碎石、卵石或建筑材料碎屑的潮湿的黏性土或黄土	18～19	—	0.8～1.0	主要用镐、条锄挖掘,少许用锹挖掘
四类土(砂砾坚土)	坚硬密实的黏性土或黄土,含有碎石、砾石(体积在10%～30%重量在25 kg以下石块)的中等密实黏性土或黄土,硬化的重盐土,软泥灰岩	19	—	1～1.5	全部用镐、条锄挖掘,少许用撬棍挖掘
五类土(软石)	硬的石炭纪黏土,胶结不紧的砾石,节理多的软石灰岩及贝壳石灰岩,中等坚实的页岩、泥灰岩、白垩土	11～27	20～40	1.5～4.0	用镐或撬棍、大锤挖掘,部分使用爆破方法
六类土(次坚石)	坚硬的泥质页岩,坚实的泥灰岩,角砾状花岗岩,泥灰质石灰岩,黏土质砂岩,云母页岩及砾质页岩,风化的花岗岩、片麻岩及正长岩,滑石质的蛇纹岩,密实的石灰岩,硅质胶结的砾岩,砂岩,砂质石灰页岩	22～29	40～80	4～10	用爆破方法开挖,部分用风镐
七类土(坚石)	大理岩,辉绿岩,玢岩,粗、中粒花岗岩,坚实的白云岩、砂岩、砾岩、片麻岩、石灰岩,微风化安山岩、玄武岩	25～31	80～160	10～18	用爆破方法开挖
八类土(特坚石)	安山岩、玄武岩,花岗片麻岩,坚实的细粒花岗岩、闪长岩、石英岩、辉长岩、辉绿岩、玢岩、角闪岩	27～33	160～250	18以上	用爆破方法开挖

注:坚固系数 f 为相当于普氏岩石强度系数。

1.1.2　土的工程性质

天然状态下的土由固体颗粒、水和气体三部分组成(见图 1-1),这三部分的比例关系直接影响土的不同工程性质,如土的干湿程度、土的密实程度和土的松散程度等。土的工程性质对土方工程施工有直接影响，也是进行土方施工设计必须掌握的基本资料。土的主要工程性质有土的可松性、渗透性、密实度、抗剪强度、土压力等。

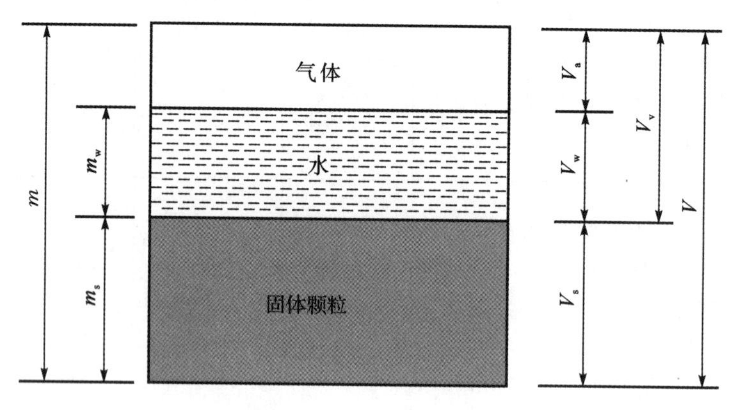

图 1-1　土的组成

1. 土的含水量

土的含水量 ω 是土中水的质量与固体颗粒质量之比的百分率，即

$$\omega=\frac{m_w}{m_s}\times 100\% \tag{1.1}$$

式中：m_w ——土中水的质量，kg；

m_s ——土中固体颗粒的质量，kg。

2. 土的天然密度和干密度

土在天然状态下单位体积的质量，称为土的天然密度。土的天然密度随着土颗粒的组成、孔隙的多少和含水量而变化。一般黏性土的密度约为 1.6～2.2 g/cm^3。土的密度越大，土质越坚硬，施工难度也会相应增加。土的天然密度 ρ 计算公式如下：

$$\rho=\frac{m}{V} \tag{1.2}$$

式中：m ——土的总质量，kg，

V ——土的天然体积，m^3。

单位体积中土的固体颗粒的质量称为土的干密度（ρ_d），计算公式如下：

$$\rho_d=\frac{m_s}{V} \tag{1.3}$$

式中：m_s ——土中固体颗粒的质量，kg。

土的干密度越大，表示土越密实。工程上常把土的干密度作为评定土体密实程度的标准，从而控制填土工程的压实质量。

3. 土的可松性

自然状态下的土，经开挖后，其体积因松散而增加，以后虽经回填压实，仍不能恢复成原来的体积，这种性质称为土的可松性。土的可松性程度用可松性系数表示，分为最初可松性系数和最终可松性系数。土的可松性对土方平衡调配、基坑开挖时留弃土方量及运输工具的选择有直接影响。

1)**最初可松性系数 K_s**

$$K_s=\frac{V_2}{V_1} \tag{1.4}$$

式中:V_1——土在自然状态下的体积,m^3;

V_2——土经开挖成松散状态下的体积,m^3。

2)**最终可松性系数 K_s'**

$$K_s'=\frac{V_3}{V_1} \tag{1.5}$$

式中:V_3——土经回填压实后的体积,m^3。

各类土的可松性系数参见表1-2。

表1-2　土的可松性系数

土的类别	K_s	K_s'
一类土	1.08～1.17	1.01～1.03
二类土	1.14～1.24	1.02～1.05
三类土	1.24～1.30	1.04～1.07
四类土	1.26～1.45	1.06～1.20
五类土	1.30～1.45	1.10～1.20
六类土	1.30～1.45	1.10～1.20
七类土	1.30～1.45	1.10～1.20
八类土	1.45～1.50	1.20～1.30

4.土的渗透性

土的渗透性是指土体被水透过的性质和水流通过土中孔隙的难易程度。土体孔隙中的自由水在重力作用下会发生流动,当基坑开挖至地下水位以下,地下水在土中渗透时受到土颗粒的阻力,其大小与土的渗透性及地下水渗流路线的长短有关。

土的渗透性用渗透系数 K 表示。渗透系数可由实验室试验测定。土的渗透系数主要受土颗粒大小与级配、土的密实度、土中封闭气体含量等因素影响。土中细颗粒含量愈多,则土的渗透性愈小,例如砂土中粉粒及黏粒含量愈多时,砂土的渗透系数就会大大减小;同种土在不同的密实状态下具有不同的渗透系数,土的密实度增大,孔隙比降低,土的渗透性也减小;土中封闭气体阻塞渗流通道,因此,封闭气体含量愈多,土的渗透性愈小。

1.2　土方工程量计算及场地土方调配

1.2.1　场地标高的确定

根据建筑设计要求,将拟建的建筑物场地范围内高低不平的地形整为平地,即为场地平整。为计算挖填方的工程量,进行土方平衡调配,合理选择施工机械并制订施工方案,首先必须合理确定场地平整的设计标高。

对面积较大的场地平整，选择合理的场地平整设计标高十分重要。如无特殊施工要求，场地平整的基本原则为：力求场地内挖填平衡，场地内挖方工程量等于填方工程量。除此之外，还需考虑生产工艺和运输要求，场地应具有一定的排水坡度，考虑最高洪水水位影响。场地平整时，应根据现场情况尽量利用地形，减少挖方量。

1. 初步确定场地设计标高

首先不考虑边坡、泄水坡等因素，假定整平后场地是水平的，利用平整前总土方量等于平整后总土方量的原则，初步计算场地设计标高。当场地设计标高为 H_0 时，挖填方基本平衡，可将土石方移挖作填，就地处理。

将场地地形图根据要求的精度划分为长 10～40 m 的方格网（见图 1-2），然后求出各方格角点的地面标高。地形平坦时，可根据地形图相邻两条等高线的标高，用插入法求得；地形不平坦时，用插入法有较大误差，可在地面上用木桩打好方格网，然后用仪器直接测出。

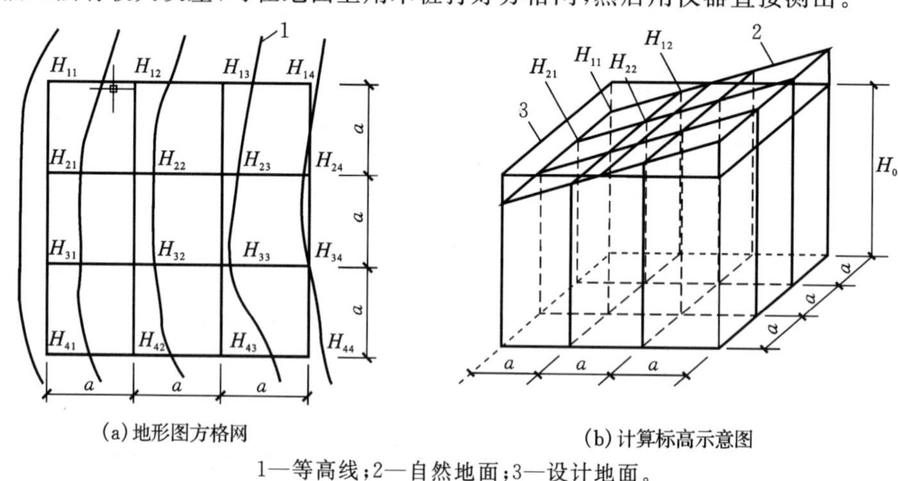

(a) 地形图方格网

(b) 计算标高示意图

1—等高线；2—自然地面；3—设计地面。

图 1-2　场地设计标高计算示意图

根据场地内挖填平衡的原则，场地设计标高 H_0 可按式(1.6)求得：

$$H_0 n a^2 = \sum_1^n \left(a^2 \frac{H_{11} + H_{12} + H_{21} + H_{22}}{4} \right)$$

$$H_0 = \frac{\sum H_1 + 2\sum H_2 + 3\sum H_3 + 4\sum H_4}{4n} \tag{1.6}$$

式中：n——方格数；

a——方格边长，m；

$H_{11}, H_{12}, H_{21}, H_{22}$——方格四个角点的标高，m；

H_1——一个方格仅有的角点标高，m；

H_2——两个方格共有的角点标高，m；

H_3——三个方格共有的角点标高，m；

H_4——四个方格共有的角点标高，m。

2. 场地设计标高的调整

按上述公式计算的场地设计标高 H_0 为理论值，还需要考虑以下因素进行调整。

1)**土的可松性影响**

由于土具有可松性,按理论计算的 H_0 施工,填土会有剩余,为此要适当提高设计标高。设计标高调整的计算简图如图 1-3 所示。

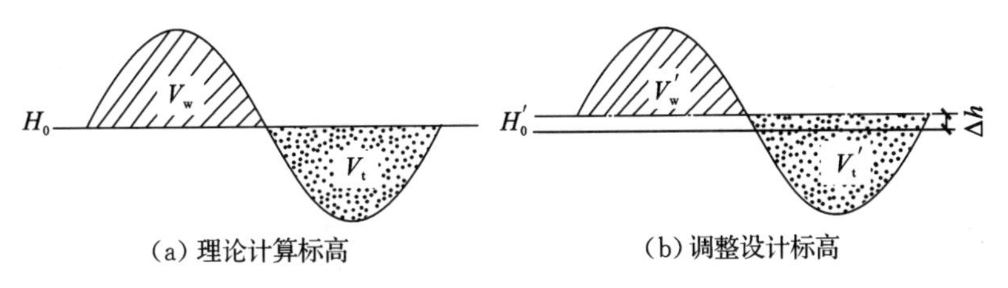

(a) 理论计算标高　　(b) 调整设计标高

图 1-3　设计标高调整计算简图

2)**借土或弃土的影响**

在场地内修筑路堤等需要土方,此时,若按 H_0 施工,则会出现用土不足,为了保证有足够的土,需降低设计标高;在场地内若有大型基坑开挖,则有多余土方,为了减少余土外运,需提高设计标高。

3)**泄水坡度的影响**

按上述调整后的设计标高进行场地平整,整个场地表面将处于同一个水平面,但实际上由于排水要求,场地表面均有一定的泄水坡度,因此还要根据场地泄水坡度要求,计算出场地内实际施工的设计标高。

平整场地坡度一般标明在图纸上,如设计无要求,一般取不小于 2‰ 的坡度。根据设计图纸或现场情况,泄水坡度分单向泄水和双向泄水。

(1)单向泄水。当场地向一个方向排水时,称为单向泄水。单向泄水时场地设计标高的计算,是将已调整的设计标高(H_0)作为场地中心线的标高(参考图 1-4),场地内任一点设计标高 H_n 为

$$H_n = H_0 \pm L_x i_x \tag{1.7}$$

式中:H_n——场地内任一点的设计标高,m;

L_x——该点至 H_0 中心线的距离,m;

i_x——场地泄水坡度。

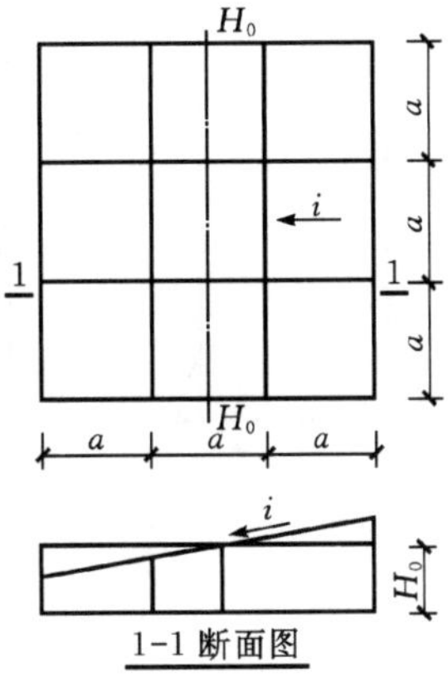

图 1-4　单向泄水

(2)双向泄水。场地向两个方向排水,称为双向泄水。双向泄水时设计标高计算,是将已调整的设计标高 H_0 作为场地纵横方向的中心点(见图 1-5),场地内任一点的设计标高 H_n 为

$$H_n = H_0 \pm L_x i_x \pm L_y i_y \tag{1.8}$$

式中:L_x——该点距 y 轴的距离,m;

L_y——该点距 x 轴的距离,m;

i_x, i_y——场地的泄水坡度。

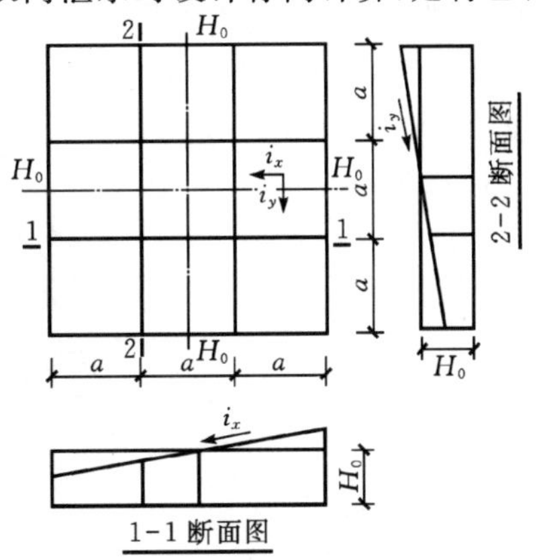

图 1-5　双向泄水

(3)计算角点地面标高。根据地形图上所标的等高线,假定两条等高线间的地面坡度按直线变化,用插入法求出各方格角点的地面标高,计算方法如下:

$$h_x : (H_B - H_A) = x : L$$

$$h_x = \frac{H_B - H_A}{L} x$$

$$H_n = H_A + h_x \tag{1.9}$$

式中：h_x——计算的角点与等高线上 A 点的高差，m；

H_A——等高线 A 的标高，m；

H_B——等高线 B 的标高，m；

x——所求角点沿方格边线到等高线 A 的距离，m；

L——沿该角点所在的方格边线，等高线 A、B 之间的距离，m。

【例 1-1】 某建筑场地地形图如图 1-6 所示，方格网 $a=20$ m，土质为中密的砂土，设计泄水坡度 $i_x=3‰$，$i_y=2‰$，不考虑土的可松性对设计标高的影响，试确定场地各方格角点的设计标高。

解：(1)用比例尺在图 1-7 上量出角点 4 的 x、L 值代入式(1.9)，$x=15.5$ m，$L=22.6$ m。

$$h_4=\frac{44.5-44.0}{22.6}\times 15.5\ \text{m}=0.34\ \text{m}$$

$$H_4=H_A+h_4=44.0\ \text{m}+0.34\ \text{m}=44.34\ \text{m}$$

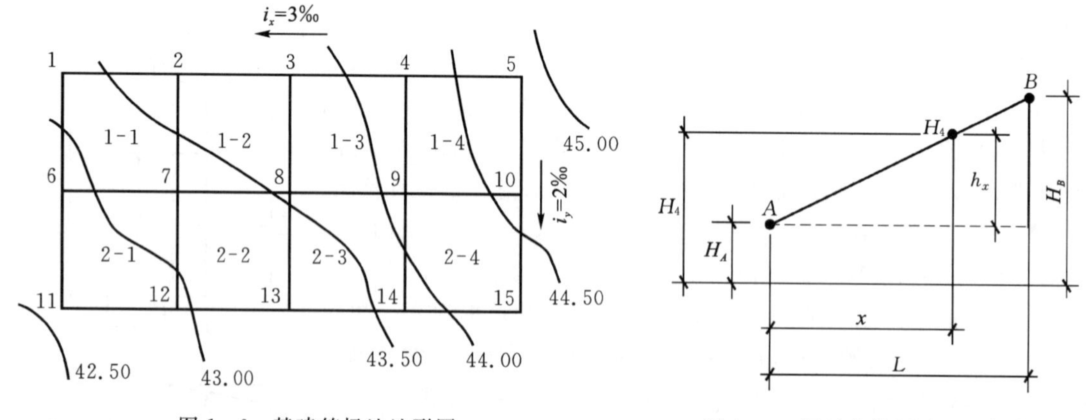

图 1-6　某建筑场地地形图　　　　图 1-7　场地方格网及地面标高

用这种方法计算很烦琐，通常采用图解法求出各角点的地面标高，如图 1-8 所示，用一张透明纸，上面画出六根等距离的平行线（线要尽量画细，否则影响读数），把该透明纸放到标有方格网的地形图上，将六根平行线的最外两根分别对准 A 点与 B 点，这时六根等距离的平行线，将 AB 之间 0.5 m 的高差分成五等分，于是便可直接读出角点 4 的地面标高 $H_4=44.34$ m，其余各角点标高，均可用此法求出。

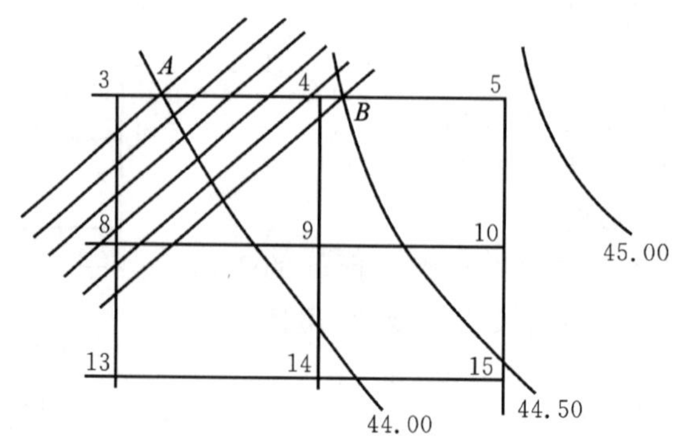

图 1-8　图解法求出各角点的地面标高

(2)计算场地设计标高 H_0。

$\sum H_1 = 43.24\ \text{m} + 44.8\ \text{m} + 44.17\ \text{m} + 42.58\ \text{m} = 174.79\ \text{m}$

$2\sum H_2 = 2\times(43.67+43.94+44.34+44.67+43.67+43.23+42.9+42.94)\text{m} = 698.72\ \text{m}$

$3\sum H_3 = 0$

$4\sum H_4 = 4\times(43.35+43.76+44.17)\text{m} = 525.12\ \text{m}$

$$H_0 = \frac{\sum H_1 + 2\sum H_2 + 3\sum H_3 + 4\sum H_4}{4n} = \frac{174.79+698.72+0+525.12}{4\times 8}\ \text{m} = 43.71\ \text{m}$$

(3)场地设计标高的调整。考虑泄水坡度的影响,以场地中心点8为 H_0,其余各角点设计标高为

$H_0 = H_0$

$H_1 = H_0 - 40\ \text{m}\times 0.003 + 20\ \text{m}\times 0.002 = 43.71\ \text{m} - 0.12\ \text{m} + 0.04\ \text{m} = 43.63\ \text{m}$

$H_2 = H_0 - 20\ \text{m}\times 0.003 + 20\ \text{m}\times 0.002 = 43.71\ \text{m} - 0.06\ \text{m} + 0.04\ \text{m} = 43.69\ \text{m}$

$H_6 = H_0 - 40\ \text{m}\times 0.003 + 0 = 43.71\ \text{m} - 0.12\ \text{m} = 43.59\ \text{m}$

$H_7 = H_0 - 20\ \text{m}\times 0.003 = 43.71\ \text{m} - 0.06\ \text{m} = 43.65\ \text{m}$

$H_{11} = H_0 - 40\ \text{m}\times 0.003 - 20\ \text{m}\times 0.002 = 43.71\ \text{m} - 0.12\ \text{m} - 0.04\ \text{m} = 43.55\ \text{m}$

$H_{12} = H_0 - 20\ \text{m}\times 0.003 - 20\ \text{m}\times 0.002 = 43.71\ \text{m} - 0.06\ \text{m} - 0.04\ \text{m} = 43.61\ \text{m}$

其余角点设计标高均可用同样方法求出。

1.2.2　场地土方量的确定

1.计算各方格角点的施工高度

H_0 是假定场地为水平,不考虑泄水坡、边坡,根据平整前总土方量等于平整后总土方量求得的。

H_n 是考虑泄水坡度后场地内任一方格角点的设计标高。但是在实际施工中,每一个方格是挖方还是填方呢?若为挖方,应挖多少?若为填方,应填多少?这就是施工高度问题。所谓施工高度,就是每一个方格角点的挖填高度,用 h_n 表示。

$$h_n = H_n - H \tag{1.10}$$

式中:h_n——该角点的挖填高度,"+"值表示填方,"-"值表示挖方;

H_n——该角点的设计标高;

H——该角点的自然地面标高,也就是地形图上,各方格角点实际标高,当地形平坦时,按地形图用插入法求得,当地面坡度变化起伏较大时,用经纬仪测出。

2.计算零点

当同一方格的四个角点的施工高度全为"+"或全为"-"时,说明该方格内的土方全部为填方或全部为挖方。如果一个方格中一部分角点的施工高度为"+",而另一部分为"-"时,说明此方格中的土方一部分为填方,而另一部分为挖方,这时必定存在不挖不填的点,这样的点叫零点。把一个方格中的所有零点都连接起来,形成直线或曲线,这条线叫零线,即挖方与填方的分界线。零点的位置是根据方格角点的施工高度用几何法求出的,如图1-9所示,D 点为挖方,C 点为填方,则

$$\triangle AOC \backsim \triangle DOB$$

$$\frac{X}{h_1} = \frac{a-X}{h_2}$$

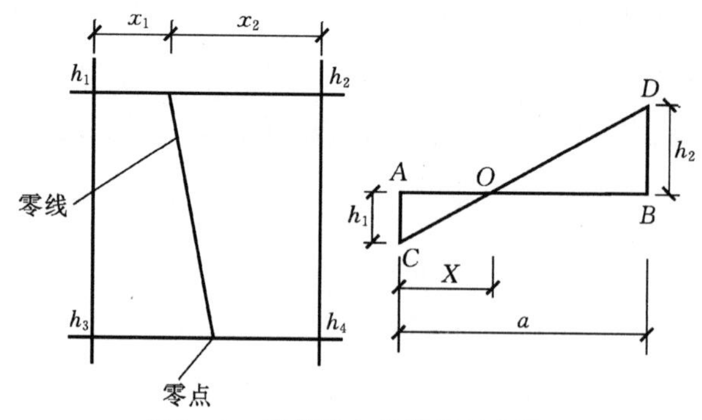

图 1-9　计算零点的位置示意图

$$X=\frac{ah_1}{h_1+h_2} \tag{1.11}$$

式中：h_1，h_2——相邻两点填、挖方施工高度(以绝对值带入)，m；

a——方格边长，m；

X——O 点距角点 A 的距离，m。

3. 计算方格的土方工程量

零线求出后，场地的挖填区也随之标出，即可按方格的不同类型分别计算出挖填区各方格的挖填土方量，见表 1-3。

表 1-3　常用方格网点计算公式

项目	图式	计算公式
一点填方或挖方(三角形)		$V=\frac{1}{2}bc\frac{\sum h}{3}=\frac{bch_3}{6}$ 当 $b=a=c$ 时，$V=\frac{a^2h_3}{6}$
两点填方或挖方(梯形)		$V_+=\frac{b+c}{2}a\frac{\sum h}{4}=\frac{a}{8}(b+c)(h_1+h_3)$ $V_-=\frac{d+e}{2}a\frac{\sum h}{4}=\frac{a}{8}(d+e)(h_2+h_4)$
三点填方或挖方(五角形)		$V=(a^2-\frac{bc}{2})\frac{\sum h}{5}$ $=(a^2-\frac{bc}{2})\frac{h_1+h_2+h_4}{5}$
四点填方或挖方(正方形)		$V=\frac{a^2}{4}\sum h=\frac{a^2}{4}(h_1+h_2+h_3+h_4)$

4. 边坡放坡

在平整场地施工中，沿着场地四周都需要做成边坡，以保持土体的稳定，防止塌方。

土方边坡的稳定，主要是土体内土颗粒间存在摩阻力和黏结力，从而使土体具有一定的抗剪强度。当下滑力超过土体的抗剪强度时，就会产生滑坡。土体抗剪强度的大小与土质有关。黏性土颗粒之间，不仅具有摩阻力，而且具有黏结力，而砂性土颗粒之间只有摩阻力，没有黏结力，所以黏性土的边坡可陡些，砂性土的边坡则应平缓些。土方边坡坡度以其挖方深度 H 与边坡底宽 B 之比来表示(见图 1－10)。

$$i=\frac{H}{B}=\frac{1}{\frac{B}{H}}=\frac{1}{m} \tag{1.12}$$

式中：i ——土方边坡坡度；

m—— 坡度系数($=\frac{B}{H}$)。

土方边坡大小应根据土质、开挖深度、开挖方法、施工工期、地下水位、坡顶荷载及气候条件等因素确定。边坡可做成直线形、折线形或阶梯形，如图 1－10 所示。

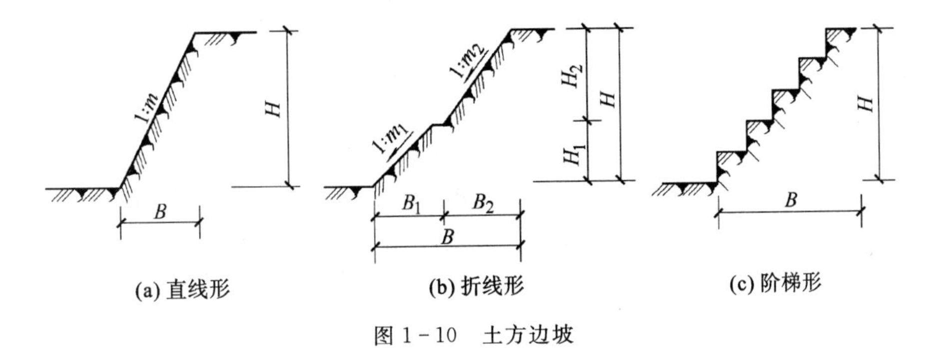

图 1－10　土方边坡

1.2.3　基坑基槽土方工程量计算

1. 基坑土方量计算

由图 1－11 基坑土方量的计算，可近似地按拟柱体体积公式计算，即

$$V=\frac{H}{6}(F_1+4F_0+F_2) \tag{1.13}$$

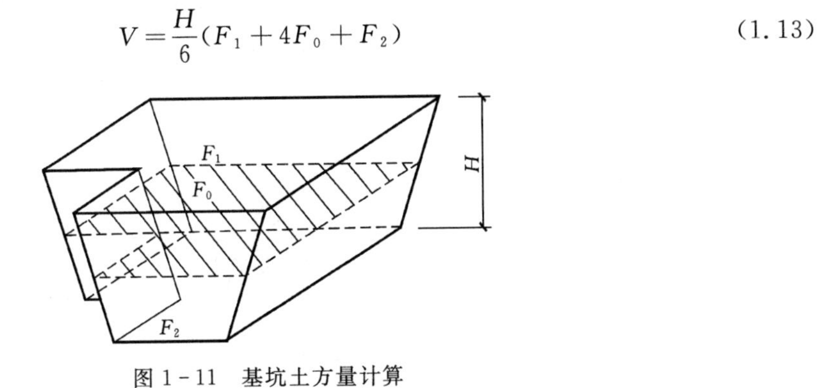

图 1－11　基坑土方量计算

式中：H——基坑深度，m；

F_1，F_2——基坑上下两底面积，m^2；

F_0——基坑中截面面积,m^2。

2. 基槽土方量计算

由图 1-12 可知,若基槽横截面形状、尺寸有变化,其土方量可沿其长度方向分段,按式(1.14)计算,总土方量为各段之和;若基槽横截面形状、尺寸不变,其土方量为横截面面积与基槽长度之积。

$$V=\frac{H}{6}(F_1+4F_0+F_2) \tag{1.14}$$

式中:H ——基槽长度,m;

F_1,F_2——基槽两端横截面面积,m^2;

F_0——基槽中截面面积,m^2。

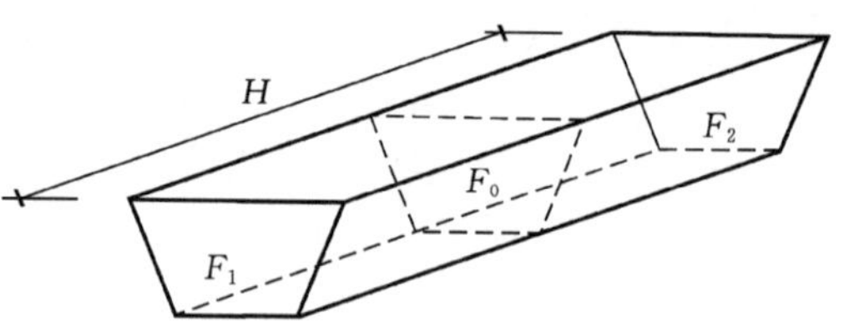

图 1-12　基槽土方量计算

1.2.4　土方调配

土方调配指的是在建筑设计和施工中,经济合理地进行土方运输的作业。其目的是在使土方总运输量最小或土方总运输成本最小的条件下,确定填挖区土方的调配方向和数量,从而缩短工期和降低成本。土方调配要对挖土、堆弃和填土三者之间的关系进行综合协调处理。

土方平衡调配应遵循以下原则:①挖、填方基本平衡,减少重复倒运;②挖、填方量与运距的乘积之和尽可能最小,即总土方运输量或运输费用最小;③好土应用在回填密实度要求较高的地区;④取土或弃土应尽量不占或少占农田;⑤分区调配应与全场调配相协调,避免只顾局部平衡,任意挖填而破坏全局平衡;⑥调配应与地下构筑物的施工相结合,地下设施的填土应留土后填。

土方调配方案确定后,绘制土方调配图。土方调配图绘制的具体步骤如下:

(1)划分调配区。在平面图上先画出挖、填方区的分界线,在挖、填方区适当划出若干调配区。划分时应注意以下几点:划分应与建筑物的平面位置相协调,并考虑开工顺序、分期施工顺序;调配区大小应满足土方施工主导机械的行驶操作尺寸要求;调配区范围应和土方量计算用的方格网相协调。一般由若干个方格网组成一个调配区;当土方运距较大或场地范围内土方调配不能达到平衡时,可考虑就近借土或弃土,此时一个借土区或一个弃土区可作为一个独立的调配区。

(2)计算各调配区的土方量。

(3)计算各挖、填方调配区之间的平均运距,即挖、填方区各自重心间的距离。取场地或方格网中的纵横两边为坐标轴,以一个角点为坐标原点,按式(1.15)和式(1.16)求出挖、填方各自重心的坐标 X_0 和 Y_0:

$$X_0=\frac{\sum x_i V_i}{\sum V_i} \tag{1.15}$$

$$Y_0=\frac{\sum y_i V_i}{\sum V_i} \tag{1.16}$$

式中:X_i,Y_i——i 块方格重心坐标;

V_i——i 块方格的土方量。

(4)确定土方最优调配方案。对于线性规划中的运输问题,可用表上作业法求解,使总土方运输量为最小值时,即为最优调配方案。

(5)绘制土方调配图。在土方调配图上标出挖填调配区域、调配方向、土方量及运距(平均运距再加施工机械前进、倒退和转弯必需的最短长度)。如图1-13所示,图中的土方调配仅考虑场内挖方、填方平衡。A表示挖方,B填方。

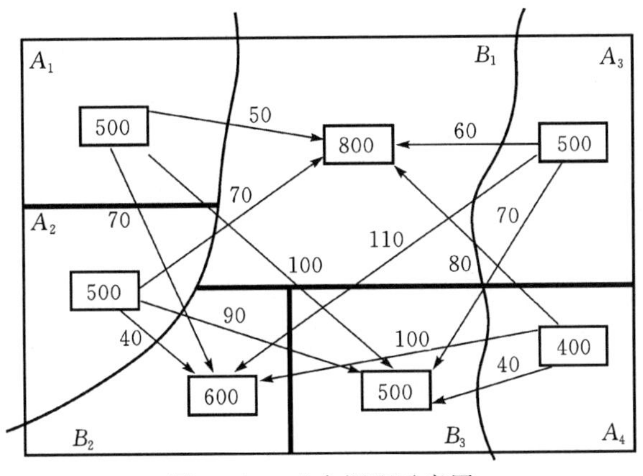

图1-13　土方调配示意图

1.3　土方工程施工排水与降水

开挖底面低于地下水位的基坑(槽)时,地下水会不断渗入坑内。当雨期施工时,地表水也会流入基坑内。如果坑内积水不及时排走,不仅会使施工条件恶化,还会使土被水泡软后,造成边坡塌方和坑底承载能力下降。因此,在基坑(槽)开挖前和开挖时,必须做好排水工作,保持土体干燥才能保障施工安全。

基坑(槽)的排水工作,应持续到基础工程施工完毕,并进行回填后才能停止。基坑(槽)的排水方法,可分为明排水法和人工降低地下水位法两种方法。

1.3.1　明排水法

明排水法由于设备简单和排水方便,所以采用较为普遍。明排水法又称集水井排水法,是采用截、疏、抽的方法来进行基坑等施工的排水。施工时在坑内沿坑底周围或中央开挖排水沟,再在沟底设置集水井,使基坑内的水经排水沟流向集水井内,然后用水泵抽出坑外(见图1-14)。

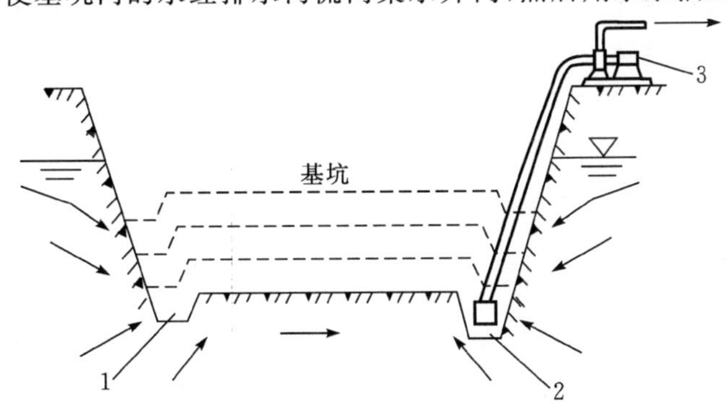

1—排水沟;2—集水井;3—排水泵。

图1-14　集水井排水

如果坑较深,可采用分层明排水法,一层一层地加深排水沟和集水井,逐步达到设计要求的基坑断面和坑底标高。

1.排水沟

基坑(槽)开挖过程中,沿坑底的周围或中央开挖排水沟,并设置集水井,使水流入集水井中,然后用水泵抽走,抽出的水应予以引开,严防倒流。排水沟应布置在拟建建筑基础范围以外,沟边距边坡坡脚不应小于0.3 m。排水沟宽0.2~0.3 m,深0.3~0.6 m,沟底设纵坡1‰~2‰。排水沟底面应比挖土面低0.3~0.4 m。

2.集水井设置

四周排水沟及集水井应设置在基础范围以外、地下水走向的上游。根据地下水量大小、基坑平面形状及水泵能力,集水井一般每隔20~40 m设置一个。集水井的直径或宽度一般为0.6~0.8 m,其深度随着挖土的加深而加深,随时保持低于挖土面0.7~1.0 m。井壁可用竹、木等进行简单加固。当基坑(槽)挖至设计标高后,井底应低于坑底1~2 m,并铺设碎石滤水层,以避免在抽水时间较长时将泥沙抽出并防止井底的土被搅动。

3.水泵的性能及选用

集水井排水法常用的水泵有离心泵和潜水泵。

1)**离心泵**

离心泵由泵壳、泵轴及叶轮等部件组成,其管路系统包括滤网、底阀、吸水管和出水管。离心泵的选择主要根据流量与扬程确定。由于管路阻力会导致水头损失,所以实际吸水扬程应扣除损失扬程。通常实际吸水扬程可按性能表上的吸水扬程减去1.2 m(有底阀)至0.6 m(无底阀)估算,从而确定泵的安装高度。泵的流量应满足坑(槽)涌水量要求,一般选用50.8~101.6 mm口径的离心泵。泵的扬程在满足总扬程的前提下,主要考虑吸水扬程能否满足降水深度的要求。如果不够,可另选水泵或将水泵位置降至坑(槽)壁台阶或坑(槽)底上。

2)**潜水泵**

潜水泵由立式水泵与电动机组合而成,水泵装在密封的电动机上端,浸水工作。它因具有体积小、重量轻、移动方便、开泵前无须灌水等优点而被广泛采用。使用潜水泵时不得脱水运转或陷入泥中,也不得排含泥量较大的水或泥浆水,以防叶轮堵塞烧坏电动机。

集水井排水法宜用于粗粒土层,因水流虽大但土粒不致被抽出的水流带走,也可用于渗水量小的黏性土。当土为细砂和粉砂时,抽出的地下水流会带走细粒而发生流砂现象,造成边坡坍塌、坑底隆起、无法排水和难以施工,此时应改用人工降低地下水位法。

常见的流砂防治措施有抢挖法、打板桩法、水下挖土法、人工降低地下水位法、地下连续墙法。

1.3.2 人工降低地下水位法

人工降低地下水位,就是在基坑(槽)开挖前,预先在基坑(槽)四周埋设一定数量的滤水管(井),利用抽水设备从中抽水,使地下水位降落到坑底以下,同时在基坑(槽)开挖过程中仍然继续不断地抽水。该方法使所挖的土始终保持干燥状态,从根本上防止细砂和粉砂土产生流砂现象,改善挖土工作的条件;同时土内的水分排出后,边坡坡度可变动,以便减小挖土量。人工降水的方法有轻型井点降水、喷射井点降水、管井井点降水、深井井点降水以及电渗井点降水等。究竟采用何种方法，可根据土的渗透系数、降低水位的深度、工程特点及设备条件等确定(见表1-4)。这些方法中以轻型井点降水采用较广。下面重点介绍轻型井点降水的设计和施工。

表1-4 各类井点适用范围

井点类别		土的渗透性/(m/d)	降水深度/m
轻型井点	一级轻型井点	0.1～50	3～6
	多级轻型井点	0.1～50	视井点级数而定
喷射井点		0.1～50	8～20
电渗井点		< 0.1	视选用的井点而定
管井类	管井井点	20～200	3～5
	深井井点	10～250	>15

轻型井点降水是沿基坑(槽)四周或一侧以一定距离埋入直径较小的井点管至含水层内，将井点管上端通过弯联管与集水总管相连，利用抽水设备将地下水从井点管内不断抽出，使原有地下水降至坑底以下。

1. 轻型井点设备

轻型井点设备由管路系统和抽水设备等组成(见图1-15)。管路系统由滤管、井点管、弯联管和总管组成。抽水设备常用真空泵和射流泵系统。干式真空泵系统由真空泵、离心泵和汽水分离器组成。射流泵系统由射流器、离心泵和循环水箱组成。

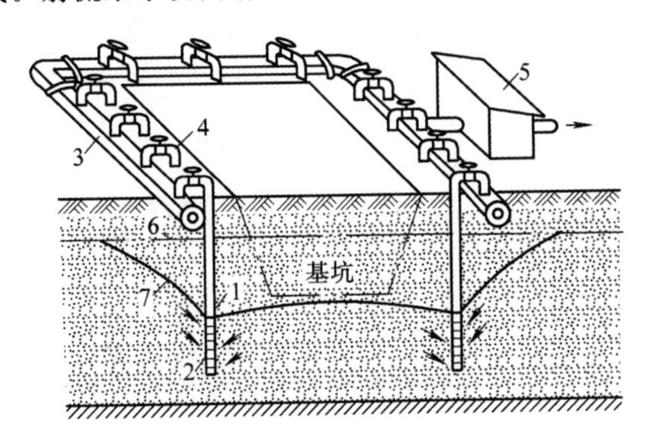

1—井点管；2—滤管；3—总管；4—弯联管；
5—水泵；6—原地下水水位；7—降水后水位。
图1-15 轻型井点降水示意图

轻型井点降水施工
原理及工艺

井点管为直径38 mm或51 mm、长5～7 m的钢管。井点管的上端用弯联管与总管相连。集水总管一般为直径100～127 mm的无缝钢管，每段长4 m，其上端有与井点管联结的短接头，间距0.8～1.6 m。

滤管是井点降水设备的重要组成部分，其构造(见图1-16)是否合理对抽水效果影响很大。滤管通常采用长度1.0～1.5 m、直径38 mm或51 mm的钢管；滤管钻梅花孔，直径5 mm，点距

15 mm。骨架管外面包两层孔径不同的生丝布或塑料布滤网。为使流水畅通，在骨架管与滤网之间用塑料管或梯形铅丝隔开，塑料管沿骨架绕成螺旋形。滤网外面再绕一层粗铁丝保护网，滤管下端为一铸铁塞头，滤管上端与井点管连接。

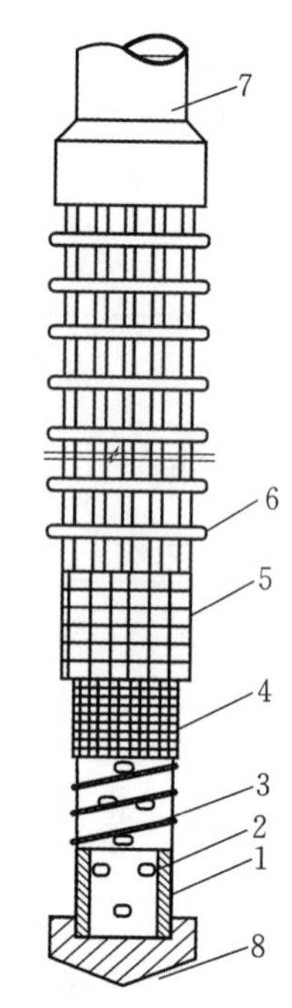

1—钢管；2—管壁上的小孔；3—缠绕的塑料管；4—细滤网；5—粗滤网；6—粗铁丝保护网；7—井点管；8—铸铁头。

图 1-16　滤管构造图

2. 轻型井点的布置

井点布置及井点管间距应根据基坑(槽)平面形状与大小、深度、水文和地质情况、降水深度、工程性质等按计算或经验确定。

1)平面布置

当坑(槽)宽度小于 6 m 且降水深度不超过 5 m 时，可采用单排井点，布置在地下水上游一侧，两端延伸长度不小于坑(槽)宽度，见图 1-17(a)；当坑(槽)宽度大于 6 m 或土质排水不良时，宜采用双排线状井点，布置在坑(槽)两侧，见图 1-17(b)；当基坑面积较大时，宜采用环形井点，见图 1-17(c)；当土方施工机械需进出基坑时，可采用 U 形布置，见图 1-17(d)，挖土、运输设备出入道可不封闭，间距可达 4 m，一般留在地下水下游方向。井点管距离坑壁一般不宜小于 0.7～1.0 m，以防局部发生漏气。

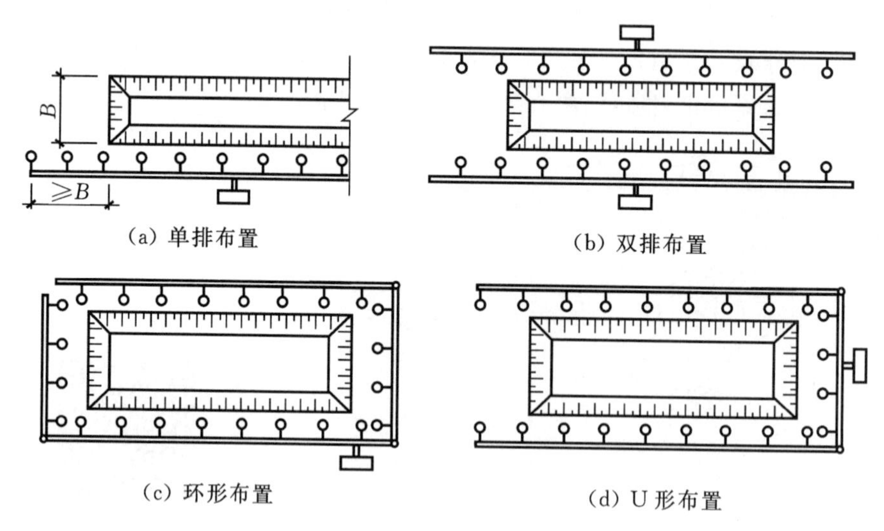

图 1-17　轻型井点的平面布置

2)高程布置

井点管的埋设深度，考虑抽水设备的水头损失后，一般不超过 6 m。布置时应参考井点管标准长度及其露出地面的长度(一般为 0.2～0.3 m)，且滤管必须在含水层内。井点管的埋设深度 H 也可按式(1.17)计算。

$$H \geqslant H_1 + h + iL \tag{1.17}$$

式中：H_1——井点管埋设面至基坑底面距离，m；

h——基坑底面至降低后地下水位线的距离，一般取 0.5～1.0 m；

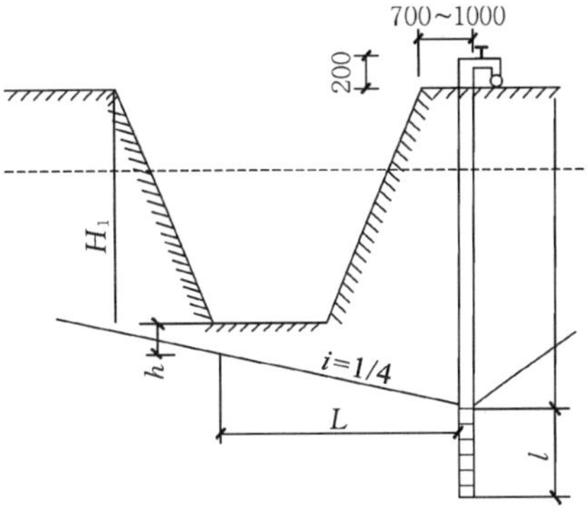

i——水力坡度，单排井点取 1/4，环形井点取 1/10；

L——井点管至基坑中心的水平距离，m。

图 1－18 为式(1.17)的计算示意图。H 算出后，为安全起见，一般再增加 1/2 的滤管长。若 H 大于降水深度 6 m 时，可采用明沟排水与井点降水相结合的方法，将总管安装在原有地下水位以下，以增加降水深度；或采用二级轻型井点降水，即先挖去第一级井点排干的土，再布置下一级井点。

图 1－18　轻型井点高程布置

3)轻型井点计算

轻型井点计算的内容包括基坑涌水量、井点管数量、间距、抽水设备选择等。因不确定因素较多，计算仅为近似值，重要工程应进行现场试验修正。矩形基坑的长宽比大于 5 或基坑宽度大于抽水影响半径两倍时，需将基坑分割成符合计算公式适用条件的单元，再将各单元涌水量相加得到总涌水量。

(1)涌水量计算。轻型井点的涌水量计算以水井理论为依据。水井分为四种类型(见图 1－19)。

①无压完整井：地下水上部为透水层，地下水无压力，井底达到不透水层；

②无压非完整井：地下水上部为透水层，地下水无压力，井底达不到不透水层；

③承压完整井：滤管布置在充满地下水的两层不透水层之间，地下水有压力，井底达到不透水层；

④承压非完整井：滤管布置在充满地下水的两层不透水层之间，地下水有压力，井底未达到不透水层。

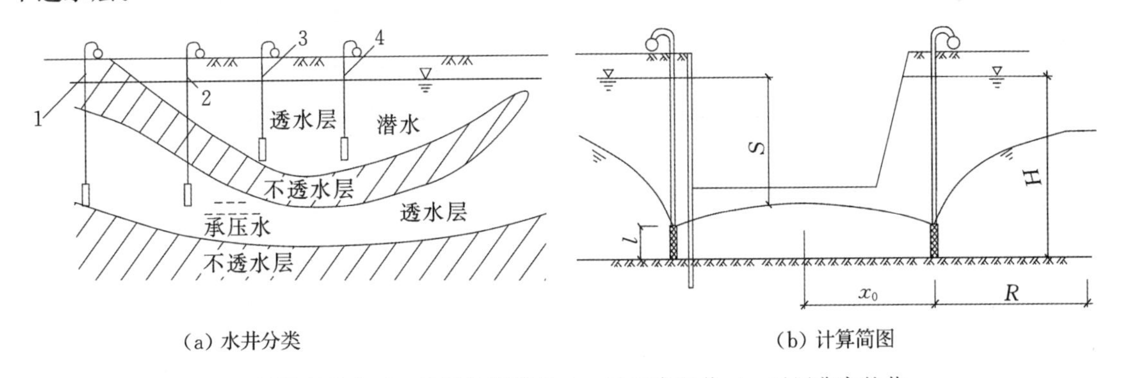

(a) 水井分类　　(b) 计算简图

1—承压完整井；2—承压非完整井；3—无压完整井；4—无压非完整井。

图 1－19　水井分类及无压完整井涌水量计算示意图

水井分类是涌水量计算的重要依据，各类井涌水量计算方法各不相同，其中以无压完整井的理论较为完善。以下介绍无压完整井及无压非完整井涌水量计算方法。

无压完整井的环状井点系统如图 1－19(b)所示，涌水量计算公式为

$$Q = 1.366k\,\frac{(2H - S)S}{\lg R - \lg x_0} \tag{1.18}$$

$$R = 1.95S\sqrt{Hk} \tag{1.19}$$

$$x_0 = \sqrt{\frac{F}{\pi}} \tag{1.20}$$

式中：k——渗透系数，m/d；

S——水位降低值，m；

R——环状轻型井点的抽水影响半径，m；

x_0——环状轻型井点的假想半径，m；

F——环状轻型井点井点管包围的面积，m^2。

无压非完整井的环状井点系统，涌水量计算公式为

$$Q=1.366k\frac{(2H_0-S)S}{\lg R-\lg x_0} \tag{1.21}$$

式中：H_0——抽水影响深度，m。

(2)井点管数量与间距计算。井点管的数量 n 取决于井点系统涌水量 Q 和单根井点管的最大出水量 q，按式(1.22)计算。

$$n=m\frac{Q}{q} \tag{1.22}$$

式中：m——考虑堵塞等因素的井点备用系数，一般取 1.1；

q——单根井点管的最大出水量，m^3/d，按式(1.23)计算：

$$q=65\pi dl^3\sqrt{k} \tag{1.23}$$

式中：d——滤管直径，m；

l——滤管长度，m。

井点管数量算出后，便可根据井点系统布置方式，求出井点管间距 D。

$$D=\frac{L}{n} \tag{1.24}$$

式中：L——总管长度，m。

为防止彼此干扰大，影响出水量，井点管间距不能过小，必须大于 $5\pi d$；在总管拐弯处及靠近河流处，井点管宜适当加密；考虑渗透系数小的土抽降水位的时间较长，宜缩小间距；井管间距应与总管上的接头间距相配合。

【例 1-2】某工程基坑地面尺寸为长 35 m，宽 16 m，地面标高－4.5 m，已知地下水位标高－1.5 m，不透水层标高－15.0 m，基坑边坡 1∶0.5。采用轻型井点降水，试设计此工程的井点降水系统的平面布置和高程布置。

解：(1)平面布置。

基坑需放坡开挖，坡度为 1∶0.5，基坑开挖后坑上口尺寸为

长：35 m＋2×0.5×4.5 m＝39.5 m

宽：16 m＋2×0.5×4.5 m＝20.5 m

由于基坑尺寸较大，长宽之比小于 5，采用环形井点设置，井点管初步距离坑口上缘 1 m，则井点管围成的尺寸为

长：39.5 m＋2×1.0 m＝41.5 m

宽：20.5 m＋2×1.0 m＝22.5 m

(2)基坑中心降水深度。

s＝4.5 m－1.5 m＋0.5 m＝3.5 m(h＝0.5 m)

一级轻型井点降水深度一般为 3～6 m，故可采用轻型井点降水。

(3)高程布置。

井点要求的埋设深度 H_0 为

$$H_0 \geqslant H_1 + h + iL = 4.5\ \text{m} + 0.5\ \text{m} + \frac{1}{10} \times \frac{22.5\ \text{m}}{2} = 6.1\ \text{m}$$

为安装井点总管的需要，井点管应露出地面一定高度，取 0.2 m。井点管的实际高度为

$$H = H_0 + 0.2\ \text{m} = 6.1\ \text{m} + 0.2\ \text{m} = 6.3\ \text{m}$$

井点管长度一般为 5～7 m，故符合要求。

图 1－20 为该工程井点降水布置图。

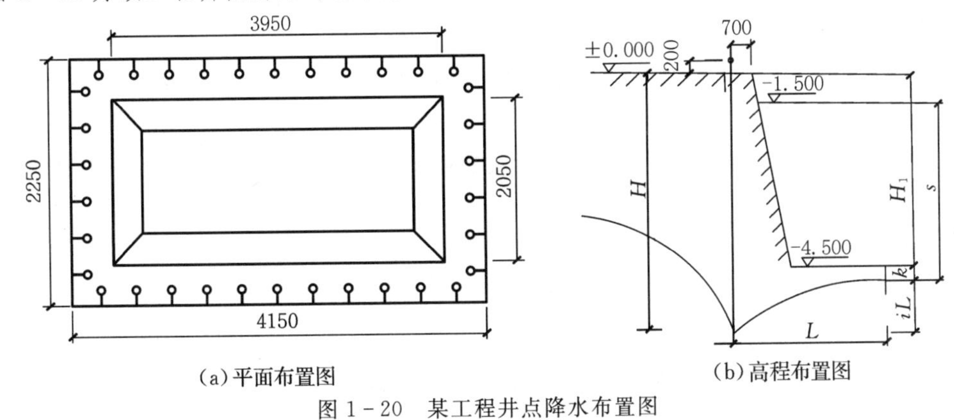

(a) 平面布置图　　(b) 高程布置图

图 1－20　某工程井点降水布置图

4) 轻型井点施工与运行

轻型井点施工的工艺流程为：放样定位—铺设总管—冲孔—安装井点管—填砂砾滤料—上部填黏土封闭—将井点管与总管用弯联管连接—安装抽水设备—试抽。

井点管埋设方法有射水法、冲孔(或钻孔)法及套管法，根据设备条件及土质情况选用。

井点管安装完毕，接通总管和抽水设备，即可试抽。要全面检查管路接头质量、井点出水状况和抽水机械运转情况等。如发现漏气和井点管淤塞要及时处理。检查合格后，井点孔口到地面下 0.5～1 m 深度范围内用黏土填塞，以防漏气。井点降水时，一般应连续抽水。时抽时停易堵塞滤网，也易抽出泥沙，使水浑浊，并可能引起附近建筑物地面沉降。抽水时应调节离心泵的出水阀，控制出水量，使抽水保持均匀。降水过程应按时观测流量、真空度和井内水位变化，做好记录。

轻型井点管埋设

1.4　土方工程施工方法

1.4.1　施工准备工作

土方工程往往具有工程量大、劳动繁重和施工条件复杂等特点。工程施工受气候、水文、地质、地下障碍等因素的影响较大，不可确定的因素也较多，有时施工条件极为复杂，因此，土方开挖前应做好如下准备工作：

(1) 土方开挖前，应查明施工场地明、暗设置物(电线、地下电缆、管道、坑道等)的地点及走向，并采用明显记号表示。严禁在离电缆 1 m 距离以内作业。应根据施工方案的要求，将施工区域内的地下、地上障碍物清除处理完毕。

(2)建筑物或构筑物的位置或场地的定位控制线(桩)、标准水平桩及开槽的灰线尺寸,必须经过检验合格,并办完预检手续。

(3)夜间施工时,应有足够的照明设施;在危险地段应设置明显标志,并要合理安排开挖顺序,防止错挖或超挖。

(4)开挖有地下水位的基坑槽、管沟时,应根据当地工程地质资料,采取措施降低地下水位,一般要降至开挖面以下 0.5 m 才能开挖。

(5)施工机械进入现场所经过的道路、桥梁和卸车设施等,应事先经过检查,必要时要进行加固或加宽等准备工作。

(6)选择土方机械,应根据施工区域的地形与作业条件、土的类别与厚度、总工程量和工期综合考虑,以能发挥施工机械的效率。

(7)在机械施工无法作业的部位以及修整边坡坡度、清理槽底等,均应配备人工进行。

1.4.2 土方开挖机械

1. 推土机

推土机开挖的基本作业是铲土、运土和卸土三个工作行程和空载回驶行程。铲土时应根据土质情况,尽量采用最大切土深度在最短距离(6～10 m)内完成,以便缩短低速运行时间,然后直接推运到预定地点。一般采用下坡推土法,借助于机械自重增加推力向下坡方向切土推运,推土坡度控制在 15°以内;或用并列推土法,几台推土机同时作业,减少漏失量;或用槽形推土法,重复连续多次在一条作业线上切、推土,利用逐渐形成的浅槽,在沟槽内进行推土,减少土从铲刀两侧散漏,以增加推土量。推土机可独立完成挖土、运土、卸土;经济运距在 100 m 以内,效率最高运距为 60 m。

2. 铲运机

铲运机的基本作业以铲土和运土作业为主。施工时的开行路线,应视挖土区的分布不同,合理安排铲土与卸土的相对位置,一般采取环形或“8”字形开行路线,见图 1-21(a);铲土厚度通常为 80～300 mm。作业方法多采用下坡铲土预留土埂的跨铲法;长距离挖运坚硬土时,多采用助铲法,见图 1-21(b),另用 1 台推土机配合 3～4 台铲运机顶推作业,或两台铲运机联合作业的双联铲运法等强制切土,以提高工效。

(a) “8”字形开行路线　　(b) 助铲法

1—铲土;2—卸土;3—取土坑;4—卸土区。　　1—铲运机铲土;2—推土机助铲。

图 1-21　铲运机工作方法

铲运机可独立完成铲土、运土、卸土、填筑、压实等作业;经济运距为 600～1500 m。

3. 单斗挖掘机

单斗挖掘机按工作装置不同,可分为正铲、反铲、拉铲和抓铲四种。单斗挖掘机按其操纵机构的不同,可分为机械式和液压式两类。液压式单斗挖掘机的优点是能无级调速且调速范围大;

快速作业时，惯性小，并能高速反转；转动平稳，可减少强烈的冲击和振动；结构简单，机身轻，尺寸小；附有不同的装置，能一机多用；操纵省力，易实现自动化。

1)正铲挖掘机

正铲挖掘机的工作特点是前进向上，强制切土。工作时挖掘机前进行驶，铲斗由下向上强制切土，挖掘力大，生产效率高；适用于开挖含水量不大于27%的一至三类土，且与自卸汽车配合完成整个挖掘运输作业；可以挖掘大型干燥基坑和土丘等。正铲挖掘机的开挖方式，根据开挖路线与运输车辆的相对位置的不同，有以下两种：①正向挖土，侧向卸土；②正向挖土，反向卸土(见图1-22)。

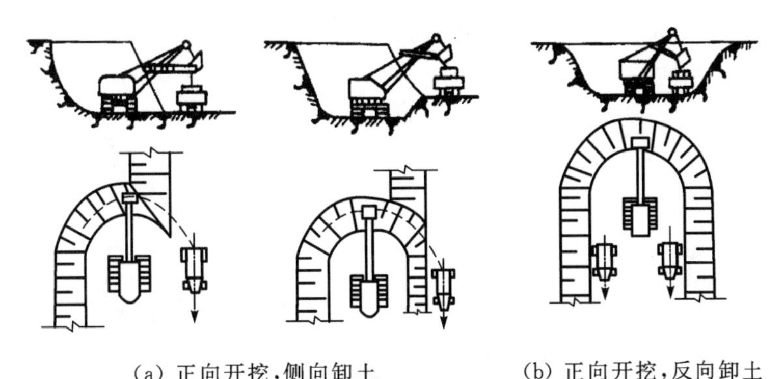

(a) 正向开挖，侧向卸土　　(b) 正向开挖，反向卸土

图1-22　正铲挖掘机开挖方式

根据挖土机开挖方式的不同，工作面又分为正工作面和侧工作面。运土汽车布置于挖掘机的后面或侧面。开挖时的行进路线，当开挖宽度为0.8R～1.5R(R为最大挖掘半径)时，挖掘机在工作面一侧直线进行开挖；当开挖宽度为1.5R～2.0R时，挖掘机沿开挖中心线前进；开挖宽度为2.0R～2.5R时，挖掘机做“之”字形移动；当开挖宽度为2.5R～3.5R时，挖掘机沿工作面一侧做多次平行移动；当开挖宽度大于3.5R时，挖掘机沿工作面侧向开挖。开挖工作面的台阶高度一般不宜超过4 m，同时要经常注意边坡的稳定。

2)反铲挖掘机

反铲挖掘机的工作特点是后退向下，强制切土。挖掘机工作时机械后退行驶，铲斗由上而下强制切土，用于开挖停机面以下的一至三类土，适用于挖掘深度不大于4 m的基坑、基槽、管沟，也适用湿土、含水量较大的及地下水位以下的土壤开挖。

反铲挖掘机作业通常采用沟端开挖和沟侧开挖两种方法(见图1-23)。当开挖深度超过最大挖深时，可采取分层开挖(见图1-24)。运土汽车布置于反铲的一侧，以减少回转角度，提高生产效率。对于较大面积的基坑开挖，反铲可做“之”字形移动。

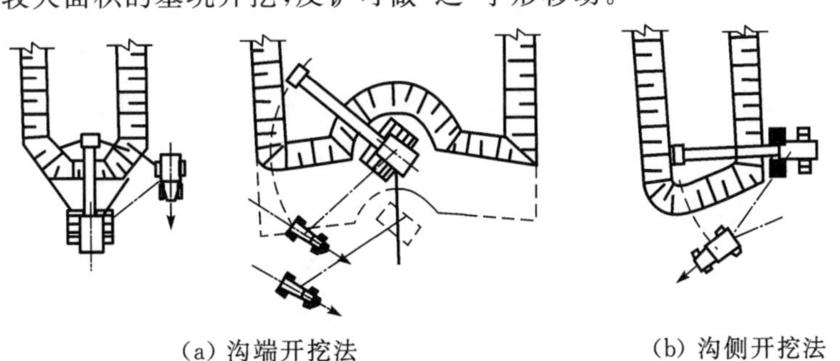

(a) 沟端开挖法　　(b) 沟侧开挖法

图1-23　反铲沟端及沟侧开挖法

3)**拉铲挖掘机**

拉铲挖掘机的工作特点是后退向下，自重切土。拉铲挖掘机工作时利用惯性，把铲斗甩出后靠收紧和放松钢丝绳进行挖土或卸土，铲斗由上而下，靠自重切土，可以开挖一、二类土壤的基坑、基槽和管沟等地面以下的挖土工程，特别适用于含水量大的水下松软土和普通土的挖掘。拉铲开挖方式与反铲相似，可沟端开挖，也可沟侧开挖。

4)**抓铲挖掘机**

抓铲挖掘机的工作特点是直上直下，自重切土。抓铲挖掘机主要用于开挖土质比较松软，施工面比较狭窄的基坑、沟槽、沉井等工程，特别适于水下挖土(见图1-25)。土质坚硬时不能用抓铲挖掘机施工。

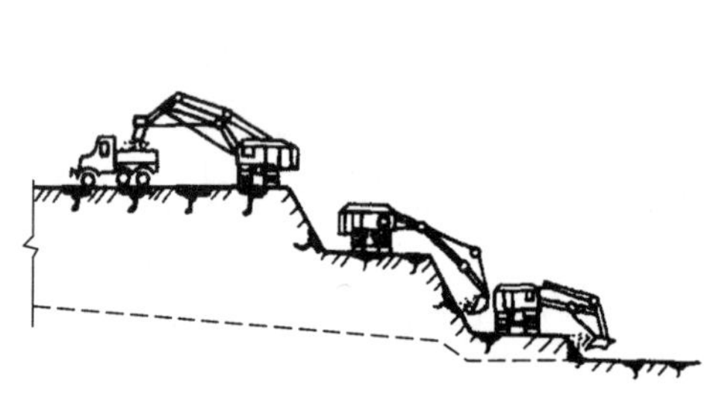

图1-24　反铲多层接力开挖法

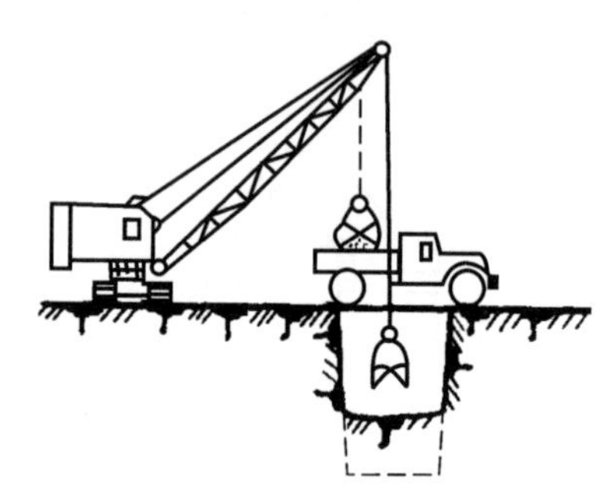

图1-25　抓铲挖掘机挖土

1.4.3　土方机械的选择

1. 土方机械选择的原则

(1)土方施工包括土方开挖、运输、填筑与压实等几个施工过程，施工机械的选择应与施工内容相适应。所以，土方工程施工中，应以某一施工过程为主导，按其工程量、土质条件及工期要求，结合土方施工机械的性能、特点和适用范围选择合适的施工机械。

(2)土方施工机械的选择与工程实际情况相结合，就是要掌握工程的实际情况，包括施工场地大小形状、地形土质、含水量、地下水位等情况后，再进行机械的选择。

(3)主导施工机械确定后，要合理配备完成其他辅助施工过程的机械，尽可能地做到土方工程各施工过程均实现机械化，主导机械与辅助机械所配备的数量和生产效率尽可能协调一致，以充分发挥施工机械的效能。

(4)选择土方施工机械要考虑其他施工方法，辅助土方机械化施工。四类以上的各类土不能直接用挖土机械挖掘，可采用爆破的方法破碎成块后，采用机械化施工；地下水位较高的大型地坑开挖，可采用井点降水法降到坑底标高以下再行施工；施工场地土的含水率大于30%时易陷车趴窝，施工前应采用明沟疏水，待场地干燥后再进行机械化施工。

2. 土方开挖方式与机械选择

(1)平整场地常包括土方的开挖、运输、填筑和压实等工序。

①地势较平坦、含水量适中的大面积平整场地，选用铲运机较适宜。

②地形起伏较大，挖方、填方量大且集中的平整场地，运距在1000 m以上时，可选择正铲挖掘机配合自卸车进行挖土、运土，在填方区配备推土机平整及压路机碾压施工。

③挖填方高度均不大，运距在 100 m 以内时，采用推土机施工，灵活、经济。

(2)地面上的坑式开挖。单个基坑和中小型基础基坑开挖，在地面上作业时，多采用抓铲挖掘机和反铲挖掘机。抓铲挖掘机适用于一、二类土质和较深的基坑；反铲挖掘机适于四类以下土质、深度在 4 m 以内的基坑。

(3)长槽式开挖。在地面上开挖具有一定截面、长度的基槽或沟槽，以及挖大型厂房的柱列基础和管沟，宜采用反铲挖掘机；若为水中取土或土质为淤泥，且坑底较深，则可选择抓铲挖掘机挖土。若土质干燥，槽底开挖不深，基槽长 30 m 以上，可采用推土机或铲运机施工。

(4)整片开挖。对于大型浅基坑且基坑土干燥，可采用正铲挖掘机开挖，但需设上下坡道，以便运输车辆驶入坑内；若基坑内土潮湿，则采用拉铲挖掘机或反铲挖掘机，可在坑上作业，且运输车辆不驶入坑内，但工效比正铲挖掘机低。

(5)对于独立柱基础的基坑及小截面条形基础基槽的开挖，则采用小型液压轮胎式反铲挖掘机配以翻斗车来完成。

确定土方施工的开挖方式与机械的选择都是相对的。选择时，要依据工程的实际情况编制多种方案，进行技术经济比较，选择效率高、费用低的方案施工。

正铲、拉铲挖掘机的斗容量，在建筑工地上一般选用 0.5～1.0 m^3，抓铲挖掘机斗容量为 0.2 m^3。

自卸汽车的载重量应与挖掘机的斗容量保持一定倍率关系，一般宜为每斗土的 3～5 倍，要有足够数量的车辆以保证挖掘机的连续工作。

1.4.4　土方的填筑和压实

1. 土料选择

选择填方土料应符合设计要求。如设计无要求时，应符合下列规定：

(1)碎石类土、砂土(使用细、粉砂时应取得设计单位同意)和爆破石碴，可用作表层以下的填料。

(2)含水量符合压实要求的黏性土，可用作各层填料；碎块草皮和有机质含量大于 8%的土，仅用于无压实要求的填方工程；淤泥和淤泥质土一般不能用作填料，但在软土或沼泽地区，经过处理其含水量符合压实要求后，可用于填方中的次要部位；含盐量符合规定的盐渍土，一般可以使用，但填料中不得含有盐晶、盐块或含盐植物的根茎。

(3)碎石类土或爆破石碴用作填料时，其最大粒径不得超过每层铺填厚度的 2/3(当使用振动辗时，不得超过每层铺填厚度的 3/4)。铺填时，大块料不应集中，且不得填在分段接头处或填方与山坡连接处。填方内有打桩或其他特殊工程时，块(漂)石填料的最大粒径不应超过设计要求。

2. 土方填筑的要求

填方前，应根据工程特点、填料种类、设计压实系数、施工条件等合理选择压实机具，并确定填料含水量控制范围、铺土厚度和压实遍数等参数。对于重要的填方工程或采用新型压实机具时，上述参数应通过填土压实试验确定。填土时应先清除基底的树根、积水、淤泥和有机杂物，并分层回填、压实。填土应尽量采用同类土填筑。如采用不同类填料分层填筑时，上层宜填筑透水性较小的填料，下层宜填筑透水性较大的填料。填方基土表面应做成适当的排水坡度，边坡不得用透水性较小的填料封闭。填方施工应接近水平的分层填筑。当填方位于倾斜的地面时，应先将斜坡挖成阶梯状，然后分层填筑以防填土横向移动。

分段填筑时，每层接缝处应做成斜坡形，辗迹重叠 0.5～1.0 m。上、下层错缝距离不应小于 1 m。

3. 填土的压实方法

填土压实方法有碾压法、夯实法和振动法三种，此外还可利用运土工具压实。

1)碾压法

碾压法是由沿着表面滚动的鼓筒或轮子的压力压实土壤，主要用于大面积填土工程。常用碾压工具包括平碾和羊足碾。平碾又叫压路机，它是一种以内燃机为动力的自行式压路机，适用于碾压黏性和非黏性土。在压实填方时，碾压速度不宜过快，一般碾压速度不超过 2 km/h。

与平碾不同，羊足碾是碾轮表面上装有许多羊蹄形的碾压凸脚(见图 1-26)，一般用拖拉机牵引作业。羊足碾单位面积压力较大，压实效果、压实深度均较同重量的光面压路机高。

由于工作时羊足碾的羊蹄压入土中，又从土中拔出，致使上部土翻松，不宜用于无黏性土、砂及面层的压实。一般羊足碾适用于压实中等深度的粉质黏土、粉土、黄土等。

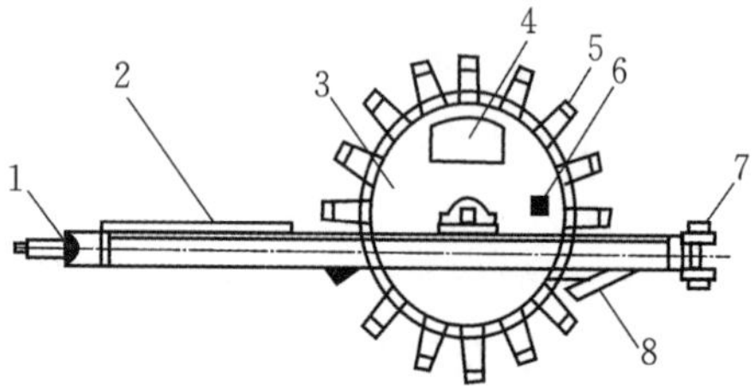

1—连接器；2—框架；3—滚轮；4—投压重物口；5—羊蹄；6—洒水口；7—后连接器；8—铲刀。

图 1-26　羊足碾

2)夯实法

夯实法是利用夯锤自由下落的冲击力来夯实土壤，主要用于小面积的回填土。夯实机具类型较多，有木夯、石夯、蛙式打夯机(见图 1-27)以及利用挖土机或起重机装上夯板后的夯土机等。其中，蛙式打夯机轻巧灵活，构造简单，在小型土方工程中应用最广。

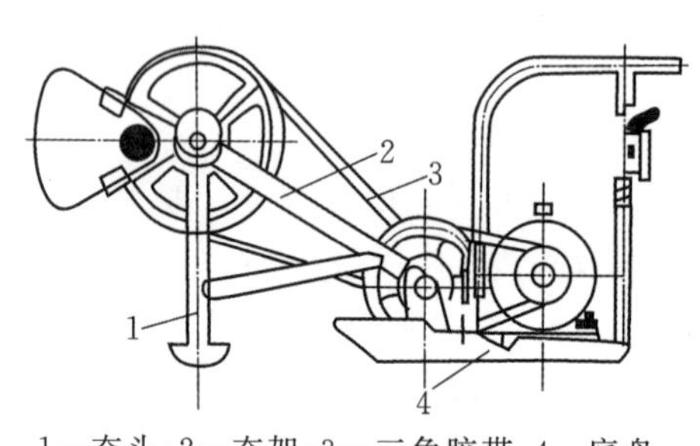

1—夯头；2—夯架；3—三角胶带；4—底盘。

图 1-27　蛙式打夯机

夯实法的优点是可以夯实较厚的土层。采用重型夯土机(如 1 t 以上的重锤)时，其夯实厚度可达 1～1.5 m。但木夯或蛙式打夯机等夯土工具的夯实厚度则较小，一般均在 200 mm 以内。

人力打夯前应将填土初步整平，打夯要按一定方向进行，一夯压半夯，夯夯相接，行行相连，两遍纵横交叉，分层夯打。夯实基槽及地坪时，行夯路线应由四边开始，然后再夯向中间。

用蛙式打夯机等小型机具夯实时，一般填土厚度不宜大于 25 cm，打夯之前对填土应初步平整，打夯机应依次夯打，均匀分布，不留间隙。

基(坑)槽回填应在两侧或四周同时进行回填与夯实。

3)振动法

振动法将重锤放在土层的表面或内部，借助于振动设备使重锤振动，土壤颗粒即发生相对位移达到紧密状态。此法用于振实非黏性土效果较好。

振动平碾适用于填料为爆破碎石碴、碎石类土、杂填土或粉土的大型填方；振动凸块碾则适用于粉质黏土或黏土的大型填方。当压实爆破石碴或碎石类土时，可选用 8～15 t 重的振动平碾，铺土厚度为 0.6～1.5 m，宜先静压后振压，碾压遍数应由现场试验确定，一般为 6～8 遍。

4. 影响填土压实质量的因素

1)压实功的影响

填土压实后的密度与压实机械在其上所施加的功有一定的关系。土的密度与所消耗的功的关系见图1-28。当土的含水量一定，在开始压实时，土的密度急剧增加，待到接近土的最大密度时，压实功虽然增加许多，但土的密度则变化很小(见图1-28)。在实际施工中，对于砂土只需碾压2～3遍，对亚砂土只需3～4遍，对亚黏土或黏土只需5～6遍。

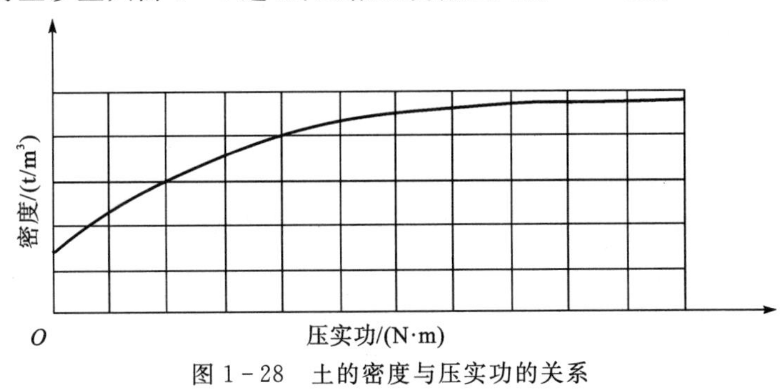

图1-28　土的密度与压实功的关系

2)含水量的影响

土的含水量对填土压实有很大影响。较干燥的土，由于土颗粒之间的摩阻力大，填土不易被夯实。而含水量较大，超过一定限度，土颗粒间的空隙全部被水充填而呈饱和状态，填土也不易被压实，容易形成橡皮土。只有当土具有适当的含水量，土颗粒之间的摩阻力由于水的润滑作用而减少，土才易被压实。为了保证填土在压实过程中具有最优的含水量，当土过湿时，应予翻松晾晒或掺入同类干土及其他吸水性材料；如土料过干，则应预先洒水湿润。土的含水量一般以手握成团、落地开花为宜。

3)铺土厚度的影响

土在压实功的作用下，其应力随深度增加而逐渐减少，在压实过程中，土的密实度也是表层大，随深度加深而逐渐减少，超过一定深度后，虽经反复碾压，土的密实度仍与未压实前一样。各种不同压实机械的压实影响深度与土的性质、含水量有关，所以，填方每层铺土的厚度，应根据土质、压实的密实度要求和压实机械性能确定。

1.5　基坑开挖

1.5.1　挖土施工

基坑开挖首先应对建筑物的定位轴线进行控制测量和校核，开挖前完成土方工程测量定位，在距基坑上边缘一定距离设置龙门板(见图1-29)，以便于施工及定位轴线的保存。开挖施工中应防止地面水流入坑、沟内，以免边坡塌方。挖方边坡要随挖随撑，并支撑牢固，且在施工过程中应经常检查，如有松动、变形等现象，要及时加固或更换。

基坑开挖一般遵循“基坑放线、确定开挖顺序、基坑开挖、修整边坡及清底、验槽”顺序进行。

(1)基坑放线。房屋定位之后，根据施工图纸及工程地质资料提供的基础尺寸、埋置深度、地下水位及土质状况等信息确定基坑工作面、放坡、降水排水设施及支撑位置，计算基坑上口开挖

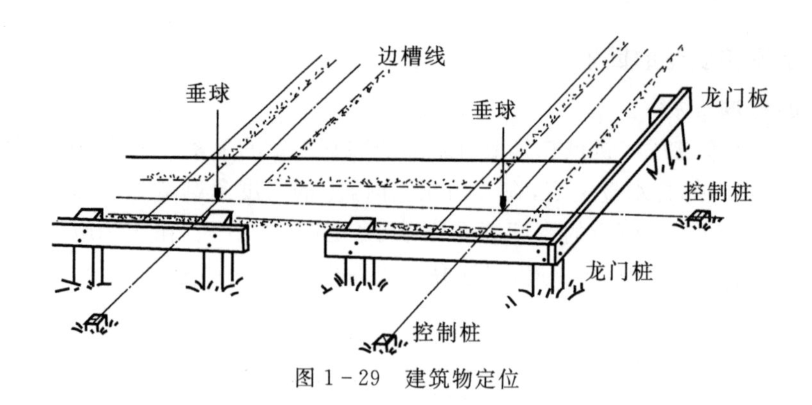

图 1－29　建筑物定位

尺寸，拉通线后用白灰标记基坑上口边线。

(2)确定开挖顺序。根据现场条件合理确定开挖顺序，开挖时应遵守以下原则：开槽支撑，先撑后挖，分层开挖，严禁超挖。

(3)基坑开挖。基坑开挖分为人工开挖及机械开挖两种形式。对于大型基坑应优先考虑机械开挖，以加快施工进度。为避免开挖对地基土的扰动，应预留 15～30 cm 一层土不挖，待下一道工序开始时再用人工铲平至设计标高。挖土应自上而下分层分段连续完成。因为土方开挖施工要求标高并断面准确，土体应具有足够的强度和稳定性，所以开挖过程中要随时注意检查。开挖过程中为防止边坡滑坡，根据土质情况及基坑深度，堆土应距坑顶边缘 1 m 以外，堆土高度不得超过1.5 m。

(4)修整边坡及清底。将坑底预留土层修整至设计标高后，通过控制线检查基坑坑底及边坡尺寸并及时修整，满足设计要求。

(5)验槽。验槽的目的在于检查基坑地基及边坡的土质是否与勘察设计资料相符，基坑尺寸是否满足设计要求。验槽主要靠经验观察为主，土层不可见部位验槽可辅以基础钎探。

1.5.2　基坑支护

1. 浅基础的土壁支撑

基坑深度在 5 m 以内的边坡支护形式多种多样，这里列举八种常见形式，见表 1－5。

表 1－5　浅基础支撑形式表

支撑名称	适用范围	支撑简图	支撑方法
间断式水平支撑	干土或天然湿度的黏土类土，深度在 2 m 以内		将两侧挡土板水平放置，用撑木加木楔顶紧，挖一层土支顶一层

续表

支撑名称	适用范围	支撑简图	支撑方法
断续式水平支撑	挖掘湿度小的黏性土及挖土深度小于3 m以内	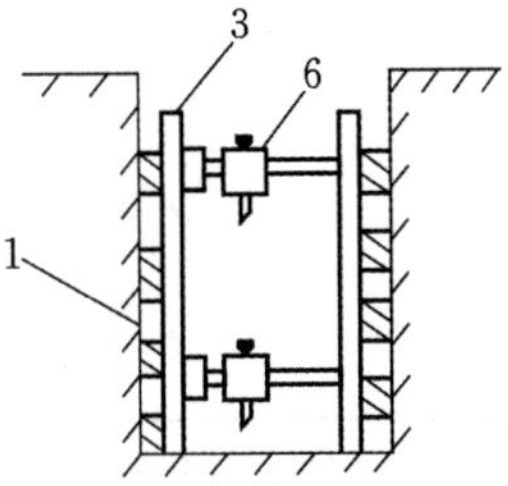	将挡土板水平放置，中间留出间隔，然后在两侧同时对称立上竖木方，再用工具式横撑上下顶紧
连续式水平支撑	挖掘较潮湿的或散粒的土及挖土深度小于5 m时	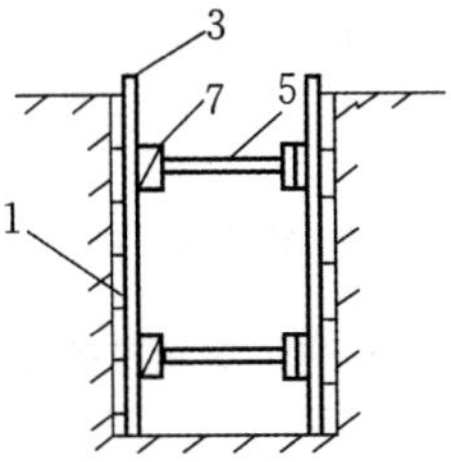	将挡土板水平放置，相互靠紧，不留间隔，然后在两侧同时对称立上竖木方，上下各顶一根撑木，端头加木楔顶紧
连续式垂直支撑	挖掘松散的或湿度很高的土(挖土深度不限)	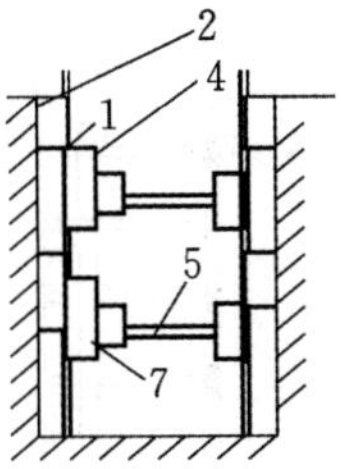	将挡土板垂直放置，然后在每侧上下各水平放置木方一根，用撑木顶紧，再用木楔顶紧
锚拉支撑	开挖较大基坑或使用较大型的机械挖土，而不能安装横撑时	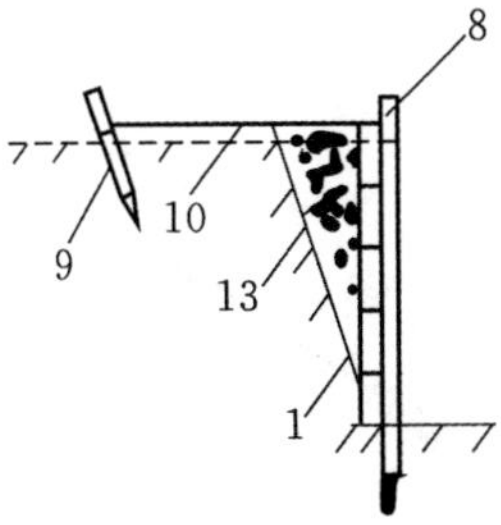	将挡土板水平顶在柱桩的内侧，柱桩一端打入土中，另一端用拉杆与远处锚桩拉紧，在挡土板内侧回填土
斜柱支撑	开挖较大基坑或使用较大型的机械挖土，而不能采用锚拉支撑时	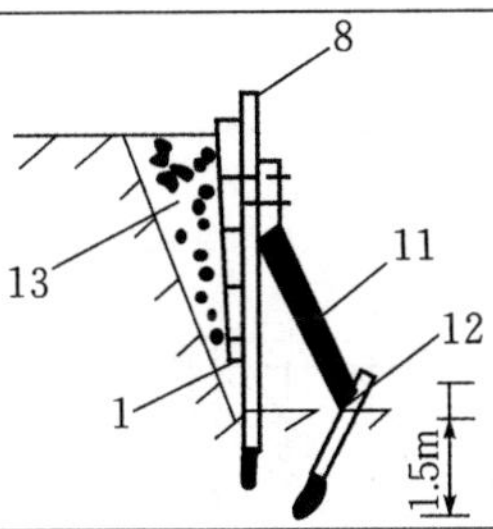	将挡土板水平钉在柱桩的内侧，柱桩外侧由斜撑支牢，斜撑的底端只顶在撑桩上，然后在挡土板内侧回填土
短桩横隔支撑	开挖宽度大的基坑，当部分地段下部放坡不足时	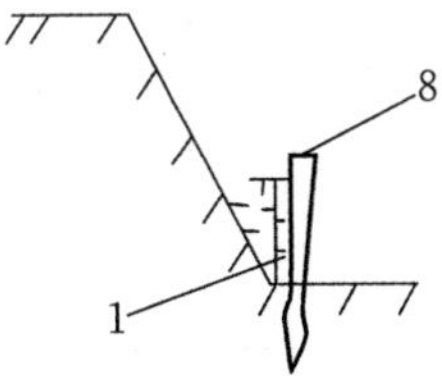	打入小短木桩，一半露出地面，一半打入地下，在地上部分靠坡脚处钉上横板并填土挤压

续表

支撑名称	适用范围	支撑简图	支撑方法
临时挡土墙支撑	开挖宽度大的基坑，当部分地段下部放坡不足时	14	在坡角用砖、石叠砌或用草袋装土叠砌，使其保持稳定

表中图注：1—水平挡土板；2—垂直挡土板；3—竖木方；4—横木方；5—撑木；6—工具式横撑；7—木楔；8—柱桩；9—锚桩；10—拉杆；11—斜撑；12—撑桩；13—回填土；14—装土草袋。

2. 深基坑的土壁支撑

深度超过 5 m 以上的基坑支护，常用的有如下几种形式，见表 1-6。

表 1-6 深坑基础支撑形式

支撑名称	适用范围	支撑简图	支撑方法
钢构架支护	在软弱土层中开挖较大、较深基坑，而不能用一般支护方法时	2 3 1	在开挖的基坑周围打板桩，在柱位置上打入暂设的钢柱，在基坑中挖土，每下挖 3～4 m，装上一层幅度很宽的构架式横撑，挖土在钢构架网格中进行
地下连续墙锚杆支护	开挖较大较深（>10 m）的大型基坑，周围有高层建筑物，不允许支护有较大变形，采用机械挖土，不允许内部设支撑时	4 6	在开挖基坑的周围，先建造地下连续墙，在墙中间用机械开挖土方，至锚杆部位，用锚杆钻机在要求位置锚孔，放入锚杆，进行灌浆，待达到设计强度，装上锚杆，然后继续下挖至设计深度，如设有 2～3 层锚杆，每挖一层装一层锚杆，采用快凝砂浆灌浆
挡土护坡桩支撑	开挖较大较深（>6 m）基坑，临近有建筑物，不允许支撑有较大变形时	17 2 16 7	在开挖基坑的周围，用钻机钻孔，现场灌注钢筋混凝土桩，待达到强度，在中间用机械或人工挖土，下挖 1 m 左右，装上横撑，在桩背面已挖沟槽内拉上锚杆，并将它固定在已预先灌注的锚桩上拉紧，然后继续挖土至设计深度，在桩中间将土方挖成向外拱形，使其起土拱作用。如临近有建筑物，不能设计锚拉杆，则采取加密桩距或加大桩径处理

续表

支撑名称	适用范围	支撑简图	支撑方法
挡土护坡桩与锚杆结合支撑	大型较深基坑开挖，临近有高层建筑物，不允许支护有较大变形时	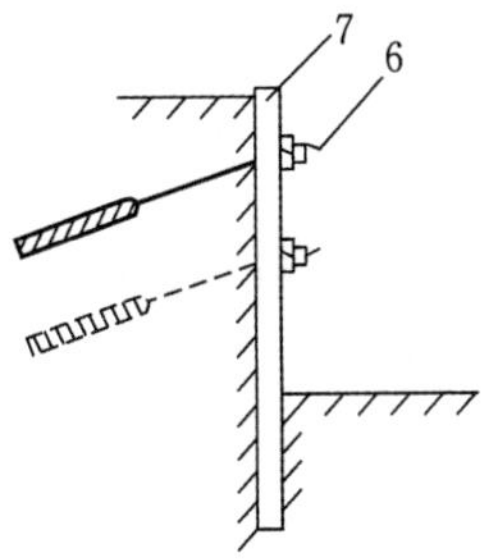 7 6	在开挖基坑的周围钻孔，浇筑钢筋混凝土灌注桩，待达到强度后，在柱中间沿桩垂直挖土，挖到一定深度，安上横撑，每隔一定距离向桩背面斜下方用锚杆钻机打孔，在孔内放钢筋锚杆，用水泥压力灌浆，待达到强度后，拉紧固定，在桩中间进行挖土直到设计深度。如设两层锚杆，可挖一层土，装设一次锚杆
板桩中央横顶支撑	开挖较大、较深基坑，板桩刚度不够，又不允许设置过多支撑时	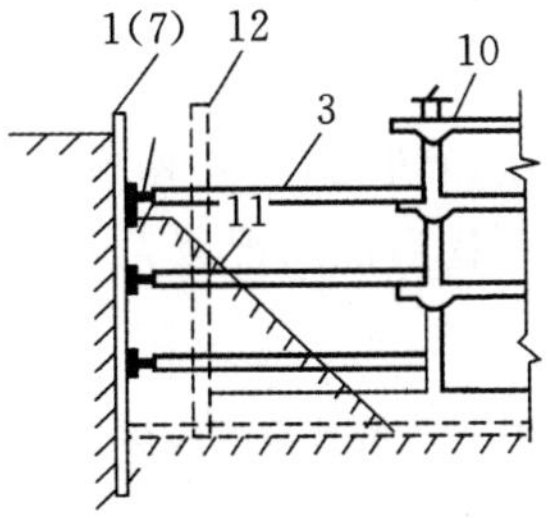 1(7) 12 10 3 11	在基坑周围先打板桩或灌注钢筋混凝土护坡桩，然后在内侧放坡挖中央部分土方到坑底，先施工中央部分框架至地面，然后再利用此结构作支承，向板桩支水平横顶梁，再挖去放坡的土方，每挖一层、支一层横顶梁，直至坑底，最后建造靠近板桩部分的结构
板中央斜顶支撑	开挖较大、较深基坑，板桩刚度不够，坑内又不允许设置过多支撑时	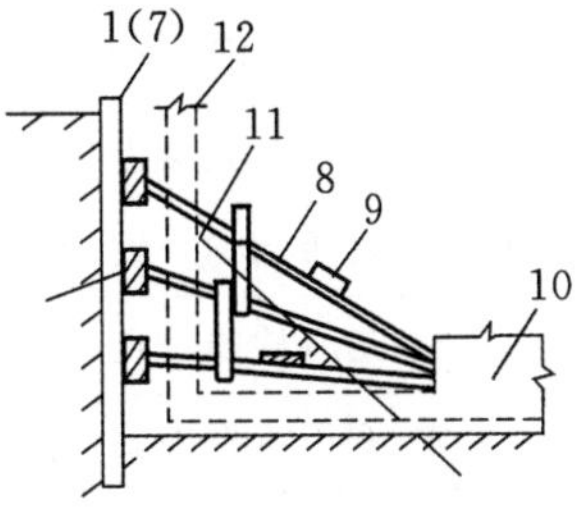 1(7) 12 11 8 9 10	在基坑周围先打板桩或灌注护坡桩，在内侧放坡开挖中央部分土方至坑底，并先灌注好中央部分基础，再从这个基础向板桩上方支斜顶梁，然后把放坡的土层支一道斜顶撑，支至设计深度
分层板桩支撑	开挖较大、较深基坑，当主体与群房基础标高不等而又无重型板桩时	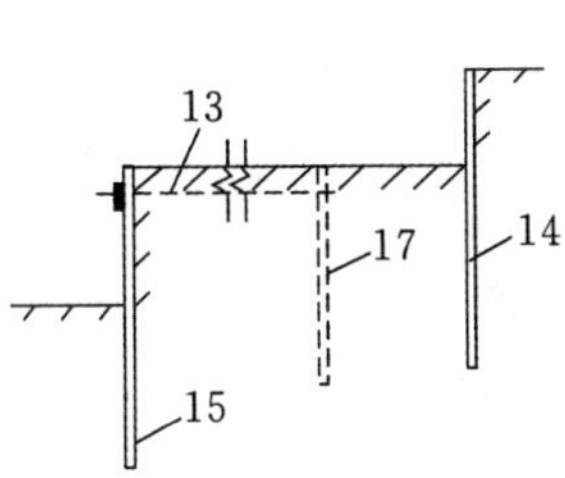 13 17 14 15	首先，开挖裙房基础，周围打钢筋混凝土板桩或钢板支护，在内侧普遍挖土至裙房基础底标高；其次，在中央主体结构基础四周打二级钢筋混凝土板桩或钢板桩，挖主体结构基础土方，施工主体结构至地面；最后，施工裙房基础，或边继续向上施工主体结构边分段施工裙房基础

表中图注：1—钢板桩；2—钢横撑；3—钢撑；4—钢筋混凝土地下连续墙；5—地下室梁板；6—土层锚杆；7—直径400～600 mm 现场钻孔灌注钢筋混凝土桩，间距1～15 m；8—斜撑；9—连系板；10—先施工框架结构或设备基础；11—后挖土方；12—后施工结构；13—锚筋；14—一级混凝土板桩；15—二级混凝土板桩；16—拉杆；17—锚杆。

1.6 基坑验槽及局部不良地基的处理

基槽(坑)挖至基底设计标高后,施工单位必须会同勘察、设计、监理、建设等单位共同进行验槽,合格后方能进行基础工程施工。这是确保工程质量的关键程序之一。验槽的目的在于检查地基是否与勘察设计资料相符合。

一般设计依据的地质勘察资料取自建筑物基础的有限几个点,无法反映钻孔之间的土质变化,只有在开挖后才能确切地了解。如果实际土质与设计地基土不符,则应由结构设计人员提出地基处理方案,处理后经有关单位签署后归档备查。

验槽主要靠施工经验观察为主,而对于基底以下的土层不可见部位,要辅以钎探、夯音配合共同完成。

1.6.1 观察验槽

观察验槽主要观察基槽基底和侧壁土质情况,土层构成及其走向,是否有异常现象,以判断是否达到设计要求的土层。由于地基土开挖后的情况复杂、变化多样,这里只能将常见基槽观察的项目和内容进行简要说明,见表1-7。

表1-7 验槽观察内容

观察部位	观察内容
槽壁土层	土层分布情况及走向
重点部位	柱基、墙角、承重墙下及其他受力较大部位
整个槽底	槽底土质:是否挖到老土层上(地基持力层)
	土的颜色:是否均匀一致,有无异常过干、过湿
	土的软硬:是否软硬一致
	土的虚实:有无震颤现象,有无空穴声音

1.6.2 钎探

对基槽底以下2～3倍基础宽度的深度范围内,土的变化和分布情况,以及是否有空穴或软弱土层,需要用钎探明。

钎探方法,指将一定长度的钢钎打入槽底以下的土层内,根据每打入一定深度的锤击次数,间接判断地基土质的情况。打钎分人工和机械两种方法。

1. 钢钎的规格和数量

人工打钎时,钢钎用直径为22～25 mm的钢筋制成,钎尖呈60°尖锥状,钎长为1.8～2.0 m,见图1-30。打钎用的锤重3.6～4.5 kg,举锤高度约50～70 cm,将钢钎垂直打入土中,并记录每打入土层30 cm的锤击数。用打钎机打钎时,其锤重约10 kg,锤的落距为50 cm,钢钎直径25 mm、长1.8 m。

2. 钎孔布置和钎探深度

钎孔布置和钎探深度应根据地基土质的复杂情况和基槽宽度、形状而定,一般参考表1-8。

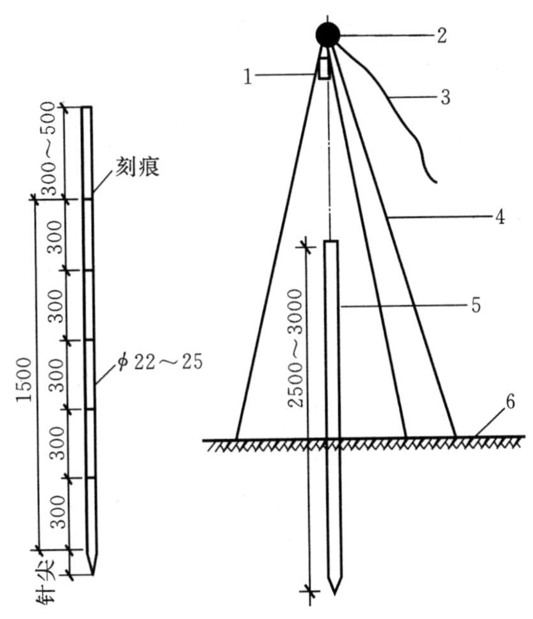

1—重锤；2—滑轮；3—操纵绳；4—三脚架；5—钢钎；6—基坑底图。

图1-30　基坑钎探示意图

表1-8　钎孔布置

槽宽/cm	排列方式及图示	间距/m	钎探深度/m
<80	中心一排	1～2	1.2
80～200	两排错开	1～2	1.5
>200	梅花形	1～2	2
柱基	梅花形	1～2	大于或等于1.5 m,并不浅于短边宽度

注：对于较软弱的新近沉积黏性土和人工杂填土的地基，钎孔间距应不大于1.5 m。

3. 钎探记录及结果分析

先绘制基槽平面图，在图上根据要求确定钎探点的平面位置，并依次编号制成钎探平面图。钎探时按钎探平面图标定的钎探点顺序进行，最后整理成钎探记录表。全部钎探完毕后，逐层分析研究钎探记录，逐点进行比较，将锤击数显著过多或过少的钎孔在钎探平面图上做上记号，然后在该部位进行重点检查，如有异常情况，要认真进行处理。

1.6.3　夯探

夯探较之钎探方法更为简便，不用复杂的设备而是用铁夯或蛙式打夯机对基槽进行夯击，凭夯击时的声响来判断下卧后的强弱或有否土洞或暗墓。

项目小结

土方工程是建筑工程施工的第一步，土方工程包括土的开挖、运输和填筑等施工过程，还包括排水、降水、土壁支撑等准备工作。

土方工程施工时，排除地面水、降低地下水位，为土方开挖和基础施工提供良好的施工条件，这对加快施工进度,保证土方工程施工质量和安全,具有十分重要的作用。

降低地下水位方法有多种,要根据具体条件正确选择应用,尤其在地下水位较高、土质是细砂或粉砂的情况下,当基坑开挖采用集水坑降水时,要注意流砂的发生及采取相应的具体防治措施。在井点降水方法中,本项目重点介绍了轻型井点降水的布置与施工部分,即轻型井点所用设备组成、轻型井点施工与使用等内容。采用土方机械进行土方工程的挖、运、填、压施工中,重点是土方的填筑与压实。

思考与练习

1. 土有哪些分类方法? 土木工程施中,土的分类依据是什么? 分为几类?

2. 什么叫土的可松性? 土的可松性对土方施工有何影响?

3. 场地标高如何确定? 需要考虑哪些因素?

4. 如图 1-31 所示场地为 40 m×40 m 的矩形广场,方格边长为 10 m,试按挖填平衡原则确定场地平整(水平面)的设计标高 H_0,并计算各角点的施工高度。

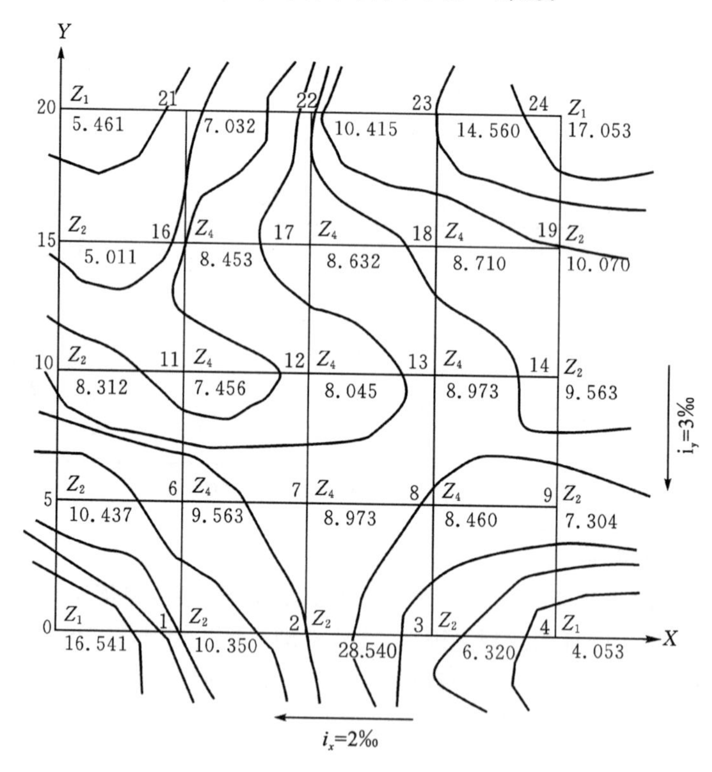

图 1-31　某工程施工平面图

5. 试述平整场地土方工程量的计算步骤。

6. 土方边坡的表示方法及工程量如何计算?

7. 某基坑底面,长 80 m,宽 60 m,深 8 m,四边放坡,边坡坡度 1∶0.5,试计算挖土土方工程量。如地下室的外围尺寸为 78 m×58 m,土的最终可松性系数为 $K_s'=1.03$,试求出地下室部分回填土量(原状土体积)。

8. 试述人工降低地下水位的方法及其使用范围。

9. 如何进行轻型井点的平面布置和高程布置?

10. 某基坑坑底面积为40 m×20 m，深4.8 m，地下水位在地面下2.0 m，不透水层在地面下12.3 m，渗透系数k=15 m/d，基坑四边放坡，边坡坡度拟为1∶0.5，现拟采用轻型井点降水降低地下水位，井点系统最大降水深度为6.0 m，要求：①试计算井点管埋深；②若基坑涌水量为1288 m^3/d，总管长78.8 m，井点管长6 m，滤管长1.2 m，土的渗透系数15 m/d，试确定井距和井点管数量。

11. 土方开挖前应做好哪些准备工作？

12. 常用的土方开挖机械有哪些？如何选择？

13. 填土压实方法有哪些？影响土的压实因素有哪些？

14. 常用的基坑支护方式有哪些？

15. 基槽(坑)挖至基底设计标高后为什么要进行验槽？

项目 2 地基处理与基础工程

学习目标

知识目标：了解软弱土的种类与工程性质，掌握各类地基加固方法；了解浅基础的各种类型与应用，熟悉浅基础的质量问题与防治措施，掌握浅基础的施工工艺；了解桩基础的特点及适用条件，了解桩基础的类型，熟悉各类桩基础的质量问题与防治措施，掌握常见桩基础的施工工艺。

能力目标：能够使用常见的地基处理方法；能够正确应用基础施工的一般技术；能够编写地基处理和基础工程的施工方案，并用于指导工程实践。

思政目标：重点培养工匠精神之规范意识，意识到只有基础牢固才能行稳致远。

2.1 常用的地基处理方法

2.1.1 地基处理概述

当地基强度与稳定性不足或压缩变形很大，不能满足设计要求时，常采取各种地基加固、补强等技术措施，改善地基土的工程性状，增加地基的强度和稳定性，减少地基变形，以满足工程要求。这些措施统称为地基处理，经过处理后的地基称为人工地基。

随着我国基本建设的发展，大规模的工业及民用建筑、高速公路、水利工程、港口码头工程、环境工程等在兴建，且常常建造在软弱地基或不良地基上，因而对地基的要求越来越高，对沉降和变形的要求也越来越严格。地基处理已成为设计、施工及研究必须重视的问题，也是工程技术人员必须掌握的工程基础理论知识。

1. 软弱地基或不良地基

不能满足建筑物要求的地基（包括承载力、稳定变形和渗流三方面的要求）被称为软弱地基或不良地基。软弱地基主要是由淤泥、淤泥质土、冲填土、杂壤土或其他高压缩性土层构成的地基。在建筑地基的局部范围内有高压缩性土层时，应按局部软弱土层考虑。

工程上常需要处理的土类主要包括淤泥及淤泥质土（软土）、杂填土、冲填土、粉质黏土、饱和细粉砂及部分粉土、泥炭土、砂土及砂砾石、膨胀土、湿陷性黄土、多年冻土以及岩溶等。下面将与地基处理有关的几种土类特性简要阐述如下。

1）淤泥及淤泥质土

淤泥及淤泥质土，简称为软土，主要是第四纪后期在滨海、湖泊、河漫滩、三角洲等地质沉积环境下的黏性土沉积形成的，还有部分冲填土和杂填土。这类土大部分处于饱和状态，多含有机质，天然含水量 ω 大于液限 ω_L。天然孔隙比 e 大于 1。当 $e>1.5$ 时，称为淤泥；$1.0<e<1.5$ 时，则称为淤泥质土。

其工程特性表现为抗剪强度很低，压缩性高，渗透性很小，并具有结构性。这类土用作天然地基时的承载力较小，易出现地基局部破坏和滑动；在荷载作用下易产生较大的沉降和不均匀沉降，以及较大的侧向变形，且沉降与变形持续的时间很长，甚至会出现蠕变现象等。它广泛分布于我国沿海地区和内陆江河湖泊周围，长江三角洲、珠江三角洲、渤海湾以及浙江、福建沿海地区都有大面积的软土。我国典型软土地区有天津、上海、温州、杭州、广州和昆明等。

2)杂填土

杂填土由建筑垃圾、工业废料或生活垃圾组成，其成分复杂，性质也不相同，且无规律性。在大多数情况下，杂填土是比较疏松和不均匀的。在同一场地的不同位置，地基承载力和压缩性也可能有较大的差异。

3)冲填土

冲填土是由水力冲填泥沙形成的。其性质与所冲填泥沙的来源及淤填时的水力条件有密切关系。含黏土颗粒较多的冲填土往往是欠固的，其强度和压缩性指标都比同类天然沉积土差。

4)饱和粉细砂及部分粉土

相对而言，饱和粉细砂及部分粉土比淤泥质土的强度要大，压缩性较小，可以承受一定的静荷载；但在机器振动、波浪和地震等动荷载作用下可能产生液化、震陷，地基会因液化而丧失承载能力。这类土的地基处理问题主要是抗振动液化和隔震等。

5)砂土及砂砾石等

砂土及砂砾石等的强度和变形性能随着其密度的大小而变化，一般来说强度较高，压缩性不大，但透水性较大，所以这类土的地基处理问题主要是抗渗和防渗，防止土的流失和管涌等。

6)其他类土

湿陷性黄土具有湿陷性，膨胀土具有胀缩性，红黏土具有特殊的结构性，应针对其特殊的性质进行处理。

2. 地基处理的目的

地基处理的目的主要包括：①提高地基土的抗剪强度，以满足设计对地基承载力和稳定性的要求；②改善地基的变形性质，从而防止建筑物产生过大的沉降和不均匀沉降以及侧向变形等；③改善地基的渗透性和渗透稳定性，防止渗流过大和渗透破坏等；④提高地基土的抗震性能，从而防止液化，隔振和减小振动波的振幅等；⑤消除湿陷性黄土的湿陷性、膨胀土的胀缩性等。

3. 复合地基

1)复合地基的概念

复合地基是指天然地基经处理部分土体得到增强或被置换，或在天然地基中设置加筋材料，加固区由基体（天然地基土体）和增强体两部分组成的人工地基。复合地基与天然地基同属地基范畴。复合地基与桩基都是采用桩的形式处理地基，但桩基属于基础范畴。复合地基中桩体与基础往往不是直接相连的，它们之间通过垫层（碎石或砂石垫层）过渡；而桩基中桩体与基础直接相连，两者形成一个整体。因此，它们的受力特性存在着明显差异。

2)复合地基的分类

复合地基根据地基中增强体的方向可分为水平向增强体复合地基和竖向增强体复合地基，如图2-1所示。水平向增强体复合地基就是在地基中水平向铺设各种加筋材料，如土工聚合物、金属材料、土工格栅等形成的复合地基。竖向增强体复合地基通常称为桩体复合地基。

桩体按成桩所采用的材料可分为：①散体土类桩，如碎石桩、砂桩等；②水泥土类桩，如水泥

(a) 水平向增强体复合地基

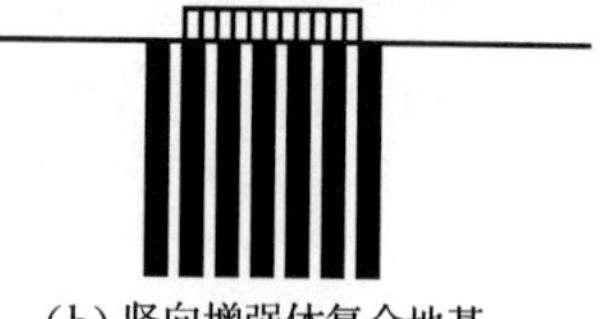
(b) 竖向增强体复合地基

图 2－1　复合地基示意图

土搅拌桩、旋喷桩等；③混凝土类桩，如水泥粉煤灰碎石桩等。

桩体按成桩后的桩体强度（或刚度）可分为：①柔性桩，散体土类桩属于此类桩；②半刚性桩，如水泥土类桩；③刚性桩，如混凝土类桩。

由柔性桩和桩间土所组成的复合地基可称为柔性桩复合地基，其他依次为半刚性桩复合地基和刚性桩复合地基。

3）复合地基的效用

复合地基的效用因增强体材料、施工方法的不同而有所不同。一般复合地基的效用可综合为五个主要方面，即桩体作用、垫层作用、加速固结作用、挤密作用、加筋作用。

每种复合地基都具备其中一种或几种效用。各种复合地基的效用都是提高地基承载力，改善地基的变形特性，减少在荷载作用下可能发生的沉降和不均匀沉降，以及改善地基的抗震性能。

2.1.2　灰土地基

灰土地基是将基础底面下要求范围内的软弱土层挖去，用一定比例的石灰、土，在最优含水量情况下充分拌和，分层回填夯实或压实而成的。

灰土地基具有一定的强度、水稳定性和抗渗性，施工工艺简单，取材容易，费用较低，是一种应用广泛、经济、实用的地基加固方法。灰土地基适用于加固深 1～4 m 厚的软弱土、湿陷性黄土、杂填土等，还可用作结构的辅助防渗层。

1. 材料要求

灰土地基是采用石灰与土料的拌合料经压实而成的。灰土地基对材料的主要要求如下。

（1）石灰：应用Ⅲ级以上新鲜的块灰，含氧化钙、氧化镁越高越好，使用前 1～2 d 消解并过筛，其颗粒不得大于 5 mm，且不应夹有未熟化的生石灰块粒及其他杂质，也不得含有过多水分。

（2）土料：采用就地挖土的黏性土及塑性指数大于 4 的粉土。土内不得含有松软杂质和耕植土。土料应过筛，其颗粒不应大于 15 mm。严禁采用冻土、膨胀土、盐渍土等活动性较强的土料。

灰土的配合比除设计有特殊要求外，一般为 2∶8 或 3∶7。基础垫层灰土必须过标准斗，严格控制配合比。拌和时必须均匀一致，至少翻拌两次，拌和好的灰土颜色应一致。灰土土质、配合比、龄期对强度的影响见表 2－1。

表 2－1　灰土土质、配合比、龄期对强度的影响　　单位：MPa

龄期	配合比	黏土	粉质黏土	粉土
7 d	4∶6	0.507	0.411	0.311
	3∶7	0.669	0.533	0.284
	2∶8	0.526	0.537	0.163

灰土施工时，应适当控制含水量。工地检验方法是：用手将灰土紧握成团，两指轻捏即碎为宜。如土料水分过大或不足时，应晾干或洒水润湿。

2. 工艺流程

灰土施工机具有压路机、木夯、蛙式或柴油打夯机等。灰土地基施工工艺流程见图2－2。

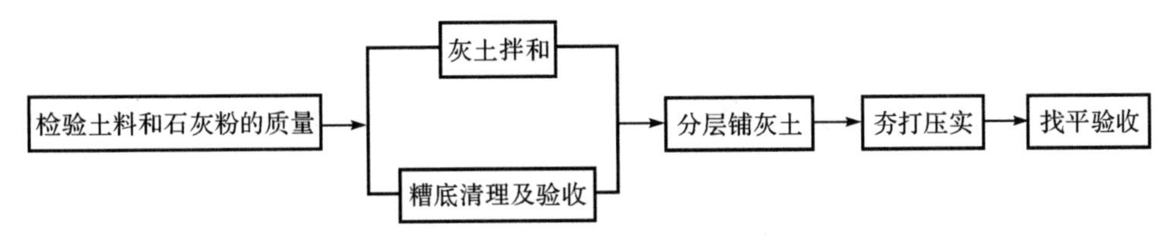

图2－2　灰土地基施工工艺流程图

3. 施工要点

(1)对基槽(坑)应先验槽，去除松土，并打两遍底夯，要求平整干净，如有积水、淤泥应晾干。局部有软弱土层或孔洞，应及时挖除后用灰土分层回填夯实。

(2)土应分层摊铺并夯实。灰土每层最大虚铺厚度，可根据不同夯实机具按照表2－2选用。每层灰土的夯压遍数，应根据设计要求的灰土干密度在现场试验确定，一般不少于三遍。人工打夯应一夯压半夯，夯夯相接，行行相接，纵横交叉。

表2－2　灰土最大虚铺厚度

序号	夯实机具	重量/t	虚铺厚度/mm	备注
1	石夯、木夯	0.04～0.08	200～250	人力送夯，落距400～500 mm，每夯搭接半夯，夯实后约80～100 mm厚
2	轻型夯实机械	0.12～0.4	200～250	蛙式打夯机或柴油打夯机，夯实后约100～150 mm厚
3	压路机	机重6～10	200～300	双轮

(3)灰土回填每层夯(压)实后，应根据规范规定进行质量检验，达到设计要求时，才能进行上一层灰土的铺摊。

(4)当日铺填夯压，入槽(坑)灰土不得隔日夯打。夯实后的灰土3 d内不得受水浸泡，并及时进行基础施工与基坑回填，或在灰土表面做临时性覆盖，避免日晒雨淋。

(5)灰土分段施工时，不得在墙角、柱基及承重窗间墙下接缝，上下两层的接缝距离不得小于500 mm，接缝处应夯压密实，并做成直槎。当灰土地基高度不同时，应做成阶梯形，每阶宽不少于500 mm；对用作辅助防渗层的灰土，应将地下水位以下结构包围，并处理好接缝，同时注意接缝质量，每层虚土从留缝处往前延伸500 mm，夯实时应夯过接缝300 mm以上；接缝时，用铁锹在留缝处垂直切齐，再铺下段夯实。

(6)雨季施工时，应采取适当防雨、排水措施，以保证灰土在基槽(坑)内无积水的状态下进行。刚打完的灰土，如突然遇雨，应将松软灰土除去，并补填夯实；稍受湿的灰土可在晾干后补夯。

(7)冬季施工,必须在基层不冻的状态下进行,土料应覆盖保温,冻土及夹有冻块的土料不得使用;已熟化的石灰应在次日用完,以充分利用石灰熟化时的热量。当日拌和灰土应当日铺填夯完,表面应用塑料布及草袋覆盖保温,以防灰土垫层早期受冻降低强度。

4. 质量检验

每一层铺筑完毕后,应进行质量检验,并认真填写分层检测记录。当某一填层不合乎质量要求时,应立即采取补救措施,进行整改。检验方法主要有贯入法和环刀法两种。

(1)贯入法。先将垫层表面 30 mm 左右的填料刮去,然后用贯入仪、钢叉或钢筋根据贯入度的大小来定性检查垫层质量。应根据垫层的控制干密度预先进行相关性试验,确定要求的贯入度值。

①钢筋贯入法:用直径 20 mm、长度 1250 mm 的平头钢筋,自 700 mm 高处自由落下,插入深度以不大于根据该垫层的控制干密度测定的深度为合格。

②钢叉贯入法:用水撼法使用的钢叉,自 500 mm 高处自由落下,插入深度以不大于根据该垫层的控制干密度测定的深度为合格。

(2)环刀法。在压实后的垫层中,用容积不小于 200 cm^3 的环刀压入每层 2/3 的深度处取样,测定干密度,其值不小于灰土料在中密状态的干密度值为合格(见表 2-3)。

表 2-3 灰土最小干密度标准

土料种类	灰土最小干密度/(g/cm^3)
粉土	1.55
粉质黏土	1.50
黏土	1.45

当采用贯入仪或钢筋检验垫层的质量时,检验点的间距应小于 4 m。当取样检验垫层的质量时,大基坑每 50～100 m^2 不应少于一个检验点;对于基槽每 10～20 m^2 不应少于一个检验点;每个单独柱基不应少于一个检验点。

施工过程中应检查虚铺厚度、分段施工时上下两层的搭接长度、夯实加水量、夯实遍数、压实系数。检验必须分层进行。应在每层的压实系数符合设计要求后铺垫上层土。

灰土地基的质量验收标准应符合表 2-4 的规定。

表 2-4 灰土地基质量检验标准

项目	序号	检查项目	允许偏差或允许值	检查方法
主控项目	1	地基承载力	不小于设计值	静载试验
	2	配合比	设计值	检查拌和时的体积比
	3	压实系数	不小于设计值	环刀法
一般项目	1	石灰粒径/mm	≤5	筛析法
	2	土料有机质含量/%	≤5	灼烧减量法
	3	土颗粒粒径/mm	≤15	筛析法
	4	含水量(与要求的最优含水量比较)/%	±2	烘干法
	5	分层厚度(与设计要求比较)/mm	±50	水准测量

2.1.3　砂和砂石地基

砂和砂石地基系采用砂或砂砾石(碎石)混合物，经分层夯实，作为地基的持力层，提高基础下部地基强度，并通过垫层的压力扩散作用，降低地基的压应力，减少变形量(见图2-3)。砂垫层还可起到排水作用，地基土中孔隙水可通过垫层快速地排出，能加速下部土层的沉降和固结。

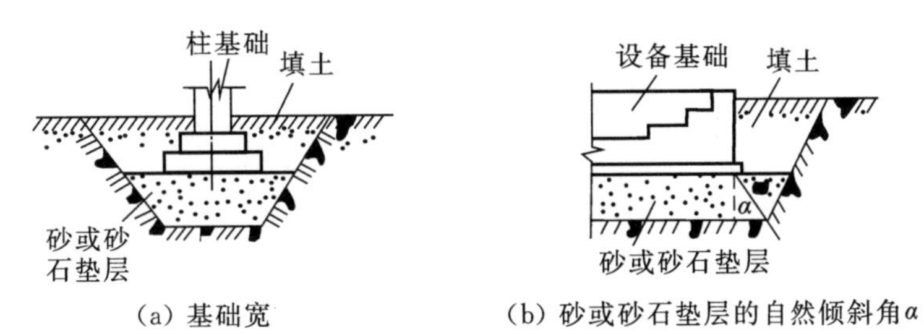

(a) 基础宽　　(b) 砂或砂石垫层的自然倾斜角α

图2-3　砂和砂石地基施工做法

砂和砂石地基不用水泥、石材，并具有以下特点：①由于砂颗粒大，可防止地下水因毛细作用上升；②地基不受冻结的影响；③能在施工期间完成沉陷；④用机械或人工夯实都可使垫层密实，施工工艺简单，可缩短工期，降低造价等。

砂和砂石地基应用范围广泛，适于处理3 m以内的软弱、透水性强的黏性土地基，不宜用于加固湿陷性黄土地基及渗透系数小的黏性土地基。

1. 材料要求

砂和砂石地基宜采用中砂、粗砂、砾砂、碎(卵)石、石屑或其他工业废料。人工级配的砂石地基，应将砂石拌和均匀。

砂、石宜用颗粒级配良好、质地坚硬的中砂、粗砂、砾砂、卵石或碎石、石屑，也可用细砂，但宜同时掺入一定数量的卵石或碎石。砂砾中石子含量应在50%内，石子最大粒径不宜大于50 mm。砂、石中均不得含有草根、垃圾等杂物，含泥量不应超过5%；用作排水垫层时，含泥量不得超过3%。

2. 施工要点

级配砂石原材料应现场取样，进行技术鉴定，符合规范及设计要求；进行室内击实试验确定最大干密度和最优含水量，再根据设计要求的压实系数确定设计要求的干密度，以此作为检验砂石垫层质量控制的技术指标。无击实试验数据时，砂石垫层的中密状态可作为设计要求的干密度：中砂1.6 t/m^3，粗砂1.7 t/m^3，碎石或卵石2.0～2.2 t/m^3 即可。

砂和砂石垫层采用的施工机具和方法对垫层的施工质量至关重要。下卧层是高灵敏度的软土时，在铺设第一层时要注意不能采用振动能量大的机具扰动下卧层，除此之外，一般情况下砂和砂石垫层首选振动法，因为振动法能更有效地使砂和砂石密实。我国目前常用的方法有振动压实法、夯实法、碾压法、水撼法等，常用的机具有振捣器、振动压实机、平板式振动器、蛙式打夯机、压路机等。

砂和砂石垫层的压实效果、分层铺填厚度、最优含水量等应根据施工方法及施工机械现场试验确定。无试验资料时可参考表2-5。分层厚度可用样桩控制。施工时，下层的密实度应经检验合格后，方可进行上层施工。

表 2-5　砂和砂石垫层每层铺筑厚度及最优含水量

振捣方法	每层铺筑厚度/mm	施工时最优含水量/%	施工说明	备注
平振法	200～250	15～20	用平板式振捣器振捣	
插振法	振捣器插入深度	饱和	①用插入式振捣器； ②插入间距根据机械振幅大小决定； ③不应插入下卧黏性土层； ④插入式振捣器所留的孔洞，应用砂填实	不宜用于细砂或含泥量较大的砂所铺筑的砂垫层
水撼法	250	饱和	①注水高度应超过每次铺筑面； ②钢叉摇撼捣实，插入点间距为 100 mm	湿陷性黄土、膨胀土地区不得使用
夯实法	150～200	8～12	①用木夯或机械夯； ②落距为 400～500 mm； ③一夯压半夯，全面夯实	
碾压法	250～350	8～12	6～12 t 压路机往复碾压	①适用于大面积砂垫层； ②不宜用于地下水位以下的砂垫层

砂和砂石垫层铺筑前，应先验槽，清除浮土，且边坡须稳定，防止塌方。开挖基坑铺设垫层时，必须避免扰动下卧的软弱土层，防止被践踏、浸泡或暴晒过久。在卵石或碎石垫层底部应铺设 150～300 mm 厚的砂层，并用木夯夯实（不得使用振捣器）或铺一层土工织物，以防止下卧的淤泥土层表面的局部破坏。如下卧的软弱土层不厚，在碾压荷载下抛石能挤入该土层底部时，可堆填块石、片石等，将其压入以置换或挤出软土。

砂和砂石垫层应铺设在同一标高上，如深度不同时，应挖成阶梯形或斜坡搭接，并按先深后浅的顺序施工。分段施工时接槎做成斜坡，每层错开 0.5～1.0 m，并应充分捣实。振（碾）前应根据干湿程度、气候条件适当洒水，以保持砂石最佳含水量。

碾压遍数由现场试验确定。通常用机夯或平板振捣器时不少于三遍，一夯压半夯全面夯实；用压路机往复碾压不少于四遍，轮迹搭接不小于 50 cm；边缘和转角处用人工补夯密实。

3. 质量检验

（1）砂、石等原材料质量、配合比应符合设计要求，砂、石应搅拌均匀。

（2）施工过程中必须检查分层厚度、分段施工时搭接部分的压实情况、加水量、压实遍数、压实系数。

（3）垫层的施工质量检验必须分层进行，应在每层的压实系数符合设计要求后铺填上一层。垫层的压实标准可参考表 2-6。

（4）垫层的施工质量检验主要有环刀法和贯入法（检验点数量同灰土垫层）。在粗粒土（如碎石、卵石）垫层中也可设置纯砂检测点，在相同的试验条件下，用环刀测其干密度，或用灌砂法、灌水法进行检验。

（5）垫层施工完成后，还应对地基强度或承载力进行检验。检验方法和标准按设计要求，检验数量同灰土垫层。

表 2-6　各种垫层的压实标准

施工方法	换填材料类别	压实系数
碾压、振密或夯实	碎石、卵石	≥0.97
	砂夹石(其中碎石、卵石占全重的 30%～50%)	
	土夹石(其中碎石、卵石占全重的 30%～50%)	
	中砂、粗砂、砾砂、角砾、圆砾、石屑	
	粉质黏土	≥0.97
	灰土	≥0.95
	粉煤灰	≥0.95

(6)砂和砂石地基的质量验收标准应符合表 2-7 的规定。

表 2-7　砂和砂石地基质量检验标准

项目	序号	检查项目	允许偏差或允许值		检查方法
			单位	数值	
主控项目	1	地基承载力	不小于设计值		静载试验
	2	配合比	设计值		检查拌和时的体积比或重量比
	3	压实系数	不小于设计值		灌砂法、灌水法
一般项目	1	砂石料有机质含量	%	≤5	灼烧减量法
	2	砂石料含泥量	%	≤5	水洗法
	3	砂石料粒径	mm	≤50	筛析法
	4	分层厚度(与设计要求比较)	mm	±50	水准测量

2.1.4　重锤夯实地基与强夯地基

1. 重锤夯实地基

重锤夯实地基是利用起重设备将夯锤提升到一定高度，然后自由落锤，利用夯锤自由下落时的冲击能来夯实土层表面，重复夯打使浅层地基土或分层填土夯实，形成一层较为均匀的硬壳层，从而使地基得到加固。

重锤夯实地基一般适用于处理地下水位以上稍湿的黏性土、砂土、杂填土和分层填土，以提高其强度，减少其压缩性和不均匀性；也可用于消除湿陷性黄土的表层湿陷性。但当夯击振动对邻近建筑物或设备产生不利影响时，或当地下水位高于有效夯实深度，以及有效夯实深度内存在软弱土时，不得采用重锤夯实地基。

1)机具设备

起吊设备可采用带有摩擦式卷扬机的履带式起重机、龙门式起重机或悬臂式桅杆起重机等。其起重能力，如直接用钢丝绳悬吊夯锤时，应大于夯锤重量的 3 倍；采用自动脱钩时，应大于夯锤重量的 1.5 倍。落距一般控制在 2.5 m 至 4.5 m 之间。

夯锤的形状宜采用圆台形,如图 2-4 所示。可用 C20 以上的钢筋混凝土制作,其底部可填充废铁并设置钢底板使重心降低。锤重宜为 1.5～3 t,底面直径宜为 1.0～1.5 m,锤底面静压力宜为 15～20 kPa。

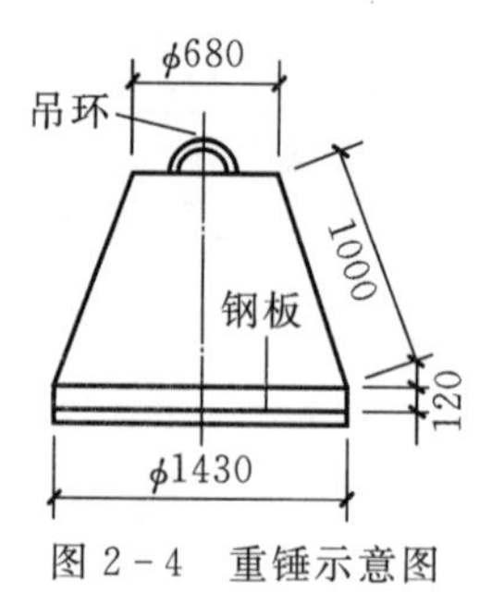

图 2-4　重锤示意图

2)施工要点

(1)施工前应在现场进行试夯,试夯面积不应小于 10 m×10 m,试夯层数不少于两层,以确定符合设计密实度要求的有关夯击参数,如夯锤重量、锤底直径、落距、每层的虚铺厚度、有效夯击深度、夯击次数、最后下沉量、总下沉量等。最后下沉量是指最后两击的平均下沉量,对黏性土和湿陷性黄土取 10～20 mm,对砂土取 5～10 mm,以此作为控制停夯的标准。

(2)基坑(槽)的夯击范围应大于基础底面,每边应超出基础边缘 0.5 m,以便于底面边角夯打密实。夯实前基坑(槽)底面应高出设计标高,预留土层的厚度一般为试夯时总下沉量加 50～100 mm。

(3)夯实时地基土的含水量应控制在最优含水量范围以内。如需洒水,应待水全部渗入土中一昼夜后方可夯击;若土的表面含水量过大,可采取铺撒吸水材料(如干土、碎砖、生石灰等)、换土或其他有效措施。

(4)在基坑(槽)的周边应做好排水措施,防止向基坑(槽)内灌水。有地下水时应采取降水措施。

(5)在条形基槽或大面积基坑内夯击时,第一循环应按一夯挨一夯顺序进行,第二循环宜在前一循环的空隙点夯击,如此反复进行,最后两遍应一夯搭半夯进行;在独立柱基基坑内夯击时,应采取先两边后中间或先外后里的顺序夯击;基坑(槽)底面标高不同时,应按先深后浅的顺序逐层夯击。

(6)应注意基坑(槽)边坡稳定性和夯击对邻近建筑物的影响,必要时应采取有效措施,冬期施工应采取防冻措施。

3)质量检验

重锤夯实后应检查施工记录,除应符合试夯最后下沉量的规定外,还应符合基坑(槽)表面的总下沉量不小于试夯总下沉量的 90%。也可在地基上选点夯击,检查最后下沉量,检查点数:独立基础每个不少于一处,基槽每 20 m 不少于一处,整片地基每 50 m^2 不少于一处。如质量不合格,应进行补夯,直至合格为止。

2. 强夯地基

强夯地基是利用起重设备将重锤(一般为 8～40 t)提升到较大高度(一般为 10～40 m)后,自由落下,将产生的巨大冲击能量和振动能量作用于地基,从而在一定范围内提高地基的强度,降低压缩性,是改善地基抵抗振动液化的能力、消除湿陷性黄土的湿陷性的一种有效的地基加固方法。强夯地基在 1969 年首创,应用初期仅用于加固砂土、碎石土地基。经过几十年的发展,强夯地基已适用于碎石土、砂土、低饱和度的粉土、黏性土、杂填土、素填土、湿陷性黄土等各类地基的处理。对淤泥和淤泥质土地基,强夯处理效果不佳,应慎重。另外,强夯地基施工时振动大、噪声大,对邻近建筑物的安全和居民的正常生活有一定影响,所以在城市市区或居民密集的地段不宜采用。

1)加固机理

强夯地基的机理与重锤夯实地基有着本质的不同。重锤夯实地基是利用夯锤自由下落时的冲击能来夯实土层表面,形成一层较为均匀的硬壳层,使地基得到加固;而强夯地基的机理比较复杂,影响强夯效果的因素也很多,很难建立适用于各类土的强夯加固理论。但将各种解释的共同点加以概括,强夯地基的基本原理可描述为:土层在巨大的强夯冲击能作用下,土中产生了很大的应力和冲击波，致使土中孔隙压缩(破坏了土粒之间的连接，使土粒结构重新排列密实)，土体局部液化，产生超静水压力，而夯击点周围一定深度内产生的裂隙，形成了良好的排水通道，使土中的孔隙水和气体顺利溢出，土体迅速固结，从而降低此深度范围内土的压缩性，提高地基承载力。有资料显示，经过强夯的黏性土，其承载力可增加100%～300%，粉砂土可增加400%，砂土可增加200%～400%。

2)机具设备

强夯施工的机具设备主要有起重设备、夯锤、脱钩装置等。目前起重设备多采用自行式、全回转履带式起重机，起重能力多为10～40 t，一般采用滑轮组和脱钩装置来起落夯锤。近年来施工中普遍采用在起重机臂杆端部设置辅助门架的措施，这样既可以防止落锤时机架倾斜，又能提高起重能力。

夯锤的质量应根据加固土层的厚度、土质条件及落距等因素确定。夯锤的材料可用铸钢(铁)或在钢板壳内填筑混凝土。夯锤形状有圆形(锥底圆柱形、平底圆柱形、球底圆台形等)和方形(平底方形)，方锤落地时，方位改变与夯坑形状不一致有关，将会影响夯击效果；圆形不易旋转，定位方便，稳定性和重合性较好，应用广泛。锤形选择一般根据夯实要求，如加固深层土体可选用锥底或球底锤；加固浅层或表层土体时，多选用平底锤。锤底面积一般根据锤重、土质和加固深度来确定，锤底静接地压力可取25～40 kPa，对于细颗粒土，锤底静接地压力宜取较小值。夯锤中应设置若干个对称均匀布置的排气孔，避免吸着作用使起锤困难，排气孔直径为250～300 mm，太小易堵孔，不起作用。

脱钩装置应具有足够的强度，并且施工方便。目前多采用自动脱钩装置，这样既保证了每次夯击的落距相同，又提高了施工效率，同时施工人员不必进入夯击区操作，保证了人身安全。

3)施工要点

(1)正式施工前应做强夯试验(试夯)。根据勘察资料、建筑场地的复杂程度、建筑规模和建筑类型，在拟建场地选取一个或几个有代表性的区段作为试夯区。试夯结束待孔隙水压力消散后进行测试，对比分析夯前、夯后试验结果，确定强夯施工参数，并以此指导施工。

(2)强夯前应平整场地，标出夯点布置并测量场地高程。当地下水位较高时，宜采取人工降水使地下水位低于坑底面以下2 m；或在地表铺一定厚度的砂砾石、碎石、矿渣等粗颗粒垫层，其目的是在地表形成硬层，支承起重设备，确保机械设备通行和施工，同时还可加大地下水和地表面的距离，防止夯击时夯坑积水。

(3)强夯前应查明场地范围内的地下构筑物和各种地下管线的位置及标高等，并采取必要的措施，以免因强夯施工而造成破坏。当强夯产生的振动对邻近建筑物或设备有影响时，应设置监测点，并应采取挖隔振沟等隔振或防振措施。

(4)强夯施工应按设计和试夯的夯击次数及控制标准进行。落锤应保持平稳，夯位准确，若发现因坑底倾斜而造成夯锤歪斜时，应及时将坑底整平。

(5)每夯击一遍后，用推土机将夯坑填平，并测量场地平均下沉量，停歇规定的间歇时间，待土中超静孔隙水压力消散后，进行下一遍夯击。完成全部夯击遍数后，再用低能量满夯，将场地表层松土夯实，并测量夯实后场地高程。场地平均下沉量必须符合要求。

(6)强夯施工过程中应有专人负责监测工作，并做好详细现场记录，如夯击次数、每击夯沉量、夯坑深度、开口大小、填料量、地面隆起与下沉、孔隙水压力增长与消散、附近建筑物的变形等，并注意吊车、夯锤附近人员的安全。

4)**质量检验**

强夯施工前应检查夯锤重量、尺寸、落距控制手段、排水设施及被夯地基的土质。施工中应检查落距、夯击遍数、夯点位置、夯击范围以及施工过程中的各项测试数据和施工记录。施工结束后应检查被夯地基的强度并进行承载力检验。强夯地基质量检验标准应符合《建筑地基基础工程施工质量验收标准》的规定。

承载力检验应在施工结束后间隔一定时间方能进行,对于碎石土和砂土地基,间隔时间宜为7～14 d;粉土和黏性土地基,间隔时间宜为14～28 d。承载力检验的方法应采用原位测试和室内土工试验,其数量应根据场地复杂程度和建筑物的重要性确定。对于简单场地上的一般建筑物,每个建筑地基不应少于三点。

2.1.5 水泥粉煤灰碎石桩复合地基

水泥粉煤灰碎石桩,又称为CFG桩,是由水泥、粉煤灰、碎石、石屑或砂等混合料加水拌和,采用各种成桩机械形成的桩体。通过调整水泥的用量及配比,桩体强度等级最高可达C25级,相当于刚性桩。因此,常常在桩顶与基础之间铺设一层150～300 mm厚的中砂、粗砂、级配砂石或碎石(称为褥垫层),以利于桩间土发挥承载力,与桩组成复合地基,见图2-5。

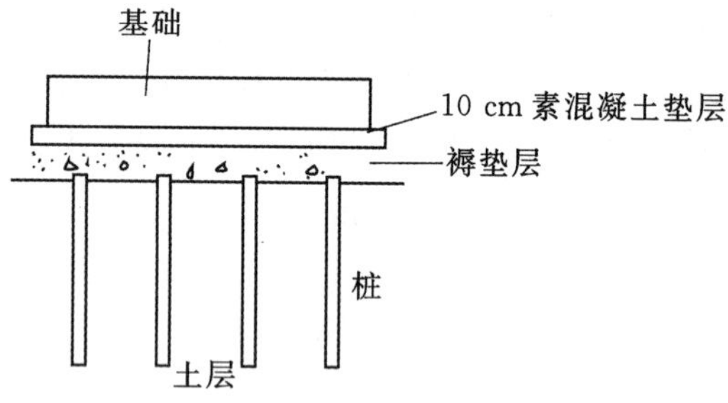

图2-5　水泥粉煤灰碎石桩复合地基示意图

水泥粉煤灰碎石桩适用于处理黏性土、粉土、砂土和已自重固结的素填土等地基。对淤泥质土应按地区经验或通过现场试验确定其适用性。

1. 材料要求

(1)水泥:宜选用强度等级为32.5R以上的普通硅酸盐水泥。

(2)褥垫层材料:宜用中砂、粗砂、碎石或级配砂石等,最大粒径不宜大于30 mm,不宜选用卵石(咬合力差,施工扰动容易使褥垫层厚度不均匀)。

(3)碎石:粒径为20～50 mm,松散密度为1.39 t/m^3,杂质含量小于5%。

(4)石屑:粒径为2.5～10 mm,松散密度为1.47 t/m^3,杂质含量小于5%。

(5)粉煤灰:选用Ⅲ级或Ⅲ级以上等级的粉煤灰。

2. 施工方法及适用范围

常用的施工方法有三种:长螺旋钻孔灌注成桩施工,长螺旋钻孔、管内泵压混合料灌注成桩施工,振动沉管灌注成桩施工。

1)**长螺旋钻孔灌注成桩施工及长螺旋钻孔、管内泵压混合料灌注成桩施工**

(1)施工流程。长螺旋钻孔灌注成桩及长螺旋钻孔、管内泵压混合料灌注成桩施工流程见图2-6。

(2)适用范围。长螺旋钻孔灌注成桩施工,适用于地下水位以上的黏性土、粉土、素填土、中等密实以上的砂土地基;长螺旋钻孔、管内泵压混合料灌注成桩施工,适用于黏性土、粉土、砂土,以及对噪声或泥浆污染要求严格的场地。

2)**振动沉管灌注成桩施工**

(1)施工流程。振动沉管灌注成柱施工流程见图2-7。

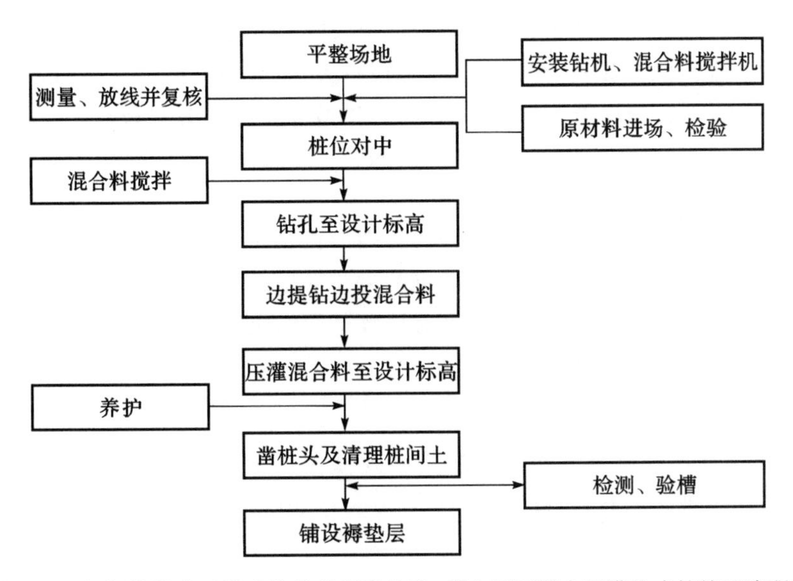

图 2-6　长螺旋钻孔压灌成桩及长螺旋钻孔、管内泵压混合料灌柱成桩施工流程图

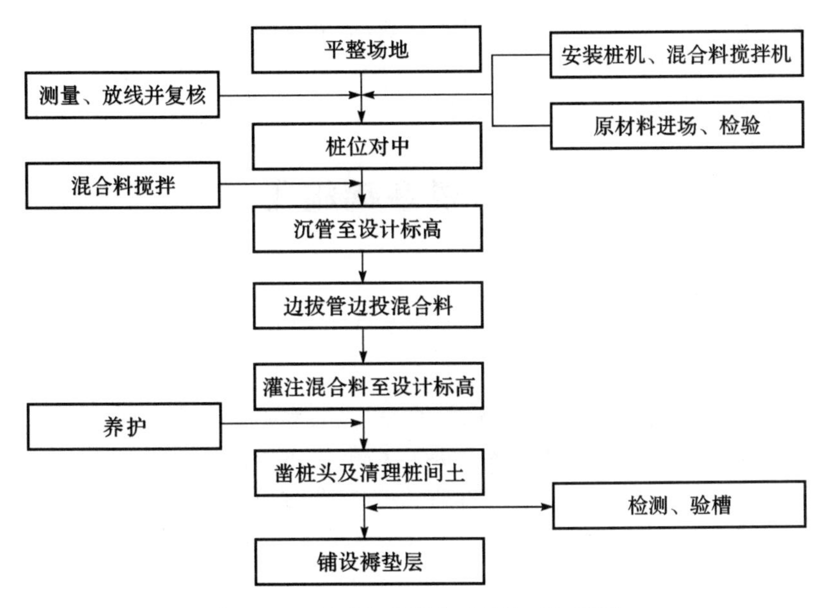

图 2-7　振动沉管灌注成桩施工流程图

(2)适用范围。振动沉管灌注成桩，适用于粉土、黏性土及素填土地基(使用的桩尖采用钢筋混凝土预制桩尖或钢制活瓣桩尖)。

(3)施打顺序。在设计桩的施打顺序时，主要考虑新打桩对已打桩的影响。施打顺序大体可分为两种类型：一是连续施打，如图 2-8(a)所示，从 1 号桩开始，依次 2 号、3 号等连续打下去；二是间

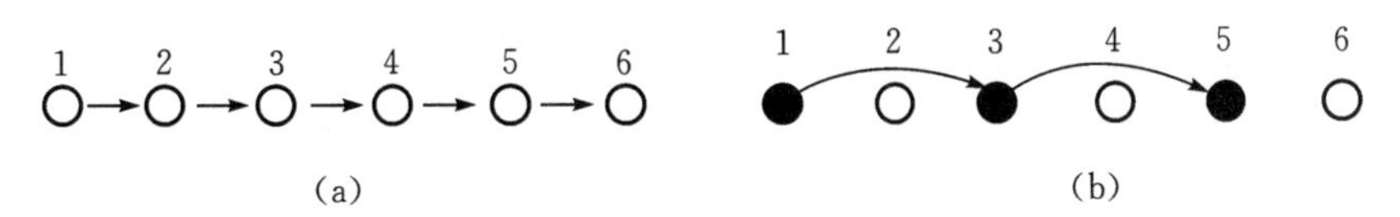

图 2-8　桩的施打顺序示意图

隔跳打，可以隔一根桩，也可隔多个桩，如图 2－8(b)所示，先打 1、3、5 号等，后打 2、4、6 号等。

施打顺序与土性和桩距有关。在软土中，桩距较大，可采用隔桩跳打。在饱和的松散粉土中施工，如果桩距较小，不宜采用隔桩跳打方案，因为松散粉土振密效果较好，打的桩越多，土的密度越大，桩越难打。在补打新桩时，一是加大了沉管的难度，二是非常容易造成已打的桩成为断桩。

对满堂布桩，无论桩距大小，均不宜从四周转圈向内推进施工，因为这样限制了桩间土向外的侧向变形，容易造成大面积土体隆起，使断桩的可能性增大；可采用从中心向外推进的方案，或从一边向另一边推进的方案。桩距偏小或夹有比较坚硬的土层时，亦可采用螺旋钻成孔的措施，以减少沉、拔管时对已结硬的已打桩的振动力。

3. 施工要点

(1)施工时按配合比配制混合料。长螺旋钻孔灌注成桩所用混合料坍落度宜为 160～200 mm；振动沉管灌注成桩所用混合料坍落度宜为 30～50 mm，振动沉管灌注成桩后桩顶浮浆厚度不宜超过 200 mm。

(2)长螺旋钻孔、管内泵压混合料成桩施工在钻至设计深度后，应准确掌握提拔钻杆时间。混合料泵送量应与拔管速度相配合，遇到饱和砂土或饱和粉土层，不得停泵待料。

(3)沉管灌注成桩施工拔管速度应按匀速控制，拔管速度应控制在 1.2～1.5 m/min 内，如遇淤泥或淤泥质土，拔管速度应适当放慢。

(4)施工桩顶标高宜高于设计桩顶标高 0.5 m 以上。

2.2 浅基础施工

2.2.1 砖基础施工

1. 砖基础构造

砖基础下部通常扩大，称为大放脚。大放脚有等高式和不等高式两种(见图 2－9)。等高式大放脚是两皮一收，即每砌两皮砖，两边各收进 1/4 砖长；不等高式大放脚是“两皮一收”与“一皮一收”相间隔，即砌两皮砖，收进 1/4 砖长，再砌一皮砖，收进 1/4 砖长，如此往复。在相同底宽的

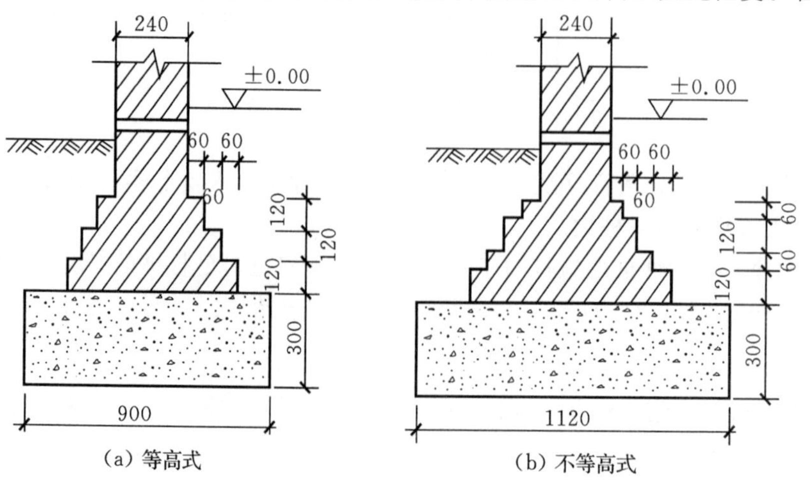

图 2－9　砖基础

情况下，后者可减小基础高度，但为保证基础的强度，底层需用“两皮一收”砌筑。大放脚的底宽应根据计算而定，各层大放脚的宽度应为半砖长的整倍数(包括灰缝)。

在大放脚下面为基础地基，地基一般用灰土、碎砖三合土或混凝土等。在墙基顶面应设防潮层，防潮层宜用 1∶2.5 水泥砂浆加适量的防水剂铺设，其厚度一般为 20 mm，位置在底层室内地面以下一皮砖处，即离底层室内地面下 60 mm 处。

2. 砖基础施工工艺及施工要点

1)砖基础施工工艺流程

砖基础施工工艺流程为：选砖—砖浇水—校核放线尺寸—选择砌筑方法—设置皮数杆—砌筑—清理。

2)施工要点

(1)砌筑前，应将地基表面的浮土及垃圾清除干净。

(2)基础施工前，应在主要轴线部位设置引桩，以控制基础、墙身的轴线位置，并从中引出墙身轴线，而后向两边放出大放脚的底边线。在地基转角、交接及高低踏步处预先立好基础皮数杆。

(3)砌筑时，可依皮数杆先在转角及交接处砌几皮砖，然后在其间拉准线砌中间部分。内外墙砖基础应同时砌起，如不能同时砌筑时应留置斜槎，斜槎长度不应小于斜槎高度。

(4)基础底标高不同时，应从低处砌起，并由高处向低处搭接。如设计无要求，搭接长度不应小于大放脚的高度。

(5)大放脚部分一般采用“一顺一丁”砌筑形式。水平灰缝及竖向灰缝的宽度应控制在 10 mm 左右，水平灰缝的砂浆饱满度不得小于 80%，竖缝要错开。要注意丁字及十字接头处砖块的搭接，在这些交接处，纵横墙要隔皮砌通。大放脚的最下一皮及每层的最上一皮应以丁砌为主。

(6)基础砌完验收合格后，应及时回填。回填土要在基础两侧同时进行，并分层夯实。

2.2.2　毛石基础施工

1. 毛石基础构造

在石料丰富地区，可以因地制宜，采用毛石基础。毛石基础是用毛石与水泥砂浆或水泥混合砂浆砌成的。所用毛石应质地坚硬，无裂纹，强度等级一般为 MU20 以上；砂浆宜用水泥砂浆，强度等级应不低于 M5。

毛石基础可作墙下条形基础或柱下独立基础，按其断面形状有矩形、阶梯形和梯形等(见图 2-10)。基础顶面宽度比墙基底面宽度大 200 mm，基础底面宽度依设计计算而定。梯形基础

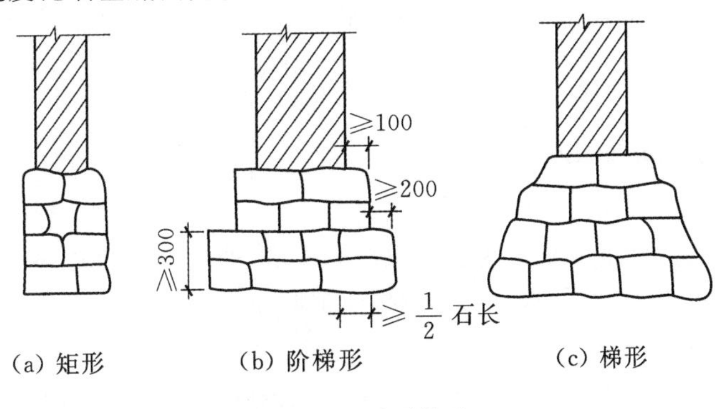

图 2-10　毛石基础

坡角应大于60°。阶梯形基础每阶高不小于300 mm，每阶挑出宽度不大于200 mm。

2. 毛石基础施工工艺及施工要点

1)毛石基础施工工艺流程

毛石基础施工的工艺流程为：验槽—选材(毛石、毛料石)—定位和放线—组砌毛石—清理。

2)毛石基础施工要点

(1)基础砌筑前，应先行验槽并将表面的浮土和垃圾清除干净。

(2)放出基础轴线及边线，其允许偏差应符合规范规定。

(3)毛石基础砌筑时，第一皮石块应坐浆，并大面向下；砌筑料石基础的第一皮石块应丁砌并坐浆。砌体应分皮卧砌，上下错缝，内外搭砌，不得采用先砌外面石块后中间填心的砌筑方法。

(4)毛料石和粗料石砌体不宜大于20 mm，细料石砌体不宜大于5 mm。石块间较大的孔隙应先填塞砂浆后用碎石嵌实，不得采用先放碎石块后灌浆或干填碎石块的方法。

(5)为增加整体性和稳定性，应按规定设置拉结石。

(6)毛石基础的最上一皮及转角处、交接处和洞口处，应选用较大的平毛石砌筑。有高低台的毛石基础，应从低处砌起，并由高台向低台搭接，搭接长度不小于基础高度。

(7)阶梯形毛石基础，上阶的石块应至少压砌下阶石块的1/2，相邻阶梯毛石应相互错缝搭接。

(8)毛石基础的转角处和交接处应同时砌筑。如不能同时砌筑又必须留槎时，应砌成斜槎。基础每天可砌高度应不超过1.2 m。

2.2.3 钢筋混凝土柱下独立基础施工

钢筋混凝土柱下独立基础的施工，涉及钢筋制作安装、混凝土浇筑及模板的安装等主要工种。其施工质量应满足《建筑地基基础设计规范》《建筑地基基础工程施工质量验收标准》《混凝土结构工程施工质量验收规范》等的要求。常见的钢筋混凝土独立柱基础形式有矩形、阶梯形、锥形等，如图2-11所示。

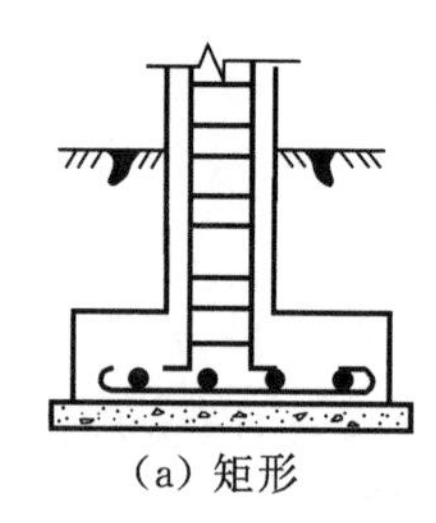
(a) 矩形

(b) 阶梯形

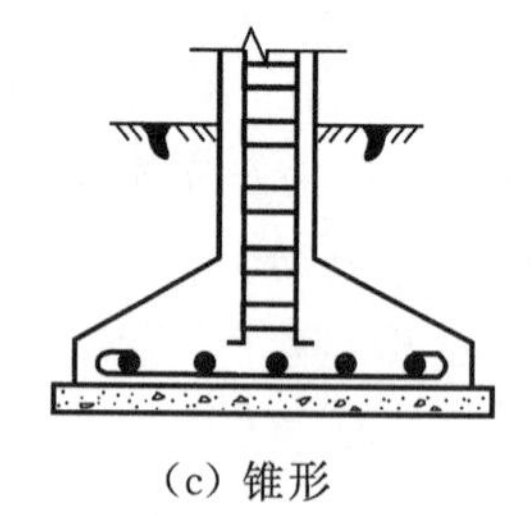
(c) 锥形

图2-11　独立柱基础

1. 现浇柱下独立基础施工

1)施工准备

(1)基槽(坑)准备。在混凝土浇筑前应先进行验槽，轴线、基坑尺寸和土质应符合设计规定。如有地下水应排除，坑内浮土、积水、淤泥、杂物应清除干净。局部软弱土层应挖去，用灰土或砂砾回填并夯实至与基底相平。

(2)垫层施工。垫层厚度一般为100 mm，混凝土强度等级不小于C15，在基坑验槽后应立即浇灌垫层混凝土，以保护地基。混凝土宜用表面振动器进行振捣，要求表面平整。

2)施工注意事项

(1)当垫层达到一定强度后(一般达到设计强度的 70%),即在其上弹线、支模、铺放钢筋网片。上下部垂直钢筋应绑扎牢,并注意将钢筋弯钩朝上,连接柱的插筋,下端要用 90°弯钩与基础钢筋绑扎牢固,按轴线位置校核后用方木架成“井”字形,将插筋固定在基础外模板上;底部钢筋网片应用与混凝土保护层同厚度的水泥砂浆垫块垫塞,以保证钢筋位置正确。

(2)在基础混凝土浇筑前,应将模板和钢筋上的垃圾、泥土和油污等杂物清除干净;对模板的缝隙和孔洞应予堵严;木模板表面要浇水湿润,但不得积水。

(3)浇筑现浇柱下基础时,应特别注意柱子插筋位置正确。要将插筋加以固定以保证其位置正确,防止插筋在外力作用下产生位移。在浇筑开始时,先满铺一层厚的混凝土,并捣实,使柱子插筋下段和钢筋网片的位置基本固定,然后再对称浇筑。

(4)基础混凝土宜分层连续浇筑。对于阶梯形基础,每一个台阶高度内应为一个整体浇捣层,每浇筑完一层台阶应稍停 0.5～1.0 h,待其初步沉实后,再浇筑上一层台阶,以防止下台阶混凝土溢出,在上一台阶的根部产生“烂脖子”。每一台阶浇完,表面应随即原浆抹平。

(5)对于锥形基础,应注意锥体斜面坡度正确。斜面部分的模板应随混凝土浇捣分段支设,并应支撑顶紧,以防模板上浮变形;边角处的混凝土必须注意捣实。严禁斜面部分不支模,只用铁锹拍实。基础上部柱子施工时,可在上部水平面留设施工缝。施工缝的处理应按有关规定执行。

(6)基础混凝土浇筑完,应用草帘等覆盖,并浇水加以养护。

2.预制柱杯口基础施工

预制柱杯口基础的施工,除按上述施工要求外,还应注意以下几点:

(1)杯口模板可采用木模板或钢定型模板,可做成整体的,也可做成两半形式,中间加一块楔形板。拆模时,先取出楔形板,然后分别将两半杯口模取出。为拆模方便,杯口模外可包一层薄铁皮。支模时杯口模板要固定牢固并压浆。

(2)按台阶分层浇筑混凝土。对高杯口基础的高台阶部分,按整段分层浇筑混凝土。浇筑杯口基础时,应从四侧对称、均匀地进行浇筑,防止将杯口模板挤向一侧,导致杯口变形或位移。

(3)由于杯口模板仅在上端固定,浇捣混凝土时,应四周对称均匀进行,避免将杯口模板挤向一侧。

(4)杯口基础一般在杯底均留有 50 mm 厚的细石混凝土找平层,在浇筑基础混凝土时要仔细留出。基础浇捣完毕,在混凝土初凝后终凝前用倒链将杯口模板取出,并将杯口内侧表面混凝土凿毛。

(5)在浇筑高杯口基础混凝土时,由于其最上一台阶较高,施工不方便,可采用后安装杯口模板的方法施工,也就是说,当混凝土浇捣接近杯口底时,再安装杯口模板,然后浇筑杯口混凝土。

2.2.4　钢筋混凝土条形基础施工

条形基础是指基础长度大于 10 倍宽度或高度的基础形式。当地基土承载力较小、荷载较大时条形基础也常采用钢筋混凝土建造。这种基础整体性好,抗弯强度大,特别适用于基底面积大的浅基础,故在基础设计中经常采用。

钢筋混凝土条形基础分为墙下钢筋混凝土条形基础和柱下钢筋混凝土条形基础。常见条形基础形式有锥形板式、锥形梁板式、矩形梁板式等,如图 2-12 所示。

条形基础的施工要点与独立柱基础十分近似,除此之外,还要考虑以下几点:

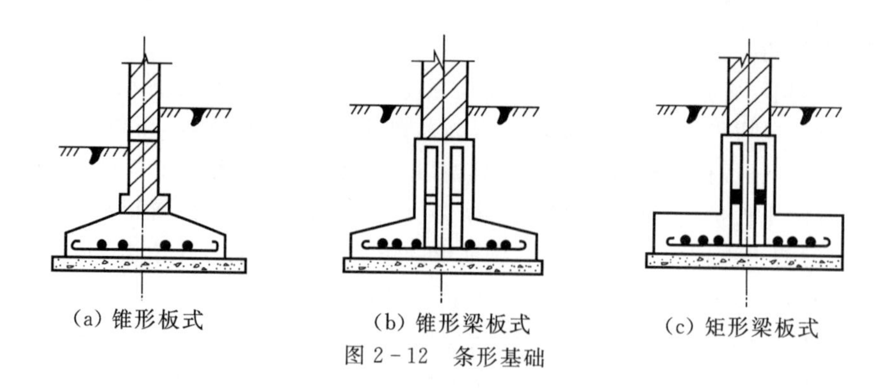

图 2-12　条形基础

(1)当基础高度在 900 mm 以内时，插筋伸至基础底部的钢筋网上，并在端部做成直弯钩；当基础高度较大时，位于柱子四角的插筋应伸到基础底部，其余的钢筋只需伸至锚固长度即可。插筋伸出基础部分长度应按柱的受力状况及钢筋规格确定。

(2)钢筋混凝土条形基础，在 T 字形、L 形与“十”字交接处的钢筋沿一个主要受力方向通长设置。

(3)浇筑混凝土时，经常观察模板、支架、螺栓、预留孔洞和管道有无走位情况，一经发现有变形、走位时，立即停止浇筑，并及时修整和加固模板，然后再继续浇筑。

2.2.5　钢筋混凝土筏板基础施工

1. 构造

如果地基特别软，而上部结构的荷载又相当大时，特别是带有地下室的高层建筑物，如设计成“十”字交叉基础仍不能满足变形条件要求，而又不宜采用桩基或人工地基时，可将基础设计成钢筋混凝土筏板基础(俗称满堂基础)。筏板基础的构造要求，详见表 2-8。

表 2-8　筏板基础的构造要求

项目	技术要求
基础厚度	一般为等厚，平面应大致对称，尽量减少基础的偏心力矩
底板厚度	不宜小于 200 mm，一般取 200～400 mm
梁截面	按计算确定，梁高出底板的顶面一般不小于 300 mm，梁宽不小于 250 mm
配筋及保护层厚度	双向配筋，钢筋宜用 300 级和 400 级，钢筋保护层厚度不宜小于 35 mm
混凝土强度等级	垫层混凝土宜为 C15，厚度为 100 mm，每边伸出基础底板不小于 100 mm；筏板基础混凝土不宜低于 C30。当有地下室时应采用防水混凝土，防水混凝土抗渗强度等级不低于 0.6 MPa

注：(1)筏板悬挂墙外的长度，从轴线起算，横向不宜大于 1500 mm，纵向不宜大于 1000 mm，边端厚度不小于 200 mm。

(2)筏板基础配筋：①平板式筏板基础，按柱上板带和跨中板带分别计算配筋。②梁板式筏板基础，在用四边嵌固双向板计算跨中和支座弯矩时，应适当予以折减。配筋除满足上述要求计算外，纵横方向支座钢筋尚应有 0.15%配筋连通，跨中钢筋按实际配筋率全部连通；当板厚 $h \leqslant 250$ mm 时，取分布钢筋直径 8 mm，间距 250 mm；当 $h > 250$ mm 时，取分布钢筋直径 10 mm，间距 200 mm。③墙下筏板基础，适用于筑有人工垫层的软弱地基及具有硬壳层的比较均匀的软土地基上，建造六层及六层以下横墙较密集的民用建筑，墙下筏板基础一般为等厚度的钢筋混凝土平板。对地下水位以下的地下筏板基础，必须考虑混凝土的抗渗等级。

2. 施工方法及要求

筏板基础浇筑前，应清扫基坑、支设模板、铺设钢筋；木模板要浇水湿润，钢模板面要涂隔离剂。模板安装、钢筋制作、混凝土浇筑等必须符合《建筑地基基础设计规范》《建筑地基基础工程施工质量验收标准》《混凝土结构工程施工质量验收规范》等的要求。

(1)根据筏板的基础结构情况、施工的具体条件及要求采用以下两种方法之一施工：

第一种方法是先在垫层上绑扎底板梁的钢筋和上部柱插筋，后浇筑底板混凝土，待达到25％以上强度后，再在底板上支梁侧模板，浇筑完梁体部分混凝土。

第二种方法是将底板和梁钢筋、模板一次同时支好，梁侧模板用混凝土支墩或钢支脚支撑并固定牢固，混凝土一次连续浇筑成。

采取第一种方法可降低施工强度，支梁模方便，但处理施工缝较复杂；第二种方法可一次完成施工，质量易于保证，可缩短工期。但两种方法都应注意保证梁位置和柱插筋位置正确，混凝土应一次连续浇筑完成。当筏板基础长度很长(40 m 以上)时，应考虑在中部适当部位留设贯通后浇缝带，以避免出现温度收缩裂缝和便于进行施工分段流水作业。

(2)混凝土浇筑方向应平行于次梁长度方向，对于平板式筏板基础则应平行于基础长边方向。混凝土应一次浇筑完成，若不能整体浇筑完成，则应留设垂直施工缝，并用木板挡住。施工缝留设位置：当平行于次梁长度方向浇筑时，应留在次梁中部 1/3 跨度范围内；对平板式可留设在任何位置，但施工缝应平行于底板短边且不应在柱脚范围内。在施工缝处继续浇筑混凝土时，应将施工缝表面清扫干净，清除水泥薄层和松动石子等，并浇水湿润，铺上一层水泥浆或与混凝土成分相同的水泥砂浆，再继续浇筑混凝土。

(3)对于梁板式筏板基础，梁高出底板部分应分层浇筑，每层浇筑厚度不宜超过 200 mm。当底板上或梁上有立柱时，混凝土应浇筑到柱脚顶面，留设水平施工缝，并预埋连接立柱的插筋。水平施工缝处理与垂直施工缝相同。

(4)在浇筑混凝土时，应在基础底板上预埋好沉降观测点，定期进行观测，并做好观测记录。

(5)混凝土浇筑完毕，在基础表面应覆盖草帘和洒水养护，并不少于 7 d(必要时应采取保温养护措施)。待混凝土强度达到设计强度的25％以上时，即可拆除梁的侧模。

(6)当混凝土强度达到设计强度的30％时，应进行基坑回填。基坑回填应在四周同时进行，并按基底排水方向由高到低分层进行。

2.3　预制桩施工

2.3.1　钢筋混凝土预制桩概述

1. 桩的制作

钢筋混凝土预制桩是目前应用最广泛的一种桩基施工方式。预制钢筋混凝土桩分实心桩和空心管桩两种。为了便于施工，实心桩大多做成方形断面，截面边长以 300～500 mm 较为常见。现场预制桩的单根桩的最大长度主要取决于运输条件和打桩架的高度，一般不超过 30 m。如桩长超过 30 m，可将桩分成几段预制，在打桩过程中进行接桩处理。预应力混凝土管桩是在工厂内采用先张法预应力工艺和离心法制成的。建筑工程中常用的 PHC 管桩(经高压蒸气养护生产的预应力高强混凝土管桩)和 PC 管桩(未经高压蒸气养护生产的预应力混凝土管桩)，外径为

300～600 mm,分节长度为 7～13 mm,沉桩时桩节处通过焊接端头板接长。

2. 桩的起吊、运输和堆放

钢筋混凝土预制桩的混凝土达到设计强度 75%以上时方可起吊,达到 100%后方可运输。如提前吊运,必须验算合格。吊点位置的确定随桩长而异(见图 2-13)。钢丝绳与桩之间应加衬垫,以免损坏棱角。长桩搬运时,桩下要设置活动支座。经过搬运的桩,还应进行质量复查。桩堆放时,地面必须平整、坚实,垫木位置应与吊点位置一致。各层垫木应位于同一垂直线上,堆放层数不宜超过四层。不同规格的桩,应分垛堆放。

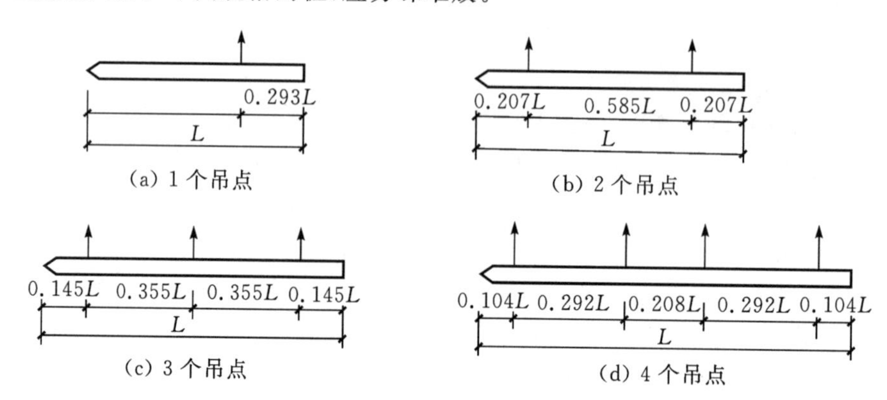

图 2-13　吊点的合理位置

3. 试桩

目前常见的试桩方法有单桩竖向静荷载试验、高应变动力试桩两种方法。试桩数量不少于总桩数的 1%,且不应少于 3 根;当总桩数少于 50 根时,不应少于 2 根。单桩竖向静荷载试验采用接近于桩的实际工作条件的试验方法来检测桩的承载力是否满足设计要求。

2.3.2　预制桩施工的方法

预制桩施工按打桩设备和打桩方法可分为锤击法、振动法、水冲法等几种方法。下面重点介绍锤击沉桩的施工。

锤击沉桩也称打入桩,是利用桩锤下落产生的冲击能量将桩沉入土中。锤击沉桩是混凝土预制桩最常用的沉桩方法。该法施工速度快,机械化程度高,适用范围广,但施工时噪声污染和振动较大。

1. 施工设备

打桩用的设备主要包括桩锤、桩架及动力装置三部分。桩锤有落锤、单动汽锤、双动汽锤、柴油桩锤和振动桩锤等。

1)**落锤**

落锤亦称自落锤,一般是生铁铸成的。落锤利用本身的重量自高处落下产生冲击力,将桩打入土内。落锤一般重 1～2 t。为了搬运方便,适应桩锤重量的变化,落锤可以分片铸成,用螺栓把各片连接起来,但装配螺栓易受震动而断裂。落锤可以用卷扬机来提起,利用脱钩装置或松开卷扬机刹车放落,使桩锤自由落到桩头上,桩便逐渐打入土中。落锤适合于在普通黏土和含砾石较多的土层中打桩,但打桩速度较慢(6～12 次/min)。

2)**单、双动汽锤**

单动汽锤的冲击部分为汽缸,动力为蒸汽或压缩空气。单动汽锤的锤重 3～15 t,冲击力大,锤击次数为60～80次/min,但没有充分利用蒸汽或压缩空气的压力。

双动汽锤打桩时固定在桩顶上，不与桩头脱离。双动汽锤活塞冲程短,锤击次数可达100～300次/min,锤重5～7 t,工作效率高。

3)**柴油桩锤**

柴油桩锤的冲击部分是一个上下运动的汽缸。当汽缸迅速下降击锤时,汽缸中的空气受到压缩,温度猛增;与此同时,柴油通过喷嘴喷入汽缸自行燃烧,所造成的压力又将汽缸上抛,待其丧失上升速度,则又重新降落击桩。

4)**振动桩锤**

振动桩锤在砂土中打桩最有效,并适合打设混凝土管桩。桩锤的类型应根据施工现场情况、机具设备条件及工作方式和工作效率等条件来选择。桩锤类型选定之后,还要确定桩锤的重量,宜选择重锤低击。桩锤过重,所需动力设备也大,不经济;桩锤过轻,必将加大落距,锤击功能很大部分被桩身吸收,桩不易打入,且桩头容易打坏,保护层可能震掉。轻锤高击所产生的应力,还会促使距桩顶1/3桩长范围内的薄弱处产生水平裂缝,甚至使桩身断裂。因此,选择稍重的锤,用重锤低击和重锤快击的方法效果较好。一般可根据地质条件、桩型、桩的密集程度、单桩竖向承载力及现有施工条件等决定。

桩架种类较多,有蒸汽锤(或落锤)桩架、多功能柴油锤桩架、履带式桩架等。动力装置的配置取决于所选用的桩锤。当选用蒸汽锤时,则需配备蒸汽锅炉和卷扬机。

2. 施工工艺

预制桩施工工艺流程为:确定打桩顺序—测量桩位—桩机就位—起吊预制桩和插桩—桩身对中调直—打桩。

1)**打桩顺序的确定**

打桩顺序是否合理直接影响打桩进度和施工质量。在确定打桩顺序时,应考虑桩对土体的挤压位移对施工本身和附近建筑物的影响。打桩时,由于桩对土体的挤密作用,先打入的桩受水平推挤而造成偏移和变位,或被垂直挤拔造成浮桩;而后打入的桩难以达到设计标高或入土深度,造成土体隆起和挤压,截桩过大。所以,群桩施打时,为了保证质量和进度,防止对周围建筑物的破坏,打桩前应根据桩的密集程度、规格、长短和桩架移动的方便程度来正确选择打桩顺序。

一般情况下,桩距大于4倍桩径或边长时,打桩顺序与土壤挤压情况关系不大,可以按施工需要施打;桩的中心距小于桩径或边长的4倍时就要拟订打桩顺序,打桩顺序一般分为逐排打、由中部向四周打、由中间向两侧打等,如图2-14所示。当桩规格、埋深、长度不同时,宜先大后小,先深后浅,先长后短施打。当一侧毗邻建筑物时,由毗邻建筑物处向另一方向施打。当桩头高出地面时,桩机宜采用往后退打,否则可采用往前顶打。

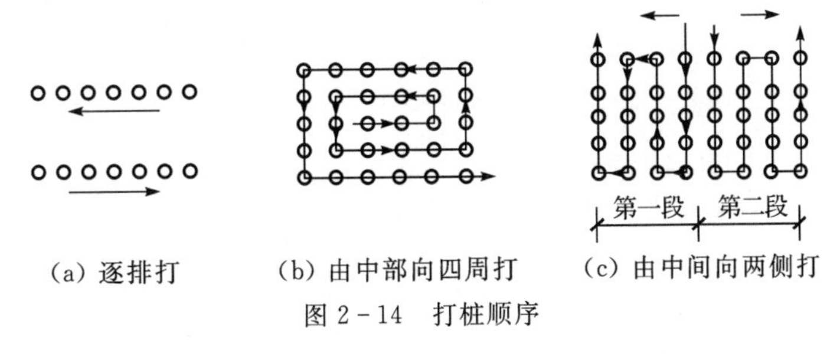

图2-14　打桩顺序

2)**打桩**

打桩过程包括桩架移动和就位、吊桩和定桩、打桩、截桩和接桩等。桩机就位时桩架应垂直地面，导杆中心线与打桩方向一致，校核无误后将其固定，然后将桩锤和桩帽吊升起来，其高度超过桩顶再吊起桩身，送至导杆内，对准桩位调整垂直偏差，合格后，将桩帽或桩箍在桩顶固定，并将锤缓落到桩顶上。在桩锤的作用下，桩沉入土中一定深度，达到稳定，再校正桩位及垂直度，此谓定桩。然后，打桩开始，用短落距轻击数锤至桩入土一定深度，观察桩身与桩架、桩锤是否在同一垂直直线上，再以全落距施打。桩的施打原则是"重锤低击"，这样可以使桩锤对桩头的冲击小、回弹小，桩头不易损坏，大部分能量用于沉桩。

桩开始打入时，桩锤落距宜小，一般为 0.5～0.8 m，以便使桩能正常沉入土中，待桩入土到一定深度后，桩尖不易发生偏移时，可适当增加落距并逐渐提高到规定数值，继续锤击。打混凝土管桩，最大落距不得大于 1.5 m。打混凝土实心桩，最大落距不得大于 1.8 m。桩尖遇到孤石或穿过硬夹层时，为了把孤石挤开和防止桩顶开裂，桩锤落距不得大于 0.8 m。

桩的入土深度的控制，对于承受轴向荷载的摩擦桩，以标高为主，以贯入度作为参考；端承桩则以贯入度为主，以标高作为参考。贯入度是指一阵(每 10 击为一阵，落锤、柴油桩锤)或者 1 分钟(单动汽锤、双动汽锤)桩的入土深度。

3)**质量标准**

打桩质量包括两个方面的内容：一是能否满足贯入度或标高的设计要求；二是打入后的偏差是否在施工及验收规范允许范围以内。对于打桩常遇到的问题及防止与处理方法，可参照表 2-9 执行。

表 2-9　打桩常遇问题及防止与处理方法

常遇问题	产生原因	防止措施及处理方法
桩头打坏	桩头强度低，桩顶面不平，保护层过厚，落锤与桩不垂直，落锤过高，锤击过久，遇坚硬土层	按产生原因分别纠正
桩身扭转或位移	桩尖不对称，桩身不正直	可用撬棍慢慢撬动纠正；偏差不大，可不处理
桩身倾斜和位移	桩头不平，桩尖倾斜过大；桩接头破坏；一侧遇石块等障碍物；土层有陡的倾斜角；桩帽与桩不在同一直线上	偏差过大，应拔出移位再打；入土不深(<1 m)，偏差不大时，可利用木架顶正，再慢慢打入；障碍物不深，可挖出回填后再打
桩身破裂	桩质量不符合设计要求	木桩可用 8 号镀锌铁丝捆绕加强，混凝土桩可加钢夹箍用螺栓拉紧后焊固补强
桩涌起	遇流砂或软土	将浮起量大的桩重新打入，静荷载试验不符合要求的要进行复打或重打
桩急剧下沉	遇软土层、土洞；接头破裂或桩尖劈裂；桩身弯曲或有严重的横向裂缝，落锤过高、接桩不垂直	将桩拔起检验改正重打，或在靠近原桩位做补桩处理(补桩由设计单位确定)
桩不易沉入或达不到设计标高	遇旧埋设物、坚硬土夹层或砂夹层；打桩间歇时间过长，摩阻力增大；定错桩位	遇障碍或硬土层，用钻孔机钻进后再打入；根据地质资料正确确定桩长
桩身颤动桩锤回弹	桩尖遇树根或坚硬土层，桩身过于弯曲；接桩过长；落锤过高	检查原因，采取措施穿过或避开障碍物，如入土不深，应拔起避开或换桩重打

振动沉桩与锤击沉桩的施工方法基本相同，不同之处是用振动桩机代替锤打桩机施工。振动桩机主要由桩架、振动锤、卷扬机和加压装置等组成。其施工原理是利用大功率甩动振动器的振动锤或液压振动锤，减低土对桩的阻力，使桩能较快沉入土中。该法不但能将桩沉入土中，还能利用振动将桩拔出，经验证明此法对型钢桩和钢板桩拔出效果良好。该法在砂土中沉桩效率较高，对黏土地区效率较差，需用功率大的振动器。

水冲沉桩施工方法是在待沉桩身两对称旁侧，插入两根用卡具与桩身连接的平行射水管，管下端设喷嘴。沉桩时通过射水管喷嘴射高压水，冲刷桩尖下的土壤，使土松散而流动，减少桩身下沉的阻力，同时射入的水流大部分又沿桩身返回地面，因而减少了土壤与桩身间的摩擦力，使桩在自重或加重的作用下沉入土中。此法适用于坚硬土层和砂石层。一般水冲沉桩与锤击沉桩或振动沉桩结合使用，则更能显示其功效。其施工方法是：当桩尖水冲沉至离设计标高 1～2 m 处时，停止冲水，改用锤击或振动将桩沉到设计标高。但水冲沉桩法施工时，对周围原有建筑物的基础和地下设施等易产生沉陷，故不适于在密集的城市建筑物区域内施工。

2.3.3　静力压桩施工

静力压桩特别适合于软弱土地基，在均匀软弱土中利用压桩架的自重和配重通过卷扬机的牵引传至桩顶，将桩逐节压入土中。其优点为无噪声、无振动、对邻近建筑及周围环境影响小，适合于在城市，尤其是居民密集区施工。图 2－15 为静力压桩机示意图。

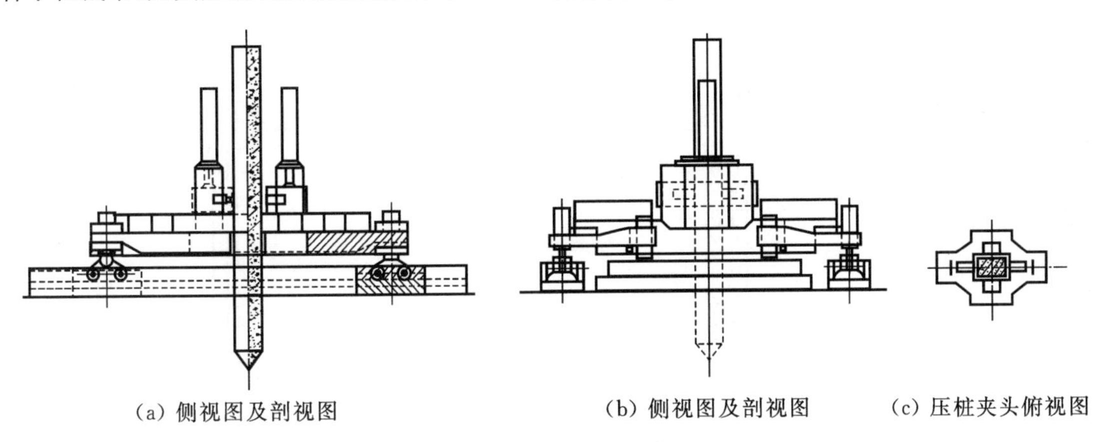

(a) 侧视图及剖视图　　(b) 侧视图及剖视图　　(c) 压桩夹头俯视图

图 2－15　静力桩机示意图

静力压桩的施工流程为：测量放线—桩机就位—起吊预制桩（提前进行预制桩检验）—桩身对中调直—压桩—接桩—送桩—检查验收—转移桩机。

(1)测量放线：在施工区域附近设置控制桩与水准点不少于两个，其位置以不受打桩影响为原则。

(2)桩机就位：按照打桩顺序将静压桩机移至桩位上面，对准桩位，并将静压桩机调至水平、稳定位置，确保在施工中不发生倾斜和移动。

(3)起吊预制桩：将预制桩吊至静压机夹具中，对准桩位，夹紧并放入土中，移动静压桩机调节桩垂直度，符合要求后将静压桩机调至水平并稳定。

(4)压桩：压桩时应注意压力表变化，并做好记录。

(5)接桩：待桩顶压至距地面 1 m 左右时接桩，可以采用焊接、法兰接、硫黄胶泥锚接三种方法。焊接和法兰接适用于各类土层桩的连接，硫黄胶泥锚接适用于软土层，但对一级建筑桩基或承受拔力的桩不宜使用。同时，应避免桩尖接近硬持力层或处于硬持力层时接桩。上下节桩的中心线偏差不得大于 10 mm，节点弯曲矢高不得大于 0.1%桩长。硫黄胶泥连接时，胶泥试块留设，每工作组不得少于一组。

(6)送桩：如设计要求送桩时，应将桩送至设计标高。

(7)移动桩机至下一桩位，重复上述过程。

2.4 灌注桩施工

2.4.1 泥浆护壁成孔灌注桩

泥浆护壁成孔灌注桩是在成孔过程中采用泥浆护壁的方法，防止孔壁坍塌，在孔内灌注混凝土或钢筋混凝土的一种成桩方法。它适用于地下水位以下的黏性土、粉土、砂土、填土、碎石土及风化岩层。

1. 施工流程

泥浆护壁成孔灌注柱的施工流程为：测量放线定好桩位，埋设护筒，钻孔机就位、调平、拌制泥浆，成孔，第一次清孔，质量检测，吊放钢筋笼，放导管，第二次清孔，灌注水下混凝土，成桩，如图 2－16 所示。

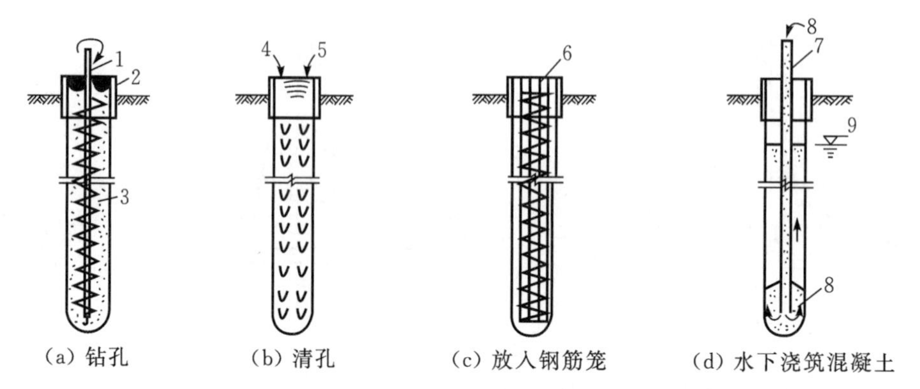

1—钻机；2—护筒；3—泥浆护壁；4—压缩空气；5—清水；
6—钢筋笼；7—导管；8—混凝土；9—地下水位。

图 2－16　泥浆护壁成孔灌注桩施工流程图

2. 施工工艺

1)质量要求

(1)埋设护筒：护筒钢板厚度视孔径大小采用 4～8 mm，内径比设计桩径大 100 mm，上部开设两个溢流孔。埋置深度黏土中不小于 1 m，砂土中不小于 1.5 m，软弱土层宜进一步增加埋深。护筒顶面宜高出地面 300 mm。护筒中心与桩定位中心重合，误差不大于 50 mm。

(2)护壁泥浆的调制及使用：泥浆一般用水、黏土或膨润土、添加剂按一定比例配制而成，通过机械在泥浆池、钻孔中搅拌均匀。黏性土塑性指数应大于 25，如采用膨润土一般为用水量的 8%～12%(视钻孔土质情况)。泥浆调制各种材料的配比及掺量要经过计算确定，并达到性能指标的要求。泥浆池一般分循环池、沉淀池、废浆池三种。从钻孔中排出的泥浆先流入沉淀池沉淀，再通过循环池重新流入钻孔。沉淀池中的泥浆超标时，由泥浆泵排至废浆池集中排放。泥浆池的容量不宜小于桩体积的3倍。混凝土浇筑过程中，孔内泥浆应直接排入废浆池，防止沉淀池和循环池中的泥浆受到污染。

(3)钻孔施工：钻机就位，钻具中心与钻孔定位中心偏差不应超过20 mm，钻机应平整、稳固，保证在钻孔过程中不发生位移和晃动。钻孔时认真做好有关记录，经常对钻孔泥浆进行检测和试验。注意土层变化情况，变化时均应捞取土样，鉴定后做好记录并与地质勘察报告中的地质剖面图进行对比分析。在钻孔、停钻和排渣时应始终保持孔内规定的水位和泥浆质量。

2)**钻机成孔**

(1)潜水钻机成孔。潜水钻机成孔示意图如图2-17所示。潜水钻机是一种旋转式钻孔机，防水电机和钻头密封在一起，由桩架和钻杆定位后可潜入水、泥浆中钻孔。机架轻便灵活，钻进速度快，深度可达50 m。潜水钻机适用于小直径桩、软弱土层。

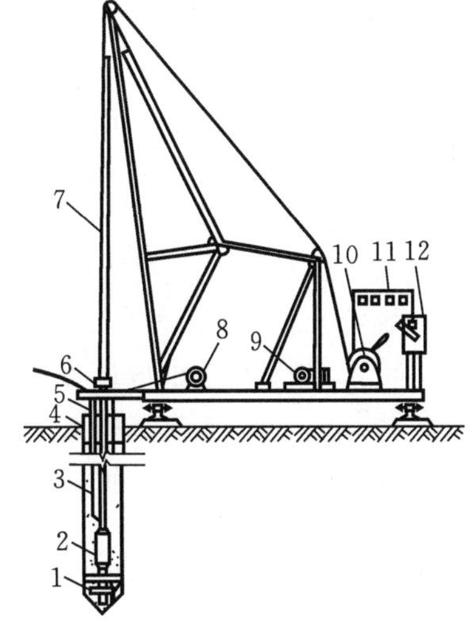

1—钻头；2—潜水钻机；3—电缆；4—护筒；5—水管；6—滚轮；7—钻杆；8—电缆盘；9—5 kN卷扬机；10—20 kN卷扬机；11—电流电压表；12—启动开关。

图2-17 潜水钻机成孔示意图

(2)回转钻机成孔。回转钻机是一种旋转式钻孔机，钻头根据钻孔土质的不同而采用不同的形式。与潜水钻机不同的是，电机位于机架操作台上而不是水下。回转钻机适用于各种直径、各种土层的钻孔桩，深度可达50 m以上，是目前灌注桩施工用得最多的施工机械。

(3)冲击钻机成孔。冲击钻机通过机架、卷扬机把带刃的冲击锤提到一定高度，靠自由下落的冲击力切削破碎岩层或冲击土层成孔，部分碎渣挤进孔壁，大部分碎渣随泥浆或用抽渣筒排出。冲击钻头有“十”字形、“工”字形和“人”字形等，一般常用“十”字形。每冲击3～4 m掏渣一次。冲击钻机成孔适用于有孤石的砂卵石层、坚质土层、岩层等，孔径可达1500 mm。

(4)冲抓锥成孔。冲抓锥成孔与冲击钻机成孔方法基本相同，只是钻头和钻头的起落高度有所不同。

3)**清孔**

清孔分两次进行。钻孔深度达到要求后，对孔深、孔径、孔的垂直度进行检查，符合要求后进行第一次清孔；钢筋骨架、导管安放完毕，浇筑混凝土之前，进行第二次清孔。第一次清孔时利用施工机械，采用换浆、抽浆、掏渣等方法进行；第二次清孔采用正循环、泵吸反循环、气举反循环等方法进行。清孔完成后沉渣厚度：端承桩≤50 mm，摩擦桩≤100 mm；泥浆性能指标在浇筑混凝土前，孔底500 mm以内的相对密度≤1.25，黏度≤28 s，含砂率≤8%。不管采用何种方式进行清孔排渣，清孔时必须保证孔内水头高度，防止塌孔。不得采取加深钻孔的方式代替清孔。

4)**钢筋骨架制作安装**

钢筋骨架制作应符合设计要求。确保钢筋骨架在移动、起吊时不发生大的变形。钢筋笼四周沿长度方向每2 m设置不少于4个控制保护层厚度的垫块。骨架顶端设置吊环。钢筋骨架的制作允许偏差为：主筋间距±10 mm，箍筋间距±20 mm，骨架外径±10 mm，骨架长度±100 mm。钢筋骨架吊装允许偏差：倾斜度±0.5%，水下灌注混凝土保护层厚度±20 mm，非水下灌注混凝土保护层厚度±10 mm，骨架中心±20 mm，骨架顶端高程±20 mm，骨架底端高程±50 mm。钢筋笼较长时宜采用分段制作，接头时宜采用焊接。主筋净距必须大于混凝土粗骨料粒径的3倍以上。钢筋笼的内径比导管接头处外径大100 mm以上。吊放时应防止碰撞孔壁，吊放后应采取措施进行固定，并保证在安放导管、清孔及灌注混凝土的过程中不会发生位移。

5)水下混凝土的配制

水下混凝土应有良好的和易性，在运输、浇筑过程中无明显离析、泌水现象。配合比通过试验确定，在选择施工配合比时，混凝土的试配强度应比设计强度提高 10%～15%，坍落度宜为 180～220 mm。混凝土配合比的含砂率宜采用 0.4～0.5，水灰比宜采用 0.5～0.6。水泥用量不少于 360 kg/m^3，当掺有适量缓凝剂或粉煤灰时可不小于 300 kg/m^3。

6)水下混凝土浇筑

浇筑水下混凝土时，混凝土必须保证连续浇筑，且浇筑时间不得长于首批混凝土初凝时间。浇筑方法一般采用钢制导管回顶法施工，导管内径约 200～250 mm，且不小于骨料粒径的 8 倍。壁厚不小于 3 mm。导管使用前应进行水密承压和接头抗拉试验，首次灌注混凝土插入导管时，导管底部应用预制混凝土塞、木塞或充气气球封堵管底。开始灌注时，应先搅拌 0.5～1.0 m^3 同混凝土强度的水泥砂浆，放于料斗的底部。灌注水下混凝土时导管埋置深度宜控制在 2～6 m，导管的第一节长度不小于 4 m，中间节 2～3 m，配 2～3 节 0.5～1 m 的短管。

浇筑过程中随时探测孔内混凝土的高度，调整导管理入深度，绝对禁止导管拔出混凝土面。注意观察孔内泥浆返出和混凝土下落情况，发现问题及时处理。导管应在一定范围内上下反插，以捣固混凝土，并防止混凝土的凝固和加快浇筑速度。为防止钢筋骨架上浮，在浇筑至钢筋骨架下方 1 m 左右时，应降低浇筑速度；当浇筑至钢筋骨架底口以上超过 4 m 时，提升导管，使其底口高于骨架底部 2 m 以上，此时可以恢复正常浇筑。浇筑桩的桩顶标高应比设计标高高出0.5～1.0 m，以保证桩头混凝土强度。多余部分进行上部承台施工时凿除，并保证桩头无松散层。浇筑结束，应核对混凝土浇筑数量是否正确。同一配比的试块，每班不得少于 1 组，每根桩不得少于 1 组。

2.4.2 螺旋钻孔灌注桩

螺旋钻孔灌注桩是在成孔过程中采用螺旋钻孔机干作业成孔的方法施工的一种灌注桩施工方法。图 2-18 为全叶螺旋钻机示意图。螺旋钻头外径分别为 400 mm、500 mm、600 mm 三种，钻孔深度相应为 12 m、10 m、8 m，可用于钻孔深度范围内没有地下水的一般黏土层、砂土及人工填土地基。

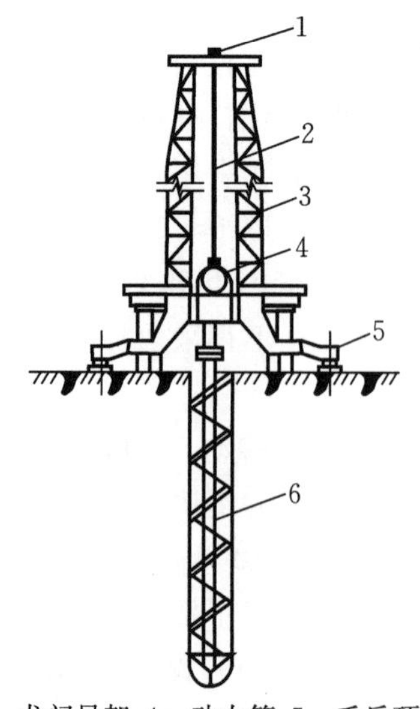

1—导向滑轮；2—钢丝绳；3—龙门导架；4—动力箱；5—千斤顶支腿；6—螺旋钻杆。

图 2-18 全叶螺旋钻机示意图

螺旋钻孔
灌注桩施工

1. 施工流程

螺旋钻孔灌注桩的施工流程如下。

(1)成孔工艺流程:钻孔机就位—钻孔—检查质量—孔底清理—孔口盖板—移钻孔机。

(2)浇筑混凝土工艺流程:移盖板测孔深和垂直度—放钢筋笼—放混凝土溜筒—浇筑混凝土(随浇随振)—插桩顶钢筋。

2. 施工工艺

(1)钻孔机就位。钻孔机就位时,必须保持平稳,不发生倾斜、位移,为准确控制钻孔深度,应在机架上做出控制标尺,以便在施工中进行观测、记录。

(2)钻孔。调直机架挺杆,对好桩位,开动机器钻进,出土,达到控制深度后停钻,提钻。

(3)检查成孔质量。用测绳(锤)测量钻孔深度(即虚土顶面深度),虚土厚度等于实际钻深减去测量深度。虚土厚度一般不应超过 10 cm。对于含石块较多或含水量较大的软塑黏土层,必须防止钻杆晃动,以免引起孔径扩大。

(4)清理孔底。钻至预定深度,于孔底处空转清土,然后提出钻杆,并及时封闭井口。

(5)浇筑混凝土。移走孔口盖板,再次复查孔深、孔径、孔壁、垂直度及孔底虚土厚度。与质量标准不符者经过处理后,方能进行下道施工工序。绑好砂浆垫块或塑料卡,吊放钢筋笼,吊放时对准孔位,吊直扶稳,缓慢下沉,避免碰撞孔壁,放到设计位置后,立即固定,确保保护层厚度符合要求。放置串筒连续浇筑混凝土,分层振捣,分层高度根据捣固机具的性能确定,一般不超过 0.5 m。混凝土浇筑到桩顶部时,应适当超过桩顶设计标高(一般为 50 cm),以保证在凿除浮浆后桩顶标高符合设计要求。

(6)撤串筒并进行桩顶插筋。混凝土浇筑至距桩顶 1.5 m 时,可拔出串筒,直接浇筑混凝土,垂直插入桩顶插筋。

(7)混凝土的坍落度宜为 7～10 cm。同一配比的试块,每班不得少于一组,每根桩不得少于一组。

(8)冬、雨期施工。冬期当温度低于 0 ℃时,应采取加热保温措施。桩顶混凝土强度未达设计标号 50%以前不得受冻。气温高于 30 ℃时,应对混凝土采取缓凝措施。雨期施工时,应严格坚持成孔后及时浇筑混凝土的原则,施工现场必须做好排水,严防地面雨水流入桩孔内,要防止桩机移动,以免造成桩孔歪斜。

2.4.3 人工挖孔灌注桩

人工挖孔灌注桩是采用人工挖土成孔,然后安放钢筋笼,灌注混凝土成桩的方法。它具有施工机具操作简单、占用施工场地少、对周围建筑物无影响、桩质量可靠、可全面展开、缩短工期、造价较低等优点;适用于桩径(不含护壁)800 mm 以上,无地下水或地下水较少的土层。人工挖孔桩构造如图 2-19 所示。

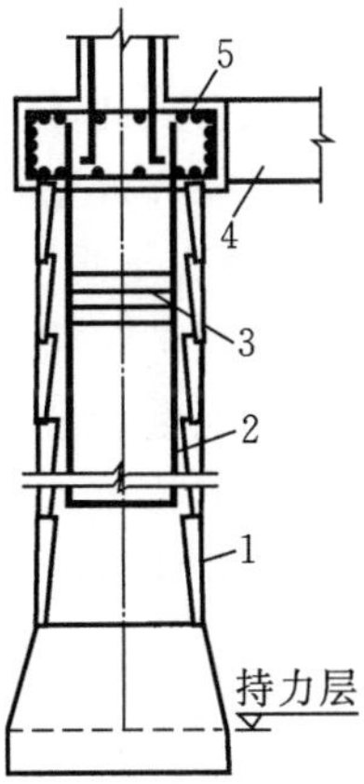

1—护壁;2—主筋;3—箍筋;4—地梁;5—桩帽。

图 2-19 人工挖孔桩构造图

1. 施工流程

人工挖孔灌注桩的施工流程为:场地平整;放线、定桩位;挖第一节桩孔土方;支模、浇筑第一节混凝土护壁;在护壁第二次投测标高及桩位中心十字线;安装活动井盖、垂直运输设备、潜水泵、通风照明设备;挖第二节桩孔土方;校核孔的垂直度和直径;拆上一节模板、支第二节模板、浇第二节混凝土(重复挖土、校核、拆模、支模、浇混凝土),直至设计深度;检查持力层合格后进行扩底;挖孔验收;吊放钢筋笼;浇筑桩身混凝土。

2. 施工工艺

(1)放线定桩位及高程。在场地"三通一平"的基础上,放线定位,定好桩位中心线,以中心为圆心,画出桩孔大小,撒好灰线。

(2)开挖第一节桩。开挖时每节的高度一般在0.9~1.2 m。每挖完一节,必须根据桩口上的轴线吊直、修边,使孔壁圆弧保持上下顺直一致。

(3)绑扎护壁钢筋支护壁模板。为防止孔壁塌方,确保施工安全,成孔应做井圈,一般用素混凝土或钢筋混凝土浇筑而成,以钢筋混凝土为优,护壁厚度一般为100~150 mm。第一节成孔后,绑扎护壁钢筋,然后支护壁模板。护壁模板采用拆上节、支下节重复周转使用。模板之间用卡具、扣件连接固定。第一节护壁应高出地面150~200 mm,高出部分壁厚增加100~150 mm。将桩位轴线和高程标于第一节护壁上口。

(4)浇筑第一节护壁混凝土。混凝土坍落度控制在100 mm以内,浇筑24 h后方可拆模。

(5)检查桩位轴线及标高。每节护壁做好后,必须将桩轴线及标高测设于该节护壁的上口位置,然后对本节护壁进行检查,轴线、标高、截面尺寸均应满足质量标准。

(6)架设垂直运输设备。第一节护壁完成后,即应在桩口设置垂直运输设备。垂直运输设备包括支架、提升装置和吊桶。支架有木支架、钢管支架等,要求搭设牢固。提升装置有电动葫芦、卷扬机及人工等。同时安装或准备照明、水泵、通风等相关设备或机具。井底照明必须用36 V低压电源,安设防水照明灯具,桩口周围设置围栏。桩身大于20 m时,应向井下通风,必要时输送氧气。施工人员轮流下井挖土,确保人身安全。桩孔安装水平推移的活动安全盖板,当桩孔内有人作业时,应掩好盖板,运土时打开。地下水位较高时,应事先降低地下水,而后进行开挖。地下水量不大时,用人工提水或水泵抽水。

(7)开挖吊运第二节桩孔土方。从第二节开始,利用提升设备吊运土方。桩孔内人员戴好安全帽,地面人员系好安全带。挖至规定深度后,检查井壁直径、弧度,上下应顺直。

(8)拆除第一节模板(拆模时混凝土强度应达到1 MPa以上),支第二节模板(模板上口留出100 mm的混凝土浇筑口),放附加钢筋。

(9)浇筑第二节护壁混凝土。混凝土用串筒运送,人工浇筑,人工插捣密实。混凝土可由试验确定掺入早强剂,以加速混凝土的硬化。

(10)每一节桩孔的中心线和标高的检查。如上逐节向下循环施工,直至设计深度(标高)。清除虚土,检查土质情况是否与设计规定的持力层相吻合。

(11)开挖扩底部分。人工挖孔灌注桩分为扩底和不扩底两种。有扩底时,应先按不扩底将孔挖至设计深度,然后设计扩底尺寸进行扩底挖土。扩底直径一般为桩径的1.5~3.0倍,变径位置为井深下部1/4处。

(12)挖孔质量检查验收。全部挖孔施工完成后,施工单位必须会同监理工程师、建设单位项目负责人、勘察和设计单位人员进行检查验收签字后方可进行下一步施工,其主要内容包括桩径、扩底尺寸、孔底标高、桩位中线、井壁垂直度等,并做好隐蔽工程验收记录。

(13)吊放钢筋笼。钢筋笼应预先按照设计要求制作完成,吊放前应绑好砂浆垫块(厚度一般为70 mm),如钢筋笼较长时应分段制作,连接时采用焊接,接头率不超过50%。

(14)浇筑桩身混凝土。混凝土坍落度为80~100 mm,桩孔较浅时用溜槽向桩孔内浇筑,当高度超过3 m时应用串筒。孔深超过12 m时宜用导管进行浇筑。浇筑应连续,分层捣实,分层高度一般不超过 1.5 m。浇筑至桩顶时，应适当超过桩顶设计标高，以保证在剔除浮浆后符合设计标高要求。

(15)插桩顶钢筋。插筋一定要保持垂直，并有足够的锚固长度。

(16)冬、雨期施工。冬期当温度低于 0 ℃时，应采取加热保温措施。桩顶混凝土强度未达设计标号 50%以前不得受冻。气温高于 30 ℃时，应对混凝土采取缓凝措施。雨期施工时，施工现场必须做好排水，严防地面雨水流入桩孔内，以免造成桩孔塌方。雨天不宜进行挖孔施工。

2.4.4 沉管灌注桩

沉管灌注桩是在成孔过程中采用振动沉桩机或锤击打桩机将带有活瓣式桩靴(见图 2-20)或预制钢筋混凝土桩尖的钢管沉入土中，然后边浇筑混凝土边振动或锤击钢管，同时将钢管拔出而成的一种灌注桩。它适用于有地下水、流砂、淤泥的情况。

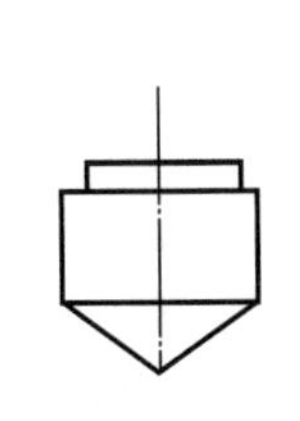

(a) 钢盘混凝土靴

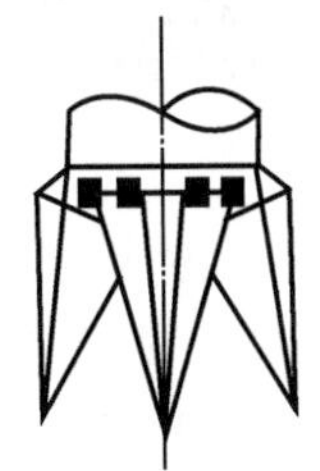

(b) 钢活瓣桩靴

图 2-20 桩靴示意图

沉管灌注桩施工

1. 施工流程

沉管灌注桩的施工流程如下：合拢活瓣桩靴(或在桩位上安置预制钢筋混凝土桩靴)，钢管桩就位(或置于预制桩靴上)校正垂直度，开动振动桩锤使桩管下沉达到要求的贯入度或标高，测量孔深、检查桩靴有否卡住桩管，放入钢筋笼，浇筑混凝土，边振动边拔出桩管。

2. 施工工艺

(1)沉桩机就位。沉桩机就位时，必须保持平稳，不发生倾斜、位移，为准确控制钻孔深度，应在机架上或机管上做出控制的标尺，以便在施工中进行观测、记录。

(2)沉管与拔管。调直机架挺杆，对好桩位，开动机器沉管，沉管时要注意“密振慢沉”或“密锤低击”。沉管时施工应连续进行，不宜停歇过久，以免摩阻力增大。拔管时要注意“密振慢拔”或“密锤慢拔”。拔管过急，易引起断桩或缩径。拔管时应将桩管上下翻插，将混凝土向四周挤压，慎重操作防止泥浆混入桩身混凝土，形成夹泥桩。

(3)使用活瓣桩尖在地下水位以下的砂类土层施工时，要注意桩尖的严密，此时，在沉管前应在桩尖部位事先灌注 0.1 m^3 的水泥砂浆或混凝土作为封底。

(4)沉管对土层有一定的挤密效应，施工前应做好施工组织设计，确定合理的成桩顺序(原理同预制桩打桩顺序的确定)。

(5)混凝土骨料粒径不大于 40 mm，坍落度 60～80 mm。

(6)拔管时管内混凝土高度一般保持 2 m 以上，以避免断桩及有利于混凝土的密实。

(7)根据地基土层情况不同，可采用单打法、反插法或复打法(单打法适用于含水量较小的土层，反插法及复打法适用于饱和土层)。

(8)插桩顶钢筋。插筋一定要保持垂直，并有足够的锚固长度。

(9)试块的留置。同一配合比的试块,每班不得少于一组,每根桩不得少于一组。

(10)冬、雨期施工。冬期当温度低于0 ℃以下时,应采取加热保温措施。在桩顶强度未达设计标号50%以前不得受冻。气温高于30 ℃时,应对混凝土采取缓凝措施。雨期施工时,施工现场必须做好排水,严防地面雨水流入桩孔内。

工程案例

某车间CFG桩地基处理工程

项目小结

在土木工程建设中,近年来各种大型建筑物、构筑物日益增多,规模愈来愈大,建筑物的全部重量最终通过基础传给地基,所以,地基过软或过硬不符合施工要求时,需对地基处理及加固。同时,为了有效地把结构的上部荷载传递到周围土层的土壤深处承载能力较大的土层上,桩基础被广泛应用到土木工程中,而天然浅基础因其造价低、施工简便在工业和民用建筑基础设计中也多被采用。

按照施工方法的不同,桩可分为预制桩和灌注桩。预制桩是在工厂或施工现场制成的各种材料和形式的桩,如钢筋混凝土桩、钢桩、木桩等,然后用沉桩设备将桩打入、压入、振入、高压水冲入土中。灌注桩是在施工现场的桩位上先成孔,然后在孔内灌注混凝土,或者加入钢筋后再灌注混凝土而形成的。桩基础的使用可以在施工中省去大量土方支撑和排水降水设施,施工方便,且一般均能获得良好的技术经济效果。

思考与练习

1.什么是灰土地基?

2.灰土地基的主要优点和适用范围是什么?

3.灰土地基施工时,应适当控制含水量,工地的检验方法是什么?

4.砂和砂石地基的概念和适用范围是什么?

5.砂和砂石地基对材料的主要要求有哪些?

6.强夯地基的概念是什么?

7.强夯地基的适用范围是什么?

8.强夯地基施工机具通常有几种?

9.何谓水泥粉煤灰碎石桩?简述其适用范围。

10.砖基础大放脚有哪两种类型?

11.简述钢筋混凝土柱下独立基础施工工艺、质量检验与安全技术。

12.钢筋混凝土条形基础的施工要求是什么?

13.简述常见钢筋混凝土筏板基础形式和构造及其施工工艺。

14.预制桩的吊点如何确定?

15. 打桩顺序有几种？与哪些因素有关？
16. 预制桩打桩过程中常遇到的问题有哪些？产生的原因分别是什么？
17. 打桩过程中应注意哪些事项？
18. 试述静力压桩的优点及适用情况。
19. 简述泥浆护壁成孔灌注桩施工流程。
20. 灌注桩成孔方法有哪些？各适用于什么情况？
21. 怎样控制沉管灌注桩的施工质量？

项目3

砌筑及外墙外保温工程

学习目标

知识目标：了解砌体施工的材料和机械准备要求，掌握砖砌体和砌块砌体的规格、施工工艺，掌握外墙外保温系统的构造、施工流程和技术要求，熟悉砌筑工程冬期和雨期施工所采取的方法。要求对所涉及的技术术语的含义要有深刻的理解。

能力目标：学会合理选择砌筑材料，能正确应用砌筑施工工艺，进行砌筑质量的检查和验收，正确选择垂直运输设施，具备初步编写砌筑工程和外墙外保温工程施工方案的能力。

思政目标：传承古代工匠智慧，培养工匠精神和鲁班精神，以及按照规范施工的习惯及良好的职业素养。

砌筑工程系指砖石块体和各种类型砌块的砌筑，即采用砌筑砂浆，运用一定的工艺方法将砖、石块和砌块砌筑成为各类砌体的工程。

砖石结构在我国有着悠久的历史，我们祖先遗留下来的“秦砖汉瓦”，在我国古代建筑中占有重要地位，至今仍在建筑工程中起着很大作用。但是，由于它采用单个块体组砌而成，生产率低，劳动强度大，且保温性能较差，已难以适应建筑工业化的需要。而且烧制黏土砖与农业争地，因此采用新型墙体材料代替普通黏土砖，改善砌体施工工艺已经成为砌筑工程改革的重要发展方向。

砌筑工程是一个综合的施工过程，它主要包括脚手架搭设、材料运输、墙体砌筑等，对于较寒冷地区还包括外墙保温工程。

3.1 脚手架

3.1.1 脚手架的作用和种类

脚手架又称脚手，指施工现场方便工人操作并解决垂直和水平运输而搭设的各种支架，也是砌筑过程中堆放材料和工人进行操作不可缺少的临时设施。它直接影响到施工作业的顺利开展和安全，也关系到工程质量和劳动生产率。建筑施工脚手架应由架子工搭设，脚手架的宽度一般为1.5～2.0 m，砌筑用脚手架的每步架高度一般为1.2～1.4 m，装饰用脚手架的每步架高一般为1.6～1.8 m。砌筑用脚手架必须满足使用要求，安全可靠，构造简单，便于装拆、搬运，经济省料并能多次周转使用。

脚手架可根据与施工对象的位置关系、支承特点、结构形式以及使用的材料等划分为多种类型。按照支承部位和支承方式，脚手架可划分为以下几种。

(1)落地式脚手架：搭设(支座)在地面、楼面、屋面或其他平台结构之上的脚手架。

(2)悬挑式脚手架:采用悬挑方式支设的脚手架。其挑支方式可分为以下三种,即架设于专用悬挑梁上,架设于专用悬挑三角桁架上,架设于由撑拉杆件组合的支挑结构上。其支承结构有斜撑式、斜拉式、拉撑式和顶固式等多种。

(3)附墙悬挂脚手架:在上部或中部挂设于墙体挑挂件上的定型脚手架。

(4)悬吊式脚手架:悬吊于悬挑梁或工程结构之下的脚手架。

(5)附着式升降脚手架(简称“爬架”):附着于工程结构依靠自身提升设备实现升降的悬空脚手架。

(6)水平移动脚手架:带行走装置的脚手架或操作平台架。

按所用材料不同,脚手架可分为木脚手架、竹脚手架和金属脚手架等。按结构形式不同,脚手架可分为多立杆式脚手架、碗扣式脚手架、门型脚手架、方塔式脚手架、附着式升降脚手架及悬吊式脚手架等。

3.1.2　外脚手架

凡搭在建筑物外圈的架子称为外脚手架。常用的外脚手架有扣件式钢管脚手架、碗扣式钢管脚手架、门式钢管脚手架和承插型盘扣式钢管脚手架等几种形式。

1.扣件式钢管脚手架

扣件式钢管脚手架是多立杆式外脚手架中的一种。其特点是:杆配件数量少;装卸方便,利于施工操作;搭设灵活,能搭设高度大;坚固耐用,使用方便。

多立杆式脚手架由立杆、纵向水平杆、横向水平杆、斜撑、脚手板等组成。其特点是每步架高可根据施工需要灵活布置,取材方便,钢、木、竹等均可应用。

1)构造要求

扣件式钢管脚手架是由标准的钢管杆件和特制扣件组成的脚手架骨架与脚手板、防护构件、连墙件等组成的,是目前最常用的一种脚手架。

多立杆式脚手架分为双排式和单排式两种形式。双排式沿外墙侧设两排立杆,横向水平杆两端支撑在内外两排立杆上,多、高层房屋均可采用,当房屋高度超过 50 m 的双排脚手架,应采用分段搭设等措施。单排式沿墙外侧仅设一排立杆,其横向水平杆与纵向水平杆连接,另一端撑在墙上,仅适用于荷载较小、高度较低,墙体有一定强度的多层房屋。多立杆式脚手架如图 3-1 所示。

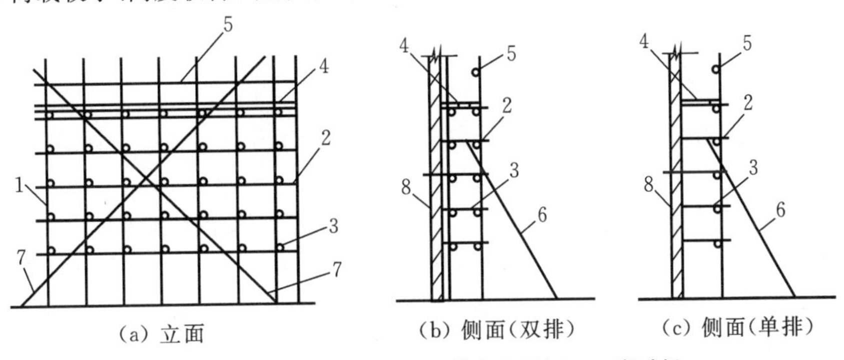

(a) 立面　(b) 侧面(双排)　(c) 侧面(单排)

1—立杆;2—纵向水平杆;3—横向水平杆;4—脚手板;

5—栏杆;6—抛撑;7—斜撑(剪刀撑);8—墙体。

图 3-1　多立杆式脚手架

(1)钢管杆件。钢管杆件包括立杆、纵向水平杆、横向水平杆、剪刀撑、斜杆和抛撑(在脚手架立面之外设置的斜撑)。

钢管杆件宜采用外径 48.3 mm×3.6 mm 无缝钢管,每米钢管的质量为 3.97 kg。工程中也有外径 50～51 mm、壁厚 3～4 mm 的焊接钢管或其他钢管。用于立杆、纵向水平杆、剪刀撑和斜杆的钢管最大长度一般为 4～6.5 m,以便适合人工操作。用于横向水平杆的钢管长度宜为 1.8～2.2 m,以适应脚手架宽度的需要。

(2)扣件。扣件为杆件的连接件,有可锻铸铁铸造扣件和钢板压制扣件两种。扣件的基本形式有三种:①对接扣件(用于两根钢管的对接连接);②旋转扣件(用于两根钢管呈任意角度交叉的连接);③直角扣件(用于两根钢管呈垂直交叉的连接)。扣件形式如图 3-2 所示。

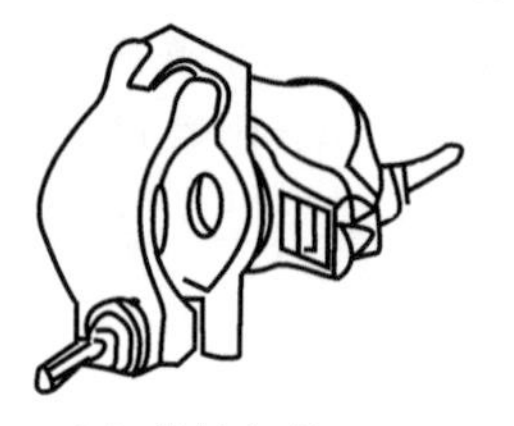
(a) 旋转扣件

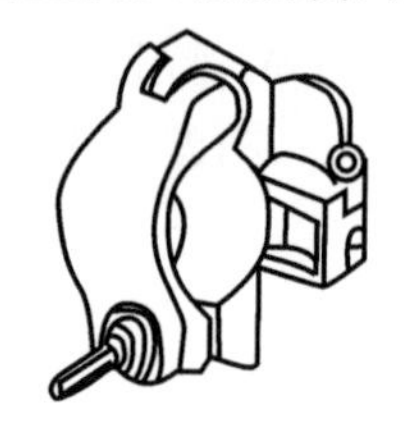
(b) 直角扣件

(c) 对接扣件

图 3-2　扣件形式

(3)脚手板。脚手板一般用厚 2 mm 的钢板压制而成,长度 2～4 m,宽度 250 mm,表面应有防滑措施;也可采用厚度不小于 50 mm 的杉木板或松木板,长度 3～6 m,宽度 200～250 mm;或者采用竹脚手板,有竹笆板和竹片板两种形式。脚手板的材质应符合规定,且脚手板不得有超过允许的变形和缺陷。

(4)连墙件。连墙件将立杆与主体结构连接在一起,可用钢管、型钢或粗钢筋等,其最大间距如表 3-1 所示。

表 3-1　连墙件布置最大间距

搭设方法	脚手架高度/m	垂直间距/m	水平间距/m	每根连墙件覆盖面积/m^2
双排落地	≤50	$3h$	$3l_a$	≤40
双排悬挑	>50	$2h$	$3l_a$	≤27
单排	≤24	$3h$	$3l_a$	≤40

注:h 为步距,l_a 为纵距。

双排落地脚手架每个连墙件抗风荷载的最大面积应小于 40 m^2。连墙件需从底部第一根纵向水平杆处开始设置,附墙件与结构的连接应牢固,通常采用预埋件连接。连墙件通常设置为两步三跨或三步三跨。

连墙杆在房屋的每层范围均需布置一排,一般竖向间距为脚手架步高的 2～4 倍,不宜超过 4 倍,且绝对值在 3～4 m 范围内;横向间距宜选用立杆纵距的 3～4 倍,不宜超过 4 倍,且绝对值在 4.5～6.0 m 范围内。其作用不仅可以防止架子外倾,同时可增加立杆的纵向刚度。连墙杆的做法如图 3-3 所示。

当脚手架下部暂不能设连墙件时应采取防倾覆措施。当搭设抛撑来防止其倾覆时,抛撑的间距不超过 6 倍立杆间距,抛撑应采用通长杆件,并用旋转扣件固定在脚手架上,抛撑与地面的夹角在 45°到 60°之间;连接点中心与主节点的距离不应大于 300 mm。抛撑应在连墙件搭设后方可拆除。

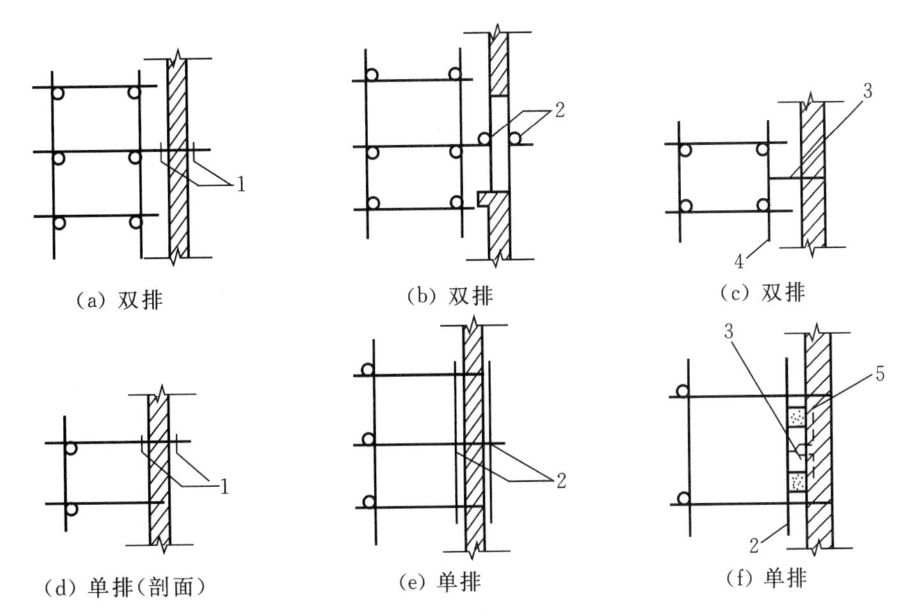

1—扣件；2—短钢管；3—铅丝与墙内埋设的钢筋环拉住；4—顶墙横杆；5—木楔。

图 3-3　连墙杆的做法

(5)底座。扣件式钢管脚手架的底座用于承受脚手架立柱传递下来的荷载，底座一般采用厚 8 mm，边长 150～200 mm 的钢板作底板，上焊 150～200 mm 高的钢管。底座形式有内插式和外套式两种(见图 3-4)，内插式的外径 D_1 比立杆内径小 2 mm，外套式的内径 D_2 比立杆外径大 2 mm。

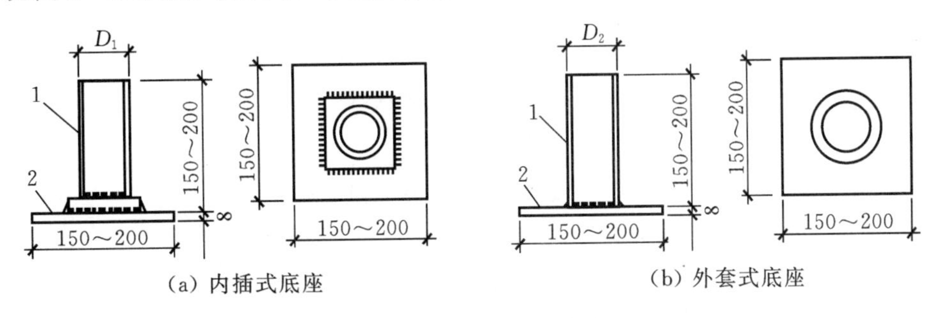

1—承插钢管；2—钢板底座。

图 3-4　扣件式钢管脚手架底座

2)搭设要求

(1)扣件式钢管脚手架搭设范围内的地基要夯实找平，做好排水处理，防止积水浸泡地基。

(2)立杆中纵向水平杆步距和横向水平杆间距等构造要求可按表 3-2 选用。

表 3-2　多立杆式外脚手架的一般构造要求　　单位：m

项目名称	结构脚手架		装修脚手架	
	单排	双排	单排	双排
脚手架里立杆离墙面的距离	—	0.35～0.5	—	0.35～0.5
横向水平杆里端离墙面的距离或插入墙体的长度	0.3～0.5	0.1～0.15	0.3～0.5	0.15～0.2

续表

<table>
<tr><th colspan="2" rowspan="2">项目名称</th><th colspan="2">结构脚手架</th><th colspan="2">装修脚手架</th></tr>
<tr><th>单排</th><th>双排</th><th>单排</th><th>双排</th></tr>
<tr><td colspan="2">横向水平杆外端伸出纵向水平杆外的长度</td><td colspan="4">>0.15</td></tr>
<tr><td colspan="2">双排脚手架内外立杆横距
单排脚手架立杆与墙面距离</td><td>1.35～1.80</td><td>1.00～1.50</td><td>1.1～1.50</td><td>0.15～0.20</td></tr>
<tr><td rowspan="2">立杆纵距</td><td>单立杆</td><td colspan="4">1.00～2.00</td></tr>
<tr><td>双立杆</td><td colspan="4">1.50～2.00</td></tr>
<tr><td colspan="2">纵向水平杆间距(步高)</td><td colspan="2">≤1.50</td><td colspan="2">≤1.80</td></tr>
<tr><td colspan="2">第一步架步高</td><td colspan="4">一般为 1.60～1.80 m,且≤2.00 m</td></tr>
<tr><td colspan="2">横向水平杆间距</td><td colspan="2">≤1.00</td><td colspan="2">≤1.50</td></tr>
<tr><td colspan="2">15～18 m 高度段内铺板层和作业层的限制</td><td colspan="4">铺板层不多于六层,作业层不超过两层</td></tr>
<tr><td colspan="2">不铺板时,横向水平杆的部分拆除</td><td colspan="4">每步保留、相间抽拆,上下两步错开,抽拆后的距离为:结构架子≤1.5 m,装修架子≤3.0 m</td></tr>
<tr><td colspan="2">剪刀撑</td><td colspan="4">高度 24 m 以下,沿脚手架纵向两端和转角处起,每隔 10～15 m 设一道,斜杆与地面夹角为 45°～60°,并沿全高度布置</td></tr>
<tr><td colspan="2">与结构拉结(连墙杆)</td><td colspan="4">每层设置,垂直距离≤4.0 m,水平距离≤6.0 m,且在高度段的分界面上必须设置</td></tr>
<tr><td colspan="2">水平斜拉杆</td><td colspan="2">设置在与连墙杆相同的水平面上</td><td colspan="2">视需要设置</td></tr>
<tr><td colspan="2">护身栏杆和挡脚板</td><td colspan="4">设置在作业层,栏杆高 1.00 m,挡脚板高 0.40 m</td></tr>
<tr><td colspan="2">杆件对接或搭接位置</td><td colspan="4">上下或左右错开,设置在不同的(步架和纵向)网格内</td></tr>
</table>

注:1.高度在 24 m 及以上的双排脚手架应在外侧全立面连续设置剪刀撑。

2.脚手架的拆除按由上而下逐层向下的顺序进行,严禁上下同时作业。严禁将整层或数层固定件拆除后再拆脚手架。严禁抛扔,卸下的材料应集中。严禁行人进入施工现场,要统一指挥,上下呼应,保证安全。

2.碗扣式钢管脚手架

1)基本构造

碗扣式钢管脚手架由钢管立杆、横杆、碗扣接头等组成。其基本构造和搭设要求与扣件式钢管脚手架类似,不同之处主要在于碗扣接头。碗扣接头是该脚手架系统的核心部件,它由上碗扣、下碗扣、横杆接头和限位销等组成,见图 3－5。上碗扣、上碗扣和限位销按 60 cm 间距设置在钢管立杆之上,其中下碗扣和限位销则直接焊在立杆上。组装时,将上碗扣的缺口对准限位销后,把横杆接头插入下碗扣内,压紧和旋转上碗扣,利用限位销固定上碗扣。碗扣接头可同时连接 4 根横杆,可以互相垂直或偏转一定角度。

2)搭设要求

碗扣式钢管脚手架立柱横距为 1.2 m,纵距根据脚手架荷载可为 1.2 m、1.5 m、1.8 m、2.4 m,步距为 1.8 m、2.4 m。搭设时立杆的接长缝应错开,第一层立杆应用长 1.8 m 和 3.0 m 的立杆错开布置,往上均用 3.0 m 长杆,至顶层再用 1.8 m 和 3.0 m 两种长杆找平。高 30 m 以下脚手架垂直度应在 1/200 以内,高 30 m 以上脚手架垂直度应控制在 1/400～1/600,总高垂直度偏差应不大于 100 mm。

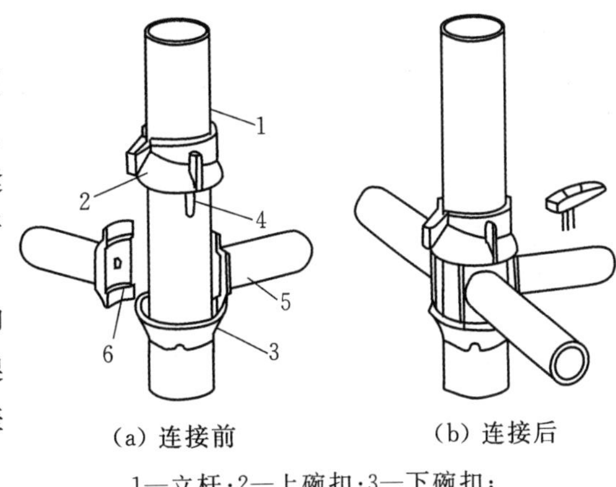

(a) 连接前　(b) 连接后

1—立杆;2—上碗扣;3—下碗扣;
4—限位销;5—横杆;6—横杆接头。

图 3-5　碗扣接头

3. 门式钢管脚手架

1)构造要求

门式脚手架由门式框架、剪刀撑和水平梁架或脚手板构成基本单元,如图 3-6(a)所示。将基本单元连接起来即构成整片脚手架,如图 3-6(b)所示。

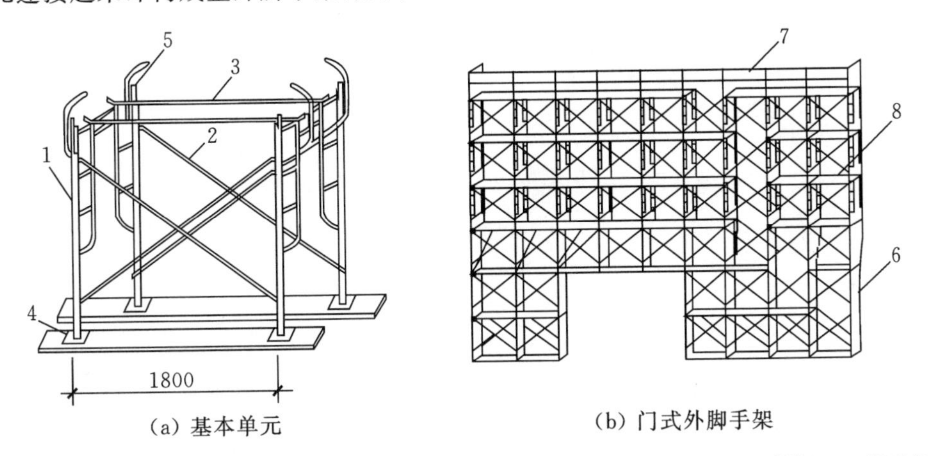

(a) 基本单元　(b) 门式外脚手架

1—门式框架;2—剪刀撑;3—水平梁架;4—螺旋基脚;5—连接器;6—梯子;7—栏杆;8—脚手板。

图 3-6　门式钢管脚手架

2)搭设与拆除

门式脚手架一般按以下程序搭设:铺放垫木(板);拉线、放底座;自一端起立门架并随即装剪刀撑;装水平梁架(或脚手板);装梯子;需要时,装设通长的纵向水平杆;装设连墙杆;重复上述步骤,逐层向上安装;装加强整体刚度的长剪刀撑;装设顶部栏杆。

搭设门式脚手架时,基底必须先平整夯实,并铺设可调底座,以免产生塌陷和不均匀沉降。应严格控制第一步门式框架垂直度偏差不大于 2 mm,门架顶部的水平偏差不大于 5 mm。外墙脚手架必须通过扣墙管与墙体拉结,并用扣件把钢管和处于相交方向的门架连接起来。整片脚手架必须适量设置水平加固杆(纵向水平杆),前三层要每层设置,三层以上则每隔三层设一道。在架子外侧面设置长剪刀撑。使用连墙管或连墙器将脚手架与建筑物连接。高层脚手架应增加连墙点布设密度。拆除架子时应自上而下进行,部件拆除顺序与安装顺序相反。架设超过 10 层,应加设辅助支撑,一般在高 8～11 层门式框架之间,宽在 5 个门式框架之间,加设一组,使部分荷载由墙体承受。

4. 承插型盘扣式钢管脚手架

承插型盘扣式钢管脚手架指立杆之间采用外套管或内插管连接，水平杆和斜杆采用杆端扣接头卡入连接盘，用楔形插销连接，能承受相应的荷载，并具有作业安全和防护功能的结构架体。承插型盘扣式钢管脚手架由立杆、水平杆、斜杆、可调底座及可调托座等配件构成。

盘扣节点应由焊接于立杆上的连接盘、水平杆杆端扣接头和斜杆杆端扣接头组成，如图3－7所示。根据立杆直径的不同分为48和60两种体系。60系列的，立杆直径是60 mm，主要用于重型支撑，如桥梁工程中。48系列的，立杆直径48 mm，主要用于房建与装饰装修等领域。

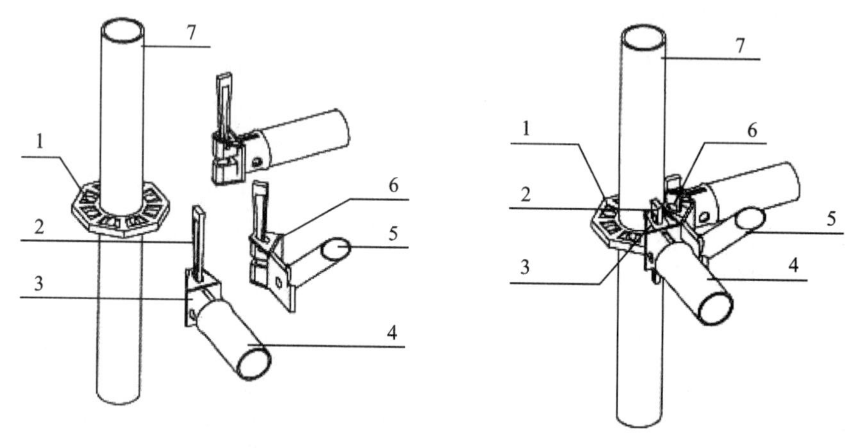

1—连接盘；2—插销；3—水平杆杆端扣接头；4—水平杆；
5—斜杆；6—斜杆杆端扣接头；7—立杆。

图3－7　盘扣节点

立杆盘扣节点间距亦按500 mm模数设置，立杆材质一般采用Q345A，壁厚3.2 mm，常用的规格有500 mm、1000 mm、1500 mm、2000 mm、2500 mm、3000 mm。水平杆材质一般采用Q235B，壁厚2.5 mm，长度模数宜按300 mm设置，即300 mm、600 mm、900 mm、1200 mm、1500 mm、1800 mm、2100 mm。承插型盘扣式钢管脚手架搭设示意图如图3－8所示。

图3－8　承插型盘扣式钢管脚手架搭设示意图

3.1.3　里脚手架

里脚手架是搭设在建筑物内部的一种脚手架，一般用于墙体高度不大于 4 m 的房屋。混合结构房屋墙体砌筑多采用工具式里脚手架，将脚手架搭设在各层楼板上，待砌完一层墙体，即将脚手架全部运到上一个楼层上。使用里脚手架，每一层楼只需要搭设 2～3 步架。里脚手架所用工料较少，比较经济，因而被广泛采用。里脚手架有折叠式、支柱式和门架式、马凳式、梯式等多种。

角钢折叠式里脚手架(见图 3-9)的架设间距，砌墙时不超过 2 m，粉刷时不超过 2.5 m。可以搭设两步脚手架，第一步高约 1 m，第二步高约 1.65 m。钢管和钢筋折叠式里脚手架的架设间距，砌墙时不超过 1.8 m，粉刷时不超过 2.2 m。

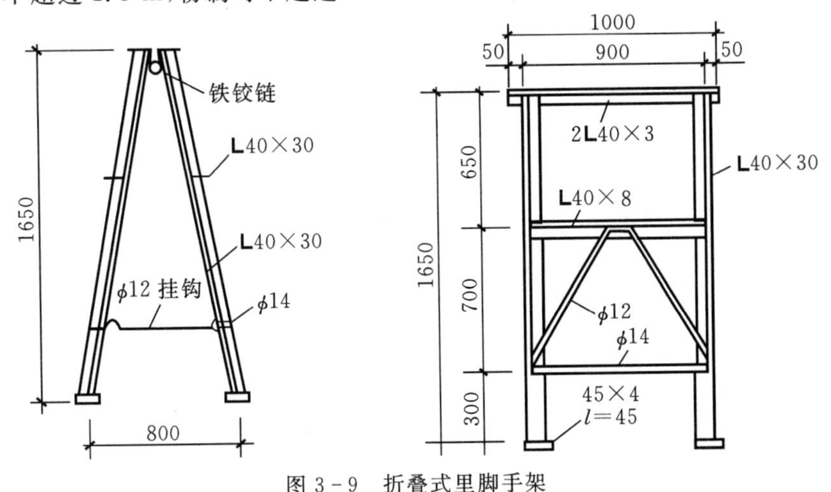

图 3-9　折叠式里脚手架

支柱式里脚手架由若干个支柱和横杆组成。它适用于砌墙和内粉刷。其搭设间距，砌墙时不超过 2 m，粉刷时不超过 2.5 m。支柱式里脚手架的支柱有套管式(见图 3-10)和承插式两种形式。套管式支柱是将插管插入立管中，以销孔间距调节高度，在插管顶端的凹形支托内搁置方木横杆，横杆上铺设脚手板，架设高度为 1.5～2.1 m。

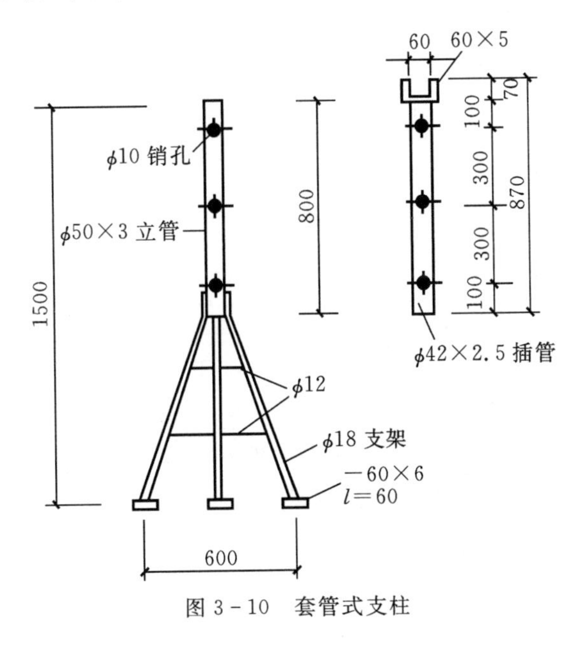

图 3-10　套管式支柱

3.1.4 满堂脚手架

满堂脚手架是在纵横方向由不少于三排立杆、水平剪刀撑、竖向剪刀撑、扣件等构成的脚手架。常用敞开式满堂脚手架结构的设计尺寸，可按表 3－3 采用。满堂脚手架搭设高度不宜超过 36 m，且施工层不得超过 1 层。其设置要求如下：

（1）单层厂房、礼堂、大餐厅的平顶施工，可搭满堂脚手架。

（2）立杆底部应夯实或垫板。

（3）应在架体外侧四周及内部纵横向每 6 m 至 8 m 由底至顶设置连续竖向剪刀撑。当架体搭设高度在 8 m 以下时，应在架顶部设置连续水平剪刀撑；当架体搭设高度在 8 m 及以上时，应在架体顶部、底部及竖向间隔不超过 8 m 分别设置连续水平剪刀撑。所有斜撑和剪刀撑均需由底到顶连续设置。

（4）封顶用双扣绑扎，立杆大头朝上，脚手板铺好后不露杆头。

（5）上料井口四角设安全护栏。

表 3－3 常用敞开式满堂脚手架结构的设计尺寸

序号	步距/m	立杆间距	支架高宽比不大于	下列施工荷载时最大允许高度/m	
				2 kN/m²	3 kN/m²
1	1.7～1.8	1.2 m×1.2 m	2	17	9
2		1.0 m×1.0 m	2	30	24
3		0.9 m×0.9 m	2	36	36
4	1.5	1.3 m×1.3 m	2	18	9
5		1.2 m×1.2 m	2	23	16
6		1.0 m×1.0 m	2	36	31
7		0.9 m×0.9 m	2	36	36
8	1.2	1.3 m×1.3 m	2	20	13
9		1.2 m×1.2 m	2	24	19
10		1.0 m×1.0 m	2	36	32
11		0.9 m×0.9 m	2	36	36
12	0.9	1.0 m×1.0 m	2	36	33
13		0.9 m×0.9 m	2	36	36

注：1. 最少跨数应符合规范规定。

2. 脚手板自重标准值取 0.35 kN/m²。

3. 地面粗糙度为 B 类，基本风压 w_0＝0.35 kN/m²。

4. 立杆间距不小于 1.2 m×1.2 m。施工荷载标准值不小于 3 kN/m² 时，立杆上应增设防滑扣件。防滑扣件应安装牢固，且顶紧立杆与水平杆连接的扣件。

3.1.5 附着式升降脚手架

附着式升降脚手架（见图 3－11）简称爬架，是指搭设一定高度并附着于工程结构上，依靠自身的升降设备和装置，可随工程结构逐层爬升或下降的脚手架。该形式的脚手架搭设高度为3～4个楼层，不占用塔吊，相对落地式外脚手架，省材料，省人工，适用于高层框架、剪力墙和筒体结构的快速施工。

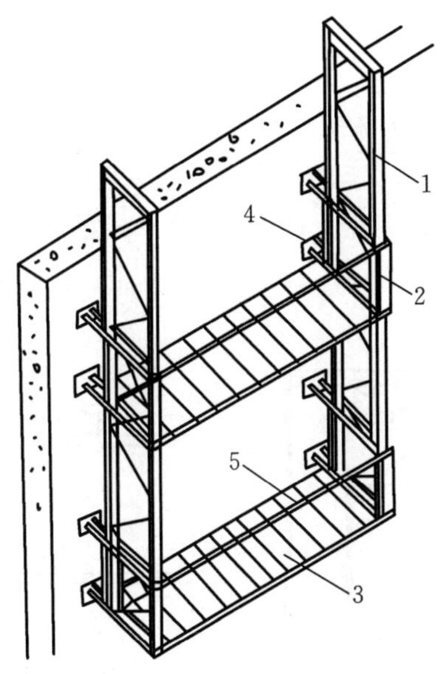

1—内套架；2—外套架；3—脚手板；4—附墙装置；5—栏杆。

图 3-11　附着式升降脚手架

附着式升降脚手架的升降运动是通过手动或电动倒链交替对活动架和固定架进行升降来实现的。从升降架的构造来看，活动架和固定架之间能够进行上下相对运动。当脚手架工作时，活动架和固定架均用附墙螺栓与墙体锚固，两架之间无相对运动；当脚手架需要升降时，活动架与固定架中的一个架子仍然锚固在墙体上，使用倒链对另一个架子进行升降，两架之间便产生相对运动。通过活动架和固定架交替附墙，互相升降，脚手架即可沿着墙体上的预留孔逐层升降。其爬升可分段进行，视设备、劳动力和施工进度而定，每个爬升过程提升1.5～2 m。

附着式升降脚手架的主要特点是：①脚手架不需满搭，只搭设到满足施工操作及安全各项要求的高度；②地面不需做支承脚手架的坚实地基，也不占施工场地；③脚手架及其上承担的荷载传给与之相连的结构，对这部分结构的强度有一定要求；④随施工进程，脚手架可随之沿外墙升降，结构施工时由下往上逐层提升，装修施工时由上往下逐层下降。

3.1.6　悬挑式脚手架

悬挑式脚手架（见图3-12）简称挑架，搭设在建筑物外边缘向外伸出的悬挑结构上，将脚手架荷载全部或部分传递给建筑结构。其支承结构有用型钢焊接制作的三角桁架下撑式结构以及用钢丝绳斜拉住水平型钢挑梁的斜拉式结构两种主要形式。

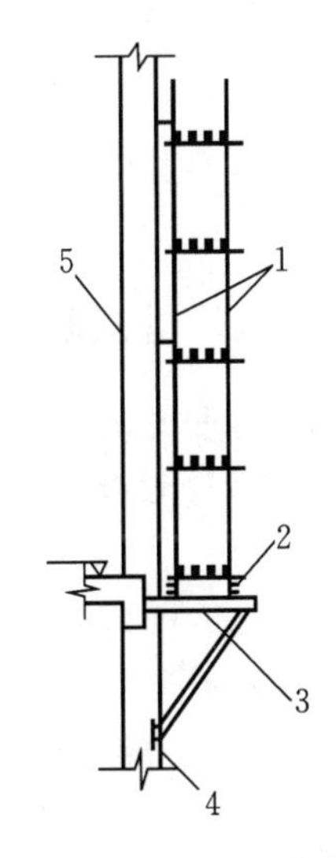

1—钢管脚手架；2—型钢横梁；3—三角支承架；4—预埋件；5—钢筋混凝土柱（墙）。

图 3-12　悬挑脚手架

在悬挑结构上搭设的双排外脚手架与落地式脚手架相同，分段悬挑脚手架的高度一般控制在25 m以内。该形式的脚手架适用于高层建筑的施工。由于脚手架系沿建筑物高度分段搭设，故在一定条件下，当上层还在施工时，其下层即可提前交付使用；而对于有裙房的高层建筑，则可使裙房与主楼不受外脚手架的影响，同时展开施工。

3.1.7 外挂式脚手架

外挂式脚手架(见图 3-13)随主体结构逐层向上施工，用塔吊吊升，悬挂在结构上。在装饰施工阶段，该脚手架改为从屋顶吊挂，逐层下降。外挂式脚手架的吊升单元(吊篮架子)宽度宜控制在 5～6 m，每一吊升单元的自重宜在 1 t 以内。该形式的脚手架适用于高层框架和剪力墙结构施工。

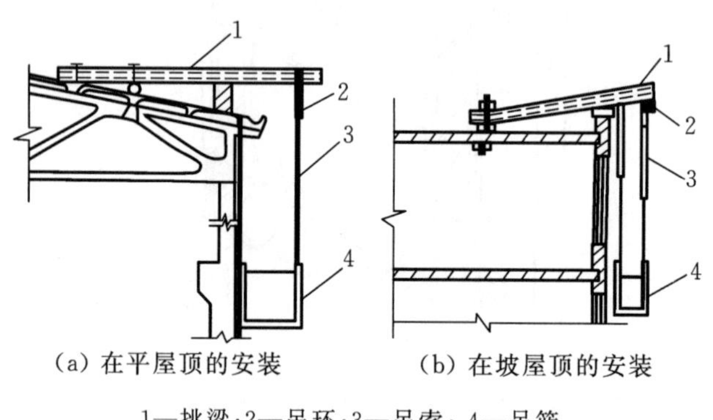

(a) 在平屋顶的安装　　(b) 在坡屋顶的安装

1—挑梁；2—吊环；3—吊索；4—吊篮。

图 3-13　外挂式脚手架

3.2 垂直运输设施

垂直运输设施是指担负垂直输送材料和施工人员上下的机械设备和设施。在砌筑施工过程中，各种材料(砖、砂浆)、工具(脚手架、脚手板)及各层楼板安装时，垂直运输量较大，都需要用垂直运输设施来完成。目前，砌筑工程中常用的垂直运输设施有塔式起重机、井字架、龙门架、建筑施工电梯等。

3.2.1 塔式起重机

塔式起重机又称塔机或塔吊，具有提升、回转、水平等功能，不仅是重要的吊装设备，也是重要的垂直运输设备，尤其在吊运长、大、重的物料时有明显的优势，故在可能的条件下宜优先选用。

塔式起重机具有竖直的塔身，起重臂安装在塔身顶部，它具有较大的工作空间，起重高度大。塔式起重机的类型较多，广泛运用于多层砖混及多高层现浇或装配钢筋混凝土工程的施工。随着现代新工艺、新技术的不断完善，塔式起重机的性能和参数不断提高。

塔式起重机由金属结构部分、机械传动部分、电气控制与安全保护部分以及与外部支承设施组成。金属结构部分包括行走台车架、支腿、底架平台、塔身、套架、回转支承、转台、驾驶室、塔帽、起重臂架、平衡臂架以及绳轮系统、支架等。机械传动部分包括起升机构、行走机构、变幅机构、回转机构、液压顶升机构、电梯卷扬机构以及电缆卷筒等。电器控制与安全保护部分包括电动机、控制器、动力线、照明灯、各安全保护装置以及中央集电环等。外部支承设施包括轨道基础及附着支撑等。

3.2.2　井字架

在垂直运输过程中，井字架的特点是稳定性好，运输量大，可以搭设较大的高度，是施工中最常用、最简便的垂直运输设施(见图 3-14)。

除用型钢或钢管加工的定型井字架外，还有用脚手架材料搭设而成的井字架。井字架多为单孔井字架，但也可构成两孔或多孔井字架。

3.2.3　龙门架

龙门架是由两根三角形或矩形截面的立柱及天轮梁(横梁)构成的门式架。立柱是由若干个格构柱用螺栓拼装而成的，而格构柱是用角钢及钢管焊接而成或直接用厚壁钢管构成门架。龙门架设有滑轮、导轨、吊盘、安全装置以及起重索、缆风绳等。其构造如图 3-15 所示。

龙门架构造简单、制作容易、用材少、装拆方便，但刚度和稳定性较差，一般适用于中小型工程。

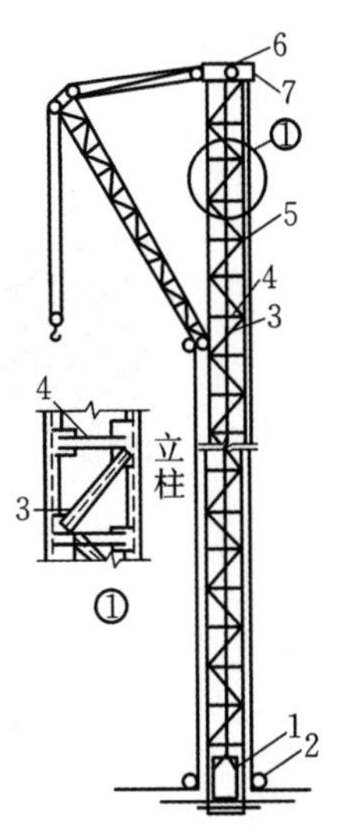

1—吊盘；2—导向滑轮；3—斜撑；4—平撑；
5—立柱；6—天轮；7—缆风绳。

图 3-14　普通型钢井字架

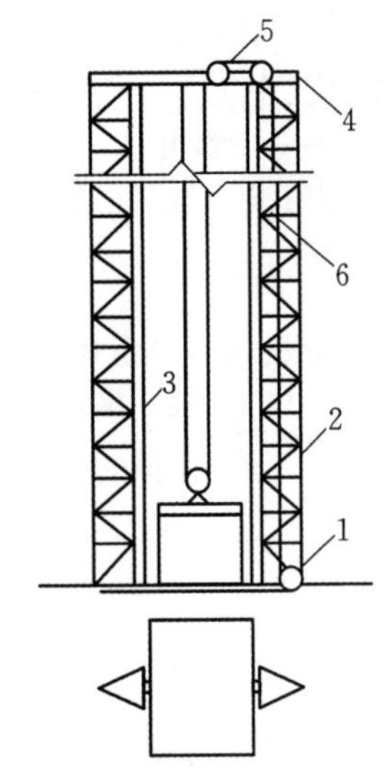

1—滑轮；2—缆风绳；3—立柱；4—横梁；
5—导轨；6—钢丝绳。

图 3-15　龙门架的基本构造形式

3.2.4　建筑施工电梯

目前，在高层建筑施工中常采用人货两用的建筑施工电梯，它的吊笼装在井架外侧，沿齿条式轨道升降，附着在外墙或其他建筑物结构上，可载重货物 1.0～1.2 t，亦可容纳 12～15 人。其高度随着建筑物主体结构施工而接高，可达 100 m，如图 3-16 所示。它特别适用于高层建筑，也可用于高大建筑、多层厂房和一般楼房施工中的垂直运输。

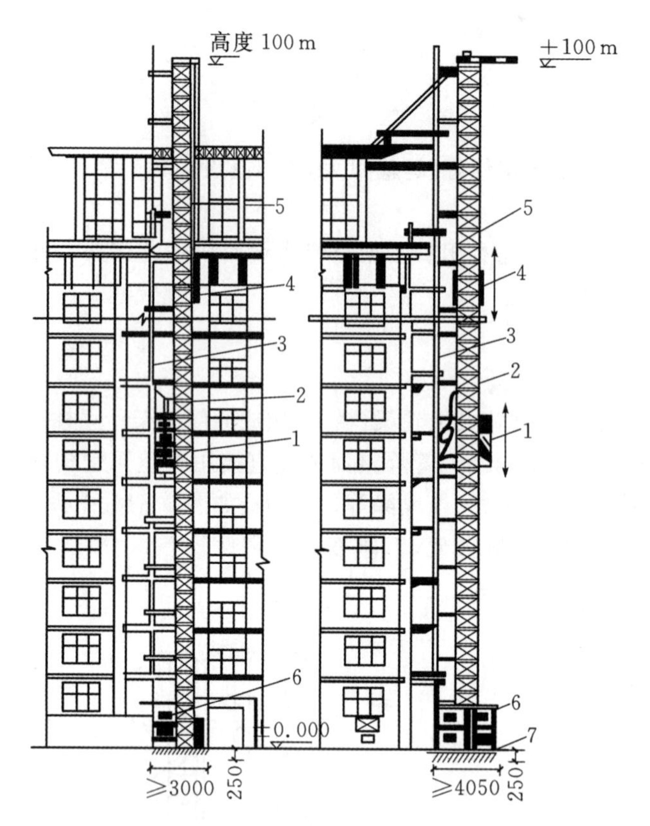

1—吊笼;2—小吊杆;3—架设安装杆;4—平衡安装杆;
5—导航架;6—底笼;7—混凝土基础。

图 3-16　建筑施工电梯

施工电梯

3.3　砌筑材料

砌筑工程所用材料主要是砖、石或砌块以及砌筑砂浆。

3.3.1　砌体材料

1.砌筑用砖

1)砖的种类

按所用原材料不同,砖可分为黏土砖、混凝土砖、页岩砖、煤矸石砖、粉煤灰砖、灰砂砖和炉渣砖等;按生产工艺不同,砖可分为烧结砖和非烧结砖,其中非烧结砖又可分为压制砖、蒸养砖和蒸压砖等;按有无孔洞,砖可分为空心砖和实心砖。

常见砖的强度等级和尺寸如下:

(1)烧结普通砖、蒸压灰砂普通砖、蒸压粉煤灰普通砖、混凝土实心砖。

①砖的尺寸:240 mm×115 mm×53 mm(其中,混凝土实心砖可做成 240 mm×115 mm×90 mm)。

②烧结普通砖的强度等级:MU10、MU15、MU20、MU25、MU30(混凝土实心砖无 MU10)。

③蒸压灰砂砖、蒸压粉煤灰砖的强度等级:MU15、MU20、MU25。

(2)烧结多孔砖(承重)、混凝土多孔砖。

①砖的尺寸:P 型为 240 mm×115 mm×90 mm,M 型为 190 mm×190 mm×90 mm。

②砖的等级:MU10、MU15、MU20、MU25、MU30(混凝土多孔砖无 MU10)。

(3)烧结空心砖(非承重)。

①砖的尺寸:240 mm×240 mm×115 mm,300 mm×240 mm×115 mm。

②砖的等级:MU3.5、MU5、MU7.5、MU10。

2)砖的准备

(1)选砖。砖的品种、强度等级必须符合设计要求,并应规格一致;用于清水墙、柱表面的砖,外观要求应尺寸准确,边角整齐,色泽均匀,无裂纹、掉角、缺棱和翘曲等严重现象。

(2)浇水湿润。为避免砖吸收砂浆中过多的水分而影响黏结力,砖应提前 1～2 d 浇水湿润,并可除去砖面上的粉末。烧结普通砖含水率宜为 10%～15%,但浇水过多会产生砌体走样或滑动。气候干燥时,石料亦应先洒水润湿。但灰砂砖、粉煤灰砖不宜浇水过多,其含水率控制在 5%～8%为宜。

2. 砌筑用石

1)石的分类

砌筑用石分为毛石和料石两类。毛石未经加工,厚不大于 150 mm,体积不大于 0.01 m^3。毛石分为刮毛石和平毛石。刮毛石是指形状不规则的石块;平毛石是指形状不规则,但有两个平面大致平行的石块。料石经加工,外观规整,尺寸均不小于 200 mm,按其加工面的平整程度分为细料石、半细料石、粗料石和毛料石四种。

石料按其质量密度大小分为轻石和重石两类,其中,质量密度不大于 18 kN/m^3 者为轻石,质量密度大于 18 kN/m^3 者为重石。

2)强度等级

石料根据抗压强度值可分为 MU20、MU30、MU40、MU50、MU60、MU80、MU100 七个强度等级。

3. 砌块

1)砌块的种类

砌块代替黏土砖作为墙体材料,是墙体改革的一个重要途径。砌块按形状分为实心砌块和空心砌块两种;按制作原料分为粉煤灰砌块、加气混凝土砌块、混凝土砌块、硅酸盐砌块、石膏砌块等;按规格分为小型砌块、中型砌块和大型砌块,砌块高度大于 115 mm 小于 380 mm 的称为小型砌块,高度为 380～980 mm 的称为中型砌块,高度大于 980 mm 的称为大型砌块。

2)砌块的规格

砌块的规格、型号与建筑的层高、开间和进深有关。由于建筑的功能要求、平面布置和立面体型各不相同,这就必须选择一组符合统一模数的标准砌块,以适应不同建筑平面的变化。

由于砌块的规格、型号与砌块幅面尺寸有关,因此,合理地制定砌块的规格,有助于促进砌块生产的发展,加速施工进度,保证工程质量。普通混凝土小型空心砌块主规格尺寸为 390 mm×190 mm×190 mm,辅助尺寸为 290 mm×190 mm×90 mm。

3)砌块的等级

承重结构的普通混凝土砌块、轻集料混凝土砌块(承重)按其强度分为 MU5、MU7.5、MU10、MU15、MU20。

3.3.2 砌筑砂浆

1. 砂浆的种类

砌筑砂浆按组成材料的不同可分为水泥砂浆、石灰砂浆、混合砂浆和蒸压加气混凝土砌块专用砂浆等。

2. 砂浆的等级

烧结普通砖、烧结多孔砖、蒸压灰砂普通砖、蒸压粉煤灰普通砖砌体砌筑所用砂浆的强度等级有 M2.5、M5、M7.5、M10 和 M15 五个等级，各强度等级相应的抗压强度应符合表 3-4 相关规定。

表 3-4 砌筑砂浆强度等级

强度等级	龄期 28 d 抗压强度/MPa	
	各组平均值不小于	最小一组平均值不小于
M15	15	11.25
M10	10	7.5
M7.5	7.5	5.63
M5	5	3.75
M2.5	2.5	1.88

3. 砂浆的选择

(1)砂浆种类选择及其等级的确定，应根据设计要求选用。

(2)水泥砂浆和混合砂浆可用于砌筑潮湿环境和强度要求较高的砌体，但对于基础一般采用水泥砂浆。

(3)石灰砂浆宜用于砌筑干燥环境中以及强度要求不高的砌体，不宜用于潮湿环境的砌体及基础，因为石灰属气硬性胶凝材料，在潮湿环境中，石灰膏不但难以结硬，而且会出现溶解溃散现象。

4. 材料要求

砌筑砂浆使用的水泥品种及标号，应根据砌体部位和所处环境来选择。水泥进场使用前，应分批对其强度、安定性进行复验。检验批应以同一生产厂家、同一编号为一批。

砂浆用砂的含泥量应满足下列要求：对水泥砂浆和强度等级不小于 M5 的水泥混合砂浆，不应超过 5%；对强度等级小于 M5 的水泥混合砂浆，不应超过 10%；人工砂、山砂及特细砂，应经试配能满足砌筑砂浆技术条件要求。

5. 砂浆制备与使用

(1)拌制砂浆用水，水质应符合国家现行标准《混凝土用水标准》(JGJ 63—2006)的规定。

(2)砂浆现场拌制时，各组分材料应采用质量计量。

(3)砌筑砂浆应采用机械搅拌，自投料完算起，搅拌时间应符合下列规定：水泥砂浆和水泥混合砂浆不得少于 2 min；水泥粉煤灰砂浆和掺用外加剂的砂浆不得少于 3 min；掺用有机塑化剂的砂浆，应为 3～5 min；干混砂浆及加气混凝土砌块专用砂浆宜按掺用外加剂的砂浆确定搅拌时间或按产品说明书采用。

现场拌制的砂浆应随拌随用，拌制的砂浆应 3 h 内使用完毕；当施工期间最高气温超过 30 ℃时，应在 2 h 内使用完毕。预拌砂浆及蒸压加气混凝土砌块专用砌筑砂浆的使用时间应按照厂方提供的说明书确定。

(4)砂浆应进行强度检验。砌筑砂浆试块强度验收时,其强度合格标准必须符合下列规定:同一检验批砂浆试块抗压强度平均值必须大于或等于设计强度等级所对应的立方体抗压强度;同一检验批砂浆试块抗压强度的最小一组平均值必须大于或等于设计强度等级所对应的立方体抗压强度的 0.75 倍;砂浆强度应以标准养护龄期为 28 d 的试块抗压试验结果为准。对于抽检数量,每一检验批且不超过 250 m^3 砌体中的各种类型及强度等级的砌筑砂浆,每台搅拌机应至少抽查一次。检验方法为:在砂浆搅拌机出料口随机取样制作砂浆试块(同盘砂浆只应制作一组试块),最后检查试块强度试验报告单。

3.4　砌体施工

3.4.1　砖砌体施工的基本要求

砌体除采用符合质量要求的原材料外,还必须有良好的砌筑质量,以使砌体有良好的整体性、稳定性和受力性能。砖砌体施工的基本质量要求是:灰缝横平竖直,砂浆饱满,厚薄均匀;砌块应上下错缝,内外搭砌,接槎可靠,以保证砌体的整体性。同时组砌要有规律,少砍砖,以提高砌筑效率,节约材料,冬期施工还要采取相应的措施。

3.4.2　砖砌体施工

1. 砖墙的组砌形式

用普通砖砌筑的砖墙,依其墙面组砌形式不同,常用"一顺一丁""三顺一丁""梅花丁"。

1)**"一顺一丁"(满顶满条)**

"一顺一丁"砌法是一皮中全部顺砖与一皮中全部丁砖相互间隔砌成,上下皮间的竖缝相互错开 1/4 砖长,如图 3-17 所示。这种砌法各皮间错缝搭接牢靠,墙体整体性较好,操作中变化小,易于掌握,砌筑时墙面也容易控制平直。但竖缝不易对齐,在墙的转角、丁字接头、门窗洞口等处都要砍砖,因此砌筑效率受到一定限制。

2)**"三顺一丁"**

"三顺一丁"砌法是三皮中全部顺砖与一皮中全部丁砖间隔砌成,上下皮顺砖与丁砖间竖缝错开 1/4 砖长,上下皮顺砖间竖缝错开 1/2 砖长,如图 3-18 所示。这种砌法出面砖较少,同时在墙的转角、丁字与十字接头、门窗洞口处砍砖较少,故可提高工效。但由于顺砖层较多,墙面的平整度不易控制。当砖较湿或砂浆较稀时,顺砖层不易砌平且容易向外挤出,影响质量。

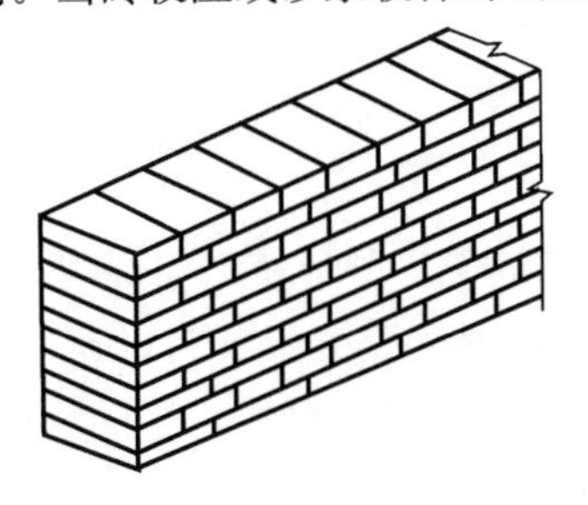

图 3-17　"一顺一丁"组砌形式

图 3-18　"三顺一丁"组砌形式

3)“梅花丁”

梅花丁砌法指每皮丁砖与顺砖相隔，上皮丁砖坐中于下皮顺砖，上下皮间竖缝相互错开 1/4 砖长，如图 3-19 所示。该砌法内外竖缝每皮都能错开，故抗压整体性较好，墙面容易控制平整，竖缝易于对齐，特别是当砖长宽比例出现差异时竖缝易控制。因顶、顺砖交替砌筑，且操作时容易搞错，比较费工，抗拉强度不如“三顺一丁”。因外形整齐美观，所以此法多用于砌筑外墙。

图 3-19 “梅花丁”组砌形式

砖墙砌筑除以上介绍的几种外，还有“五顺一丁”、全顺砌法、全丁砌法、“两平一侧”砌法、空斗墙等。

2. 砌筑工艺

砖墙砌筑的施工过程一般有抄平、放线、摆砖、立皮数杆、盘角和挂线、砌砖、勾缝和清理等工序。

1)抄平

砌墙前应在基础防潮层或楼面上定出各层标高，厚度不大于 20 mm 时用 1∶3 水泥砂浆找平，厚度大于 20 mm 时一般用 C15 细石混凝土找平，使各段砖墙底部标高符合设计要求。

2)放线

根据龙门板上给定的控制轴线及图纸上标注的墙体尺寸，在基础顶面上用墨线弹出墙的轴线和墙的宽度线，并定出门洞口位置线，见图 3-20。利用预先引测在外墙面上的复核墙身中心轴线，借助于经纬仪把墙身中心轴线引测到楼层上去；或用线锤挂，对准外墙面上的墙身中心轴线，从而向上引测。根据标高控制点，测出水平标高，为竖向尺寸控制确定基准。

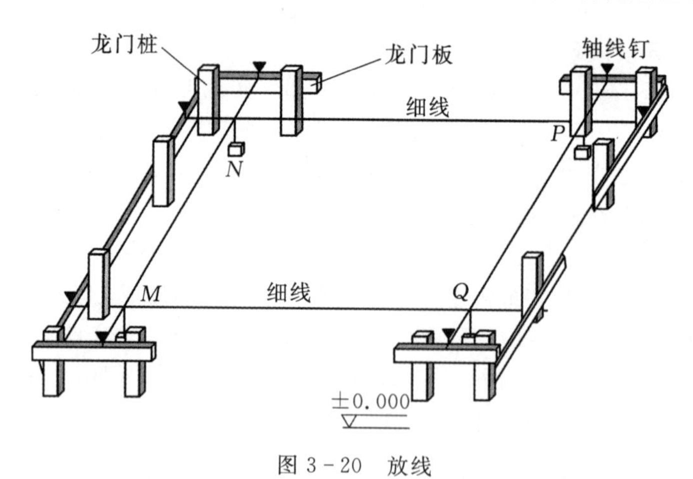

图 3-20 放线

3)摆砖

摆砖是指在放线的基面上按选定的组砌方式用干砖试摆。尽量使门窗垛符合砖的模数，偏差小时可通过竖缝调整，以减小砍砖数量，并保证砖及砖缝排列整齐、均匀，以提高砌砖效率。摆砖的目的是核对所放的墨线在门窗洞口、附墙垛等处是否符合砖的模数，尽可能减少砍砖。

4)立皮数杆

皮数杆是指在其上画有每皮砖和砖缝厚度以及门窗洞口、过梁、楼板、梁底、预埋件等标高位置的一种木制标杆，如图 3－21 所示。

5)**盘角和挂线**

墙角是控制墙面横平竖直的主要依据，所以，一般砌筑时应先砌墙角，墙角砖层高度必须与皮数杆相符合，做到“三皮一吊，五皮一靠”，墙角必须双向垂直。

为保证砌体垂直平整，砌筑时必须挂线，一般二四墙可单面挂线，三七墙及以上的墙则应双面挂线。

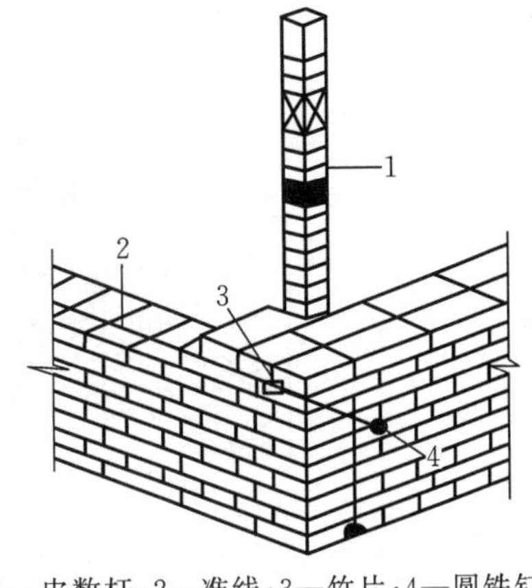

1—皮数杆；2—准线；3—竹片；4—圆铁钉。

图 3－21　皮数杆示意

6)**砌砖**

砌砖的操作方法很多，常用的是“三一”砌砖法和挤浆法。“三一”砌砖法的操作要点是一铲灰、一块砖、一挤揉，并随手将挤出的砂浆刮去，操作时砖块要放平，跟线。挤浆法即先用砖刀或小方铲在墙上铺 500～750 mm 左右长的砂浆，用砌刀调整好砂浆的厚度，再将砖沿砂浆面向接口处推进并揉压，使竖向灰缝有 2/3 高的砂浆，再用砖刀将砖调平，依次操作。挤浆法也是较好的方法，但要求砂浆的和易性一定要好。

“三一”砌砖法

7)**勾缝和清理**

清水墙砌完后，要进行墙面及勾缝。墙面勾缝应横平竖直，深浅一致，搭接平整，不得有丢缝、开裂和黏结不牢等现象。砖墙勾缝宜采用凹缝或平缝，凹缝深度一般为 4～5 mm。勾缝完毕后，应进行墙面、柱面和落地灰的清理。

3. 施工要点

(1)全部砖墙应平行砌起，砖层必须水平，砖层正确位置用皮数杆控制，基础和每楼层砌完后必须校对一次水平、轴线和标高，在允许偏差范围内，其偏差值应在基础或楼板顶面调整。

(2)砖墙的水平灰缝和竖向灰缝宽度一般为 10 mm，但不小于 8 mm，也不应大于 12 mm。水平灰缝的砂浆饱满度不得低于 80%，竖向灰缝宜采用挤浆或加浆方法，使其砂浆饱满，严禁用水冲浆灌缝。

(3)砖墙的转角处和交接处应同时砌筑。对不能同时砌筑而又必须留槎时，应砌成斜搓，普通砖砌体斜槎水平投影长度不应小于高度的 2/3，见图 3－22(a)，多孔砖砌体斜搓长高比不应小于 1/2。斜搓高度不得超过一步脚手架的高度。

非抗震设防及抗震设防烈度为 6 度、7 度地区的临时间断处，当不能留斜槎时，除转角处外，可留直槎，但直槎必须做成凸槎，并加设拉结筋。拉结筋的数量为每 120 mm 墙厚放置直径为 6 mm 的拉结钢筋且不得少于两根；拉结钢筋间距沿墙高不应超过 500 mm，且竖向间距偏差不应超过 100 mm；埋入长度从留槎处算起每边均不应小于 500 mm，对抗震设防烈度为 6 度、7 度的地区，不应小于 1000 mm；末端应有 90°弯钩，见图 3－22(b)。

(4)隔墙与承重墙如不同时砌起而又不留成斜槎时，可于承重墙中引出阳槎，并在其灰缝中预埋拉结筋，其构造与上述相同，但每道不少于 2 根。抗震设防地区的隔墙，除应留阳槎外，还应设置拉结钢筋。

(5)砖墙接槎时，必须将接槎处的表面清理干净，浇水润湿，并应填实砂浆，保持灰缝平直。

(6)每层承重墙的最上一皮砖、梁或梁垫的下面及挑檐、腰线等处，应是整砖丁砌。

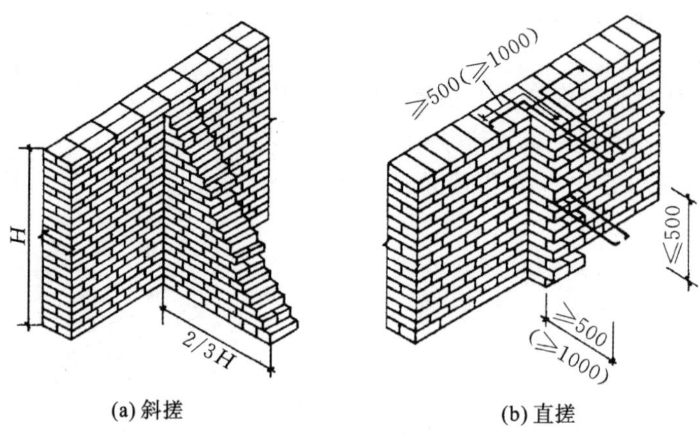

(a) 斜搓　　(b) 直搓

图 3-22　墙体留槎做法

(7)砖墙中留置临时施工洞口时,其侧边离交接处的墙面不应小于 500 mm,洞口净宽度不应超过 1 m。

(8)砖墙相邻工作段的高度差,不得超过一个楼层的高度,也不宜大于 4 m。工作段的分段位置应设在伸缩缝、沉降缝、防震缝或门窗洞口处。砖墙临时间断处的高度差,不得超过一步脚手架的高度。砖墙每天砌筑高度以不超过 1.5 m 或一步脚手架高度为宜。雨天施工时,每天砌筑高度不宜超过 1.2 m。

(9)在下列墙体或部位中不得留设脚手眼:

①120 mm 厚墙、清水墙、料石墙、独立柱和附墙柱;

②过梁上与过梁成 60°角的三角形范围及过梁净跨度 1/2 的高度范围内;

③宽度小于 1 m 的窗间墙;

④门窗洞口两侧石砌体 300 mm、其他砌体 200 mm 范围内,转角处石砌体 600 mm、其他砌体 450 mm 范围内;

⑤梁或梁垫下及其左右 500 mm 范围内;

⑥设计不允许设置脚手眼的部位;

⑦轻质墙体;

⑧夹心复合墙外叶墙。

3.4.3　混凝土小砌块砌体施工

混凝土小型空心砌块包括普通混凝土小型空心砌块和轻骨料混凝土小型空心砌块,简称混凝土小砌块。

1. 材料及规格尺寸

普通混凝土小型空心砌块是以水泥、砂、碎石或卵石、水等预制成的。砌块主规格尺寸为 390 mm×190 mm×190 mm(见图 3-23),有两个方形孔,最小外壁厚应不小于 30 mm,最小肋厚应不小于 25 mm,空心率应不小于 25%。

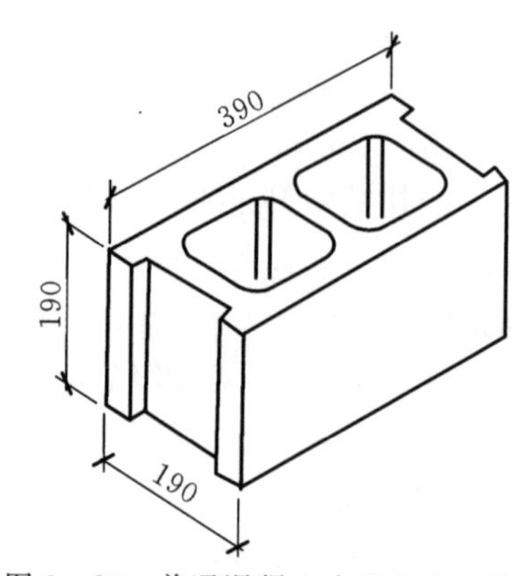

图 3-23　普通混凝土小型空心砌块

普通混凝土小型非承重砌块按其强度分为 MU5、MU7.5、MU10、MU15、MU20 五个强度等级。

轻骨料混凝土小型空心砌块是以水泥、轻骨料、砂、水等预制成的，轻骨料主要指浮石、火山渣、煤渣、自然煤矸石、陶粒等材料。轻骨料混凝土小型空心砌块主规格尺寸为390 mm×190 mm×190 mm。按其孔的排数有单排孔、双排孔、三排孔和四排孔等四类。

轻骨料混凝土小型空心砌块按其强度分为MU1.5、MU2.5、MU3.5、MU5、MU7.5、MU10六个强度等级。

2. 一般构造要求

混凝土小型空心砌块砌体所用的材料，除满足强度计算要求外，还应符合下列要求：

(1)对室内地面以下的砌体，应采用普通混凝土小砌块和不低于M5的水泥砂浆。

(2)五层及五层以上民用建筑的底层墙体，应采用不低于MU7.5的混凝土小砌块和M5的砌筑砂浆。

在墙体的下列部位，应用C20混凝土灌实砌块的孔洞：

①底层室内地面以下或防潮层以下的砌体；

②无圈梁的楼板支承面下的一皮砌块；

③没有设置混凝土垫块的屋架、梁等构件支承面下，高度不应小于600 mm，长度不应小于600 mm的砌体；

④挑梁支承面下，距墙中心线每边不应小于300 mm，高度不应小于600 mm的砌体。

砌块墙与后砌隔墙交接处，应沿墙高每隔400 mm在水平灰缝内设置不少于2根直径为4 mm、横筋间距不大于200 mm的焊接钢筋网片，钢筋网片伸入后砌隔墙内不应小于600 mm(见图3-24)。

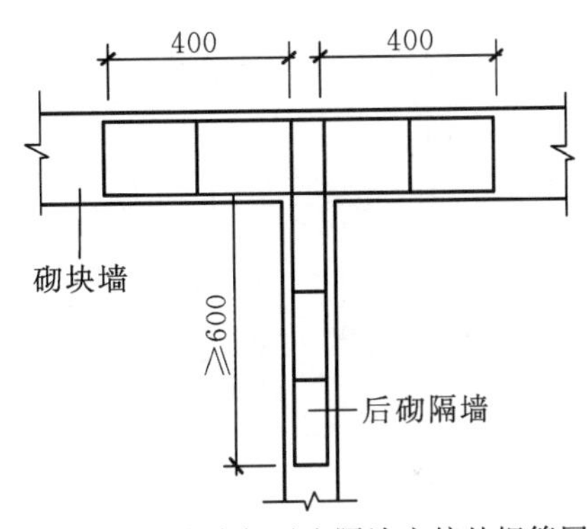

图3-24　砌块墙与后砌隔墙交接处钢筋网片

3. 砌块施工工艺

砌块施工的主要工序为：铺灰—砌块吊装就位—校正—灌缝和镶砖。

(1)铺灰。砌块墙体所采用的砂浆，应具有良好的和易性，其稠度以50～70 mm为宜。铺灰应平整饱满，每次铺灰长度一般不超过5 m，炎热天气及严寒季节应适当缩短。

(2)砌块吊装就位。砌块安装通常采用两种方案：一是以轻型塔式起重机进行砌块、砂浆的运输，以及楼板等预制构件的吊装，用台灵架吊装砌块；二是以井架进行材料的垂直运输，以杠杆车进行楼板吊装，以砌块车和劳动车进行所有预制构件及材料的水平运输，以台灵架负责砌块的吊装。前者适用于工程量大或两幢房屋对翻流水的情况，后者适用于工程量小的房屋。

砌块的吊装一般按施工段依次进行，其次序为先外后内，先远后近，先下后上，在相邻施工段之间留阶梯形斜槎。吊装时应从转角处或砌块定位处开始，采用摩擦式夹具，按砌块排列图将所需砌块吊装就位。

(3)校正。砌块吊装就位后，用托线板检查砌块的垂直度，拉准线检查水平度，并用撬棍、楔块调整偏差。

(4)灌缝。竖缝可用夹板在墙体内外夹住，然后灌砂浆，用竹片插或铁棒捣，使其密实。当砂浆吸水后用刮缝板把竖缝和水平缝刮齐。灌缝后，一般不应再撬动砌块，以防损坏砂浆黏结力。

(5)镶砖。当砌块间出现较大竖缝或过梁找平时，应镶砖。镶砖砌体的竖直缝和水平缝应控制在15～30 mm以内。镶砖工作应在砌块校正后即刻进行，镶砖时应注意使砖的竖缝灌密实。

4. 小砌块施工技术要点

普通混凝土小砌块不宜浇水；当天气干燥炎热时，可在砌块上稍加喷水润湿；轻骨料混凝土小砌块施工前可洒水，但不宜过多。龄期不足 28 d 及潮湿的小砌块不得进行砌筑。

应尽量采用主规格小砌块，小砌块的强度等级应符合设计要求。砌筑小砌块时，应清除小砌块表面污物，剔除外观质量不合格的小砌块。

在房屋四角或楼梯间转角处设立皮数杆，皮数杆间距不得超过 15 m。皮数杆上应画出各皮小型砌块的高度及灰缝厚度。在皮数杆上相对小型砌块上边线之间拉准线，小型砌块依准线砌筑。

小型砌块砌筑应从转角或定位处开始，内外墙同时砌筑，纵横墙交错搭接。外墙转角处应使小型砌块隔皮露端面；T 字交接处应使横墙小砌块隔皮露端面，纵墙在交接处改砌两块辅助规格小型砌块(尺寸为 290 mm×190 mm×190 mm，一头开口)，所有露端面用水泥砂浆抹平(见图 3－25)。

小型砌块应对孔错缝搭砌。上下皮小型砌块竖向灰缝相互错开 190 mm。个别情况当无法对孔砌筑时，普通混凝土小型砌块错缝长度不应小于 90 mm，轻骨料混凝土小型砌块错缝长度不应小于120 mm；当不能保证此规定时，应在水平灰缝中设置 2 根直径为 4 mm 的钢筋网片，钢筋网片每端均应超过该垂直灰缝，其长度不得小于 300 mm(见图 3－26)。

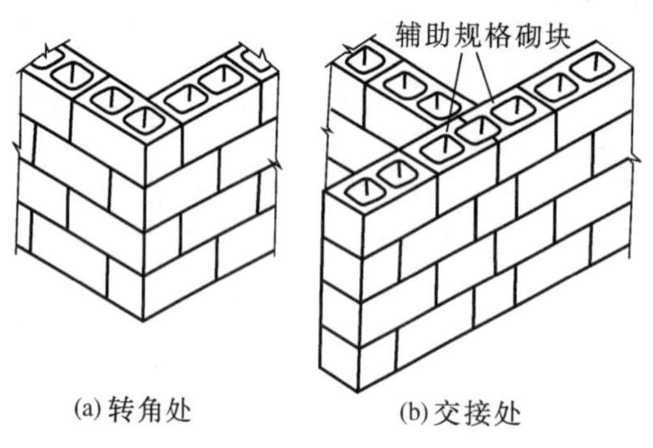

图 3－25　小型砌块墙转角处及 T 字交接处砌法图

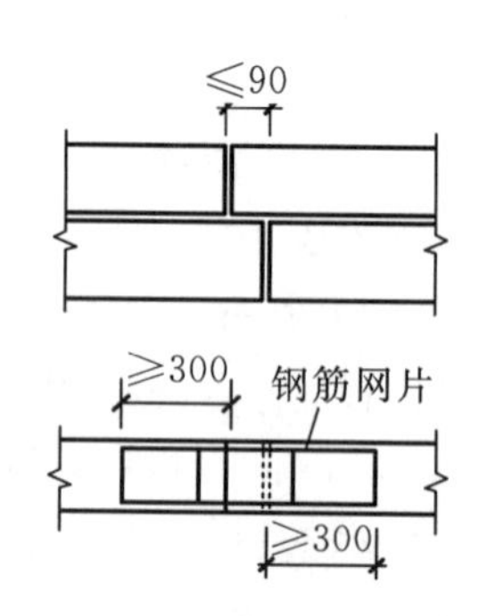

图 3－26　水平灰缝中拉结筋

小型砌块砌体的灰缝应横平竖直，全部灰缝均应铺填砂浆；水平灰缝的砂浆饱满度不得低于 90%；竖向灰缝的砂浆饱满度不得低于 80%；砌筑中不得出现瞎缝、透明缝。水平灰缝厚度和竖向灰缝宽度应控制在 8～12 mm。当缺少辅助规格小砌块时，砌体通缝不应超过两皮砌块。

小型砌块砌体临时间断处应砌成斜槎[见图 3－27(a)]，斜槎长度不应小于斜槎高度的 2/3(一般按一步脚手架高度控制)；如留斜槎有困难，除外墙转角处及抗震设防地区，砌体临时间断

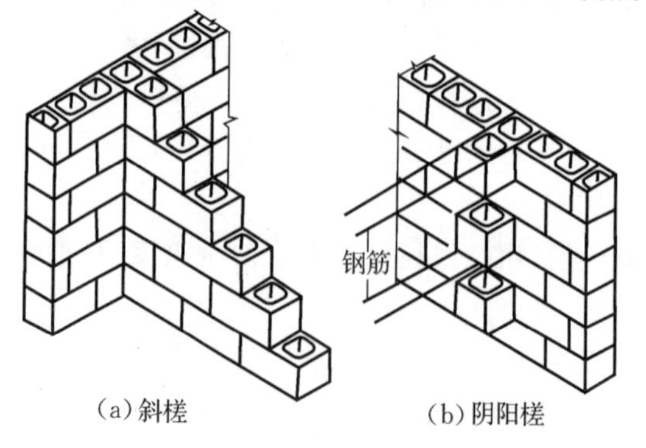

图 3－27　小型砌块砌体斜槎和直槎

处不应留直槎外，可从砌体面伸出 200 mm 砌成阴阳槎[见图 3-27(b)]，并沿砌体高每三皮小型砌块(600 mm)，设拉结筋或钢筋网片，接槎部位宜延至门窗洞口。

承重砌体严禁使用断裂小砌块或壁肋中有竖向凹形裂缝的小型砌块砌筑，也不得采用小型砌块与烧结普通砖等其他块体材料混合砌筑。

小型砌块砌体相邻工作段的高度差不得大于一个楼层高度或 4 m。常温条件下，混凝土小型砌块的日砌筑高度宜控制在 1.4 m 或一步脚手架高度内。

对砌体表面的平整度和垂直度、灰缝的厚度和砂浆饱满度应随时检查，校正偏差。在砌完每一楼层后，应校核砌体的轴线尺寸和标高，允许范围内的轴线及标高的偏差，可在楼板面上予以校正。

3.4.4　框架填充墙施工

1. 框架填充墙砌筑常用的块材

房屋建筑的框架填充墙常采用烧结空心砖、蒸压加气混凝土砌块、轻骨料混凝土小型空心砌块、粉煤灰砌块等，下面主要介绍两种常用的填充墙砌筑材料，即蒸压加气混凝土砌块和粉煤灰砌块。

1)蒸压加气混凝土砌块

蒸压加气混凝土砌块是以水泥、矿渣、砂、石灰等为主要原料，加入发气剂，经搅拌成型、蒸压养护而成的实心砌块。

蒸压加气混凝土砌块按其抗压强度分为 A1.5、A2.0、A2.5、A3.5、A5.0 五个强度等级。蒸压加气混凝土砌块密度级别分为 B03、B04、B05、B06、B07 五个密度级别。长度为 600 mm，宽度和高度符合行业标准。

使用蒸压加气混凝土砌块主要用于框架结构的外墙填充和内墙隔断，也可建造三层以下的全加气混凝土建筑，或用于抗震圈梁构造柱多层建筑的外墙或保温隔热复合墙体材料。在标高 ±0.000 以下，长期浸水或经常受干湿循环、受酸碱侵蚀以及表面温度高于 80 ℃的部位一般不允许使用蒸压加气混凝土砌块。

2)粉煤灰砌块

粉煤灰砌块以粉煤灰、石灰、石膏和轻集料为原料，加水搅拌、振动成型、蒸汽养护而成的密实砌块。粉煤灰砌块的主规格外形尺寸为 880 mm×380 mm×240 mm、880 mm×430 mm×240 mm。砌块端面应加灌浆槽，坐浆面宜设抗剪槽。粉煤灰砌块强度等级为 MU2.5、MU3.5、MU5、MU7.5、MU10、MU15 六个等级。按照孔的排数，粉煤灰砌块可分为单排孔、双排孔、三排孔和四排孔。粉煤灰砌块主要用于框架结构的内墙填充，墙厚为 240 mm，所用砌筑砂浆强度等级不低于 M5。

2. 框架填充墙施工的要求

(1)填充墙采用烧结空心砖进行砌筑时，应提前 1～2 d 浇水湿润。采用蒸压加气混凝土砌块砌筑时，应在砌筑当天对砌块砌筑面喷水湿润。

(2)墙体的灰缝应横平竖直，厚薄均匀，并应填满砂浆，竖缝不得出现透明缝、瞎缝。

(3)填充墙的拉结筋的设置如下：框架柱和梁施工完后，就应按设计砌筑内外墙体，墙体应与框架柱进行锚固，锚固拉结筋的规格、数量、间距、长度应符合设计要求。当设计无规定时，一般应在框架柱施工时，在规定留设锚筋位置处预留铁件或沿柱高设置两根直径为 6 mm 的预埋钢筋，当进行砌体施工前，按设计要求的锚筋间距将其凿出与锚筋焊接，也称为植筋。锚筋的设置为沿柱高每 500 mm 配置两根直径为 6 mm 的钢筋，伸入墙内长度，一、二级框架宜沿墙全长设置，三、四级框架不应小于墙长的 1/5，且不应小于 1000 mm。当填充墙长度大于 5 m 时，墙顶部与梁应有拉结措施，墙高度超过 4 m 时，应在墙高中部设置与柱连接通长的钢筋混凝土板带或系梁。

(4)在厨房、卫生间、浴室等处采用轻骨料混凝土小型空心砌块、蒸压加气混凝土砌块砌筑墙体时，墙底部宜现浇混凝土坎台，其高度宜为 150 mm。

(5)填充墙砌体砌筑，应待承重主体结构检验批验收合格后进行。填充墙与承重主体结构间的空(缝)隙部位施工，应在填充墙砌筑 14 d 后进行。

3. 构造柱和圈梁施工

1)**构造柱**

钢筋混凝土构造柱的截面尺寸不宜小于 180 mm×240 mm，其厚度不应小于墙厚，边柱、角柱的截面宽度宜适当加大。构造柱内竖向受力钢筋，对于中柱不宜少于 4 根且直径不小于 12 mm；对于边柱、角柱，不宜少于 4 根且直径不小于 14 mm。构造柱的竖向受力钢筋的直径也不宜大于 16 mm。其箍筋，一般部位宜采用直径 6 mm、间距 200 mm，楼层上下 500 mm 范围内宜采用直径 6 mm、间距 100 mm 箍筋加密。

构造柱的竖向钢筋做成弯钩，接头可以采用绑扎，其搭接长度宜为 35d，在搭接接头长度范围内箍筋间距不应大于 100 mm。构造柱的竖向受力钢筋应在基础梁和楼层圈梁中锚固，并应符合受拉钢筋的锚固要求。构造柱的混凝土强度等级不宜低于 C20。烧结普通砖墙，所用砖的强度等级不应低于 MU10，砌筑砂浆的强度等级不应低于 M5。砖墙与构造柱的连接处应砌成马牙槎，每一个马牙槎的高度不宜超过 300 mm，并应沿墙高每隔 500 mm 设置 2 根直径为 6 mm 的拉结钢筋，拉结钢筋每边伸入墙内不宜小于 1000 mm(见图 3-28)。

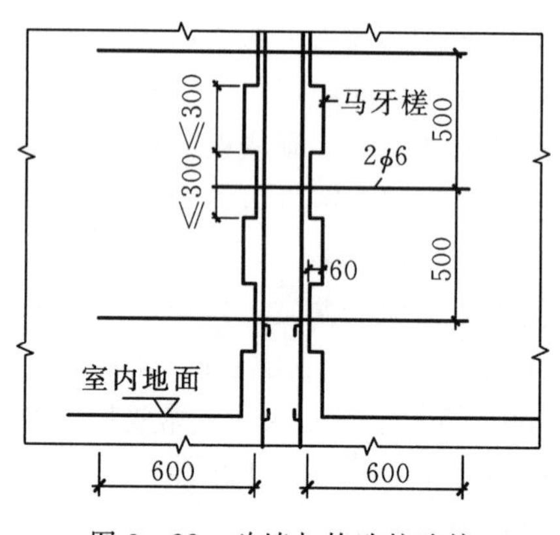

图 3-28　砖墙与构造柱连接

构造柱和砖组合墙的施工程序应为先砌墙后浇混凝土构造柱。构造柱施工程序为：绑扎钢筋、砌砖墙、支模板、浇混凝土、拆模。

构造柱的模板可用木模板或组合钢模板。在每层砖墙及其马牙槎(砌筑时宜先退后进)砌好后，应立即支设模板，模板必须与所在墙的两侧严密贴紧，支撑牢靠，防止模板缝漏浆。

构造柱底部(圈梁面上)应留出 2 皮砖高的孔洞，以便清除模板内的杂物，清除后封闭。

构造柱浇灌混凝土前，必须将马牙槎部位和模板浇水湿润，将模板内的落地灰、砖渣等杂物清理干净，并在结合面处注入适量与构造柱混凝土相同的去石水泥砂浆。

构造柱的混凝土浇灌可以分段进行，每段高度不宜大于 2.0 m。在施工条件较好并能确保混凝土填充密实时，亦可每层一次浇灌。

2)**圈梁**

圈梁又称腰箍，主要作用是增强房屋的整体刚度。圈梁常设在基础顶面以及楼板、檐口和门窗过梁处。为节约材料，便于施工，应尽可能将圈梁与过梁合一，外墙及部分内墙上的圈梁必须交圈。圈梁宽度与墙等宽，高度不应小于 120 mm，圈梁的施工应按照钢筋混凝土结构施工的一般要求进行。圈梁常用的支模方法为挑扁担法。此法在圈梁底面下一皮砖处留一孔洞，在孔中穿入 50 mm×100 mm 木枋作扁担，再竖立两侧模板，用夹条及斜撑支牢，如图 3-29 所示。这是圈梁施工中最常用的支模方法。

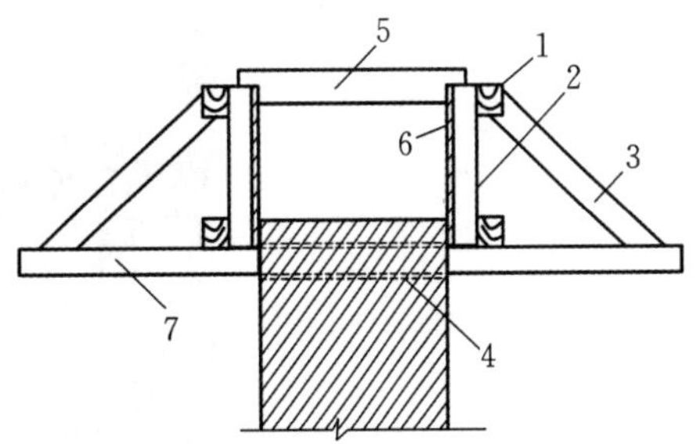

1—横档；2—拼条；3—斜撑；
4—墙洞 60 mm×120 mm；
5—临时撑头；6—侧撑；
7—扁担木 50 mm×100 mm。

图 3-29　挑扁担法

4. 蒸压轻质加气混凝土板

ALC 板是蒸压轻质加气混凝土(autoclaved lightweight concrete)板的简称，属于新型建筑节能产品，规格尺寸见图 3-30。它是以水泥、石灰、硅砂为主要原料，以铝粉为发气剂，由经过专门防锈液处理的钢筋增强，经过高温高压蒸汽养护而成的多孔混凝土板材。它具有容重轻、隔音保温效果好、造价低廉、安装工艺简单、工期要求较低、生产工业化和标准化、安装产业化等优点，但也存在价格略高于传统墙体、墙体板缝需预防开裂、不宜在卫生间使用等缺点。ALC 板按使用部位可分为 ALC 屋面板及楼板、ALC 外墙板和 ALC 隔墙板，在工业与民用建筑中分户隔墙、分室隔墙、走廊隔墙、楼梯间隔墙、厨房隔墙等获得了广泛的应用，是一种性能优越的新型建筑材料。

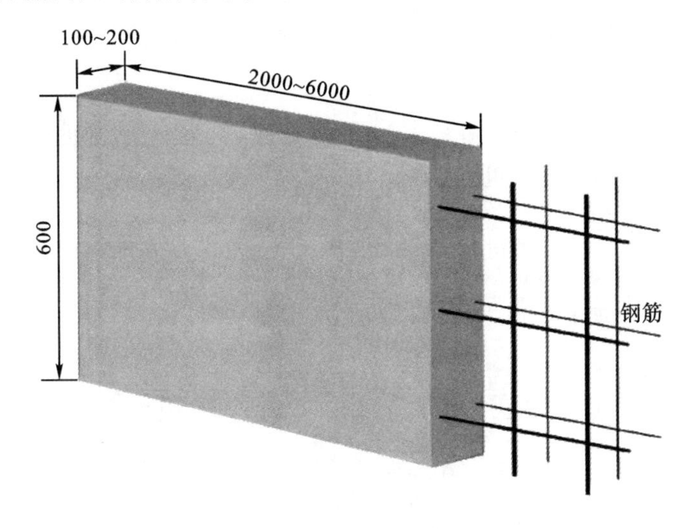

图 3-30　ALC 板尺寸规格

1)施工准备

(1)板材进场。ALC 板由工厂直接运至施工现场，进入现场后应减少转运。现场堆放的场地应坚实、平整、干燥。堆放时应按规格、等级分类堆放(见图 3-31)，下部用加气块或木方支垫，每层高不超过 1 m，总高不超过 2 m，遮盖防雨。卸货时应用尼龙吊带并注意吊带的最大荷载，凡有贯穿、裂缝和碰伤、损伤严重的板材，工程中严禁使用。此外，进场板材长度要求以现场实测墙体高度扣除 20～30 mm 为宜，长于这个标准施工操作不易进行，低于这个标准后墙体的施工质量不易保证。

(2)每面墙应选用外观相同、薄厚一致的条板，板材安装时的含水率不应大于 15%。

(3)结构已验收，人员、机具、安装材料及相关技术文件已完备。

(4)安装前先做排板图，列出板安装顺序，尽量减少和避免在隔墙的垂直方向嵌入板的数量，

图 3-31　ALC 板堆放示意图

以保证拼缝的黏结质量，在排板设计时宜使墙宽度符合 600 的模数，当隔墙的宽度尺寸凑不成 600 的倍数时，宜将“余量”安排在靠柱或墙那块隔墙板的一侧，不宜设置在门窗洞口附近。

2) ALC **板安装要点**

(1)安装时板缝要黏结牢固；板上下端用 U 形卡或管卡固定(见图 3-32)，板就位后在板底打入木楔，底部填入水泥砂浆。

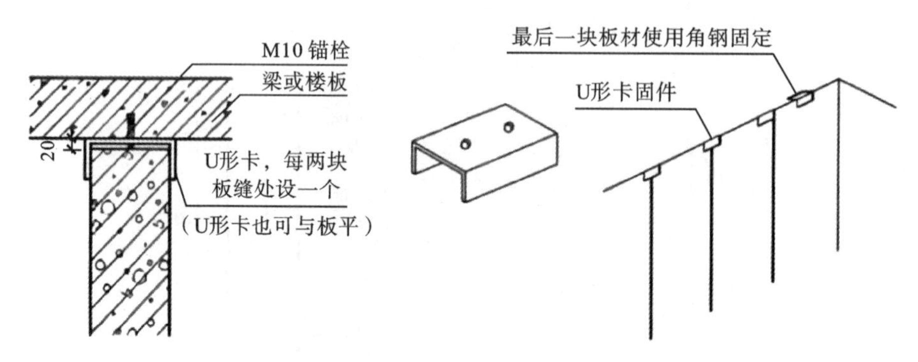

图 3-32　ALC 板 U 形卡固件安装示意图

(2)在墙体粘缝没有一定强度前，严禁碰撞振动，以免板缝错动开裂。

(3)板安装好后板缝用抗裂砂浆粘贴 100 mm 玻璃纤维耐碱网格布(底部塞缝 2 周后)。

(4)待板有一定的强度后，电工才能在板上开槽。开槽时应沿板的纵向切槽，深度不大于1/3 板厚。当必须沿板的横向切槽时，外墙板槽长不大于 1/2 板宽，槽深不大于 20 mm，槽宽不大于 30 mm，内墙板槽深度不大于 1/3 板厚。

(5)水电切槽安装好后，要用聚合物砂浆与板塞实抹平并用玻纤网加强。

5. 蒸压陶粒混凝土轻质墙板

蒸压陶粒混凝土轻质墙板是以水泥、硅砂粉、陶粒砂、外加剂和水等为原料配制成的轻集料混凝土为基料，内置冷拔钢筋(丝)网架，经成组立模浇注成型、蒸压养护等工序，而制成的长宽比不小于 2.5 的空心或实心陶粒混凝土预制条形墙板。墙板密度不大于 1350 kg/m^3。墙板产品按断面不同分为空心板、实心板两类，按用途不同分普通板(用于一般隔墙)和按专门用途要求生产的特种板(含门窗洞边板、门窗洞过梁板、线管盒板和异型板、加强板等)两类。厚度一般为85～120 mm,宽度为600 mm,长度为2400～3200 mm。图3-33为普通空心墙板外形示意图。

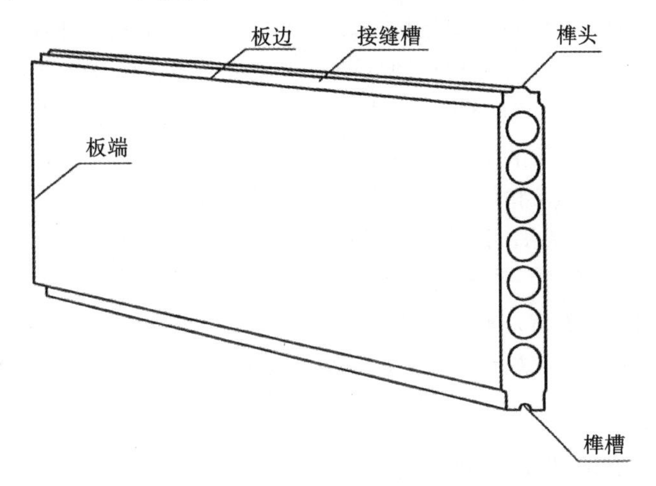

图3-33　蒸压陶粒混凝土普通空心墙板

蒸压陶粒混凝土内隔墙板为绿色环保建材,传热系数不超过0.22,有良好的隔热保温功能。墙板不会出现因吸潮而松化、变形、强度下降等现象,且内部组成材料及其板与板之间的凹凸槽连接都具有良好的吸音和隔声功能。其板与板拼接成整体,经测试抗冲击性能及整体抗震性能均高于普通砌筑墙体,能满足抗震强度8级以上建筑要求,即使在大跨度、斜墙等特殊要求部位中应用,可以直接打钉或膨胀螺栓进行吊挂重物,如空调机、吊柜等。它可用于厨房、卫生间、地下室等潮湿区域和一般室内隔墙。

1)施工准备

(1)板材进场。前道工序应完成验收,现场应清理干净,运输道路通畅,条板堆放场地应平整、干净、干燥,确保施工现场环境、条件满足墙体施工要求。

条板与配套材料、配件进场时,应由专人对产品出厂合格证、条板质量检测资料进行检查、验收,并把记录和检测报告归入工程档案。施工时不得使用龄期不足、破裂、不规整、潮湿和表面被污染的条板。条板应分类堆放,并做好防雨淋措施。运输、堆放时,应侧立,并采取措施防止倾倒,下部垫木不得少于两根,垫木距板端以400～500 mm为宜;条板堆放高度不宜超过两层,上下层垫木应对齐,严禁丢掷撞击或承受其他荷载。

(2)准备好相关施工技术文件及安装材料、工具、人员等。

(3)标出条板安装线。清理好条板安装部位的基层,按施工图及条板排板图进行标线。施工前应按条板墙体分项工程要求,编制墙板排板图,确定安装构造方案,以及确定具体施工方案。墙板排板图包含以下内容:标明条板的种类、规格、尺寸、数量,配套材料、配件品种、数量、要求,门、窗洞口的位置、尺寸,管、线、配电箱、插座及开关盒等的位置、尺寸、数量,预埋件及钢板卡件位置、数量、规格种类等,其他特殊要求。

2)安装要点

安装工艺流程:结构墙面、地面、顶面清理放线,配板、修补,安装U形卡,配制胶黏剂,安装隔墙板,板面处理,报验。

(1)结构墙面、地面、顶面清理找平:清理隔墙板与顶面、地面、墙面的结合部,将浮灰、砂、土、酥皮等物清除干净,凡凸出墙面的砂浆、混凝土块等必须剔除并扫净,结合部尽力找平。

(2)放线:在地面、墙面及顶面根据设计位置,弹好隔墙水平双面边线及门窗洞口线,弹出立面垂直线,弹出顶面连接线,并按板宽分档。

(3)配板、修补:板的长度应按楼层结构净高尺寸减 20～40 mm。计算并测量门窗洞口上部及窗口下部的隔板尺寸,按此尺寸配有预埋件的门窗框板。当板的宽度与隔墙的长度不相适应时,应将部分隔墙板预先拼接加宽(或锯窄)成合适的宽度,放置在阴角处。有缺陷的板应修补。

(4)安装 U 形卡:按设计要求用 U 形卡固定条板的顶端。在两块条板顶端拼缝之间用射钉或电焊将 U 形卡固定在结构梁和板上,且每块板不少于两点。

(5)配制胶黏剂:胶黏剂要随配随用。配制的胶黏剂应在 30 min 内用完。

(6)安装隔墙板:墙板安装一般采用竖装板(门窗口过梁板除外),内外墙板安装顺序应从与墙的结合处开始,依次顺序安装。有缺棱掉角要及时粘结石膏进行修补,修补前先浇水湿润。粘结完毕的墙体,应用 1∶2.5 干硬性水泥砂浆将板下端堵严,3 d 后撤去板下木楔,并用同等强度的干硬砂浆塞实。

3.4.5 砌体的质量要求与允许偏差

1. 砌体施工质量控制等级

砌体施工质量控制等级分为三级,并应按表 3-5 划分。

表 3-5 砌体施工质量控制等级

项目	施工质量控制等级		
	A	B	C
现场质量管理	监督检查制度健全,并严格执行;施工方有在岗专业技术管理人员,人员齐全,并持证上岗	监督检查制度基本健全,并能执行;施工方有在岗专业技术管理人员,人员齐全,并持证上岗	有监督检查制度,施工方有在岗专业技术管理人员
砂浆、混凝土强度	试块按规定制作,强度满足验收规定,离散性小	试块按规定制作,强度满足验收规定,离散性较小	试块按规定制作,强度满足验收规定,离散性大
砂浆拌和	机械拌和,配合比计量控制严格	机械拌和,配合比计量控制一般	机械或人工拌和,配合比计量控制较差
砌筑工人	中级工以上,其中,高级工不少于 30%	高、中级工不少于 70%	初级工以上

注:1. 砂浆、混凝土强度离散性大小根据强度标准差确定;
2. 配筋砌体不得为 C 级施工。

2. 组砌要求及允许偏差

砖砌体组砌方法应正确,内外搭砌,上、下错缝。清水墙、窗间墙无通缝;混水墙中不得有长度大于 300 mm 的通缝,长度 200～300 mm 的通缝每间不超过 3 处,且不得位于同一面墙体上。砖柱不得采用包心砌法。

砖砌体的灰缝应横平竖直,厚薄均匀。水平灰缝厚度及竖向灰缝宽度宜为 10 mm ,但不应小于 8 mm,也不应大于 12 mm。

小型砌块和砖砌体尺寸、位置的允许偏差及检验应符合表3-6的规定。

表3-6　小型砌块和砖砌体尺寸、位置的允许偏差及检验

	项目			允许偏差/mm	检验方法	抽检数量
1	轴线位移			10	用经纬仪和尺或用其他测量仪器检查	承重墙、柱全数检查
2	基础、墙、柱顶面标高			±15	用水准仪和尺检查	不应少于5处
3	墙面垂直度	每层		5	用2 m托线板检查	不应少于5处
		全高	≤10 m	10	用经纬仪、吊线和尺或其他测量仪器检查	外墙全部阳角
			>10 m	20		
4	表面平整度	清水墙、柱		5	用2 m靠尺和楔形塞尺检查	不应少于5处
		混水墙、柱		8		
5	水平灰缝平直度	清水墙		7	拉5 m线和尺检查	不应少于5处
		混水墙		10		
6	门窗洞口高、宽(后塞口)			±10	用尺检查	不应少于5处
7	外墙上下窗口偏移			20	以底层窗口为准,用经纬仪或吊线检查	不应少于5处
8	清水墙游丁走缝			20	以每层第一皮砖为准,用吊线和尺检查	不应少于5处

3.5　外墙外保温工程施工

外墙外保温工程是一种新型、先进、节约能源的方法,是由保温层、保护层与固定材料构成的非承重保温构造总称。外墙外保温工程是将外墙外保温系统通过组合、组装、固定技术手段在外墙外表面上所形成的建筑物实体。外墙外保温工程适用于严寒和寒冷地区、夏热冬冷地区新建居住建筑物或旧建筑物的墙体改造工程,起保温、隔热的作用,是建筑物节能的一项重要技术措施。

外墙外保温系统主要由基层、保温层、抹面层、饰面层构成。

3.5.1　岩棉板薄抹灰外墙外保温系统

岩棉板薄抹灰外墙外保温系统是由经表面处理的岩棉板保温层、薄抹灰抗裂面层、固定材料(胶黏剂、锚固件)、涂料饰面层构成,固定在外墙外表面的非承重保温构造。岩棉板的防护层为嵌埋有耐碱玻璃纤维网格布增强的聚合物抗裂砂浆,属薄抹灰面层,防护层厚度普通型为3～5 mm,加强型为4～6 mm,饰面为涂料或饰面砂浆层。在正常使用和维护条件下,使用年限应不小于25 a。

1. 材料组成及构造

1)墙体构造

岩棉板薄抹灰外墙外保温系统基本构造见图3-34。

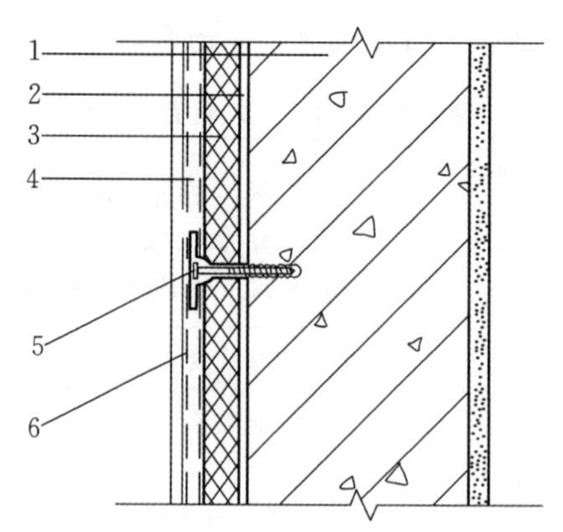

1—基层墙体；2—找平层、黏结层；3—岩棉保温板；

4—抗裂面层(内铺两层耐碱网格布增强层)；5—锚固件；6—涂料饰面层。

图 3-34　岩棉板薄抹灰外墙外保温系统构造示意图

2)材料准备及要求

(1)胶黏剂：用于将岩棉板粘贴在基层墙面上的黏结材料，是一种由水泥、高分子聚合物、填料和其他添加剂组成的单组分工厂化生产的改性干粉料。

(2)抹面胶浆：在岩棉板外墙外保温系统中用于抗裂面层，由水泥、高分子聚合物、填料和其他添加剂组成的具有一定柔性的单组分聚合物改性水泥干粉砂浆。

(3)界面砂浆：由聚合物乳胶粉、助剂、水泥和中砂按一定比例拌和制成的砂浆，用于改善基层和岩棉板表面的黏结性能。

(4)耐碱玻璃纤维网格布：经高分子材料耐碱表面涂覆处理的网格状玻璃纤维织物，具有一定的耐碱性和硬挺度，作为增强材料埋入抹面胶浆中，与抹面胶浆共同形成薄抹灰抗裂面层，用以提高面层的抗裂性，简称“耐碱网格布”。

(5)锚固件：在岩棉板薄抹灰外墙外保温系统中，辅助固定保温材料及增强网于结构基层的锚栓。它由尾端带圆盘的塑料膨胀套管和塑料敲击钉或具有防腐性能的金属螺钉组成，包括具有膨胀功能以及回拧锚固功能两种。

(6)附件：在岩棉板薄抹灰外墙外保温系统中起辅助作用的配件，如密封膏、密封条、包角条、盖顶板、托架等。

(7)憎水型岩棉板：以玄武岩及其他天然矿石等为主要原料，经高温熔融、离心或喷吹制成矿物质纤维，掺入一定比例的黏结剂、憎水剂等添加剂后经摆锤法压制、固化并裁割而成的板状憎水型保温材料。用于外墙外保温的岩棉板厚度不应小于 30 mm，涂料饰面时最大厚度不宜大于 60 mm。

2. 施工流程及施工要点

(1)岩棉板薄抹灰外墙外保温系统施工流程(见图 3-35)。

(2)施工要点。

①基层墙体必须清理干净，墙面无油、灰尘、污垢、风化物、涂料、蜡、防水剂、潮气、霜、泥土等污染物或其他有碍黏结材料，并应剔除墙面的凸出物。基层墙中松动或风化的部分应清除，并用水泥砂浆填充找平。基层墙体的表面平整度不符合要求时，可用 1∶3 水泥砂浆找平。

②在建筑外墙阳角、阴角及其他必要处挂垂直基准线，每个楼层适当位置弹水平线，以控制岩棉板的垂直度和平整度。岩棉板长度不宜大于 1200 mm，宽度不宜大于 600 mm，表面应干燥、平整、清洁。

③粘贴前，应先安装托架，用镀锌锚栓将经防腐处理过的金属托架（或铝合金底座托架）固定于基墙上；底层托架离散水坡高度不小于 300 mm；托架以下即勒脚部位应采用其他防水、防火性能好的保温材料。

④胶黏剂应严格按照产品使用说明书进行配制，配制好的胶黏剂应避免太阳直射，并应在 2 h 内用完。

⑤胶黏剂在岩棉板粘贴面上应按条粘法布胶，岩棉板与基层墙体的有效黏结面积不少于 60%，使用高度超过 60 m 时应满粘。胶黏剂应压入岩棉纤维中，以增加胶黏剂与岩棉板的黏结力。

⑥岩棉板应自下而上沿水平方向横向铺贴，上下排之间应错缝 1/2 板长，局部最小错缝不应小于 200 mm；墙角岩棉板应交错互锁，并保证墙角垂直度；门窗洞口岩棉板拼缝不得正好留在门窗洞口的四角处，应用整块岩棉板裁出洞口，且最小尺寸不应小于 200 mm。

⑦岩棉板抹完胶黏剂后，应先将保温板下端与基层粘贴，然后自下而上均匀挤压，滑动就位，粘贴时轻揉，并应随时用 2 m 靠尺和托线板检查平整度和垂直度。应及时清除板边溢出的胶黏剂，板的侧面不得涂抹或沾有胶黏剂。相邻板块应挤密对接，板缝不大于 2 mm，板间高差不应大于 1.5 mm。

⑧岩棉板粘贴各终端部位（侧边外露处）均应在贴板前先行粘贴翻包用的窄幅 160 级耐碱网格布（压入岩棉板和翻包尺寸不少于 100 mm）；

⑨所有穿过岩棉板的穿墙管线与构件，其出口部位应用耐候防水密封胶密封。岩棉板粘贴 1～2 d 后，可进行抹面层施工。

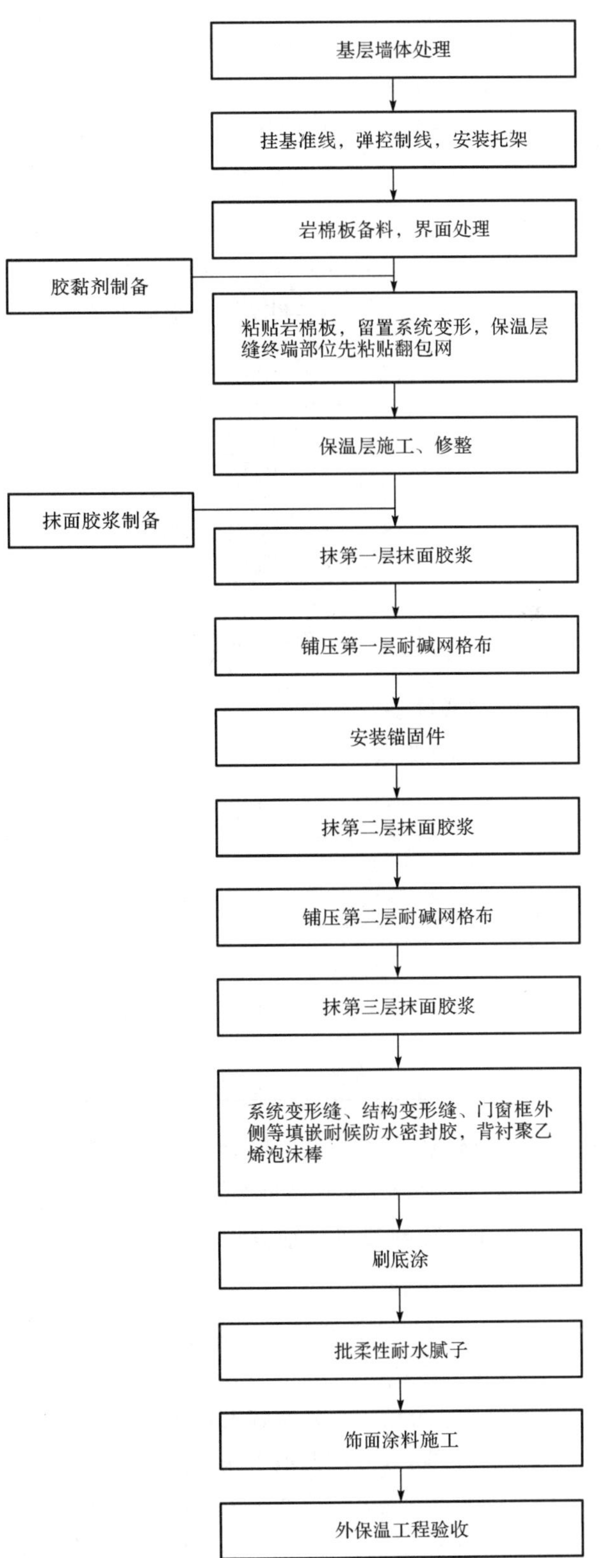

图 3-35　岩棉板薄抹灰外墙外保温系统施工流程图

3.5.2　复合发泡水泥板外墙外保温系统

复合发泡水泥板外墙外保温系统是以复合发泡水泥板为保温隔热层材料，由黏结层、保温隔热层、抹面层和饰面层构成的建筑外墙外保温隔热系统。

1. 构造做法和材料准备

1)构造做法

复合发泡水泥板外墙外保温系统主要由界面层、复合发泡水泥板保温层、抗裂砂浆薄抹面层和饰面层组成(见图 3-36、图 3-37),基层墙体可以是各种砌体或混凝土墙。饰面层可采用涂料,也可干挂石材。

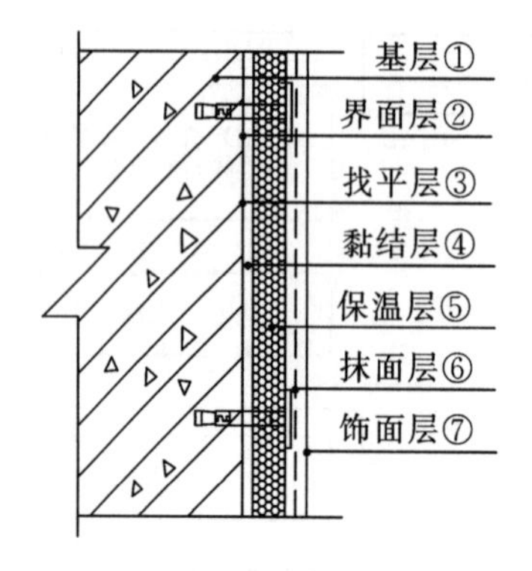

图 3-36 外墙外保温系统基本构造

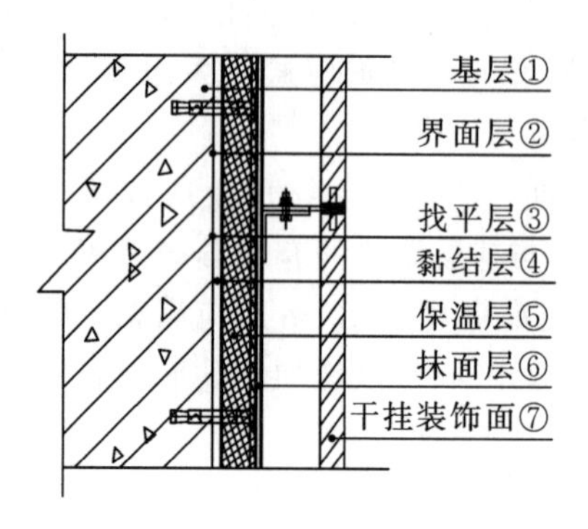

图 3-37 非透明幕墙保温系统构造

2)材料准备

发泡水泥板表面应平整,无裂缝,无掉角缺棱,板的规格尺寸和外观尺寸偏差应符合表 3-7 的要求。

表 3-7 发泡水泥板的规格尺寸和外观尺寸偏差 单位:mm

项目	规格尺寸	尺寸允许偏差
长度	250,300	±2.0
宽度	250,300	±2.0
厚度	符合设计要求	不得出现负偏差,正偏差不得超过 2.0 mm
对角线	—	≤3.0

界面砂浆、黏结砂浆、抹面砂浆、锚固件等材料的各项性能指标符合相关规定。

施工应配备强制式砂浆搅拌机、电动搅拌机、电钻、靠尺、抹子等主要施工机具。

2. 工艺流程及施工要点

1)工艺流程

复合发泡水泥板外墙外保温系统的施工工艺流程应符合图 3-38 的要求。

2)施工要点

(1)挂基准线。在外墙各大角(阳角、阴角)及其他必要处挂垂直基准线,在每个楼层的适当位置挂水平线,以控制发泡水泥板的垂直度和水平度。

(2)抹面层施工。抹面层中应压入耐碱网格布。建筑物首层应由一层标准型网格布和一层加强型网格布组成,二层以上墙面可采用一层标准型网格布。抹面层的厚度宜为 5~7 mm。

(3)材料配制。黏结砂浆和抹面砂浆均为单组分材料,水灰比应按材料供应商产品说明书配制,用砂浆搅拌机搅拌均匀,搅拌时间自投料完毕后不小于 5 min,一次配制用量以 4 h 内用完为宜(夏季施工时间宜控制在2 h 内)。

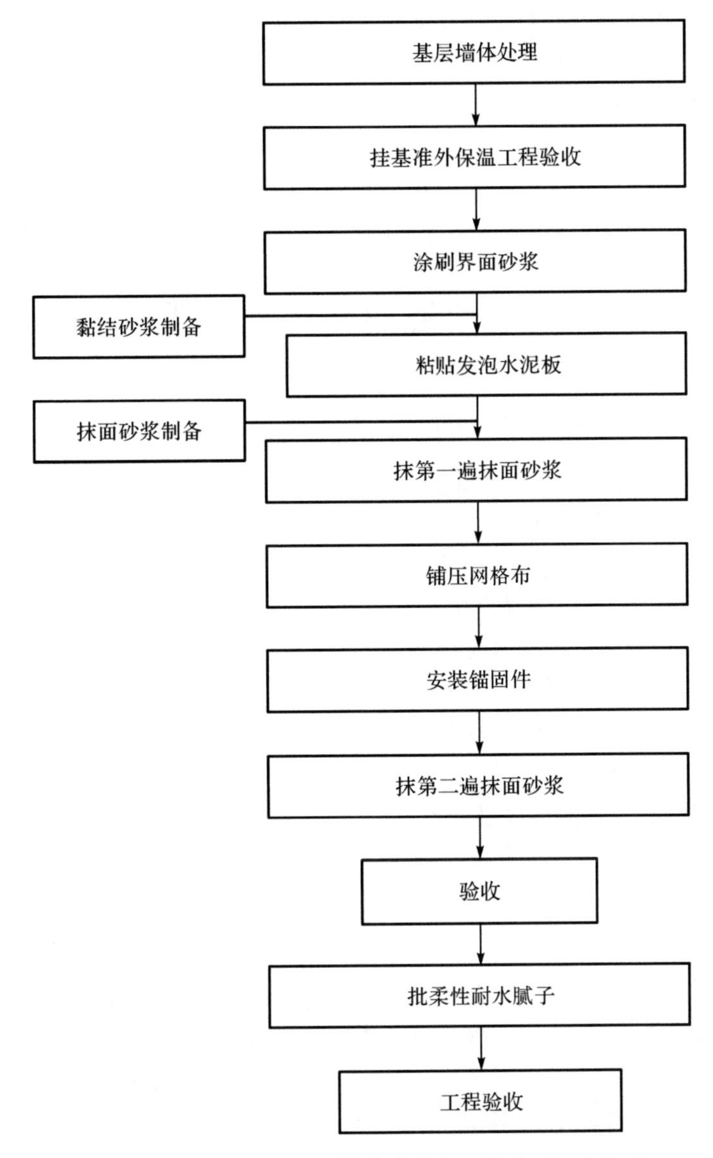

图 3-38　复合发泡水泥板外墙外保温系统施工工艺流程

(4)水泥板铺贴。发泡水泥板与基层墙面的连接应采用满铺黏结砂浆黏结，并辅以机械固定。粘贴时用铁抹子在每块发泡水泥板上均匀批刮一层厚不小于 3 mm 的黏结砂浆，粘贴面积应大于 95%，及时粘贴并挤压到基层上，板与板之间的接缝缝隙不得大于 1 mm。

(5)抹面砂浆施工。发泡水泥板大面积铺贴结束后，视气候条件到24～48 h 后，进行抹面砂浆的施工。施工前用 2 m 靠尺在发泡水泥板平面上检查平整度，对凸出的部位应刮平并清理发泡水泥板表面碎屑后，方可进行抹面砂浆的施工。

(6)网格布施工。用铁抹子将抹面砂浆粉刷到发泡水泥板上，厚度应控制在 3～5 mm，先用大杠刮平，再用塑料抹子搓平，随即用铁抹子将事先剪好的网格布压入抹面砂浆表面，网格布平面之间的搭接宽度不应小于 50 mm，阴阳角处的搭接不应小于 200 mm，铺设要平整无褶皱。在洞口处应沿 45°方向增贴一道 300 mm×400 mm 网格布。首层墙面宜采用三道抹灰法施工，第一道抹面砂浆施工后压入网格布，待其稍干硬，进行第二道抹灰施工后压入加强型网格布(加强型网格布对接即可,不宜搭接),第三道抹灰将网格布完全覆盖。

(7)锚固件施工。锚固件锚固应在第一遍抹面砂浆(并压入网格布)初凝时进行,使用电钻在发泡水泥板的角缝处打孔,将锚固件插入孔中并将塑料圆盘的平面拧压到抹面砂浆中,有效锚固深度为:混凝土墙体不小于 25 mm,加气混凝土等轻质墙体不小于 50 mm。墙面高度在 20 m 以下每平方米设置 4～5 个锚栓,20 m 以上每平方米设置 7～9 个锚栓。锚栓固定后抹第二遍抹面砂浆,第二遍抹面砂浆厚度应控制在 2～3 mm。

3.6 冬期与雨期施工

3.6.1 砌筑工程冬期施工

当室外日平均气温连续 5 d 稳定低于 5 ℃时,砌体工程应采取冬期施工措施。日最低温度低于－20 ℃时,砌体工程不宜施工。

冬期施工所用的材料,应符合下列要求:

(1)砖、石、砌体在砌筑前,应清除冰霜。

(2)砌筑砂浆宜用普通硅酸盐水泥拌制,因为这种水泥的早期强度发展较其他水泥快,有利于砌体在冻结前具有一定的强度。

(3)石灰膏、黏土膏和电石膏等应防止受冻。如遭冻结,应经融化后方可使用。

(4)拌制砂浆所用的砂,不得含有冰块和直径大于 10 mm 的冻结块。

(5)拌和砂浆时,水的温度不得超过 80 ℃,以免遇水泥发生“假凝”现象;砂的温度不得超过 40 ℃。

砖石工程冬期施工中以掺盐砂浆法为主,对保温、绝缘、装饰方面有特殊要求的工程,可用冻结法或其他施工方法。

1. 掺盐砂浆法

掺入盐类的水泥砂浆、水泥混合砂浆或微沫砂浆称为掺盐砂浆。采用这种砂浆砌筑的方法称为掺盐砂浆法。

1)掺盐砂浆法的原理和适应范围

掺盐砂浆法就是在砌筑砂浆内掺入一定数量的抗冻化学剂,来降低水溶液的冰点,以保证砂浆中有液态水存在,使水化反应在一定负温下不间断进行,使砂浆在负温下强度能够继续缓慢增长。同时,由于降低了砂浆中水的冰点,砖石砌体的表面不会立即结冰而形成冰膜,故砂浆和砖石砌体能较好地黏结。掺盐砂浆中的抗冻化学剂,目前主要是氯化钠和氯化钙,其他还有亚硝酸钠、碳酸钾和硝酸钙等。掺盐砂浆法具有施工简便、施工费用低、货源易于解决等优点,所以在我国砖石砌体冬期施工中普遍采用掺盐砂浆法。

由于氯盐砂浆吸湿性大,结构保温性能下降,并有析盐现象等,对下列工程严禁采用掺盐砂浆法施工:对装饰工程有特殊要求的建筑物,使用环境湿度大于 80%的建筑物,接近高压电线的建筑物,配筋、钢埋件无可靠防腐处理措施的砌体,经常处于地下水位变化范围内以及水下未设防水层的结构。

2)掺盐砂浆法的施工工艺

采用掺盐砂浆法进行施工,应按不同负温界限控制掺盐量。当砂浆中氯盐掺量过少时,砂浆内会出现大量的冰结晶体,水化反应极其缓慢,会降低早期强度。如果氯盐掺量大于 10%,砂浆的后期强度会显著降低，同时导致砌体析盐量过大，增大吸湿性，降低保温性能。对砌筑承重结构的砂浆强度等级应按常温施工时提高一级。拌和砂浆前要对原材料加热，且应优先加热水。当满足不了温度时，再进行砂的加热。当拌和水的温度超过 60 ℃时，拌制时的投料顺序是：水和砂先拌，然后再投放水泥。掺盐砂浆中掺入微沫剂时，盐溶液和微沫剂在砂浆拌和过程中先后加入。砂浆应采用机械进行拌和，搅拌时间应比常温季节增加一倍。拌和后的砂浆应注意保温。配筋砌体不得采用掺氯盐的砂浆施工。

掺盐砂浆法砌筑砖砌体，应采用“三一”砌砖法进行砌筑。采用掺盐砂浆法砌筑砌体，砌体转角处和交接处应同时砌筑，对不能同时砌筑而又必须留置的临时间断处，应砌成斜槎。砌体表面不应铺设砂浆层，宜采用保温材料加以覆盖，继续施工前，应先用扫帚扫净砌体表面，然后再施工。

2. 冻结法

冻结法是指采用不掺化学外加剂的普通水泥砂浆或水泥混合砂浆进行砌筑的一种冬期施工方法。

1)冻结法的原理和适应范围

冻结法的砂浆内不掺任何抗冻化学剂，允许砂浆在铺砌完后就受冻。受冻的砂浆可以获得较大的冻结强度，而且冻结的强度随气温降低而增高。但当气温升高而砌体解冻时，砂浆强度仍然等于冻结前的强度。当气温转入正温后，水泥水化作用又重新进行，砂浆强度可继续增长。

冻结法允许砂浆在砌筑后遭受冻结，且在解冻后其强度仍可继续增长。所以对有保温、绝缘、装饰等特殊要求的工程和受力配筋砌体以及不受地震区条件限制的其他工程，均可采用冻结法施工。

冻结法施工的砂浆，经冻结、融化和硬化三个阶段后，砂浆强度、砂浆与砖石砌体间的黏结力都有不同程度的降低。砌体在融化阶段，因为砂浆强度接近于零，将会增加砌体的变形和沉降，所以对下列结构不宜选用：空斗墙，毛石墙，承受侧压力的砌体，在解冻期间可能受到振动或动荷载的砌体，在解冻期间不允许发生沉降的砌体。

2)冻结法的施工工艺

采用冻结法施工时，应采用“三一”砌筑法，对于房屋转角处和内外墙交接处的灰缝应特别仔细砌合。砌筑时一般采用“一顺一丁”的砌筑方法。冻结法施工中宜采用水平分段施工，墙体一般应在一个施工段范围内，砌筑至一个施工层的高度，不得间断。每天砌筑高度和临时间断处均不宜大于 1.2 m。不设沉降缝的砌体，其分段处的高差不得大于 4 m。

砌体解冻时，因为砂浆的强度接近于零，所以增加了砌体解冻期间的变形和沉降，其下沉量比常温施工增加 10%～20%。解冻期间，因为砂浆遭冻后强度降低，砂浆与砌体之间的黏结力减弱，所以砌体在解冻期间的稳定性较差。用冻结法砌筑的砌体，在开冻前需进行检查，开冻过程中应组织观测，如发现裂缝、不均匀下沉等情况，应分析原因并立即采取加固措施。

为保证砖砌体在解冻期间能够均匀沉降不出现裂缝，应遵守下列要求：解冻前应清除房屋中剩余的建筑材料等，减小临时荷载；在开冻前，宜暂停施工；留置在砌体中的洞口和沟槽等，宜在解冻前填砌完毕；跨度大于 0.7 m 的过梁，宜采用预制构件；门窗框上部应留 3～5 mm 的空隙，作为化冻后预留沉降量，在楼板水平面上，以及墙的拐角处、交接处和交叉处每半砖设置一根直径为 6 mm 的拉筋。

在解冻期进行观测时，应特别注意多层房屋下层的柱和窗间墙、梁端支承处、墙交接处等地方。此外，还必须观测砌体沉降的大小、方向和均匀性，砌体灰缝内砂浆的硬化情况。观测一般需 15 d 左右。

解冻时除对正在施工的工程进行强度验算外，还要对已完成的工程进行强度验算。

3. 其他冬期施工方法

对保温、绝缘、装饰等方面有特殊要求的工程，还可采用暖棚法、快硬砂浆法、蓄热法、电热法等。

1)暖棚法

暖棚法是利用简易结构和廉价的保温材料，将需要砌筑的工作面临时封闭起来，使砌体在正温条件下砌筑和养护。采用暖棚法施工，块材在砌筑时的温度不应低于 5 ℃，距离所砌的结构底面 0.5 m 处的棚内温度也不应低于 5 ℃。

在暖棚内的砌体养护时间，应根据暖棚内温度，按表 3－8 确定。

表 3－8　暖棚法砌体的养护时间

暖棚的温度/℃	养护时间/d
5	≥6
10	≥5
15	≥4
20	≥3

2)快硬砂浆法

快硬砂浆法采用快硬硅酸盐水泥、加热的水和砂拌和制成的快硬砂浆，在受冻前能比普通砂浆获得较高的强度。快硬砂浆法适用于热工要求高、湿度大于 60%及接触高压输电线路和配筋的砌体。

3.6.2　砌筑工程雨期施工

(1)砖在雨期必须集中堆放，不宜浇水。砌墙时要求干湿砖块合理搭配。砖湿度较大时不可上墙。砌筑高度不宜超过 1.2 m。

(2)雨期遇大雨必须停工。砌体停工时应在砖墙顶盖一层干砖，避免大雨冲刷灰浆。大雨过后受雨冲刷过的新砌墙体应翻砌最上面两皮砖。

(3)稳定性较差的窗间墙、独立砖柱，应加设临时支撑或及时浇筑圈梁，以增加墙体的稳定性。

(4)砌体施工时，内外墙要同时砌筑，并注意转角及丁字墙的搭接。

(5)雨后继续施工，必须复核已完工砌体的垂直度和标高。

工程案例

某工程墙体砌筑施工方案

项目小结

本项目作为主体工程的重要分项工程,介绍了脚手架的类型和常见的垂直运输设施,砌体工程的砂浆、块材与组砌形式,砌筑方法及常见砌体的工艺流程、施工要点。另外,对岩棉板薄抹灰外墙外保温系统、复合发泡水泥板外墙外保温系统构造、技术要求、施工方法、施工要点做了重点介绍。砌体工程冬期施工中以掺盐砂浆法为主,对保温、绝缘、装饰方面有特殊要求的工程,可用冻结法或其他施工方法。

学习砌体工程技术除了掌握工艺流程和质量验收标准之外,还应该要抓住关键项目。砌筑方面的关键总体要把握横平竖直,灰缝饱满,错缝搭接,组砌得当;具体要抓住砌体的“内三度”、“外三度”和接槎规范。

(1)“内三度”:一是砖、石、砌块的强度,二是砂浆的强度,三是砂浆的灰缝(特别是水平灰缝的饱满度)。

(2)“外三度”:在实测时的三项允许偏差,一是砌体的垂直度,二是砌体的平整度,三是砌体的十皮砖的厚度。

(3)接槎规范:凡是墙体有接槎的部位,必须按规范规定留置,保证房屋砌体能够形成共同作用的整体。

思考与练习

1. 砌筑用砖有哪些种类?其外观质量和强度指标有什么要求?
2. 砌筑用砂浆有哪些种类?各适用在什么场合?
3. 砂浆制备和使用有什么要求?
4. 砂浆强度检验如何规定?
5. 砌体工程质量有哪些要求?
6. 砖墙砌体主要有哪几种组砌形式?各有何特点?
7. 简述砖墙砌筑的施工工艺和施工要点。
8. 皮数杆有何作用?如何布置?
9. 何谓“三一”砌砖法?其优点是什么?
10. 简述混凝土小型砌块的施工工艺。
11. 简述框架填充墙施工要点。
12. 什么是岩棉板薄抹灰外墙外保温系统?画出它的基本构造图。
13. 简述岩棉板薄抹灰外墙外保温系统施工工序。
14. 简述复合发泡水泥板外墙外保温系统施工工艺和施工操作要点。
15. 砌筑工程冬期施工可以采用哪些方法?

项目4 混凝土结构工程

学习目标

知识目标：了解钢筋的种类、性能及验收要求，了解模板的种类、构造和安装，熟悉钢筋混凝土工程的施工过程、施工工艺，熟悉混凝土工程的特点及其质量验收，掌握钢筋的冷拉及钢筋的配料、代换的计算方法，掌握钢筋混凝土工程质量检查和评定及质量事故的处理。

能力目标：学会合理选择混凝土结构工程中钢筋、模板、混凝土材料，能正确应用钢筋加工与安装、模板安拆和混凝土从制备到养护等施工技术，明确应用范围，正确选择施工机械设备，能初步编写一般混凝土工程施工方案。

思政目标：重点培养工匠精神之质量意识、安全意识，培养互相配合及协作精神，加强责任意识。

混凝土工程具有耐久、耐火、整体性好、可塑性好、节约钢材、可就地取材等优点，在建筑工程结构中占主导地位。钢筋混凝土结构施工有现场浇筑、预制装配和部分预制部分现浇等形式。现浇钢筋混凝土结构施工是将柱、墙(剪力墙、电梯井)、梁、板(板也可以预制)等构件按现场的设计位置浇筑成为整体结构。这种施工方法，模板材料的消耗量较多，现场运输量较大，劳动强度也较高。但由于在当今建筑施工中，其整体性和抗震性能好，结构布置灵活，因此占有非常重要的地位。特别是近年来随着现浇混凝土结构工程施工技术的不断创新和发展，现浇混凝土结构工程越来越多地被广泛采用。装配式混凝土结构工程由于大量构件实行工厂、机械化施工，工期短，生产效率高，在工业建筑和住宅建筑中也被广泛采用。

现浇混凝土结构工程由钢筋、模板、混凝土三个主要分项工程组成，施工工艺如图4－1所示。本项目将主要介绍现浇混凝土结构工程的施工。

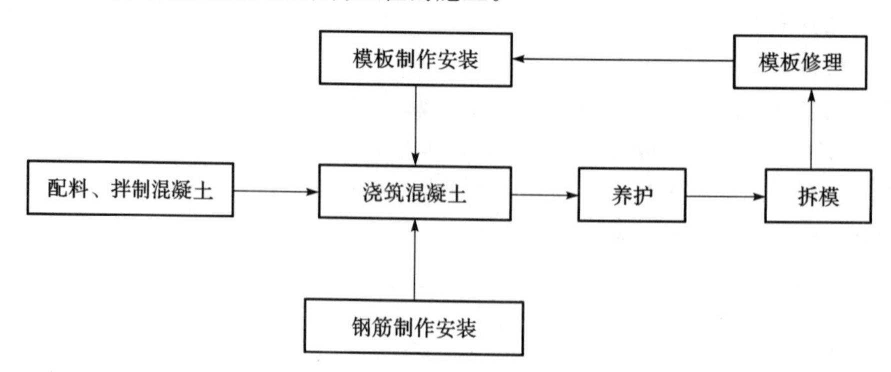

图4－1　混凝土结构工程施工工艺

4.1 钢筋工程

4.1.1 钢筋的品种及现场检验

钢筋混凝土结构及预应力混凝土结构常用的钢材有热轧钢筋、钢绞线、消除应力钢丝、碳素钢丝和热处理钢筋等。

钢筋按其化学成分分为碳素钢钢筋和普通低合金钢钢筋(在碳素钢成分中加入锰、钛、钒等合金元素以改善性能),按钢筋直径大小一般可分为钢丝(直径 3~5 mm)、细钢筋(直径 6~10 mm)、中粗钢筋(直径 12~20 mm)和粗钢筋(直径大于 20 mm),按加工方法分为热轧钢筋、冷拉钢筋、冷拔钢筋和热处理钢筋等。钢筋混凝土结构中常用热轧钢筋的强度及力学性能如表 4-1 所示。

表 4-1 热轧钢筋强度标准值、设计值和弹性模量

钢筋种类		符号	d/mm	强度标准值/(N/mm²)	强度设计值/(N/mm²)		E_s/(10^5 N/mm²)
				f_{yk}	f_y	f'_y	
热轧钢筋	HPB300	Φ	6~22	300	270	270	2.10
	HRB335 HRBF335	Φ Φ^F	6~50	335	300	300	2.00
	HRB400 HRBF400 RRB400	Φ Φ^F Φ^R	6~50	400	360	360	2.00
	HRB500 HRBF500	Φ Φ^F	6~50	500	435	410	2.00

HPB300 钢筋的表面为光面,其他级别钢筋表面为人字纹、月牙纹或螺纹。为便于运输,直径 6~9 mm 的钢筋常卷成圆盘,直径大于 12 mm 的钢筋则轧成长为 6~12 m 直条。

预应力混凝土结构中常用钢绞线、预应力钢丝、预应力螺纹钢筋。钢绞线一般由 3 根或 7 根高强圆钢丝捻成,直径 8.6~21.6 mm。

钢筋出厂时应有出厂质量证明书或试验报告单,每捆(盘)钢筋均应有标牌,进场钢筋除按规定进行外观检查外,应按有关标准的规定抽取试样做机械性能试验,合格后方可使用。钢筋在加工过程中出现脆断、焊接性能不良或机械性能显著不正常等现象时,还应进行化学成分检验或其他专项检验。

钢筋运到施工现场后,必须严格按批分不同等级、牌号、直径、长度分别挂牌堆放,并注明数量,不得混淆,同时注意避免锈蚀和污染。

钢筋一般在钢筋车间加工,然后运至现场绑扎或安装。其加工过程一般有冷拉、冷拔、调直、剪切、除锈、弯曲、绑扎、焊接等。

4.1.2 钢筋的冷加工

1. 钢筋冷拉

1)冷拉原理及工艺

钢筋冷拉是在常温下,以超过钢筋屈服强度的拉应力拉伸钢筋,使钢筋产生塑性变形,达到调直钢筋、提高强度的目的,还可以同时完成调直、除锈工作。钢筋拉伸性能反映钢材的强度和塑性,冷拉后的钢筋有内应力存在,内应力会促进钢筋内的晶体组织调整,使屈服强度进一步提高。该晶体组织调整过程在常温下需 15～20 d(称自然时效),但在 100 ℃温度下只需 2 h 即完成,因而为了加快时效可利用蒸汽、电热等手段进行人工时效调整。

冷拉设备由拉力设备、承力结构、测量装置和钢筋夹具等组成(见图 4-2)。拉力设备主要为卷扬机和滑轮组,它们应根据所需的最大拉力确定。

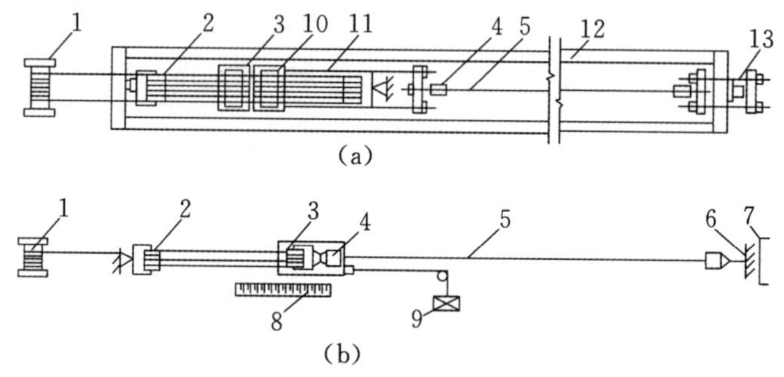

1—卷扬机;2—滑轮组;3—冷拉小车;4—夹具;5—被冷拉的钢筋;6—地锚;7—防护壁;8—标尺;9—回程荷重架;10—回程滑轮组;11—传力架;12—槽式台座;13—液压千斤顶。

图 4-2　冷拉设备

2)冷拉控制

钢筋冷拉控制可以用控制冷拉应力或冷拉率的方法。

控制应力时,控制应力值见表 4-2。冷拉后检查钢筋冷拉率,如果超过表 4-2 规定的数值,则应进行力学性能试验。冷拉钢筋做预应力筋时,宜采用控制应力的方法。

表 4-2　钢筋冷拉的冷拉控制应力和最大冷拉率

钢筋牌号		冷拉控制应力/(N/mm^2)	最大冷拉率/%
HPB300　$d \leqslant 12$ mm		390	10.0
HRB335	$d \leqslant 25$ mm	450	5.5
	$d=28\sim40$ mm	430	
HRB400　$d=8\sim40$ mm		500	5.0
HRB500　$d=10\sim28$ mm		700	4.0

控制冷拉率时,冷拉率的控制值必须由试验确定。对同炉批钢筋测定的试件不宜少于 4 个,每个试件都按表 4-3 规定的冷拉应力值在万能试验机上测定相应的冷拉率,取其平均值作为该炉批钢筋的实际冷拉率。如钢筋强度偏高,平均冷拉率低于 1%时,仍按 1%进行冷拉。

表 4-3　测定冷拉率时钢筋的冷拉应力

钢筋牌号		冷拉应力/(N/mm^2)
HPB300　$d \leqslant 12$ mm		420
HRB335	$d \leqslant 25$ mm	480
	$d=28 \sim 40$ mm	460
HRB400　$d=8 \sim 40$ mm		530
HRB500　$d=10 \sim 28$ mm		730

不同炉批的钢筋，不宜用控制冷拉率的方法进行钢筋冷拉。多根连接的钢筋，用控制应力的方法进行冷拉时，其控制应力和每根的冷拉率均应符合表 4-2 的规定；当用控制冷拉率的方法进行冷拉时，冷拉率可按总长计，但冷拉后每根钢筋的冷拉率不得超过表 4-2 的规定。钢筋的冷拉速度不宜过快。

2. 钢筋冷拔

冷拔(见图 4-3)是使直径 6～8 mm 的 HPB300 钢筋通过钨合金拔丝模孔进行强力拉拔，使钢筋产生塑性变形，其轴向被拉伸、径向被压缩，内部晶格变形，因而抗拉强度提高(提高 50%～90%)，塑性降低，并呈硬钢特性。

冷拔总压缩率(β)是指内盘拔至成品钢筋的横截面缩减率。若原材料钢筋直径为 d_0，成品钢筋直径为 d，则总压缩率 $\beta=(d_0^2-d^2)/d_0^2 \times 100\%$。总压缩率愈大，则抗拉强度提高愈多，塑性降低愈多。

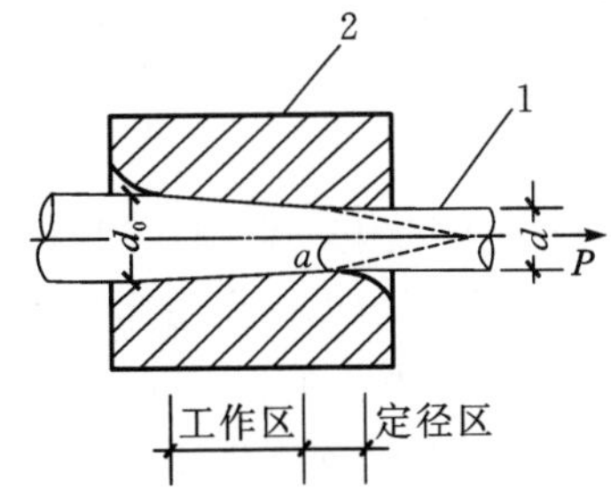

1—钢筋；2—冷拔丝模。

图 4-3　钢筋冷拔示意图

冷拔低碳钢丝的质量要求为：表面不得有裂纹和机械损伤，并应按施工规范要求进行拉力试验和反复弯曲试验。

4.1.3　钢筋连接

钢筋连接方法有绑扎连接、焊接和机械连接。绑扎连接由于需要较长的搭接长度，浪费钢筋，且连接不可靠，故宜限制使用。

1. 焊接

钢筋焊接的接头形式、焊接工艺和质量验收，应符合《钢筋焊接及验收规程》的规定。

1)闪光对焊

闪光对焊广泛用于钢筋纵向连接及预应力钢筋与螺丝端杆的焊接。钢筋闪光对焊的原理(见图 4-4)是利用对焊机使两段钢筋接触，通过低电压的强电流，待钢筋被加热到一定温度变软后，进行轴向加压顶锻，形成对焊接头。热轧钢筋的焊接宜优先用闪光对焊，条件不适合时才用电弧焊。闪光对焊适用于焊接直径 10～40 mm 的 HPB300、HRB335、HRB400 钢筋及直径为 10～25 mm 的 RRB400 钢筋。

(1)连续闪光焊。这种焊接的工艺过程是待钢筋夹紧在电极钳口上后，闭合电源，使两段钢筋端面轻微接触。由于钢筋端部不平，开始只有一点或数点接触，接触面小而电流密度和接触电阻很大，接触点很快熔化并产生金属蒸气飞溅，形成闪光现象。闪光一开始时，就徐徐移动钢筋，形成连续闪光过程，同时接头也被加热。待接头烧平，去掉杂质和氧化膜，白热熔化时，随即施加轴向压力迅速进行顶锻，使两段钢筋焊牢。连续闪光焊宜用于焊接直径 25 mm 以内的 HPB300、HRB335、HRB400 钢筋。

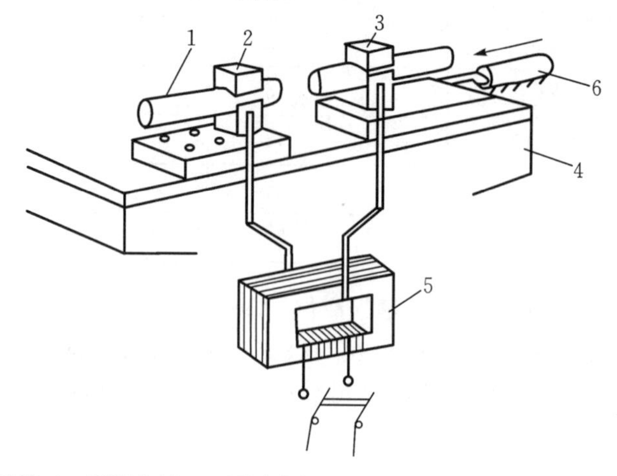

1—焊接的钢筋；2—固定电极；3—可动电极；4—机座；5—变压器；6—手动顶压机构。

图 4-4　钢筋闪光对焊原理

闪光对焊

(2)预热闪光焊。钢筋直径较大，端面比较平整时宜用预热闪光焊。它与连续闪光焊不同之处，在于前面增加一个预热时间，先将大直径钢筋预热后再连续闪光烧化进行加压顶锻。

(3)“闪光—预热—闪光焊”。端面不平整的大直径钢筋宜采用“闪光—预热—闪光焊”。先进行连续闪光，使钢筋端部烧化平整，再使接头做周期性闭合和断开，形成断续闪光使钢筋预热，接着连续闪光，最后进行加压顶锻。

2)电弧焊

电弧焊是利用弧焊机使焊条与焊件之间产生高温电弧，使焊条和电弧燃烧范围内的焊件熔化，待其凝固便形成焊缝或接头。

弧焊机有直流与交流之分，常用的为交流弧焊机。钢筋电弧焊的接头形式，如图 4-5 所示。

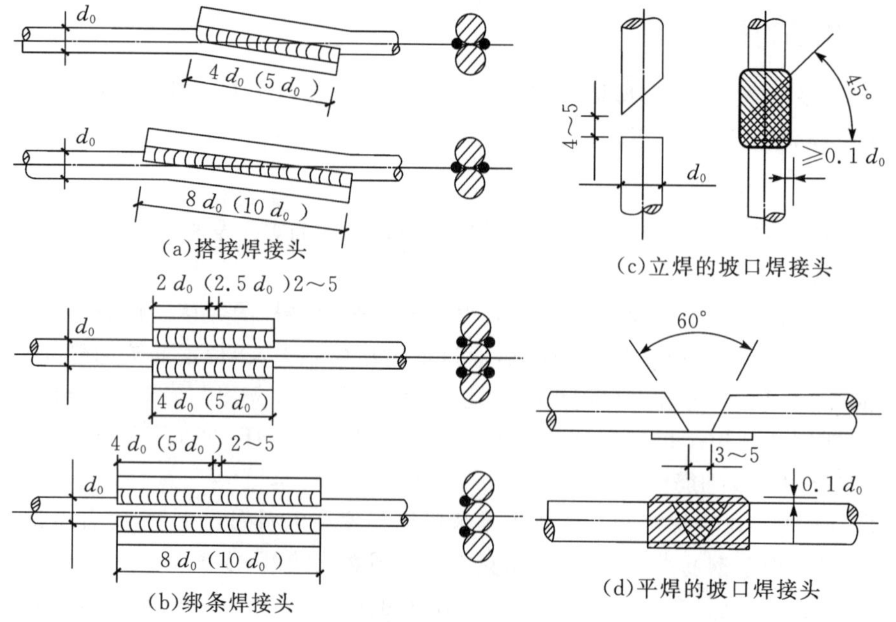

图 4-5　钢筋电弧焊的接头形式

HPB300 钢筋搭接接头的长度、绑条的长度、焊缝的长度符合图 4－5 的长度规定，图中括号内为 HRB335 钢筋焊接要求。

3)电渣压力焊

电渣压力焊在建筑施工中多用于现浇钢筋混凝土结构构件内竖向或斜向、直径 14～40 mm 的 HPB300、HRB335 钢筋的焊接接头。

焊接时，上下钳口同心，否则不能保证按规程规定的上下钢筋的轴线尽量一致，其最大偏移不得超过 0.1 d，同时也不得大于 2 mm 的要求(见图 4－6)。先将钢筋端部约 120 mm 范围内的铁锈除尽，将夹具夹牢在下部钢筋上，并将上部钢筋扶直夹牢于活动电极中。自动电渣压力焊还在上下钢筋间放钢丝圈等，再装上药盒，装满焊药，接通电路，用手柄使电弧引燃(引弧)，然后稳定一定时间，使之形成渣池并使钢筋熔化(稳弧)，随着钢筋的熔化，用手柄使上部钢筋缓缓下送，当稳弧达到规定时间后，在断电同时用手柄进行加压顶锻，以排除夹渣和气泡，形成接头，待冷却一定时间后，即拆除药盒、回收焊药、拆除夹具和清除焊渣。引弧、稳弧、顶锻三个过程连续进行。

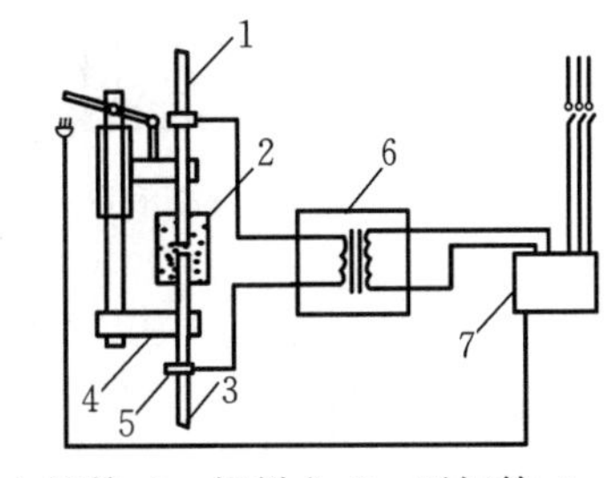

1—上钢筋；2—焊剂盒；3—下钢筋；4—焊接；5—焊钳；6—焊接电源；7—控制箱。

图 4－6 电渣压力焊设备示意图

4)电阻点焊

电阻点焊主要用于焊接钢筋网片、钢筋骨架等(适用于直径 6～14 mm 的 HPB300、HRB335 钢筋和直径 3～5 mm 的冷拔低碳钢丝)。它生产效率高，节约材料，应用广泛。

电阻点焊是将已除锈的钢筋交叉点放在点焊机的两个电极之间，使钢筋通电发热至一定温度后，加压使焊点金属焊合。电阻点焊的主要工艺参数有电流强度、通电时间和电极压力。电流强度和通电时间一般均宜采用电流强度大和通电时间短的参数，电极压力则根据钢筋级别和直径选择。

电阻点焊的焊点应进行外观检查和强度试验，热轧钢筋的焊点应进行抗剪试验；冷加工钢筋除进行抗剪试验外，还应进行抗拉试验。

5)气压焊

气压焊接钢筋是利用乙炔-氧混合气体燃烧的高温火焰对已有初始压力的两根钢筋端部对接处加热，使钢筋端部产生塑性变形，并促使钢筋端部的金属原子互相扩散，当钢筋加热到 1250～1350 ℃(相当于钢材熔点的 80%～90%，此时钢筋加热部位呈橘黄色，有白亮闪光出现)时进行加压顶锻，使钢筋内的原子得以再结晶而焊接在一起。

钢筋气压焊接属于热压焊。在焊接加热过程中，加热温度为钢材熔点的 80%～90%，钢材末端呈熔化液态，且加热时间较短，钢筋的热输入量较少，所以不会出现钢筋材质劣化倾向。气压焊接设备(见图 4－7)主要包括加热系统、加压系统两部分。气压焊接设备轻巧，使用灵活，效率高，节省电能，焊接成本低，可进行全方位(竖向、水平和斜向)焊接，目前已在我国得到推广应用。

气压焊接的钢筋要用砂轮切割机断料，要求端面与钢筋轴线垂直。焊接前打磨端面清除氧化物和污物，并喷涂一层焊接活化剂以保护端面不再氧化。

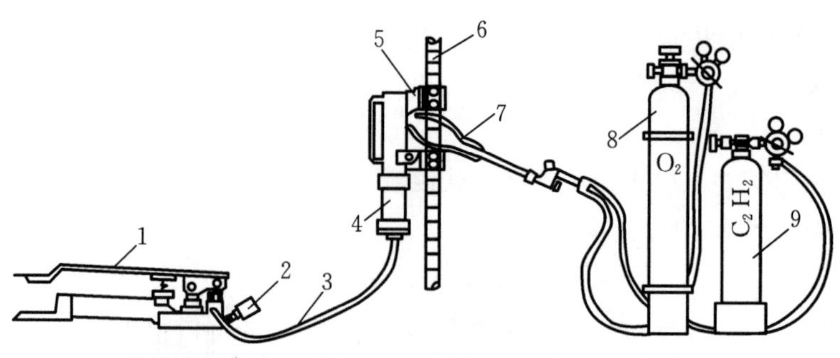

1—脚踏液压条；2—压力表；3—胶管；4—油缸；5—钢筋卡具；
6—被焊接钢筋；7—多火口烤枪；8—氧气瓶；9—乙炔瓶。

图 4－7　气压焊接设备示意图

2. 钢筋机械连接

钢筋机械连接常用锥螺纹套筒连接、直螺纹套管连接和套筒挤压连接三种形式，这些是近年来大直径钢筋现场连接的主要方法。钢筋机械连接具有很多优点：接头强度高，质量稳定可靠；无明火作业，不受气候影响；工艺简单，连接速度快。

1）**钢筋锥螺纹套筒连接**

使用专用套丝机，把两根待接钢筋的连接端加工成符合要求的锥形螺纹，通过预先加工好的相应的连接套筒，然后用特制扭力钳按规定的力矩值把两根待接钢筋拧紧咬合连成一体（见图4－8）。这是目前应用较广的一种钢筋机械连接形式，可用于连接 10～40 mm 的 HPB300 至 HRB500 钢筋。

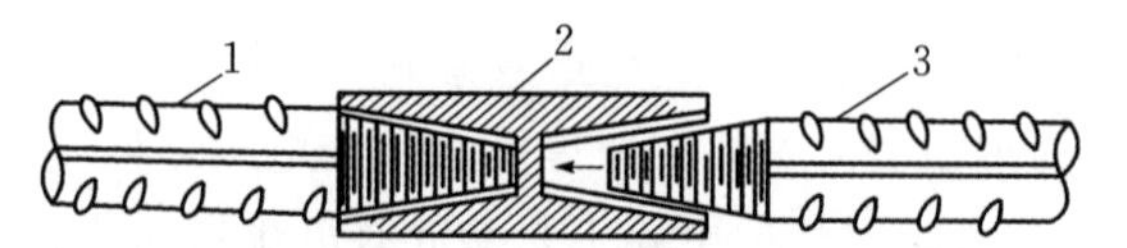

1—已连接的钢筋；2—锥形螺纹套筒；3—未连接的钢筋。

图 4－8　锥形螺纹套筒连接

2）**镦粗直螺纹钢筋连接**

镦粗直螺纹钢筋连接是我国近年来开发成功的新一代钢筋连接技术。它通过对钢筋端部冷镦扩粗、切削螺纹，再用连接套筒对接钢筋。这种方式具有接头强度高、质量稳定、施工方便、连接速度快、应用范围广、综合效益好的特点，因此被广泛运用在高层建筑、桥梁工程、核电站、电视塔等结构工程中。

镦粗直螺纹钢筋连接的施工工艺为：钢筋端部扩粗，切削直螺纹，用连接套筒对接钢筋。使用中应该严格进行质量控制：钢筋的下料端面垂直，允许少量偏差，应以能镦出合格头型为准；镦粗直螺纹接头的质量要稳定、螺纹规整；套筒要符合《镦粗直螺纹钢筋接头》规定，进场要严格核对产品的名称、型号、规格、数量、制造日期、生产批号和生产厂名等。

3）**钢筋套筒挤压连接**

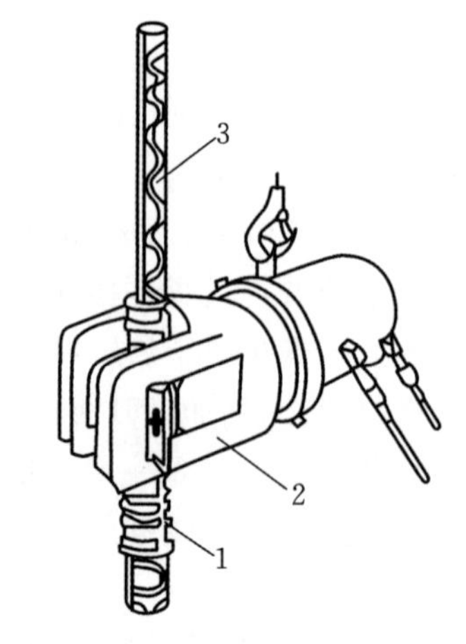

1—连接套管；2—径向挤压机；3—钢筋。

图 4－9　钢筋径向挤压套管连接

如图 4－9 所示，将两根待接变形粗钢筋的端头先后插入一个优质钢套筒，采用专用液压钳挤压钢套筒，使钢套筒产生塑性变形，从而使钢套筒的内壁变形而紧密嵌入钢筋螺纹、将两根待接钢筋连成一体。

挤压连接有径向挤压和轴向挤压两种方式，宜用于连接直径为 20～40 mm 的 HRB335、HRB400 月牙肋钢筋。当所用套筒外径相同时，连接钢筋直径相差不宜大于两个级差。

挤压连接工艺流程为：钢筋、套筒验收；钢筋断料，刻画钢筋套入长度标记；套筒套入钢筋，安装挤压机；开动液压泵，逐渐加压套筒至接头成型；卸下挤压机；接头外形检查。

3. 钢筋绑扎连接

绑扎目前仍为钢筋连接的主要手段之一，尤其是板筋。钢筋绑扎时，应采用铁丝扎牢；板和墙的钢筋网，除外围两行钢筋的相交点全部扎牢外，中间部分交叉点可相隔交错扎牢，保证受力钢筋位置不产生偏移；梁和柱的钢筋应与受力钢筋垂直设置。弯钩叠合处应沿受力钢筋方向错开设置。钢筋绑扎搭接接头的末端与钢筋弯起点的距离，不得小于钢筋直径的 10 倍，接头宜设在构件受力较小处。钢筋搭接处，应在中部和两端用铁丝扎牢。受拉钢筋和受压钢筋的搭接长度及接头位置要符合《混凝土结构工程施工质量验收标准》(GB 50204—2015)的规定。

4.1.4 钢筋配料与代换

1. 钢筋配料

钢筋配料是根据结构施工图，先绘出各种形状和规格的单根钢筋简图并加以编号，然后分别计算钢筋下料长度、根数及质量，填写配料单，最后进行备料加工。

1)钢筋长度

结构施工图中所指钢筋长度是钢筋外缘之间的长度，即外包尺寸，这也是施工中量度钢筋长度的基本依据，钢筋加工后也按钢筋外包尺寸进行验收。

2)混凝土保护层厚度

混凝土保护层厚度是指结构构件中钢筋外边缘至混凝土构件表面的距离，保护层的作用是保护钢筋在混凝土结构中不受锈蚀，设计无要求时按规范规定。

混凝土的保护层厚度，一般用水泥砂浆垫块或塑料卡垫在钢筋与模板之间来控制。塑料卡的形状有塑料垫块和塑料环圈两种。塑料垫块用于水平构件，塑料环圈用于垂直构件。

3)弯曲调整值

钢筋在弯曲时内皮缩短，外皮伸长，中心线长度不变。钢筋的下料长度即中心线长度，小于外包尺寸，并且弯折部分呈弧状而不是折角，所以钢筋每弯折一处，外包尺寸与中心线尺寸间都有一个差值，称为弯曲调整值。下料长度如果简单地按钢筋各段外包尺寸总和计算，加工后的钢筋往往大于设计要求，导致保护层不足，或放不进模板之中，又浪费了材料。故在下料时，下料长度应用量度的外包尺寸减去弯曲调整值，即

中间弯折处的量度差值=弯折处的外包尺寸－弯折处的轴线长

如图 4-10 所示，若钢筋直径 d，弯曲直径 $D=5d$，当 $\alpha\leqslant90°$时，则弯曲处钢筋外包尺寸为

$$A'B'+B'C'=2A'B'=2(D/2+d)\mathrm{tg}\frac{\alpha}{2}=7d\,\mathrm{tg}\frac{\alpha}{2}$$

弯曲处钢筋轴线长：$\overline{ABC}=\left(\frac{D}{2}+\frac{d}{2}\right)\frac{\alpha\pi}{180°}=(D+d)\frac{\alpha\pi}{360°}=(6d)\frac{\alpha\pi}{360°}$

则弯曲调整值为

$$7d\,\mathrm{tg}\frac{\alpha}{2}-(6d)\frac{\alpha\pi}{360°}=7d\,\mathrm{tg}\frac{\alpha}{2}-\frac{\alpha\pi d}{60°} \tag{4.1}$$

当 $\alpha > 90°$ 时，弯曲调整值为

$$7d\tan\left(\frac{\alpha - 90°}{2}\right) + 2(0.5D + d) - (\alpha\pi/360°)(D + d) \quad (4.2)$$

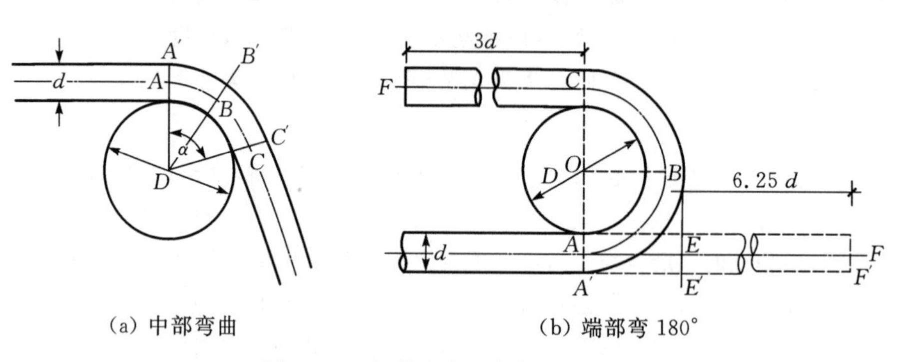

(a) 中部弯曲 (b) 端部弯 180°

图 4-10 钢筋弯钩及弯曲后尺寸图

由式(4.1)和式(4.2)可计算出不同弯折角度时的量度差。为计算简便，取弯曲调整值近似值列于表 4-4，弯起钢筋弯起 45°时，弯曲调整值近似取 $0.5d$。

表 4-4 几种常用钢筋弯折角度的弯曲调整值($D=5d$)

弯折角度	计算量度差值	经验取值
$\alpha=30°$	$0.306d$	$0.3d$
$\alpha=45°$	$0.543d$	$0.5d$
$\alpha=60°$	$0.9d$	d
$\alpha=90°$	$2.29d$	$2d$
$\alpha=135°$	$2.83d$	$3d$

钢筋下料长度的计算公式：

下料长度＝各段外包尺寸总和＋弯钩增加长度－各弯折处弯曲调整值

4)钢筋弯钩增加值

弯钩形式最常用的是半圆弯钩(即 180°弯钩)、直弯钩和斜弯钩。受力钢筋的弯钩和弯折应符合下列要求：

(1)HPB300 钢筋末端应做 180°弯钩，其弯弧内直径不应小于钢筋直径的 2.5 倍，弯钩的弯后平直部分长度不应小于钢筋直径的 3 倍。在分别满足 $D=2.5d$，平直长度为 $3d$ 时，弯钩增加长度为 $6.25d$。

(2)当设计要求钢筋末端需做 135°弯钩时，HRB335、HRB400 钢筋的弯弧内直径不应小于钢筋直径的 4 倍，弯钩的弯后平直部分长度应符合设计要求。

(3)钢筋作不大于 90°的弯折时，弯折处的弯弧内直径不应小于钢筋直径的 5 倍。

5)箍筋弯钩增加值

一般结构如设计无要求时，箍筋弯钩的形式可按 90°/90°、90°/180°进行加工，平直部分长度取 $5d$；有抗震要求的结构，按 135°/135°形式加工，平直部分长度取 $10d$。在施工规范中有关于弯钩的平直部分长度规定，目的是保证有一定的锚固长度。箍筋弯钩增加值见表 4-5。

表 4-5　箍筋弯钩增加值

弯钩形式	箍筋弯钩长度计算公式	平直段长度 I_p	箍筋弯钩增加长度取值(I_z)	
			HPB300	HRB335、HRB400
半圆弯钩(180°)	$I_z=1.071D+0.57D+I_p$	$5d$	$9.1d$	—
直弯钩(90°)	$I_z=0.285D+0.215D+I_p$	$5d$	$7.5d$	$7.5d$
斜弯钩(135°)	$I_z=1.678D+0.178D+I_p$	$10d$	$12d$	$12d$

注：表中 90°弯钩取 $D=5d$，135°、180°弯钩 HPB300 级钢筋取 $D=2.5d$。

为了箍筋计算方便，工程中往往将箍筋弯钩增加值和弯曲调整值两项合并为箍筋调整值。计算时，将箍筋外包尺寸加上箍筋调整值即为箍筋下料长度。

6)钢筋下料长度计算

钢筋下料长度的相关计算公式为

直钢筋下料长度＝构件长度－保护层厚度＋弯钩增加长度

弯起钢筋下料长度＝直段长度＋斜段长度－弯曲调整值＋弯钩增加长度

箍筋下料长度＝直段长度＋弯钩增加长度－弯曲调整值

(或：箍筋下料长度＝箍筋周长＋箍筋调整值)

曲线钢筋下料长度＝钢筋长度计算值＋弯钩增加长度

7)钢筋配料单的编制

(1)编制钢筋配料单之前必须熟悉图纸，把结构施工图中钢筋的品种、规格列成钢筋明细表，并读出钢筋设计尺寸。

(2)计算钢筋的下料长度。

(3)根据钢筋下料长度填写和编写钢筋配料单，汇总编制钢筋配料单。在配料单中，要反映出工程名称、钢筋编号、钢筋简图和尺寸，以及钢筋直径、数量、下料长度、质量等。

(4)填写钢筋料牌。根据钢筋配料单，将每一编号的钢筋制作一块料牌，作为钢筋加工的依据，如图 4-11 所示。

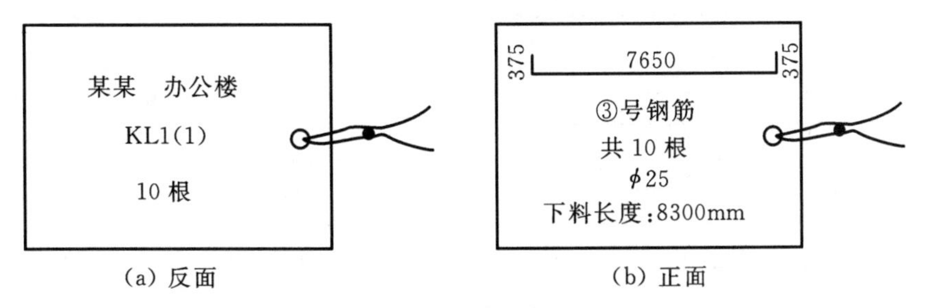

(a) 反面　　(b) 正面

图 4-11　钢筋料牌

【例 4-1】某框架结构，抗震等级三级，10 根楼层框架梁配筋如图 4-12 所示，混凝土等级 C30，根据《混凝土结构设计规范》(GB 50010—2010)保护层厚度为 $C=20$ mm，钢筋的锚固长度为 $37d$，柱的截面尺寸为 500 mm×500 mm，柱纵向受力钢筋直径为 25 mm，箍筋直径为 10 mm。试计算该框架梁钢筋的下料长度并编制配料单(梁长 $l=6$ m)。

解：(1)上部通长筋下料长度计算。

通长钢筋在边支座处按要求应弯锚，弯断长度为 $15d$，则平直段长度为：$500-20=480\geqslant 0.4l_{abE}=370$ mm，满足要求。保护层厚度加箍筋直径和柱纵筋直径为：55(20＋25＋10)mm，其

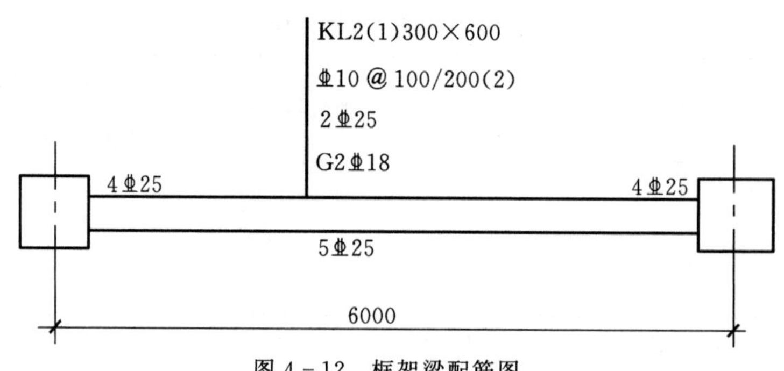

图 4-12　框架梁配筋图

下料长度为

$$6000\ \text{mm}+500\ \text{mm}-55\times2\ \text{mm}+2\times15\times25\ \text{mm}-2\times2\times25\ \text{mm}=7040\ \text{mm}$$

(2)负弯矩钢筋下料长度计算。负弯矩钢筋要求锚入支座并伸出$\frac{l_n}{3}$。下料长度为

$$(6000-2\times250)/3\ \text{mm}+500\ \text{mm}-55\ \text{mm}+15\times25\ \text{mm}-2\times25=2604\ \text{mm}$$

(3)梁下部纵筋下料长度计算。下料长度为

$$6000\ \text{mm}+500\ \text{mm}-55\times2\ \text{mm}+2\times15\times25\ \text{mm}-2\times2\times25\ \text{mm}=7040\ \text{mm}$$

(4)构造筋下料长度计算。下料长度为

$$6000\ \text{mm}-500\ \text{mm}+2\times15\times18\ \text{mm}=6040\ \text{mm}$$

(5)梁箍筋下料长度计算。

箍筋外包尺寸:(300－20×2)×2 mm＋(600－20×2)×2 mm＝1640 mm

根据抗震要求,箍筋端头弯钩平直段长度为 $10d$,所以每个弯钩增加长度为 $12d$,下料长度为

外包尺寸＋弯钩增加长度－弯曲调整＝1640 mm＋2×12×10 mm－3×2×10 mm＝1820 mm

箍筋根数为:(1.5×600－50)×2/100＋(6000－500－2×1.5×600)/200＋1＝36.5,取 n＝37 根。配料单见表 4-6。

表 4-6　钢筋配料单

构件名称	钢筋编号	简图	直径/mm	钢筋级别	下料长度/mm	单位根数/根	合计根数/根	重量/kg
KL2(1)共 10 根	1	375 6390 375	25	Φ	7040	2	20	542.1
	2	375 2278	25	Φ	2604	4	40	404.0
	3	375 6390 375	25	Φ	7040	5	50	1355.2
	4	6040	18	Φ	6040	2	20	241.6
	5	260 560	10	Φ	1820	37	370	415.5

2. 钢筋代换

钢筋的级别、钢号和直径应按设计要求采用,若施工中缺乏设计图中所要求的钢筋,在征得设计单位的同意后,可按下述原则进行代换。

(1)等强度代换方法。当构件配筋受强度控制时,可按代换前后强度相等的原则代换,称作“等强度代换”。

如设计图中所用的钢筋设计强度为 f_{y1},钢筋总面积为 A_{s1},代换后的钢筋设计强度为 f_{y2},钢筋总面积为 A_{s2},则应使

$$A_{s2} \cdot f_{y2} \geqslant A_{s1} \cdot f_{y1} \tag{4.3}$$

将钢筋面积公式代入,得

$$n_2 \geqslant \frac{n_1 d_1^2 f_{y1}}{d_2^2 f_{y2}} \tag{4.4}$$

式中:d_1, n_1, f_{y1}——原设计钢筋的直径、根数和抗拉强度设计值;

d_2, n_2, f_{y2}——拟代换钢筋的直径、根数和抗拉强度设计值。

式(4.4)有以下两种特征。

①设计强度相同、直径不同的钢筋代换:

$$n_2 \geqslant n_1 \frac{d_1^2}{d_2^2} \tag{4.5}$$

②直径相同、设计强度不同的钢筋代换:

$$n_2 \geqslant n_1 \frac{f_{y1}}{f_{y2}} \tag{4.6}$$

(2)等面积代换方法。当构件按最小配筋率配筋时,可按代换前后面积相等的原则进行代换,称为“等面积代换”。代换时应满足式(4.7)和式(4.8)要求:

$$A_{s2} \geqslant A_{s1} \tag{4.7}$$

或

$$n_2 \geqslant n_1 \frac{d_1^2}{d_2^2} \tag{4.8}$$

(3)当构件受裂缝宽度或抗裂性要求控制时,代换后应进行裂缝或抗裂性验算。代换后,还应满足构造方面的要求(如钢筋间距、最小直径、最少根数、锚固长度、对称性等)及设计中提出的其他要求。

(4)代换注意事项。钢筋代换时,应办理设计变更文件,并应符合下列规定:

①重要受力构件(如吊车梁、薄腹梁、桁架下弦等)不宜采用 HPB300 钢筋代换变形钢筋,以免裂缝开展过大。

②钢筋代换后,应满足《混凝土结构设计规范》中所规定的钢筋间距、锚固长度、最小钢筋直径、根数等配筋构造要求。

③梁的纵向受力钢筋与弯起钢筋应分别代换,以保证正截面与斜截面强度。

④有抗震要求的梁、柱和框架,不宜以强度等级较高的钢筋代换原设计中的钢筋;如必须代换时,其代换的钢筋检验所得的实际强度,尚应符合抗震钢筋的要求。

⑤预制构件的吊环,必须采用未经冷拉的 HPB300 钢筋制作,严禁以其他钢筋代换。

⑥当构件受裂缝宽度或挠度控制时,钢筋代换后应进行刚度、裂缝验算。

⑦偏心受压构件或偏心受拉构件做钢筋代换时,不取整个截面配筋量计算,而应按受力方向(受压或受拉)分别代换。

⑧代换直径与原设计直径的差值一般可不受限制,只要符合各种构件的有关配筋规定即可;但同一截面内如果配有几种直径的钢筋,相互间差值不宜过大(通常对同级钢筋,直径差值不大于 5 mm),以免受力不均。

⑨钢筋代换后，有时由于钢筋直径加大或根数增多而需要增加排数，则构件截面有效高度 h_0 减小，截面强度降低，所以常需对截面强度进行复核。

4.1.5 钢筋的加工、绑扎与安装

1. 钢筋的加工

钢筋的加工包括调直、除锈、切断、接长、弯曲等工作。钢筋调直宜采用机械调直，也可利用冷拉进行调直。采用冷拉方法调直钢筋时，HPB300 钢筋的冷拉率不宜大于 4%，HRB335、HRB400 钢筋的冷拉率不宜大于 1%。除利用冷拉调直钢筋外，粗钢筋还可采用锤直和扳直的方法。直径 4～14 mm 的钢筋可采用调直机进行。调直机具有使钢筋调直、除锈和切断三项功能。冷拔低碳钢丝在调直机上调直后，其表面不得有明显擦伤，抗拉强度不得低于设计要求。钢筋的表面应洁净，油渍、漆污和用锤敲击时能剥落的浮皮、铁锈等在使用前应清除干净。在焊接前，焊点处的水锈应清除干净。

钢筋下料时须按下料长度切断。钢筋切断可采用钢筋切断机或手动切断器。手动切断器一般只用于直径小于 12 mm 的钢筋，钢筋切断机可切断直径小于 40 mm 的钢筋。切断时根据下料长度，统筹排料；先断长料，后断短料；减少短头，减少损耗。

钢筋下料之后，应按钢筋配料单进行划线，以便将钢筋准确地加工成所规定的尺寸。

当弯曲形状比较复杂的钢筋时，可先放出实样，再进行弯曲。钢筋弯曲宜采用弯曲机，弯曲机可弯直径 6～40 mm 的钢筋。对直径小于 25 mm 的钢筋，当无弯曲机时，也可采用板钩弯曲。为了提高工效，工地常自制多头弯曲机（一个电动机带动几个钢筋弯曲盘）以弯曲细钢筋。

2. 绑扎与安装

钢筋加工后，进行绑扎、安装。钢筋绑扎、安装前，应先熟悉图纸，核对钢筋配料单和钢筋加工牌，研究与有关工种的配合，确定施工方法。

钢筋的接长、钢筋骨架或钢筋网的成型应优先采用焊接或机械连接，如不能采用焊接（如缺乏电焊机或焊机功率不够）或骨架过大过重不便于运输安装时，可采用绑扎的方法，钢筋绑扎一般采用 18～22 号扎丝。

绑扎时应注意钢筋位置是否准确，绑扎是否牢固，搭接长度及绑扎点位置是否符合规范要求。钢筋网的分块面积以 6～20 m^2 为宜，在运输和安装过程中，为防止网片或骨架发生歪斜变形，需采取临时加固措施。

板和墙的钢筋网，除靠近外围两行钢筋的相交点全部扎牢外，中间部分的相交点可相隔交错扎牢，但必须保证受力钢筋不位移。双向受力的钢筋，须全部扎牢；梁和柱的箍筋，除设计有特殊要求时，应与受力钢筋垂直设置。在箍筋弯钩叠合处，应沿受力钢筋方向错开设置；柱中的竖向钢筋搭接时，角部钢筋的弯钩应与模板成 45°（多边形柱为模板内角的平分角，圆形柱应与模板切线垂直）；弯钩与模板的角度最小不得小于 15°。

受拉区域内 HPB300 钢筋接头末端应做成弯钩，直径大于 12 mm 的 HRB335 和 HRB400 钢筋末端及轴心受压构件中任意直径的受力钢筋末端，可不做弯钩。

受力钢筋的绑扎接头位置应相互错开，搭接接头连接段的长度为 $1.3l_l$（l_l 为搭接长度），在任一连接区段内有绑扎接头的受力钢筋截面面积占受力钢筋总截面面积的百分率须符合设计要求：

(1)纵向受力钢筋绑扎搭接接头面积百分率不大于 25%时，其最小搭接长度应符合表 4-7 的规定。

表4-7　纵向受拉钢筋的最小搭接长度

钢筋类型		混凝土强度等级			
		C15	C20～C25	C30～C35	≥C40
光圆钢筋	HPB300	45d	35d	30d	25d
带肋钢筋	HRB335	55d	45d	35d	30d
	HRB400、RRB400	—	55d	40d	35d

注:两根直径不同钢筋的搭接长度,以较细钢筋的直径计算。

(2)当纵向受拉钢筋搭接接头面积百分率大于25%,但不大于50%时,其最小搭接长度应按表4-7中的数值乘以系数1.2取用;当接头面积百分率大于50%时,应按表4-7中的数值乘以系数1.35取用。

(3)纵向受拉钢筋的最小搭接长度根据前述(1)、(2)两条确定后,在下列情况时还应进行修正:带肋钢筋的直径大于25 mm时,其最小搭接长度应按相应数值乘以系数1.1取用;对环氧树脂涂层的带肋钢筋,其最小搭接长度应按相应数值乘以系数1.25取用;当在混凝土凝固过程中受力钢筋易受扰动时(如滑模施工),其最小搭接长度应按相应数值乘以系数1.1取用;对末端采用机械锚固措施的带肋钢筋,其最小搭接长度可按相应数值乘以系数0.7取用;当带肋钢筋的混凝土保护层厚度大于搭接钢筋直径的3倍且配有箍筋时,其最小搭接长度可按相应数值乘以系数0.8取用;对有抗震设防要求的结构构件,其受力钢筋的最小搭接长度对一、二级抗震等级应按相应数值乘以系数1.15采用;对三级抗震等级应按相应数值乘以系数1.05采用。

(4)纵向受压钢筋搭接时,其最小搭接长度应根据(2)和(3)的规定确定相应数值后,乘以系数0.7取用。

(5)在任何情况下,受拉钢筋的搭接长度不应小于300 mm,受压钢筋的搭接长度不应小于200 mm。

在梁、柱类构件的纵向受力钢筋搭接长度范围内,应按设计要求配置箍筋。

钢筋安装或现场绑扎应与模板安装相配合。柱钢筋现场绑扎时,一般在模板安装前进行。柱钢筋采用预制安装时,可先安装钢筋骨架,然后安装柱模板,或先安装三面模板,待钢筋骨架安装后,再钉第四面模板。梁的钢筋一般在梁模板安装后,再安装或绑扎;断面高度较大(>600 mm),或跨度较大、钢筋较密的大梁,可留一面侧模,待钢筋安装或绑扎完后再钉。楼板钢筋绑扎应在楼板模板安装后进行,并应按设计先划线,然后摆料、绑扎。

钢筋保护层应按设计或规范的要求正确确定。常用专用塑料垫块垫在钢筋与模板之间,以控制保护层厚度。垫块应布置成梅花形,其相互间距不大于1 m。上下双层钢筋之间的尺寸,可绑扎短钢筋或设置撑脚来控制。

4.1.6　钢筋工程施工质量检查验收方法

钢筋工程属于隐蔽工程,在浇筑混凝土前应对钢筋及预埋件进行隐蔽工程验收,并按规定做好隐蔽工程记录,以便查验。其内容包括:①纵向受力钢筋的品种、规格、数量、位置是否正确,特别要注意检查负筋的位置;②钢筋的连接方式、接头位置、接头数量、接头面积百分率是否符合规定;③箍筋、横向钢筋的品种、规格、数量、间距等;④预埋件的规格、数量、位置等。检查钢筋绑扎是否牢固,有无变形、松脱和开焊。

钢筋工程的施工质量检验应按主控项目、一般项目按规定的检验方法进行检验。检验批合格质量应符合下列规定：主控项目的质量经抽样检验合格；一般项目的质量经抽样检验合格；当采用计数方法检验时，除有专门要求外，一般项目的合格点率应达到80%及以上，且不得有严重缺陷；具有完整的施工操作依据和质量验收记录。

1. 主控项目

(1)进场的钢筋应按规定抽取试件做力学性能和重量偏差检验，检验结果应符合有关标准的规定。检查数量：按进场的批次和产品的抽样检验方案确定。

(2)对有抗震设防要求的框架结构，其纵向受力钢筋的强度应满足设计要求；当设计无具体要求时，对按一、二、三级抗震等级设计的框架和斜撑构件（含梯段）中的纵向受力钢筋应采用HRB335E、HRB400E、HRB500E、HRBF335E、HRBF400E或HRBF500E钢筋，其强度和最大力下总伸长率的实测值应符合下列规定：①钢筋的抗拉强度实测值与屈服强度实测值的比值不应小于1.25；②钢筋的屈服强度实测值与屈服强度标准值的比值不应大于1.30；③钢筋的最大力下总伸长率不应小于9%。

(3)受力钢筋的弯钩和弯折应符合下列规定：HPB300钢筋末端应做180°弯钩，其弯弧内直径不应小于钢筋直径的2.5倍，弯钩的弯后平直部分长度不应小于钢筋直径的3倍；当设计要求钢筋末端需做135°弯钩时，HRB335、HRB400钢筋的弯弧内直径不应小于钢筋直径4倍，弯钩的弯后平直部分长度应符合设计要求；钢筋做不大于90°的弯折时，弯折处的弯弧内直径不应小于钢筋直径的5倍。

(4)除焊接封闭环式箍筋外，箍筋的末端应做弯钩。弯钩形式应符合设计要求。当设计无具体要求时，应符合下列规定：①箍筋弯钩的弯弧内直径除应满足前述的规定外，尚应不小于受力钢筋直径。②箍筋弯钩的弯折角度：对一般结构，不应小于90°；对有抗震等要求的结构，不应小于135°。③箍筋弯后平直部分长度：对一般结构，不宜小于箍筋直径的5倍；对有抗震等要求的结构，不应小于箍筋直径的10倍。

(5)钢筋的连接方式应符合设计要求。

(6)钢筋机械连接接头、焊接接头应按国家现行标准的规定抽取试件做力学性能检验，其质量应符合有关规程的规定。

2. 一般项目

(1)钢筋应平直、无损伤，表面不得有裂纹、油污、颗粒状或片状老锈。

(2)钢筋宜采用无延伸装置的机械设备进行调直；当采用冷拉方法调直钢筋时，钢筋的冷拉率应符合规范要求。检查数量：按每工作班同一类型钢筋、同加工设备抽查不应少于3件。

(3)钢筋加工的形状、尺寸应符合设计要求，其偏差应符合表4-8的规定。

表4-8　钢筋加工的允许偏差

项目	允许偏差/mm
受力钢筋沿长度方向的净尺寸	±10
弯起钢筋的弯折位置	±20
箍筋外廓尺寸	±5

(4)钢筋的接头宜设置在受力较小处。同一纵向受力钢筋不宜设置两个或两个以上接头。接头末端至钢筋弯起点的距离不应小于钢筋直径的10倍。

(5)施工现场应按行业标准《钢筋机械连接技术规程》(JGJ 107—2016)、《钢筋焊接及验收规程》(JGJ 18—2012)的规定对钢筋机械连接接头、焊接接头的外观进行检查,其质量应符合有关规范的规定。

(6)当纵向受力钢筋采用机械连接接头或焊接接头时,设置在同一构件内的接头宜相互错开。纵向受力钢筋机械连接接头及焊接接头连接区段的长度为 $35d$(d 为相互连接两根钢筋的直径较小值)且不小于 500 mm,凡接头中点位于该连接区段长度内的接头均属于同一连接区段。同一连接区段内,纵向受力钢筋的接头面积百分率应符合设计要求。当设计无具体要求时,应符合下列规定:①受拉接头,不宜大于 5%;受压接头,可不受限制。②直接承受动力荷载的结构构件中,不宜采用焊接;当采用机械连接时,不应超过 50%。

(7)同一构件中相邻纵向受力钢筋的绑扎搭接接头宜相互错开。绑扎搭接接头中钢筋的横向净距不应小于钢筋直径,且不应小于 25 mm。钢筋绑扎搭接接头连接区段的长度为 $1.3L$(L 为搭接长度,取相互连接两根钢筋中较小直径计算),凡搭接接头中点位于该连接区段长度内的搭接接头均属于同一连接区段。同一连接区段内纵向钢筋搭接接头面积百分率应符合设计要求。当设计无具体要求时,应符合下列规定:①梁类、板类及墙类构件,不宜超过 25%;基础筏板,不宜超过 50%。②柱类构件,不宜超过 50%。③当工程中确有必要增大接头面积百分率时,对梁类构件不应大于 50%。纵向受力钢筋绑扎搭接接头的最小搭接长度应符合表 4-7 的规定。

(8)在梁、柱类构件的纵向受力钢筋搭接长度范围内,应按设计要求配置箍筋。当设计无具体要求时,应符合下列规定:①箍筋直径不应小于搭接钢筋较大直径的 1/4;②受拉搭接区段的箍筋间距不应大于搭接钢筋较小直径的 5 倍,且不应大于 100 mm;③受压搭接区段的箍筋间距不应大于搭接钢筋较小直径的 10 倍,且不应大于 200 mm;④当柱中纵向受力钢筋直径大于 25 mm 时,应在搭接接头两个端面外 100 mm 范围内各设置两个箍筋,其间距宜为 50 mm。

(9)钢筋安装位置的偏差应符合表 4-9 的规定。

表 4-9 钢筋安装位置的允许偏差和检验方法

项目		允许偏差/mm	检验方法
绑扎钢筋网	长、宽	±10	尺量
	网眼尺寸	±20	尺量连续三档,取最大偏差值
绑扎钢筋骨架	长	±10	尺量
	宽、高	±5	尺量
纵向受力钢筋	锚固长度	−20	尺量两端、中间各一点,取最大偏差值
	间距	±10	
	排距	±5	
纵向受力钢筋、箍筋的混凝土保护层厚度	基础	±10	尺量
	柱、梁	±5	尺量
	板、墙、壳	±3	尺量
绑扎箍筋、横向钢筋间距		±20	尺量连续三档,取最大偏差值
钢筋弯起点位置		20	尺量
预埋件	中心线位置	5	尺量
	水平高差	+3,0	塞尺量测

注:检查中心线位置时,应沿纵、横两个方向测量,并取其中偏差的较大值。

4.2 模板工程

模板是使混凝土结构和构件按所要求的几何尺寸成型的模型板。它是保证混凝土在浇筑过程中保持正确的形状和尺寸,在硬化过程中进行防护和养护的工具。模板工程占钢筋混凝土工程总价的20%~30%,占劳动量的30%~40%,占工期的50%左右,决定着施工方法和施工机械的选择,并直接影响工期和造价。

模板按其所用材料的不同可分为木模板、钢模板、钢木模板、胶合板模板、铝合金模板、塑料模板、玻璃钢模板和预应力混凝土薄板模板等,按其形式不同可分为整体式模板、定型模板、工具式模板、滑升模板、爬模、台模等,按其结构的类型不同分为基础模板、柱模板、楼板模板、墙模板、壳模板和烟囱模板等。

模板工程的施工包括模板的选材、选型、设计、制作、安装、拆除和周转等过程。

4.2.1 模板系统的组成和基本要求

1. 模板系统的组成

模板系统包括模板、支架和紧固件三个部分。

2. 模板及其支架的基本要求

(1)有足够的承载力、刚度和稳定性,能可靠地承受浇筑混凝土的重力、侧压力以及施工荷载;

(2)保证工程结构和构件各部位形状尺寸和相互位置的正确;

(3)构造简单,装拆方便,便于钢筋的绑扎与安装、混凝土的浇筑与养护等工艺要求;

(4)接缝严密,不得漏浆。

4.2.2 模板的构造与安装

1. 木模板

木模板及其支架系统一般在加工厂或现场木工棚制成元件,然后再在现场拼装。本模板的基本元件为拼板,拼板由规则的板条用拼条拼钉而成,如图4-13所示为基本拼板的构造。板条厚度一般为25~50 mm,宽度不宜超过200 mm(工具式模板不超过150 mm),以保证在干缩时缝隙均匀,浇水后易于密缝,受潮后不易翘曲。梁底的拼板由于承受较大的荷载要加厚至40~50 mm。拼板的拼条根据受力情况可以平放也可以立放。拼条间距取决于所浇筑混凝土的侧压力和板条厚度,一般为400~500 mm。

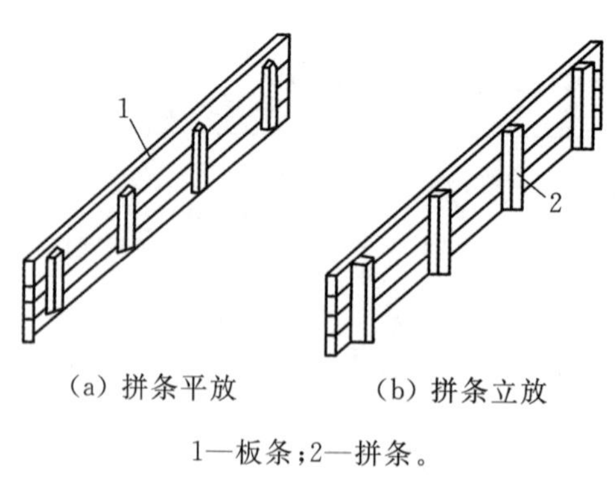

(a) 拼条平放　　(b) 拼条立放

1—板条;2—拼条。

图4-13　拼板构图

1)基础模板

基础的特点是高度不大而体积较大,基础模板一般利用地基或基槽(坑)进行支撑,如图4-14所示。

安装时，要保证上下模板不发生相对位移，如为杯形基础，则还要在其中放入杯口模板。

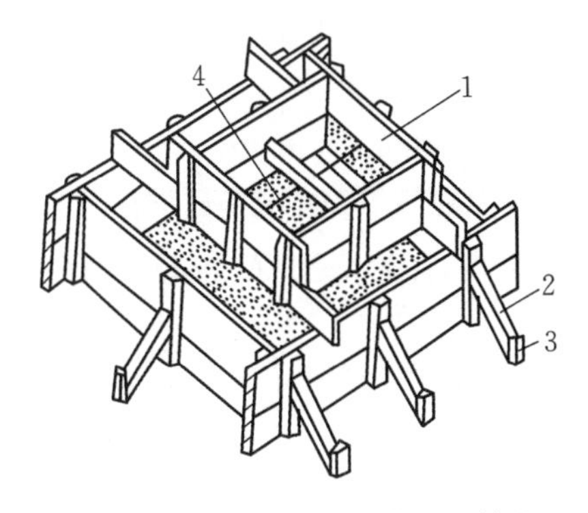

1—拼板；2—斜掌；3—木桩；4—铁丝。

图 4－14　阶梯形基础模板

2)柱模板

柱子的特点是断面尺寸不大但比较高。柱模板由内拼板夹在两块外拼板之内组成，亦可用短横板代替外拼板钉在内拼板上(见图 4－15)。柱底一般有一钉在底部混凝土上的木框，用以固定柱模板底板的位置。柱模板底部开有清理孔，沿高度每间隔 2 m 开有浇筑孔。柱模板顶部根据需要开有与梁模板连接的缺口。为承受混凝土的侧压力和保持模板形状，拼板外面要设柱箍。柱箍间距与混凝土侧压力、拼板厚度有关。由于柱子底部混凝土侧压力较大，因而柱模板越靠近下部柱箍越密。

3)梁模板

梁的特点是跨度大而宽度不大，梁底一般是架空的。梁模板主要由底模、侧模、夹木及支架系统组成(见图 4－16)。底模用长条模板加拼条拼成，或用整块板条。梁底模板承受垂直荷载，一般较厚，下面有支架(琵琶撑)支撑。支架的立柱最好做成可以伸缩的，以便调整高度，底部应支承在坚实的地面、楼面或垫以木板。在多层框架结构施工中，应使上层支架的立柱对准下盖板，支架间应用水平和斜向拉杆拉牢，以增强整体稳定性，当层间高度大于 5 m 时，宜选桁架等支模，以减少支架的数量。梁侧模板承受混凝土的侧压力，底部用钉在支架顶部的夹条夹住，顶部可由支承楼板的搁栅或支撑顶住。

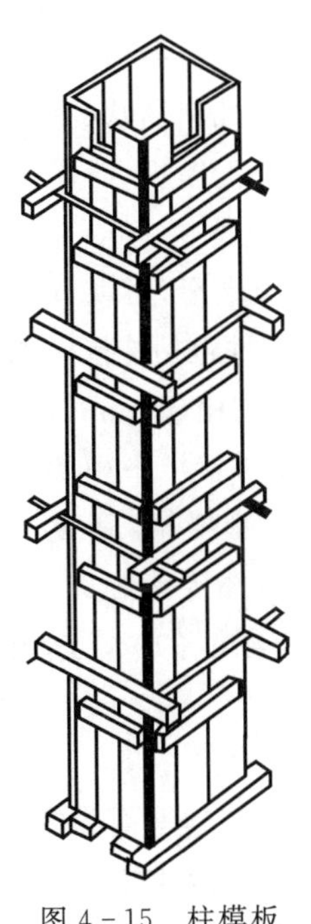
图 4－15　柱模板

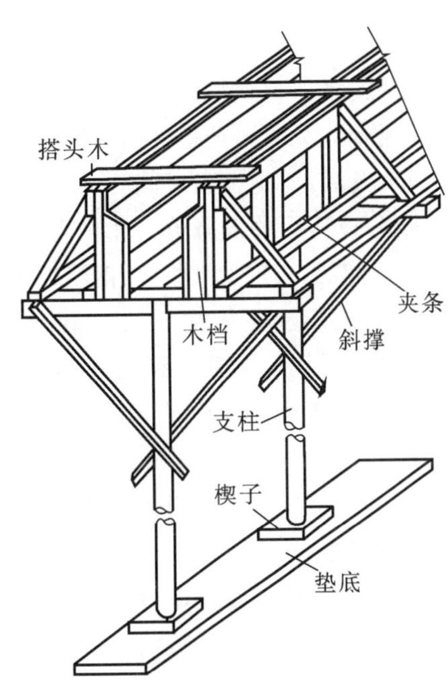

图 4－16　梁模板

梁的侧模可较早拆除，因此，侧模板包在底模板的外面，同时为方便柱模板较早拆除，梁模板也不应伸入柱模板的开口里，同样次梁模板也不应伸到主梁开口里面。高大的梁，可在侧板中上位置用铁丝或螺栓相互撑拉，梁跨度大于等于 4 m 时，底模应起拱，如设计无要求时，起拱高度宜为全跨长度的 1‰～3‰。

4)楼板模板

楼板的特点是面积大而厚度比较薄，侧向压力小。楼板模板支承在搁栅上，搁栅支承在梁侧模外的横档上，它主要承受钢筋、混凝土的自重及其施工荷载，用来保证模板不变形，如图 4－17 所示。

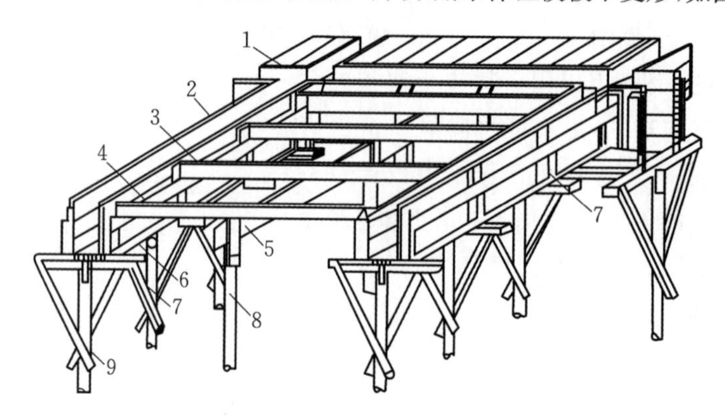

1—楼板模板；2—梁侧模板；3—搁栅；4—横档；5—杠木；6—夹木；7—短撑木；8—杠木撑；9—顶撑。

图 4－17　梁及楼板模板

5)楼梯模板

楼梯模板的构造与楼板相似，不同点是楼梯模板要倾斜支设，且要能形成踏步。踏步模板分为底板及梯步两部分。将梯步放到板上，锯下多余部分成齿形，再把梯步模板钉上，安装固定在绑完钢筋的楼梯斜面上即可。

2. 组合钢模板

钢模板通过各种连接件和支承件可组合成多种尺寸、结构和几何形状的模板，以适应各种类型建筑物的梁、柱、板、墙、基础和设备等施工的需要，也可拼装成大模板、滑模、隧道模和台模等。

组合钢模板组装灵活，通用性强，拆装方便；每套钢模可重复使用 50～100 次；加工精度高，浇筑混凝土的质量好，成型后的混凝土尺寸准确，棱角整齐，表面光滑，可以节省装修用工。

组合钢模板是一种工具式定型模板，由钢模板和配件组成，配件包括连接件和支承件。它由边框、面板和横肋组成，面板用厚度为 2.5～3.0 mm 的钢板，边框及肋用 55 mm×3 mm 的扁钢，边框开有连接孔。边框的长向及短向其孔距均一致，以便横竖都能拼接。平模的长度有 1800 mm、1500 mm、1200 mm、900 mm、750 mm、600 mm、450 mm 等七种规格，宽度有 100～600 mm（以 50 mm 晋级）十一种规格，因而可组成不同尺寸的模板。在构件接头处及一些特殊部位，可用专用模板嵌补。不足模数的空缺也可用少量木模补缺，用钉子或螺栓将方木与平模边框孔洞连接。

1)定型钢模板的类型

钢模板包括平面模板、阴角模板、阳角模板和连接角模板（见图 4－18）。

(1)平面模板。平面模板用于基础、墙体、梁、板、柱等各种结构的平面部位，它由面板和肋组成，肋上设有 U 形卡孔和插销孔，利用 U 形卡和 L 形插销等拼装成大块板。

(2)阴角模板。阴角模板用于混凝土构件阴角，如内墙角、水池内角及梁板交接处阴角等。

(3)阳角模板。阳角模板主要用于混凝土构件阳角。

(4)连接角模板。连接角模板用于平面模板作垂直连接构成阳角。

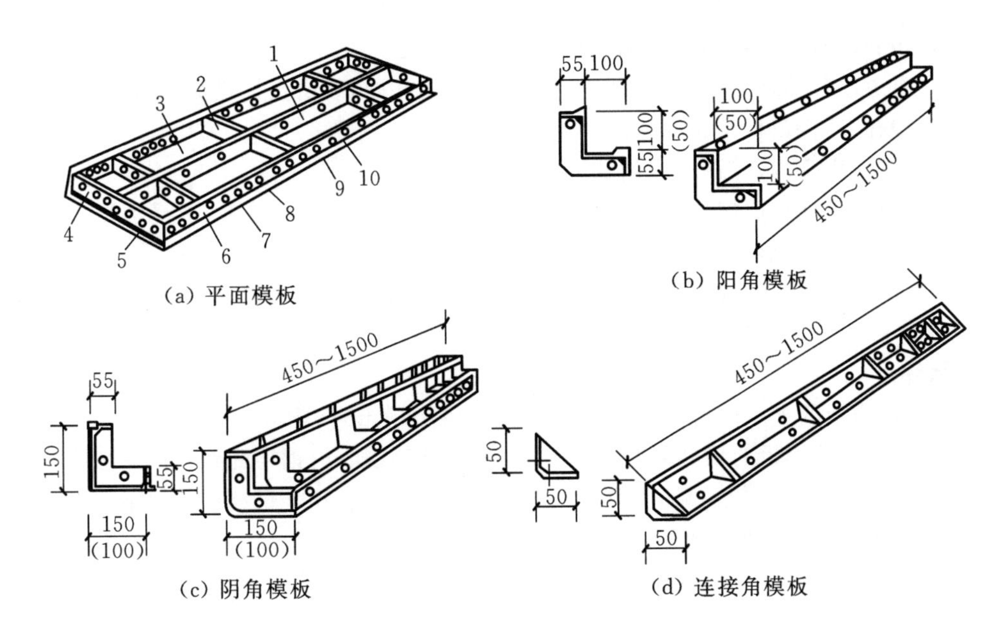

1—中纵肋；2—中横肋；3—面板；4—横肋；5—插销孔；6—纵肋；7—凸棱；8—凸毂；9—U形卡孔；10—钉子孔。

图4-18　钢模板类型

2)连接件

定型组合钢模板的连接件包括U形卡、L形插销、钩头螺栓、对拉螺栓、紧固螺栓和扣件等，如图4-19所示。

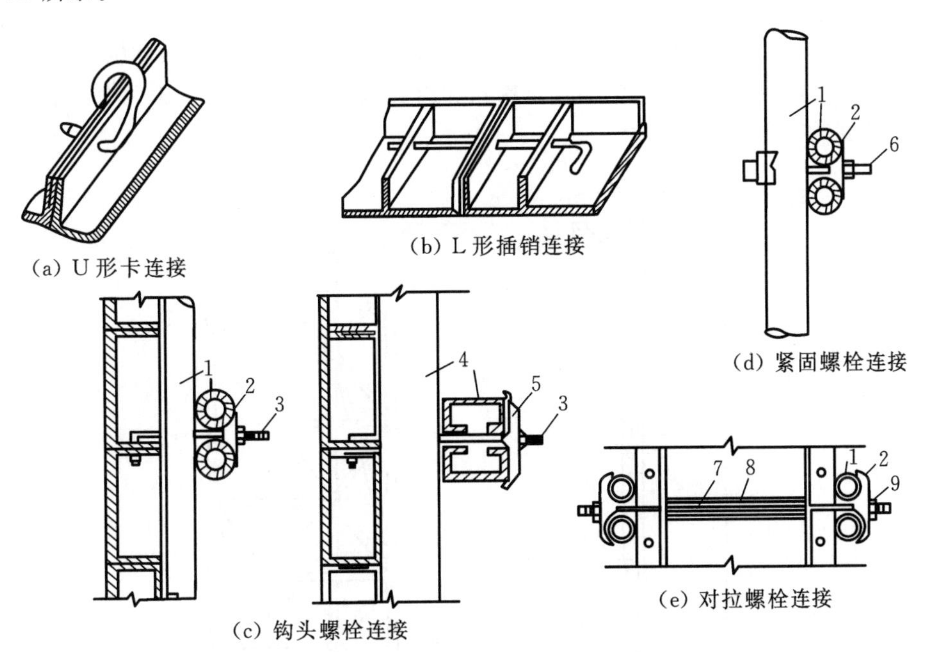

1—圆钢管钢楞；2—"3"形扣件；3—钩头螺栓；4—内卷边槽钢钢楞；
5—蝶形扣件；6—紧固螺栓；7—对拉螺栓；8—塑料套管；9—螺母。

图4-19　钢模板连接件

(1)U 形卡:模板的主要连接件,用于相邻模板的拼装。

(2)L 形插销:用于插入两块模板纵向连接处的插销孔内,以增强模板纵向接头处的刚度。

(3)钩头螺栓:连接模板与支撑系统的连接件。

(4)紧固螺栓:用于内、外钢楞之间的连接件。

(5)对拉螺栓:又称穿墙螺栓,用于连接墙壁两侧模板,保持墙壁厚度,承受混凝土侧压力及水平荷载,使模板不致变形。

(6)扣件:用于钢楞之间或钢楞与模板之间的扣紧,按钢楞的不同形状,分别采用蝶形扣件和"3"形扣件。

3)支承件

定型组合钢模板的支承件包括柱箍、钢楞、支架、斜撑及钢桁架等。

(1)钢楞。钢楞即模板的横档和竖档,分内钢楞与外钢楞。内钢楞配置方向一般应与钢模板垂直,直接承受钢模板传来的荷载,其间距一般为 700～900 mm。钢楞一般用圆钢管、矩形钢管、槽钢或内卷边槽钢,而以钢管用得较多。

(2)柱箍。柱模板四角设角钢柱箍。角钢柱箍由两根互相焊成直角的角钢组成,用弯角螺栓及螺母拉紧。

(3)钢管支架。常用钢管支架由内外两节钢管制成,其高低调节距模数为 100 mm;支架底部除垫板外,均用木楔调整标高,以利于拆卸。另一种钢管支架本身装有调节螺杆,能调节一个孔距的高度,使用方便,但成本略高。当荷载较大、单根支架承载力不足时,可用组合钢支架或钢管井架,分别如图 4-20、图 4-21 所示。扣件式钢管脚手架、门型脚手架也可用作支架。

(4)斜撑。由组合钢模板拼成的整片墙模或柱模,在吊装就位后,应由斜撑调整和固定其垂直位置。

(5)钢桁架。如图 4-22 所示,其两端可支承在钢筋托具、墙、梁侧模板的横档以及柱顶梁底横档上,以支承梁或板的模板。钢桁架有整榀式和组合式两种,组合式可由两个半榀桁架拼接,以适应不同跨度的需要。

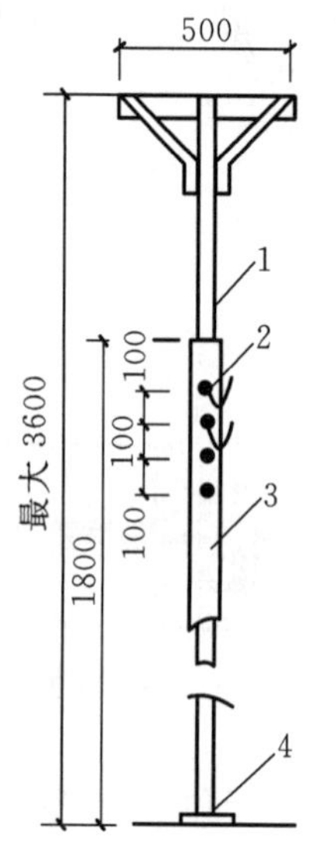

1—立管;2—销孔;3—套管;4—底座。

图 4-20　钢管支架图

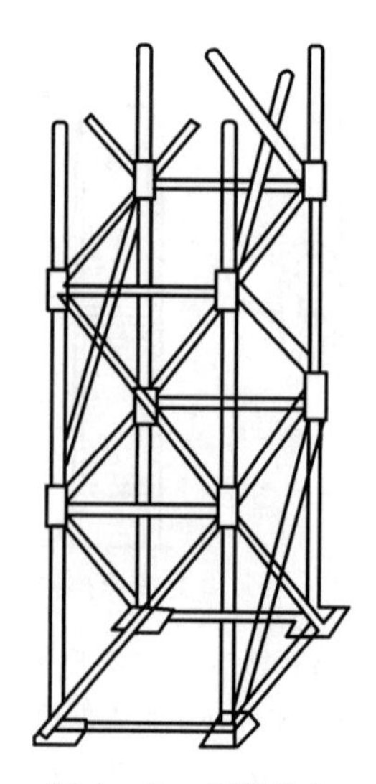

图 4-21　钢管井架

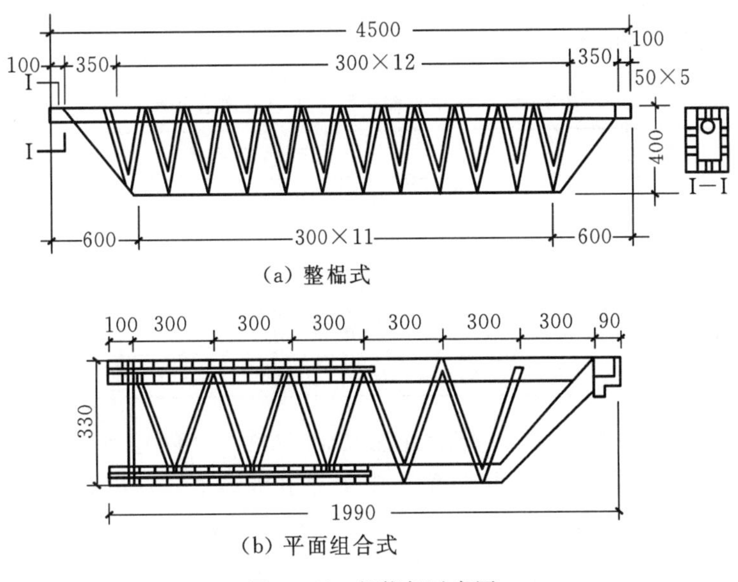

(a) 整榀式

(b) 平面组合式

图 4-22　钢桁架示意图

(6)梁卡具。梁卡具又称梁托架,用于固定矩形梁、圈梁等模板的侧模板,可节约斜撑等材料,也可用于侧模板上口的卡固定位,如图 4-23 所示。

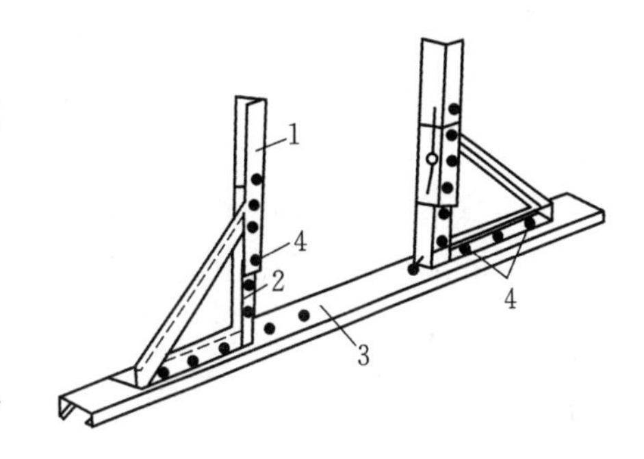

1—调节杆;2—三脚架;3—底座;4—螺栓。

图 4-23　钢管型梁卡具

4)钢模板的配板设计

模板的配板设计内容如下:

(1)画出各构件的模板展开图。

(2)绘制模板配板图。根据模板展开图,选用最适合的各种规格的钢模板布置在模板展开图上。

(3)确定支模方案,进行支撑工具布置。根据结构类型及空间位置、荷载大小等确定支模方案,根据配板图布置支撑。

3. 胶合板模板

胶合板模板是在传统木模板的构造和工艺的基础上,以胶合板模板替代需要刨光和涂、贴脱模材料(刷油、涂脱模剂、加履面材料)的木模板。

1)胶合板模板的构造、规格和使用

混凝土结构所用的胶合板模板有木胶合板模板和竹胶合板模板两类。

(1)木胶合板模板。木胶合板是一组单板(薄木片)按相邻层木纹方向互相垂直组坯胶合而成的板材,其表板和内层板对称地配置在中心层或板芯的两侧。混凝土模板用的木胶合板属于具有高耐候性、耐水性的I类胶合板,胶黏剂为酚醛树脂胶,主要用克隆木、阿必东、柳安、桦木、马尾松、云南松、落叶松等树种加工。

①构造。模板用的木胶合板通常由 5、7、9、11 层等奇数层单板经热压固化而胶合成型。相邻层的纹理方向相互垂直,通常最外层表板的纹理方向和胶合板面的长向平行,因此,整张胶合板的长向为强方向,短向为弱方向,使用时须加以注意。未经板面处理的胶合板(亦称白坯板或素板),在使用前应对板面进行处理。处理的方法为冷涂刷涂料,把常温下固化的涂料胶涂刷在

胶合板表面，构成保护膜。

②规格。胶合板模板规格见表 4－10。

表 4－10　混凝土模板用木胶合板规格尺寸　　单位：mm

模数制		非模数制		厚度
宽度	长度	宽度	长度	
600	1800	915	1830	12
900	1800	1220	1830	15
1000	2000	915	2135	18
1200	2400	1220	2440	21

(2)竹胶合板模板。竹胶合板是一组竹片铺放成的单板互相垂直组坯胶合而成的板材。制作混凝土模板所用的竹胶合板，具有收缩率小、膨胀率和吸水率低以及承载能力大的特点，是一种很有发展前途的新型建筑模板。

①构造。竹胶合板面板与芯板所用材料不同的是，芯板将竹子劈成竹条(称竹帘单板)，宽 14～17 mm，厚 3～5 mm，在软化池中进行高温软化处理后，做烤青、烤黄、去竹衣及干燥等处理，竹帘的编织可用人工或编织机编织。面板通常为编席单板，做法是竹子劈成篾片，由编工编成竹席。表面板也可采用竹木复合胶合板。这样既可利用竹材资源，又可兼有木胶合板的表面平整度。为了提高竹胶合板的耐水性、耐磨性和耐碱性，经试验证明，竹胶合板表面进行环氧树脂涂面的耐碱性较好，进行瓷釉涂料涂面的综合效果最佳。

②规格。我国建筑行业标准对竹胶合板模板的规格尺寸规定见表 4－11。

表 4－11　竹胶合板模板规格尺寸　　单位：mm

长度	宽度	厚度
1830	915	9、12、15、18
1830	1220	
2000	1000	
2135	915	
2440	1220	
3000	1500	

2)胶合板模板施工

胶合板模板施工工艺与传统木模很相似。施工工艺包括配模和支架设计、模板裁剪组装、支架(支撑系统)设置。梁板支模需先搭设支架并校正固定后装设或铺设模板；柱、墙则先安装模板，后装设支撑系统并调整固定。

墙模、柱模、梁侧模及其他立模，多采用先预制成块模(带边框、背肋)而后支装；平板底模多采用先在支架上铺设固定横梁(也称主龙骨)和搁栅(也称次龙骨)，在搁栅上铺固定面板。采用单层或者双层龙骨，要依支架的构造和支点的设置情况而定。胶合板模板背肋的间距不应超过 500 mm，按模板设计确定间距，柱、墙模板和深梁(梁较高)侧模板的背肋沿高度方向设置，其柱箍、对拉螺栓或外楞按“上疏下密”设置，以适应侧压力“上小下大”的要求。模板的底部须设底脚锚(埋件)予以固定。梁侧模必须设置可靠支撑。采取简单有效的方式处理好板间和边角接缝，确保平整和不跑浆、漏浆。剪刀墙上部结构外墙和地下室外墙采用中部加焊止水钢片的对应螺栓固定模板。

采用脚手架杆和配件(可增加专用加工件)搭设各种类型的模板支架,不仅用于胶合板裁装模板体系,也用于各种组合钢模体系,在一些专项技术和特种模板中也有应用。

4. 其他种类的模板

近年来,随着各种建筑体系和施工机械化的发展,出现了各种新型模板:有用于浇筑垂直构件的大模板、滑升模板等,有用于浇筑大跨度、大空间水平构件的台模(飞模)等,有用于同时浇筑垂直与水平构件的隧道模和用于桥梁中的充气内模板等。

1)墙体大模板

墙体大模板在建筑及桥梁工程中广泛应用,它是一种大尺寸的工具式模板,建筑工程中一块墙面用一两块大模板。因其质量大,装拆皆需起重机械吊装。大模板是目前我国剪力墙和筒体体系的高层建筑、桥墩、筒仓等施工用得较多的一种模板,已形成工业化模板体系。

一块大模板由面板、加劲肋、竖楞、支撑桁架、稳定机构及附件组成。其构造如图 4-24 所示。面板要求平整、刚度好。平整度按中级抹灰质量要求确定。面板目前在我国多用钢板和多层板制成。用钢板做面板的优点是刚度大和强度高,表面平滑,所浇筑的混凝土墙面外观好,不需再抹灰,可以直接粉面,模板可重复使用 200 次以上。其缺点是耗钢量大,自重大,易生锈,不保温,损坏后不易修复。钢面板厚度根据加劲肋的布置确定,一般为 4～6 mm。用 12～18 mm 厚多层板做的面板,用树脂处理后可重复使用 50 次,重量轻,制作安装更换容易,规格多样,对于非标准尺寸的大模板工程更为适用。

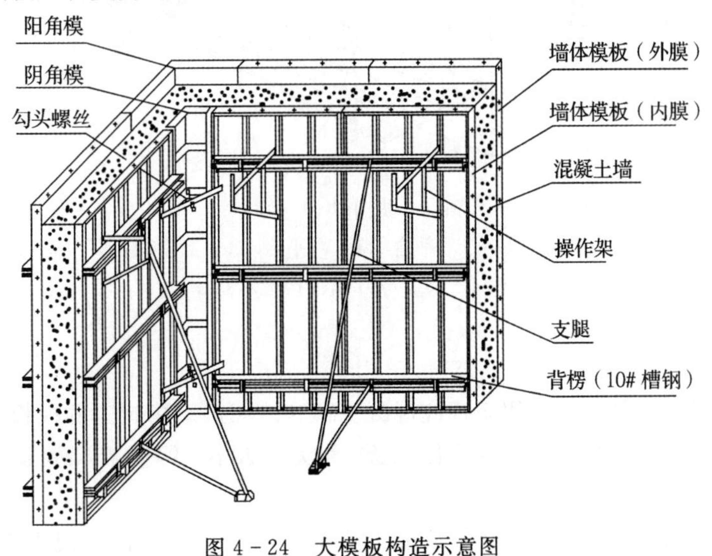

图 4-24 大模板构造示意图

加劲肋的作用是固定面板,阻止其变形并把混凝土传来的侧压力传递到竖楞上。加劲肋可用 6 号或 8 号槽钢,间距一般为 300～500 mm。

竖楞是与加劲肋相连接的竖直部件。它的作用是加强模板刚度,保证模板的几何形状,并作为穿墙螺栓的固定支点,承受由模板传来的水平力和垂直力。竖楞多采用 6 号或 8 号槽钢制成,间距一般约为 1～1.2 mm。

支撑机构主要承受风荷载和偶然的水平力,防止模板倾覆。每块大模板采用 2～4 榀桁架作为支撑机构，兼做搭设操作平台的支座，承受施工活荷载，也可用大型型钢代替桁架结构。大模板的附件有操作平台、穿墙螺栓和其他附属连接件。

大模板虽然质量较大但机动灵活，目前应用较多。大模板亦可用组合钢模板拼成，用完拆卸后仍可用于其他构件。

2)**滑升模板**

滑模施工工艺

滑升模板(即滑模)是一种工业化模板，用于现场浇筑高耸构(构)筑物等的竖向结构，如烟囱、筒仓、高桥墩、电视塔、竖井、沉井、双曲线冷却塔和高层建筑等。滑升模板的施工特点是在构(构)筑物底部，沿其墙、柱、梁等构件的周边组装高 1.2 m 左右的滑升模板，随着向模板内不断地分层浇筑混凝土，用液压提升设备使模板不断地沿埋在混凝土中的支承杆向上滑升，直到达到需要浇筑的高度为止。滑升模板构造如图 4-25 所示。

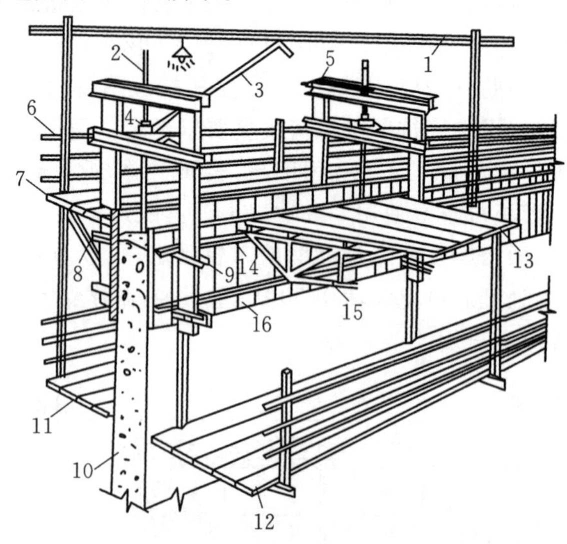

1—支架；2—支承杆；3—油管；4—千斤顶；5—提升架；6—栏杆；7—外平台；8—外挑架；9—收分装置；10—墙体；11—外吊平台；12—内吊平台；13—内平台；14—上围圈；15—桁架；16—模板。

图 4-25　滑升模板构造示意图

3)**爬升模板**

爬模施工工艺

爬升模板(即爬模)是一种适用于现浇混凝土竖直或倾斜结构施工的模板，可分为有架爬模(即模板爬架子、架子爬模板)和无架爬模(即模板爬模板)两种。

爬升模板的工艺原理是以建筑物的混凝土墙体结构为支撑主体，通过附着于已完成的混凝土墙体结构上的爬升支架或大模板，利用连接爬升支架与大模板的爬升设备使一方固定，另一方做相对运动，交替向上爬升，完成模板的爬升、下降、就位和校正等工作。

4)**台模**

台模是一种大型工具式模板，主要用于浇筑平板式或带边梁的水平结构，如用于建筑施工的楼面模板，通常一个房间用一块台模，有时甚至更大。台模按支承形式分为支腿式台模和无支腿式台模两类。支腿式台模由面板(胶合板或钢板)、支撑框架、檩条等组成。支撑框架的支腿底部一般带有轮子，以便移动。浇筑后待混凝土达到规定强度，落下台面，将台模推出墙面放在临时挑台上，再用起重机整体吊运至上层或其他施工段；也可不用挑台，推出墙面后直接吊运。

5)隧道模

隧道模是用于同时整体浇筑竖向和水平结构的大型工具式模板，用于建筑物墙与楼板的同步施工。它能将各开间沿水平方向逐段整体浇筑，故施工的结构整体性好、抗震性能好、施工速度快，但其模板的一次性投资大，模板起吊和转运需较大的起重机。

6)早拆模板

早拆模板基于短跨支撑、早期拆模思想。早拆模板施工技术的基本原理就是在施工阶段把结构跨度人为划小，模板系统的立杆间距离和与墙、柱支点距离均按小于2 m设置，在结构达到设计强度50%时，模板能够早拆，而结构的安全度又不受影响，以加快材料周转，减少投入，降低成本，提高工效，加快施工进度，缩短工期。早拆模板构造示意图如图4-26所示。

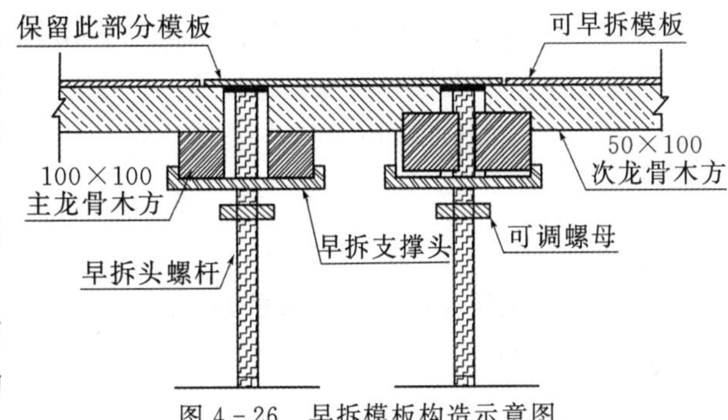

图4-26 早拆模板构造示意图

7)模壳模板

模壳模板是在密肋楼板施工中推广应用的一种工业化模板，根据制作模壳的材料可分为聚丙烯(俗称塑料)模壳和玻璃钢模壳。塑料模壳一般生产成本较低，但周转使用率低，容易损坏；玻璃钢模壳生产成本较高，但使用次数较多，周转率高，并可采用气动拆模，提高了生产效率。模壳模板根据模壳的模数又可分为标准模壳和非标准模壳。标准模壳常用尺寸有600 mm×600 mm、800 mm×800 mm、900 mm×900 mm、1000 mm×1000 mm、1100 mm×1100 mm、1200 mm×1200 mm、1500 mm×1500 mm共7种系列，模壳高度为300～500 mm，翼缘厚度50 mm。非标准模壳一般可根据设计尺寸委托厂家定做。常用的标准模壳是1200 mm×1200 mm系列，每个模壳的重量在30 kg左右。

模壳模板支设工艺流程为：弹线—树立柱—安放支撑件—安放主次龙骨—安放模壳—胶带粘贴缝隙—堵气孔—刷隔离剂—绑钢筋—隐蔽工程验收—浇筑混凝土—拆角钢(次龙骨边木)—拆模壳—拆除支撑系统。

支拆模壳

4.2.3 模板设计

常用的木模板和组合钢模板，在其经验适用范围内一般不需要进行设计验算，但对重要结构的模板、特殊形式的模板或超出经验适用范围的一般模板，应进行设计或验算，以确保工程质量和施工安全，防止浪费。

模板和支撑系统的设计应根据结构形式、荷载大小、地基土类别、施工设备和材料供应等条件进行。模板及其支架应具有足够的承载能力、刚度和稳定性，能可靠地承受浇筑混凝土的重量、侧压力以及施工荷载。其设计内容一般包括选型、选材、配板、荷载计算、结构设计、拟订制作安装和拆除方案、绘制模板及支架施工图。

1)计算模板及支架时的荷载标准值

(1)模板及支架自重标准值(G_1)可根据模板施工图确定。有梁楼板及无梁楼板的模板及支架的自重标准值可参考下列数据：

①无梁楼板的模板及小楞：定型组合钢模板 0.5 kN/m^2，木模板 0.3 kN/m^2。

②有梁楼板模板(包含梁模板)：定型组合钢模板 0.75 kN/m^2，木模板 0.5 kN/m^2。

③楼板模板及支架(楼层高≤4 m)：定型组合钢模板 1.1 kN/m^2，木模板 0.75 kN/m^2。

(2)新浇筑混凝土自重标准值 G_2 可根据混凝土实际重力密度确定。对普通混凝土，重力密度可取 24 kN/m^3。

(3)钢筋自重标准 G_3 应根据施工图确定。对一般梁板结构，楼板的钢筋自重可取 1.1 kN/m^3，梁的钢筋自重可取 1.5 kN/m^3。

(4)采用插入式振动器且浇筑速度不大于 10 m/h，混凝土坍落度不大于 180 mm 时，新浇筑的混凝土作用于模板的侧压力标准值 G_4 可按下列公式分别计算，并应取其中的较小值。当浇筑速度大于 10 m/h 或混凝土坍落度大于 180 mm 时，侧压力标准值 G_4 可按式(4.10)计算。

$$F=0.28\gamma_c t_0 \beta V^{\frac{1}{2}} \tag{4.9}$$

$$F=\gamma_c H \tag{4.10}$$

式中：F——新浇筑混凝土对模板的最大侧压力，kN/m^2。

γ_c——混凝土的重力密度，kN/m^3。

t_0——新浇混凝土的初凝时间，h，可按实测确定；当缺乏试验资料时，可采用 $t_0=\frac{200}{T+15}$ 计算(T 为混凝土的温度，℃)。

β——混凝土坍落度影响修正系数，当坍落度在大于 50 mm 且不大于 90 mm 时，β 取 0.85；坍落度在大于 90 mm 且不大于 130 mm 时，β 取 0.9；坍落度在大于 130 mm 且不大于 180 mm 时，β 取 1.0。

V——混凝土浇筑高度(厚度)与浇筑时间的比值，即浇筑速度，m/h。

H——混凝土侧压力计算位置处至新浇筑混凝土顶面的总高度，m。

(5)作用在模板及支架上的施工人员及施工设备荷载标志值 Q_1，可按实际情况计算，可取 3.0 kN/m^3。

(6)施工中的泵送混凝土、倾倒混凝土等未预见因素产生的水平荷载标准值 Q_2，可取模板上混凝土和钢筋重量的 2%作为标准值，并应以线荷载形式作用在模板支架上端水平方向。

(7)风荷载标准 Q_3，可按现行国家标准《建筑结构荷载规范》(GB 50009—2012)的有关规定计算。

2. 计算模板及支架的荷载分项系数

计算模板及支架的荷载设计值，应采用荷载标准值乘以相应荷载分项系数求得。荷载分项系数如下：

(1)当荷载类别为模板及支架自重或新浇筑混凝土自重或钢筋自重时，为 1.35。

(2)当荷载类别为施工人员及施工设备荷载或振捣混凝土时产生的荷载时，为 1.4。

(3)当荷载类别为新浇筑混凝土对模板的侧压力时，为 1.35。

(4)当荷载类别为倾倒混凝土时产生的荷载时，为 1.4。

3. 计算规定

(1)模板荷载组合：见表 4－12。

(2)验算模板及支架的刚度时，允许的变形值：结构表面外露的模板，其挠度限值宜取为模板构件计算跨度的 1/400；结构表面隐蔽的模板，其挠度限值宜取为模板构件计算跨度的 1/250；支架的轴向压缩变形限值或侧向弹性挠度限值，宜取为计算高度或计算跨度的 1/1000。

表 4-12　计算模板及支架最不利的作用效应组合

模板结构类别	最不利的作用效应组合	
	计算承载力	变形验算
混凝土水平构件的底模板及支架	$G_1+G_2+G_3+Q_1$	$G_1+G_2+G_3$
高大模板支架	$G_1+G_2+G_3+Q_1$	$G_1+G_2+G_3$
	$G_1+G_2+G_3+Q_2$	
混凝土竖向构件或水平构件的侧面模板及支架	G_4+Q_3	G_4

注：1. 对于高大模板支架，表中 $G_1+G_2+G_3+Q_2$ 的组合用于模板支架的抗倾覆验算；

2. 混凝土竖向构件或水平构件的侧面模板及支架的承载力计算效应组合中的风荷载 Q_3 只用于模板位于风速大和离地高度大的场合；

3. 表中的"＋"仅表示各项荷载参与组合，而不表示代数相加。

当验算模板及支架在自重和风荷载作用下的抗倾覆稳定性时，应符合有关的专门规定。特种模板也应按专门的规定计算。对于利用模板张拉和锚固预应力筋等产生的荷载亦应另行计算。

模板系统的设计计算，原则上与永久结构相似，计算时要参照相应的设计规范。计算模板和支架的强度时，由于是一种临时性结构，钢材的允许应力可适当提高；当木材的含水率小于 25% 时，容许应力值可提高 15%。

4.2.4　模板拆除

模板拆除的顺序一般是先支的后拆，后支的先拆，先拆除侧模板，后拆除底模板。现浇混凝土结构模板的拆除日期，取决于结构的性质、模板的用途和混凝土硬化速度。及时拆模，可提高模板的周转，为后续工作创造条件。如过早拆模，因混凝土未达到一定强度，过早承受荷载会产生变形甚至会造成重大的质量事故。

1. 模板拆除的规定

（1）非承重模板（如侧板），应在混凝土强度能保证其表面及棱角不因拆除模板而受损坏时，方可拆除。

（2）承重模板应在与结构同条件养护的试块达到表 4-13 规定的强度，方可拆除。

表 4-13　整体式结构拆模时所需的混凝土强度要求

项次	结构类型	结构跨度/m	按达到设计混凝土强度的标准值百分率计/%
1	板	≤2 ＞2，≤8 ＞8	≥50 ≥75 ≥100
2	梁、拱、壳	≤8 ＞8	≥75 ≥100
3	悬臂结构	—	≥100

(3)在拆除模板过程中,如发现混凝土有影响结构安全的质量问题时,应暂停拆除。经过处理后,方可继续拆除。

(4)已拆除模板及其支架的结构,应在混凝土强度达到设计强度后才允许承受全部计算荷载。当承受施工荷载大于计算荷载时,必须经过核算,加设临时支撑。

2. 拆除模板的注意事项

(1)拆模时不要用力过猛,拆下来的模板要及时运走、整理、堆放以便再用。

(2)模板及支架拆除的顺序以及安全措施应按施工技术方案执行。拆模程序一般应是后支的先拆,先拆除非承重部分,后拆除承重部分。重大复杂模板的拆除,事先应制订拆模方案。

(3)拆除框架结构模板的顺序,首先是柱模板,其次是楼板底板、梁侧模板,最后梁底模板。拆除跨度较大的梁下支柱时,应先从跨中开始,分别拆向两端。

(4)楼层板支柱的拆除,应按下列要求进行:上一层楼板正在浇筑混凝土时,下一层楼板的模板支柱不得拆除,再下一层楼板模板的支柱,仅可拆除一部分;跨度 4 m 及 4 m 以上的梁下均应保留支柱,其间距不大于 3 m。

(5)拆模时,应尽量避免混凝土表面或模板受到损坏,注意整块板落下伤人。

4.2.5 模板工程质量验收

在浇筑混凝土之前,应对模板工程进行验收。模板及支架应具有足够的承载力、刚度和整体稳固性,能可靠地承受浇筑混凝土的重量、侧压力以及施工荷载。模板安装和浇筑混凝土时,应对模板及支架进行观察和维护。发生异常情况时,应按施工技术方案及时进行处理。

模板工程的施工质量检验应按主控项目、一般项目按规定的检验方法进行检验。检验批合格质量应符合下列规定:主控项目和一般项目的质量经抽样检验合格;当采用计数方法检验时,除有专门要求外,一般项目的合格点率应达到80%及以上,且不得有严重缺陷;具有完整的施工操作依据和质量验收记录。

1. 主控项目

(1)模板及支架用材料的技术指标应符合国家现行有关标准的规定。进场时应抽样检验模板和支架材料的外观、规格和尺寸。

检查数量:按国家现行有关标准的规定确定。

检验方法:检查质量证明文件;观察,尺量。

(2)现浇混凝土结构模板及支架的安装质量,应符合国家现行有关标准的规定和施工方案的要求。

检查数量:按国家现行有关标准的规定确定。

检验方法:按国家现行有关标准的规定执行。

(3)后浇带处的模板及支架应独立设置。

检查数量:全数检查。

检验方法:观察。

(4)支架竖杆或竖向模板安装在土层上时,应符合下列规定:①土层应坚实、平整,其承载力或密实度应符合施工方案的要求。②应有防水、排水措施;对冻胀性土,应有预防冻融措施。③支架竖杆下应有底座或垫板。

检查数量:全数检查。

检验方法:观察;检查土层密实度检测报告、土层承载力验算或现场检测报告。

2. 一般项目

(1)模板安装应符合下列规定:①模板的接缝应严密;②模板内不应有杂物、积水或冰雪等;③模板与混凝土的接触面应平整、清洁;④用作模板的地坪、胎膜等应平整、清洁,不应有影响构件质量的下沉、裂缝、起砂或起鼓;⑤对清水混凝土及装饰混凝土构件,应使用能达到设计效果的模板。

检查数量:全数检查。

检验方法:观察。

(2)隔离剂的品种和刷涂方法应符合施工方案的要求。隔离剂不得影响结构性能及装饰施工,不得沾污钢筋、预应力筋、预埋件和混凝土接槎处,不得对环境造成污染。

检查数量:全数检查。

检验方法:检查质量证明文件;观察。

(3)模板的起拱应符合现行国家标准《混凝土结构工程施工规范》(GB 50666—2011)的规定,并应符合设计及施工方案的要求。

检查数量:在同一检验批内,对梁,跨度大于 18 m 时应全数检查;跨度不大于 18 m 时应抽查构件数量的 10%,且不应少于 3 件;对板,应按有代表性的自然间抽查 10%,且不应少于 3 间;对大空间结构,板可按纵、横轴线划分检查面,抽查 10%,且不应少于 3 面。

检验方法:水准仪或尺量。

(4)现浇混凝土结构多层连续支模应符合施工方案的规定。上下层模板支架的竖杆宜对准。竖杆下垫板的设置应符合施工方案的要求。

检查数量:全数检查。

检验方法:观察。

(5)固定在模板上的预埋件和预留孔洞不得遗漏,且应安装牢固。有抗渗要求的混凝土结构中的预埋件,应按设计及施工方案的要求采取防渗措施。预埋件和预留孔洞的位置应满足设计和施工方案的要求。当设计无具体要求时,其位置偏差应符合表 4-14 的规定。现浇结构模板安装的偏差及检查方法应符合表 4-15 的规定。

表 4-14　预埋件和预留孔洞的安装允许偏差

<table>
<tr><th colspan="2">项目</th><th>允许偏差/mm</th></tr>
<tr><td colspan="2">预埋板中心线位置</td><td>3</td></tr>
<tr><td colspan="2">预埋管、预留孔中心线位置</td><td>3</td></tr>
<tr><td rowspan="2">插筋</td><td>中心线位置</td><td>5</td></tr>
<tr><td>外露长度</td><td>+10,0</td></tr>
<tr><td rowspan="2">预埋螺栓</td><td>中心线位置</td><td>2</td></tr>
<tr><td>外露长度</td><td>+10,0</td></tr>
<tr><td rowspan="2">预留洞</td><td>中心线位置</td><td>10</td></tr>
<tr><td>尺寸</td><td>+10,0</td></tr>
</table>

注:检查中心线位置时,沿纵、横两个方向量测,并取其中偏差的较大值。

表 4-15　现浇结构模板安装的允许偏差及检验方法

项目		允许偏差/mm	检验方法
轴线位置		5	尺量
底模上表面标高		±5	水准仪或拉线、尺量
模板内部尺寸	基础	±10	尺量
	柱、墙、梁	±5	尺量
	楼梯相邻踏步高差	5	尺量
柱、墙垂直度	层高≤6 m	8	经纬仪或吊线、尺量
	层高>6 m	10	
相邻模板表面高差		2	尺量
表面平整度		5	2 m 靠尺和塞尺量测

注:检查轴线位置,当有纵、横两个方向时,沿纵、横两个方向量测,并取其中偏差的较大值。

检查数量:在同一检验批内,对梁、柱和独立基础,应抽查构件数量的 10%,且不应少于 3 件;对墙和板,应按有代表性的自然间抽查 10%,且不应少于 3 间;对大空间结构,墙可按相邻轴线间高度 5 m 左右划分检查面,板可按纵、横轴线划分检查面,抽查 10%,且均不少于 3 面。

检验方法:观察,尺量。

(6)预制构件模板安装的偏差及检验方法应符合表 4-16 的规定。

表 4-16　预制构件模板安装的允许偏差及检验方法

项目		允许偏差/mm	检验方法
长度	梁、板	±4	尺量两侧边,取其中较大值
	薄腹梁、桁架	±8	
	柱	0,−10	
	墙板	0,−5	
宽度	板、墙板	0,−5	尺量两端及中部,取其中较大值
	梁、薄腹梁、桁架	+2,−5	
高(厚)度	板	+2,−3	尺量两端及中部,取其中较大值
	墙板	0,−5	
	梁、薄腹梁、桁架、柱	+2,−5	
侧向弯曲	梁、板、柱	L/1000 且≤15	拉线、尺量最大弯曲处
	墙板、薄腹梁、桁架	L/1500 且≤15	
板的表面平整度		3	2 m 靠尺和塞尺量测
相邻模板表面高差		1	尺量
对角线差	板	7	尺量两个对角线
	墙板	5	
翘曲	板、墙板	L/1500	水平尺在两端量测
设计起拱	薄腹梁、桁架、梁	±3	拉线、尺量跨中

注:L 为构件长度,mm。

检查数量:首次使用及大修后的模板应全数检查;使用中的模板应抽查10%,且不应少于5件,不足5件时应全数检查。

4.3 混凝土工程

混凝土工程施工包括配料、搅拌、运输、浇筑、养护等施工过程。各个施工过程紧密联系又相互影响,任一施工过程处理不当都会影响混凝土的最终质量。而混凝土工程一般是建筑物的承重部分,因此,确保混凝土工程质量非常重要。混凝土构件不但要有正确的外形,而且要获得良好的强度、密实性和整体性。

4.3.1 混凝土的制备

普通混凝土的制备,应满足以下要求:保证结构设计所规定的标号,满足施工和易性的要求,合理使用材料、节约水泥,在特殊条件下,还应符合抗冻性、抗渗性等要求。在施工中应做到:选择控制原材料,控制施工配合比,遵守搅拌制度,掌握基本的试验方法和试块制作方法。

1.原材料的选择

1)水泥

水泥的品种应根据工程所处的环境条件及不同部位来选用。例如,普通硅酸盐水泥,具有早期强度高、抗冻、抗渗、耐磨等优点,适用于北方地区一般工程的主体结构施工、冬期低温环境、水位升降遭受冰冻部位的结构施工,以及地面工程施工。矿渣硅酸盐水泥,因其耐水、耐腐蚀、水化热低,优先用于潮湿及水位以下的混凝土基础工程,特别是大体积混凝土;也可用于早期强度要求不高的主体结构。火山灰质硅酸盐水泥、粉煤灰硅酸盐水泥适用于高温及潮湿的室内或冰冻线以下基础工程。火山灰质硅酸盐水泥有较高的抗渗性,粉煤灰硅酸盐水泥水化热低,适用于大体积混凝土施工。硅酸盐水泥优先用于高强度、耐磨、快硬等要求部位施工。水泥的强度应高于混凝土强度,但不宜过高。混凝土中最大水泥用量不宜超过500 kg/m^3。水泥出厂超过3个月,应做复查试验(一般袋装水泥在干燥仓库中储存3个月,其强度损失20%左右)。发现水泥有受潮、结块、变质等现象,其出厂时间虽不足3个月的,也应做复查试验,并按复验后的实际强度用。

2)骨料

混凝土用砂的质量须符合细度模数、孔隙率、坚固性、有害杂质最大含量等方面的要求。混凝土用砂一般以细度模数为2.5~3.5的中、粗砂最为合适,孔隙率不宜超过45%。因为越细,总表面积越大,需包裹砂粒表面和润滑砂粒用的水泥浆量也越多;孔隙率越大,所需填充孔隙的水泥浆量也越多,不仅需要多用水泥,而且也影响混凝土的强度和耐久性。

混凝土中常用的石子有卵石或碎石。卵石表面光滑,空隙率与表面积较小,故拌制混凝土时水泥用量少,但与水泥浆的黏结力较差,所以卵石混凝土的强度较低。碎石表面粗糙,空隙率和总表面积较大,故所需的水泥浆较多,与水泥浆的黏结力强,因此用它拌制的混凝土强度较高,抗裂性好,但碎石的加工费较卵石高。应采用级配良好的石子,其最大粒径不得超过钢筋最小净距的3/4,同时不超过构件断面最小边长的1/4;对混凝土实心板,不超过板厚的1/3,且不应超过40 mm。当石子最大粒径确定后,将石子按粒径大小筛选、分堆,拌制混凝土时按重量比例掺用。

3)**水**

混凝土拌合水宜用饮用水。海水对钢筋有腐蚀作用,不能用来拌制钢筋混凝土和预应力混凝土。

4)**外加剂**

外加剂已越来越多地用于混凝土施工,成为改善混凝土性能的重要部分。采用不同的外加剂可起到延缓混凝土凝结时间、改善和易性、减小水灰比、抗冻、早期强度高、快硬等作用,方法简单、易行。外加剂的种类繁多,按其作用不同可分为减水剂(塑化剂)、早强剂、促凝剂、缓凝剂、引气剂(加气剂)、防水剂、抗冻剂、保水剂、膨胀剂和阻锈剂等。商品外加剂往往是复合型的外加剂。选用外加剂应注意:在正式使用外加剂之前,应该进行相应的试验,以确定适当的掺量;使用时要准确控制掺量,并相应调整水灰比及搅拌均匀。

2. 混凝土试配强度

混凝土制备应采用符合质量要求的原材料,按规定的配合比配料,混合料应拌和均匀,以保证结构设计所规定的混凝土强度等级,满足设计提出的特殊要求(如抗冻、抗渗等)和施工和易性要求,并应符合节约水泥、减轻劳动强度等原则。

1)**强度($f_{cu,0}$)**

当混凝土的设计强度等级小于C60时,配制强度应按式(4.11)确定:

$$f_{cu,0} \geqslant f_{cu,k} + 1.645\sigma \tag{4.11}$$

式中:$f_{cu,0}$——混凝土配制强度,MPa;

$f_{cu,k}$——混凝土立方体抗压强度标准值,MPa;

σ——混凝土强度标准差,MPa。

当设计强度等级不小于C60时,配制强度应按式(4.12)确定:

$$f_{cu,0} \geqslant 1.15 f_{cu,k} \tag{4.12}$$

混凝土强度标准差宜根据同类混凝土统计资料按式(4.13)计算确定:

$$\sigma = \sqrt{\frac{\sum_{i=1}^{n} f_{cu,i}^2 - n m_{f_{cu}}^2}{n-1}} \tag{4.13}$$

式中:$f_{cu,i}$——统计周期内同一品种混凝土第i组试件的强度值,MPa;

$m_{f_{cu}}^2$——统计周期内同一品种混凝土n组试件的强度平均值,MPa;

n——统计周期内同一品种混凝土试件的总组数,$n \geqslant 30$。

对于强度等级小于等于C30的混凝土,计算得到的σ大于等于3.0 MPa时,应按计算结果取值;计算得到的σ小于3.0 MPa时,σ应取3.0 MPa。对于强度等级大于C30且小于C60的混凝土,计算得到的σ大于等于4.0 MPa时,应按计算结果取值;计算得到的σ小于4.0 MPa时,σ应取4.0 MPa。

对预拌混凝土厂和预制混凝土构件厂,其统计周期可取为一个月;对现场拌制混凝土的施工单位,其统计周期可根据实际情况确定,但不宜超过三个月。

施工单位如无近期混凝土强度统计资料时,σ可根据混凝土设计强度等级取值:当混凝土设计强度≤C20时,取4.0 MPa;当混凝土设计强度为C25~C40时,取5.0 MPa;当混凝土设计强度为C50~C55时,取6.0 MPa。

2)**混凝土施工配料**

混凝土的配合比是在实验室根据混凝土的配制强度经过试配和调整而确定的，称为实验室配合比。实验室配合比所用砂、石都是不含水分的，而施工现场砂、石都有一定的含水率，且含水率大小随气温等条件不断变化。为保证混凝土的质量，施工中应按砂、石实际含水率对原配合比进行修正。根据现场砂、石含水率调整后的配合比称为施工配合比。

设实验室配合比为：水泥∶砂∶石$=1:x:y$，水灰比W/C，现场砂、石含水率分别为W_x、W_y，则施工配合比为：水泥∶砂∶石$=1:x(1+W_x):y(1+W_y)$，水灰比W/C不变，但加水量应扣除砂、石中的含水量。施工配料是确定每拌一次需用的各种原材料量，它根据施工配合比和搅拌机的出料容量计算。

【例4-2】某工程混凝土实验室配合比为1∶2.56∶5.5，水灰比$W/C=0.64$，每立方米混凝土水泥用量为275 kg，现场砂、石含水率分别为4%、2%。试确定该混凝土的施工配合比及每立方米混凝土各组成材料的用量。若采用250 L搅拌机，求每拌一次材料用量。

解：(1)施工配合比，水泥∶砂∶石为

$1:x(1+W_x):y(1+W_y)=1:2.56\times(1+4\%):5.5\times(1+2\%)=1:2.66:5.61$

(2)每立方米混凝土组成材料用量为

水泥：275 kg

砂子：275 kg×2.66=731.5 kg

石子：275 kg×5.61=1542.75 kg

水：275 kg×0.64−275 kg×2.56×4%−275 kg×5.5×2%=117.59 kg

(3)用250 L搅拌机，每拌一次材料用量为

水泥：275 kg×0.25=68.75 kg

砂：68.75 kg×2.66=182.88 kg

石：68.75 kg×5.61=385.69 kg

水：68.75 kg×0.64−68.75 kg×2.56×4%−68.75 kg×5.5×2%=29.4 kg

4.3.2　混凝土搅拌

1. 搅拌机的选择

混凝土搅拌机按其工作原理，可分为自落式搅拌机和强制式搅拌机两大类。

自落式搅拌机如图4-27所示。其搅拌鼓筒内装有叶片，随着鼓筒的转动，叶片不断将混凝土拌合料提高，然后利用物料的重量自由下落，达到均匀拌和的目的。JZ锥形反转出料搅拌机是自落式搅拌机中较好的一种。自落式搅拌机筒体和叶片磨损较小、易于清理，但搅拌力小、动力消耗大、效率低，主要用于搅拌流动性和低流动性混凝土。

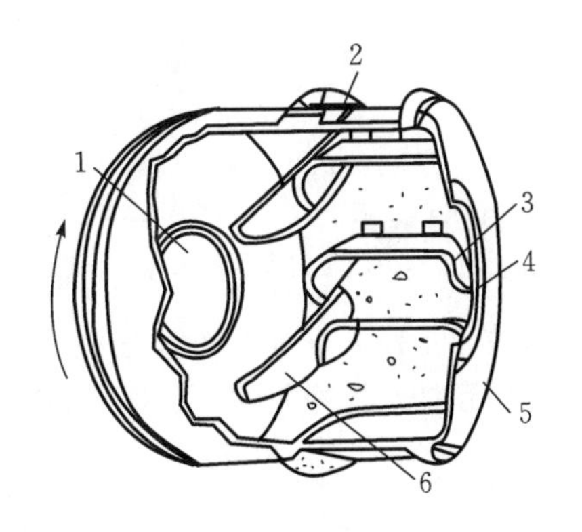

1—进料口；2—大齿轮；3—弧形叶片；4—卸料口；5—斜向叶片；6—搅拌鼓筒。

图4-27　自落式搅拌机

强制式搅拌机如图4-28所示。其搅拌筒固定不转，依靠装在筒体内部转轴上的叶片强制搅拌混凝土拌

合料，具有搅拌质量好、速度快、生产效率高、操作简便及安全等优点，但机件磨损严重。强制式搅拌机适用于搅拌干硬性或低流动性混凝土和轻骨料混凝土。

为了获得质量优良的混凝土拌合物，除正确选择搅拌机外，还必须正确确定搅拌制度，即搅拌时间、投料顺序和进料容量等。

我国规定混凝土搅拌机以其出料容量(m^3)×1000 标定规格，现行混凝土搅拌机的系列为 50、150、250、350、500、750、1000、1500 和 3000 等。选择搅拌机时，要根据工程量大小、混凝土的坍落度、骨料尺寸等而定，满足经济及技术上的要求。

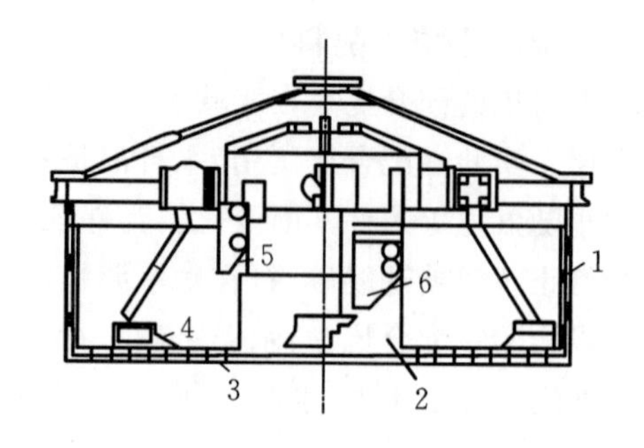

1—外衬板；2—内衬板；3—底衬板；4—拌叶；5—外刮板；6—内刮板。

图 4-28　强制式搅拌机

2. 搅拌制度的确定

1)搅拌时间

搅拌时间是影响混凝土质量及搅拌机生产率的重要因素之一，时间过短，拌和不均匀，会降低混凝土的强度及和易性；时间过长，不仅会影响搅拌机的生产率，而且会使混凝土和易性降低或产生分层离析现象。搅拌时间与搅拌机的类型、鼓筒尺寸、骨料的品种和粒径以及混凝土的坍落度等有关。混凝土搅拌的最短时间(即自全部材料装入搅拌筒中起，到开始卸料止的时间)既要满足技术上的要求，亦要考虑经济效果和节约能源，按表 4-17 采用。

表 4-17　混凝土搅拌的最短时间　　单位：s

混凝土坍落度/mm	搅拌机机型	搅拌机出料容量/L		
		<250	250～500	>500
≤40	强制式	60	90	120
>40，且<100	强制式	60	60	90
≥100	强制式	60	60	60

注：1. 当掺有外加剂与矿物掺合料时，搅拌时间应适当延长。

2. 采用自落式搅拌机时，搅拌时间宜延长 30 s。

3. 当采用其他形式的搅拌设备时，搅拌的最短时间也可按设备说明书的规定或经验确定。

2)投料顺序

投料顺序应从提高搅拌质量，减少叶片、衬板的磨损，减少拌合物与搅拌筒的黏结，减少水泥飞扬，改善工作条件等方面综合考虑确定。常用方法如下：

(1)预拌水泥净浆法。预拌水泥净浆法是指先将水泥和水充分搅拌成均匀的水泥净浆后，再加入砂和石搅拌成混凝土。

(2)预拌水泥砂浆法。预拌水泥砂浆法是指先把水泥、砂和水投入搅拌桶内进行搅拌，成为均匀的水泥砂浆后，再加入石子搅拌成均匀的混凝土。

(3)水泥裹砂法，又称 SEC 法。采用这种方法拌制的混凝土称为 SEC 混凝土，也称作造壳混凝土。其搅拌程序是先加一定量的水，将砂表面的含水量调节到某一规定的数值后，再将石子加入其中与湿砂拌匀，然后将全部水泥投入，与润湿后的砂、石拌和，使水泥在砂、石表面形成一层低水灰比的水泥浆壳(此过程称为“成壳”),最后将剩余的水和外加剂加入,搅拌成混凝土。采用SEC法制备的混凝土与一次投料法比较,强度可提高20%～30%,混凝土不易产生离析现象,泌水少,工作性能好。

使用搅拌机时,应该注意安全。在鼓筒正常转动之后,才能装料入筒。在运转时,不得将头、手或工具伸入筒内。在因故(如停电)停机时,要立即设法将筒内的混凝土取出,以免凝结。在搅拌工作结束时,也应立即清洗鼓筒内外。叶片磨损面积如超过10%左右,就应按原样修补或更换。

3. 混凝土搅拌站

混凝土拌合物在搅拌站集中拌制,可以做到自动上料、自动称量、自动出料和集中操作控制,其机械化、自动化程度大大提高,劳动强度大大降低,使混凝土质量得到改善,可以取得较好的技术经济效果。施工现场可根据工程任务的大小、现场的具体条件、机具设备的情况,因地制宜地选用,如采用移动式混凝土搅拌站等。

为了适应我国基本建设事业飞速发展的需要,一些大城市已开始建立混凝土集中搅拌站,目前的供应半径约15～20 km。搅拌站的机械化及自动化水平一般较高,用自卸汽车直接供应搅拌好的混凝土,然后直接浇筑入模。这种供应“商品混凝土”的生产方式,在改进混凝土的供应、提高混凝土的质量以及节约水泥、骨料等方面有很多优点。

4.3.3　混凝土的运输

混凝土自搅拌机中卸出后,应及时送到浇筑地点。其运输方案的选择,应根据建筑结构特点、混凝土工程量、运输距离、道路和气候条件以及现有设备进行综合考虑。

1. 运输混凝土的基本要求

对混凝土拌合物运输的要求是:运输过程中,应保持混凝土的均匀性,避免产生分层离析现象,混凝土运至浇筑地点,应符合浇筑时所规定的坍落度(见表4-18);混凝土应以最少的中转次数、最短的时间,从搅拌地点运至浇筑地点,保证混凝土从搅拌机卸出后到浇筑完毕的延续时间不超过表4-19的规定;运输工作应保证混凝土的浇筑工作连续进行;运送混凝土的容器应严密,其内壁应平整光洁,不吸水,不漏浆,黏附的混凝土残渣应经常清除。

表4-18　混凝土浇筑时的坍落度

项次	结构种类	坍落度/mm
1	基础或地面等的垫层、无配筋的厚大结构(挡土墙、基础或厚大的块体等)或配筋稀疏的结构	10～30
2	板、梁和大型及中型截面的柱子等	30～50
3	配筋密列的结构(薄壁、斗仓、筒仓、细柱等)	50～70
4	配筋特密的结构	70～90

注:1. 本表系指采用机械振捣的坍落度,采用人工捣实时可适当增大。

2. 需要配制大坍落度混凝土时,应掺用外加剂。

3. 曲面或斜面结构的混凝土,其坍落度值应根据实际需要另行选定。

4. 轻骨料混凝土的坍落度,宜比表中数值减少10～20 mm。

5. 自密实混凝土的坍落度另行规定。

表 4-19　混凝土从搅拌机中卸出后到浇筑完毕的延续时间　　单位：min

混凝土强度等级	气温不高于 25℃	气温高于 25℃
C30 及 C30 以下	120	90
C30 以上	90	60

注：1. 掺用外加剂或采用快硬水泥拌制混凝土时，应按试验确定。

2. 轻骨料混凝土的运输、浇筑延续时间应适当缩短。

运输时尽可能使运输线路短直、道路平坦、车辆行驶平稳，以减少运输时的振荡；垂直运输时自由落差不大于 2 m；溜槽运输的坡度不宜大于 30°，混凝土移动速度不宜大于 1 m/s，如果溜槽的坡度太小，混凝土移动太慢，可在溜槽底部加装小型振动器；当溜槽太斜，或用皮带运输机运输，混凝土流动太快时，应在末端设置串筒和挡板，以保证垂直下落和落差高，如图 4-29 所示。当混凝土浇筑高度超过 3 m 时，应采用成组串筒。当混凝土浇筑高度超过 8 m 时，则应采用带节管的振动串筒，如图 4-30 所示，即在串筒上每隔 2～3 根节管安置一台振动器。

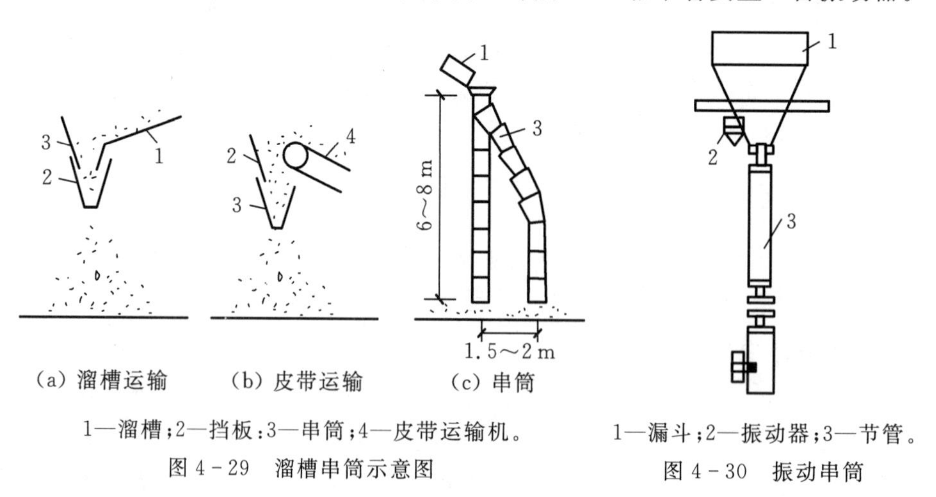

(a) 溜槽运输　(b) 皮带运输　(c) 串筒

1—溜槽；2—挡板；3—串筒；4—皮带运输机。

图 4-29　溜槽串筒示意图

1—漏斗；2—振动器；3—节管。

图 4-30　振动串筒

2. 混凝土运输机具

混凝土运输机具的种类繁多，一般分为间歇式运输机具（如手推车、自卸汽车、机动翻斗车、搅拌运输车，各类型的井架、桅杆、塔吊以及其他起重机械等）和连续式运输机具（如皮带运输机、混凝土泵等）两类，可根据施工条件进行选用。其中，混凝土搅拌运输车可长距离运送。它将搅拌筒安装在汽车底盘上，在运输途中混凝土搅拌筒始终在不停地做慢速转动，既可以运送拌和好的混凝土拌合料，也可以将混凝土干料装入筒内，在运输途中加水搅拌，以减少长途运输引起的混凝土坍落度损失。混凝土泵具有可连续浇筑、加快施工进度、缩短施工周期、保证工程质量，以及适合狭窄施工场所施工，有较高的技术经济效果（可降低施工费用 20%～30%）等优点，故在高层和超高层建筑、桥梁、水塔、烟囱、隧道和各种大型混凝土结构施工中应用较广。

混凝土运输工作分为地面运输、垂直运输和楼面运输三种情况。地面运输如运距较远时，可采用自卸汽车或混凝土搅拌运输车；工地范围内的运输多用载重 1 t 的小型机动翻斗车，近距离亦可采用双轮手推车。混凝土的垂直运输，目前多用塔式起重机、龙门架和混凝土泵。

塔式起重机运输的优点是地面运输、垂直运输和楼面运输都可以采用。混凝土在地面由水平运输工具或搅拌机直接卸入吊斗吊起运至浇筑部位进行浇筑。

混凝土泵是一种有效的混凝土运输工具,它以泵为动力,沿管道输送混凝土,可以同时完成水平和垂直运输,将混凝土直接运送至浇筑地点。我国一些大中城市及重点工程正推广使用混凝土泵并取得了较好的技术经济效果。多层和高层框架建筑、基础、水下工程和隧道等都可以采用混凝土泵输送混凝土。

混凝土泵根据驱动方式分为柱塞式混凝土泵和挤压式混凝土泵。柱塞式混凝土泵根据传动机构不同,又分为机械传动和液压传动两种,图 4-31 为液压柱塞式混凝土泵的工作原理图。它主要由料斗、液压缸和柱塞、混凝土缸、分配阀、Y 形输送管、冲洗设备、液压系统和动力系统等组成。挤压式混凝土泵(见图 4-32)的工作原理和挤牙膏的道理一样,在泵体内壁上粘贴一层橡胶垫(图中的"3"),借助两个做行星运动的滚轮(图中的"5"),挤压紧靠在橡胶衬垫上的混凝土挤压胶管(图中的"6"),将挤压胶管中混凝土挤入输送管道中。由于泵体内是密封的,内部保持真空状态,使被滚轮挤压后的挤压软管能恢复原状,随后又将混凝土从料斗中吸入压送软管中。如此反复进行,便可连续压送混凝土。挤压泵构造简单,使用寿命长,能逆运转,易于排除故障,管道内混凝土压力较小,其输送距离较柱塞泵小。

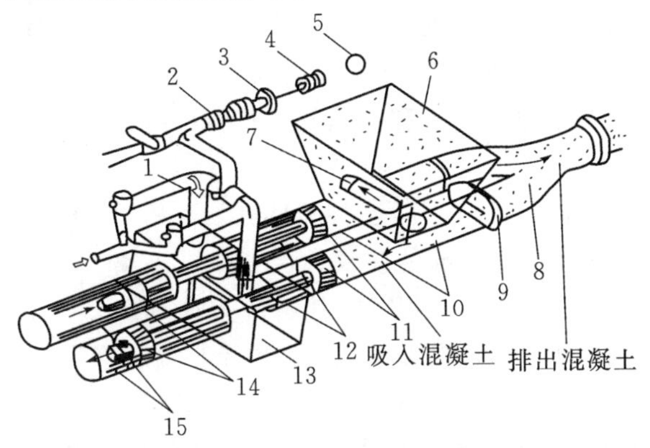

1—混凝土缸;2—混凝土活塞;3—液压缸;4—液压活塞;5—活塞杆;6—料斗;7—吸入端水平片阀;8—排出端竖直片阀;9—Y 形输送管;10—水箱;11—水洗装置换向阀;12—水洗用高压软管;13—水洗法兰;14—海绵球;15—清洗活塞。

图 4-31 液压柱塞式混凝土泵工作原理图

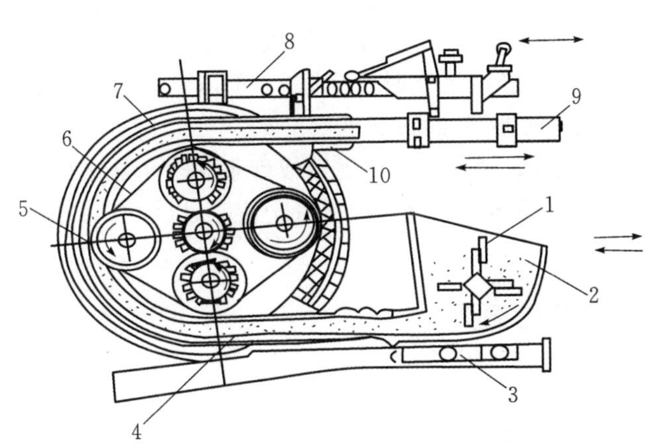

1—输送管;2—缓冲架;3—橡胶衬垫;4—链条;5—滚轮;6—挤压胶管;

7—料斗移动油缸;8—料斗;9—搅拌叶片;10—密封套。

图 4-32 转子式双滚轮型挤压泵

混凝土泵按是否移动分为固定式、牵引式和汽车式三种。牵引式混凝土泵，是将混凝土泵装在可移动的底盘上，由其他运输工具牵引到工作地点。汽车式混凝土泵简称混凝土泵车，是将混凝土泵装设在载重卡车底盘上，由于这种泵车大都装有三节折叠式臂架的液压操纵布料杆，故又称为布料杆泵车。根据施工经验，多层、高层建筑基础工程以及6～7层以下的主体结构工程，以采用汽车式混凝土泵进行混凝土浇筑为宜；在垂直输送高度超过80～100 m的情况下，可以采用两台固定式中压混凝土泵进行接力输送，在财力、设备条件允许时，也可采用一台固定式高压混凝土泵输送。

混凝土布料杆按构造可分为汽车式布料杆、移置式布料杆、固定式布料杆和起重布料两用机。汽车式布料杆机动灵活，转移工地方便，无须铺设水平和垂直输送管道，投产迅速。移置式布料杆自重轻、构造简单、造价低，可借助塔式起重机进行移位，但作业幅度小，应用受到限制。固定式布料杆又称塔式布料杆，分为附着式布料杆及内爬式布料杆两种。固定式布料杆工作幅度大，能适应不同形式的高层建筑施工。起重布料两用机也称为起重布料两用塔式起重机，多以重型塔式起重机为基础改制而成，主要用于造型复杂、混凝土浇筑量大的工程。混凝土布料杆构造形式如图4－33所示。

图4－33 混凝土布料杆示意图

泵送混凝土除应满足结构设计强度外，还要满足可泵性的要求，即混凝土在泵管内易于流动，有足够的黏聚性，不泌水、不离析，并且摩阻力小。要求泵送混凝土所采用粗骨料应为连续级配，其针片状颗粒含量不宜大于10%；粗骨料的最大粒径与输送管径之比应符合规范的规定；泵送混凝土宜采用中砂，其通过0.315 mm筛孔的颗粒含量不应少于15%，最好能达到20%。泵送混凝土应选用硅酸盐水泥、普通硅酸盐水泥、矿渣硅酸盐水泥和粉煤灰硅酸盐水泥，不宜采用火山灰质硅酸盐水泥。为改善混凝土工作性能，延缓凝结时间，增大坍落度和节约水泥，泵送混凝土应掺用泵送剂或减水剂；泵送混凝土宜掺用粉煤灰或其他活性矿物掺合料。掺磨细粉煤灰，可提高混凝土的稳定性、抗渗性、和易性和可泵性，既节约水泥，又使混凝土在泵管中增加润滑能力，提高泵和泵管的使用寿命。混凝土的坍落度宜为80～180 mm，泵送混凝土的用水量与水泥和矿物掺合料的总量之比不宜大于0.60。泵送混凝土的水泥和矿物掺合料的总量不宜小于300 kg/m^3。为防止泵送混凝土经过泵管时产生阻塞，要求泵送混凝土比普通混凝土的砂率要高，其砂率宜为35%～45%。此外，砂的粒度也很重要。

混凝土泵在输送混凝土前，管道应先用水泥浆或砂浆润滑。泵送时要连续工作，如中断时间过长，混凝土将出现分层离析现象，应将管道内混凝土清除，以免堵塞，泵送完毕要立即将管道冲洗干净。

4.3.4 混凝土的浇筑与振捣

1. 混凝土的浇筑

1）混凝土浇筑前的准备工作

（1）混凝土浇筑前，应对模板、钢筋、支架和预埋件进行检查。

（2）检查模板的位置、标高、尺寸、强度和刚度是否符合要求，接缝是否严密，预埋件位置和数量是否符合图纸要求。

(3)检查钢筋的规格、数量、位置、接头和保护层厚度是否正确。

(4)清理模板上的垃圾和钢筋上的油污,浇水湿润木模板。

(5)填写隐蔽工程记录。

2)混凝土浇筑的要求

(1)防止离析。浇筑混凝土时,混凝土拌合物由料斗、漏斗、混凝土输送管、运输车内卸出时,如自由倾落高度过大,由于粗骨料在重力作用下,克服黏着力后的下落动能大,下落速度较砂浆快,因而可能形成混凝土离析。柱、墙模板内混凝土浇筑不得发生离析,倾落高度符合如下规定:当粗骨料粒径大于25 mm时,浇筑倾落高度不超过3 m;当粗骨料粒径小于等于25 mm时,浇筑倾落高度不超过6 m。否则应沿串筒、斜槽、溜管等下料。

(2)正确留置施工缝。混凝土结构大多要求整体浇筑,如因技术或组织上的原因不能连续浇筑时,且停顿时间有可能超过混凝土的初凝时间,则应事先确定在适当位置留置施工缝。由于混凝土的抗拉强度约为其抗压强度的1/10,因而施工缝是结构中的薄弱环节,宜留在结构剪力较小的部位,同时要方便施工。柱子宜留在基础顶面、梁或吊车梁牛腿的下面、吊车梁的上面、无梁楼盖柱帽的下面(见图4-34)。和板连成整体的大截面梁应留在板底面以下20～30 mm处,当板下有梁托时,留置在梁托下部。单向板应留在平行于板短边的任何位置。有主次梁的楼盖宜顺着次梁方向浇筑,施工缝应留在次梁跨度中间的1/3范围内(见图4-35)。墙的施工缝可留在门洞口过梁跨中1/3范围内,也可留在纵横墙的交接处。双向受力的楼板、大体积混凝土结构、拱、薄壳、多层框架等及其他复杂的结构,应按设计要求留置施工缝。

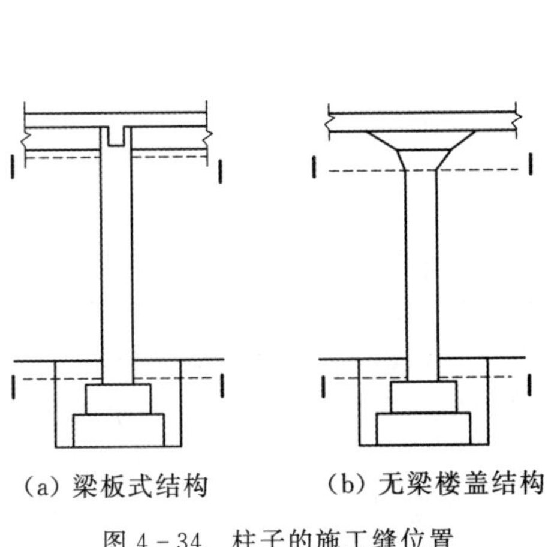

(a)梁板式结构　　(b)无梁楼盖结构

图4-34　柱子的施工缝位置

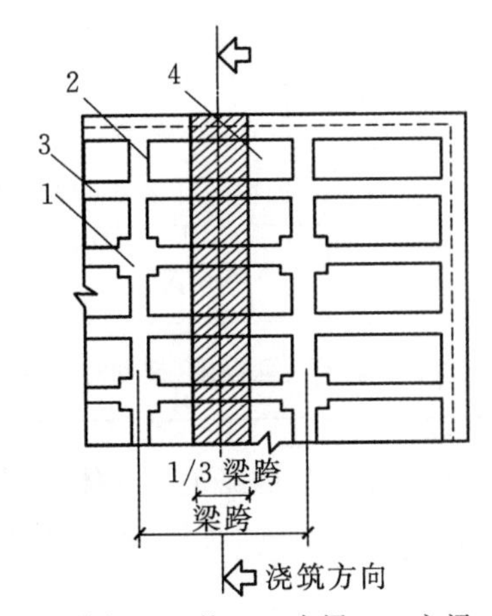

1—楼板;2—柱;3—次梁;4—主梁。

图4-35　有主次梁楼盖的施工缝位置

在施工缝处继续浇筑混凝土时,应除掉水泥浮浆和松动石子,并用水冲洗干净,待已浇筑的混凝土的强度不低于1.2 MPa时才允许继续浇筑,在结合面应先铺抹一层水泥浆或与混凝土砂浆成分相同的砂浆。

3)浇筑方法

(1)现浇多层钢筋混凝土框架结构的浇筑。浇筑这种结构首先要划分施工层和施工段,施工层一般按结构层划分,而每一施工层划分施工段,则要考虑工序数量、技术要求、结构特点等。要做到木工在第一施工层安装完模板,准备转移到第二施工层的第一施工段上时,该施工段所浇筑的混凝土强度应达到允许工人在上面操作的强度(1.2 MPa)。施工层与施工段确定后，就可求出每班(每小时)应完成的工程量，据此选择施工机具和设备并计算其数量。浇筑柱子时，施工段内的每排柱子应由外向内对称地顺序浇筑，不要由一端向另一端推进，预防柱子模板因湿胀造成倾斜而误差积累难以纠正。截面在 400 mm×400 mm 以内或有交叉箍筋的柱子，应在柱子模板侧面开孔用斜溜槽分段浇筑，每段高度不超过 2 m。截面在 400 mm×400 mm 以上、无交叉箍筋的柱子，如柱高不超过 4.0 m，可从柱顶浇筑；如用轻骨料混凝土从柱顶浇筑，则柱高不得超过 3.5 m。柱子开始浇筑时，底部应先浇筑一层厚 50～100 mm 与所浇筑混凝土成分相同的水泥砂浆。浇筑完毕后，如柱顶处有较大厚度的砂浆层，则应加以处理。柱子浇筑后，应间隔 1～1.5 h，待所浇混凝土拌合物初步沉实，再筑浇上面的梁板结构。梁板应同时浇筑，从一端向前推进。只有当梁高大于 1 m 时才允许将梁单独浇筑，此时的施工缝留在楼板板面下 20～30 mm 处。梁底与梁侧面注意振实，振动器不要直接触及钢筋和预埋件。楼板混凝土的虚铺厚度应略大于板厚，用表面振动器或内部振动器振实，用铁插尺检查混凝土厚度，振捣完后用长的木抹子抹平。为保证捣实质量，混凝土应分层浇筑，每层厚度见表 4-20。浇筑叠合式受弯构件时，应按设计要求确定是否设置支撑，且叠合面应根据设计要求预留凸凹槎(当无要求时，凸凹为 6 mm)，形成自然粗糙面。

表 4-20 混凝土浇筑层的厚度

<table>
<tr><th>项次</th><th colspan="2">捣实混凝土的方法</th><th>浇筑层厚度/mm</th></tr>
<tr><td>1</td><td colspan="2">插入式振动</td><td>振动器作用部分长度的 1.25 倍</td></tr>
<tr><td>2</td><td colspan="2">表面振动</td><td>200</td></tr>
<tr><td rowspan="3">3</td><td rowspan="3">人工捣固</td><td>(1)在基础或无筋混凝土和配筋稀疏的结构中</td><td>250</td></tr>
<tr><td>(2)在梁、墙、板、柱结构中</td><td>200</td></tr>
<tr><td>(3)在配筋密集的结构中</td><td>150</td></tr>
<tr><td rowspan="2">4</td><td rowspan="2">轻骨料混凝土</td><td>插入式振动</td><td>300</td></tr>
<tr><td>表面振动(振动时需加荷)</td><td>200</td></tr>
</table>

(2)大体积混凝土结构浇筑。大体积混凝土结构在工业建筑中多为设备基础，在高层建筑中多为厚大的桩基承台或基础底板等，整体性要求较高，往往不允许留施工缝，要求一次连续浇筑完毕。

①浇筑方案。为保证结构的整体性，混凝土应连续浇筑，要求每一处的混凝土在初凝前就被后部分混凝土覆盖并捣实成整体，根据结构特点不同，可分为全面分层、分段分层、斜面分层等浇筑方案(见图 4-36)。

A. 全面分层。当结构平面面积不大时，可将整个结构分为若干层进行浇筑，即第一层全部浇筑完毕后，再浇第二层，如此逐层连续浇筑，直到结束。为保证结构的整体性，次层混凝土在前层混凝土初凝前要浇筑完毕。若结构平面面积为 $A(\mathrm{m^2})$，浇筑分层厚为 $h(\mathrm{m})$，每小时浇筑量为 $Q(\mathrm{m^3/h})$，混凝土从开始浇筑至初凝的延续时间为 T(一般等于混凝土初凝时间减去混凝土运输时间，h)，为保证结构的整体性，则应满足

$$A \cdot h \leqslant Q \cdot T$$

即

$$A \leqslant Q \cdot T / h \tag{4.14}$$

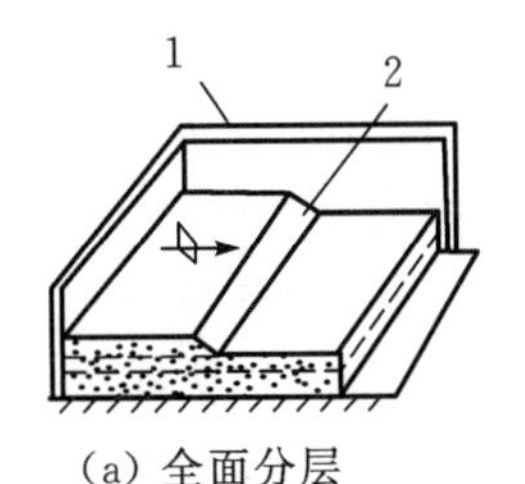

(a) 全面分层

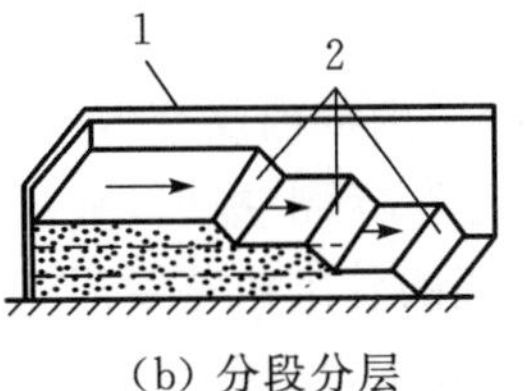

(b) 分段分层

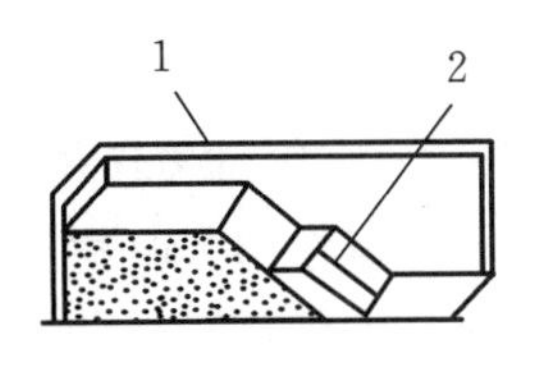

(c) 斜面分层

1—模板;2—新浇筑的混凝土。

图 4-36　大体积混凝土浇筑方案图

采用全面分层时,结构平面面积应满足式(4.14)的条件。

B. 分段分层。当结构平面面积较大时,全面分层已不适应,这时可采用分段分层浇筑方案。即将结构分为若干段,每段又分为若干层,先浇筑第一段各层,然后浇筑第二段各层,如此逐段逐层连续浇筑,直至结束。为保证结构的整体性,次段混凝土应在前段混凝土初凝前浇筑并与之捣实成整体。若结构的厚度为 H(m),宽度为 b(m),分段长度为 L(m),为保证结构的整体性,则应满足式(4.15)的条件:

$$L \leqslant Q \cdot T/b(H-h) \tag{4.15}$$

C. 斜面分层。当结构的长度超过厚度的 3 倍时,可采用斜面分层的浇筑方案。这时,振捣工作应从浇筑层斜面下端开始,逐渐上移,且振动器应与斜面垂直。

②早期温度裂缝预防。厚大钢筋混凝土结构由于体积大,水泥水化热聚积在内部不易散发,内部温度显著升高,外表散热快,形成较大内外温差,内部产生压应力,外表产生拉应力。如内外温差过大(25 ℃以上),则混凝土表面将产生裂缝。当混凝土内部逐渐散热冷却,产生收缩,由于受到基底或已硬化混凝土的约束,不能自由收缩,而产生拉应力。温差越大,约束程度越高,结构长度越大,则拉应力越大。控制混凝土的内外温差,使之不超过 25 ℃,以防止表面开裂;控制混凝土冷却过程中的总温差和降温速度,以防止基底开裂。

早期温度裂缝的预防方法主要有:优先采用水化热低的水泥(如矿渣硅酸盐水泥);减少水泥用量;掺入适量的粉煤灰或在浇筑时投入适量的毛石;放慢浇筑速度和减少浇筑厚度,采用人工降温措施(拌制时,用低温水,养护时用循环水冷却);浇筑后应及时覆盖,以控制内外温差,减缓降温速度,还应注意寒潮的不利影响;必要时,取得设计单位同意后,可分块浇筑,块和块间留 1 m 宽后浇带,待各分块混凝土干缩后,再浇筑后浇带。分块长度可根据有关手册计算,当结构厚度在 1 m 以内时,分块长度一般为 20～30 m。

③泌水处理。大体积混凝土的另一特点是上、下浇筑层施工间隔时间较长,各分层之间易产生泌水层,将使混凝土强度降低,产生酥软、脱皮起砂等不良后果。采用自流方式和抽吸方法排除泌水,会带走一部分水泥浆,影响混凝土的质量。泌水处理措施主要有:同一结构中使用两种不同坍落度的混凝土,或在混凝土拌合物中掺减水剂,都可减少泌水现象。

2. 混凝土振捣成型

混凝土浇入模板以后是较疏松的,里面含有气泡。而混凝土的强度、抗冻性、抗渗性以及耐久性等,都与混凝土的密实程度有关。目前主要用人工或机械捣实混凝土使混凝土密实。人工捣实是用人力的冲击来使混凝土密实成型,只有在缺乏机械、工程量不大或机械不便工作的部位采用。机械捣实的方法有多种,下面主要介绍振动捣实。

(1)混凝土振动密实原理。振动机械的振动一般是由电动机、内燃机或压缩空气马达带动偏心块转动而产生的简谐振动。产生振动的机械将振动能量通过某种方式传递给混凝土拌合物使其受到强迫振动。在振动力作用下,混凝土内部的黏着力和内摩擦力显著减少,使骨料犹如悬浮在液体中,在其自重作用下向新的位置沉落,紧密排列,水泥砂浆均匀分布填充空隙,气泡被排出,游离水被挤压上升,混凝土填满了模板的各个角落并形成密实体积。机械振实混凝土可以大大减轻工人的劳动强度,减少蜂窝麻面的发生,提高混凝土的强度和密实性,加快模板周转,节约水泥10%～15%。影响振动器的振动质量和生产率的因素是复杂的。当混凝土的配合比、骨料的粒径、水泥的稠度以及钢筋的疏密程度等因素确定之后,振动质量和生产率取决于振动的频率、振幅和振动时间等。

(2)振动机械的选择。振动机械可分为内部振动器、表面振动器、外部振动器和振动台(见图4-37)。内部振动器又称插入式振动器,是建筑工地应用最多的一种振动器,多用于捣实梁、柱、墙、厚板和基础等。其工作部分是一棒状空心圆柱体,内部装有偏心振子,在电动机带动下高速转动而产生高频微幅的振动。使用插入式振动器垂直振捣的操作要点是:直上直下,快插慢拔;插点匀布,切勿漏点插;上下振动,层层扣搭;时间掌握好,密实质量佳。

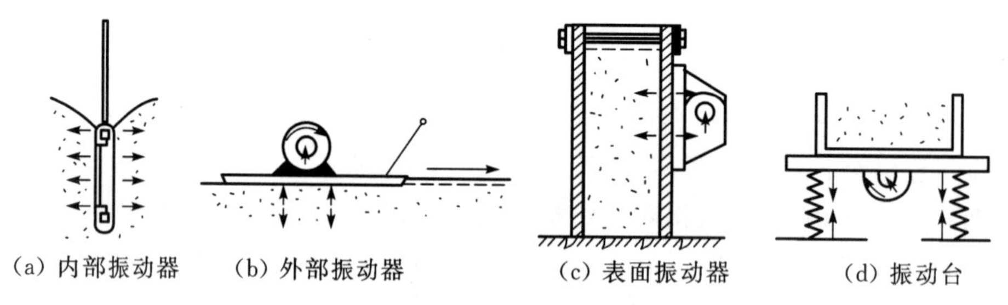
(a) 内部振动器　(b) 外部振动器　(c) 表面振动器　(d) 振动台

图4-37　振动机械示意图

用插入式振动器振动混凝土时,应垂直插入,并插入下层混凝土50 mm,以促使上下层混凝土结合成整体。每一振点的振捣延续时间,应使混凝土捣实(即表面呈现浮浆和不再沉落为限)。采用插入式振动器捣实普通混凝土的移动间距,不宜大于作用半径的1.5倍;捣实轻骨料混凝土的间距,不宜大于作用半径的1倍;振动器与模板的距离不应大于振动器作用半径的1/2,并应尽量避免碰撞钢筋、模板、预埋件等。插点的分布有行列式和交错式两种。

表面振动器又称平板振动器,它是将电动机轴上装有左右两个偏心块的振动器固定在一块平板上而成,其振动作用可直接传递到混凝土面层上。这种振动器适用于捣实楼板、地面、板形构件和薄壳等薄壁结构。在无筋或单层钢筋结构中,每次捣实的厚度不大于250 mm;在双层钢筋的结构中,每次捣实厚度不大于120 mm。表面振动器的移动间距,应保证振动器的平板覆盖已捣实部分的边缘,以使该处的混凝土捣实出浆为准。也可进行两遍捣实,第一遍和第二遍的方向要互相垂直,第一遍主要使混凝土密实,第二遍则使表面平整。

附着式振动器又称外部振动器,它通过螺栓或夹钳等固定在模板外侧的横档或竖档上,偏心块旋转所产生的振动力通过模板传给混凝土,使之捣实。模板应有足够的刚度。对于小截面直立构件,插入式振动器的振动棒很难插入,可使用附着式振动器。附着式振动器的设置间距,应通过试验确定,在一般情况下,可每隔1～1.5 m设置一个。

振动台是一个支撑在弹性支座上的工作平台。在平台下面装有振动机构,当振动机构运转时,即带动工作台做强迫振动,从而使在工作台上制作构件的混凝土得到捣实。振动台是混凝土制品厂中的固定生产设备,用于捣实预制构件。

4.3.5　混凝土的养护与拆模

1. 混凝土的养护

混凝土浇筑捣实后，逐渐凝固硬化，这个过程主要由水泥的水化作用来实现，而水化作用必须在适当的温度和湿度条件下才能完成。因此，为了保证混凝土有适宜的硬化条件使其强度不断增长，必须对混凝土进行养护。

混凝土养护方法分自然养护和人工养护。

自然养护是指利用平均气温高于 5 ℃的自然条件，用保水材料或草帘等对混凝土加以覆盖后适当浇水，使混凝土在一定的时间内在湿润状态下硬化。当最高气温低于 25 ℃时，混凝土浇筑完后应在 12 h 内加以覆盖和浇水；最高气温高于 25 ℃时，应在 6 h 内开始养护。浇水养护时间的长短视水泥品种而定。硅酸盐水泥、普通硅酸盐水泥和矿渣硅酸盐水泥拌制的混凝土，不得少于 7 d；火山灰质硅酸盐水泥和粉煤灰硅酸盐水泥拌制的混凝土或有抗渗性要求的混凝土，不得少于 14 d。浇水次数应使混凝土保持具有足够的湿润状态。养护初期，水泥的水化反应较快，需水也较多，所以要特别注意在浇筑以后头几天的养护工作，此外，在气温高湿度低时，也应增加洒水的次数。混凝土必须养护至其强度达 1.2 MPa 以后，方可在其上踩踏和安装模板及支架。也可在构件表面喷洒塑料薄膜，来养护混凝土，这种方法适用于在不易洒水养护的高耸构筑物和大面积混凝土结构。

人工养护就是用人工来控制混凝土的养护温度和湿度，使混凝土强度增长，如蒸汽养护、热水养护、太阳能养护等。人工养护主要用来养护预制构件，现浇构件大多采用自然养护。

2. 混凝土的拆模

模板拆除日期取决于混凝土的强度、模板的用途、结构的性质及混凝土硬化时的气温。

不承重的侧模，在混凝土强度能保证其表面棱角不因拆除模板而受损坏时，即可拆除。承重模板，如梁、板等底模，应待混凝土达到规定强度后，方可拆除。结构的类型跨度不同，其拆模强度不同。

已拆除承重模板的结构，应在混凝土达到规定的强度等级后，才允许承受全部设计荷载。拆模后应由监理（建设）单位、施工单位对混凝土的外观质量和尺寸偏差进行检查，并做好记录，如发现缺陷，应进行修补。对面积小、数量不多的蜂窝或露石的混凝土，先用钢丝刷或压力水洗刷基层，然后用 1∶2～1∶2.5 的水泥砂浆抹平；对较大面积的蜂窝、露石、露筋应按其全部深度凿去薄弱的混凝土层，然后用钢丝刷或压力水冲刷，再用比原混凝土强度等级高一个级别的细骨料混凝土填塞，并仔细捣实。对影响结构性能的缺陷，应与设计单位研究处理。

4.3.6　混凝土工程施工质量验收与评定方法

混凝土工程的施工质量检验应按主控项目、一般项目根据规定的检验方法进行检验。检验批合格质量应符合下列规定：主控项目的质量经抽样检验合格；一般项目的质量经抽样检验合格；当采用计数检验时，除有专门要求外，一般项目的合格点率应达到 80%及以上，且不得有严重缺陷；具有完整的施工操作依据和质量验收记录。

1. 主控项目

（1）水泥进场时，应对其品种、代号、强度等级、包装或散装编号、出厂日期等进行检查，并应对水泥的强度、安定性和凝结时间进行检验，检验结果应符合现行国家标准的规定。

检查数量:按同一厂家、同一品种、同一代号、同一强度等级、同一批号且连续进场的水泥,袋装不超过 200 t 为一批,散装不超过 500 t 为一批,每批抽样数量不少于一次。

检验方法:检查质量证明文件和抽样检验报告。

(2)混凝土外加剂进场时,应对其品种、性能、出厂日期等进行检查,并应对外加剂的相关性能指标进行检验,检验结果应符合现行国家标准的相关规定。

检查数量:按同一厂家、同一品种、同一性能、同一批号且连续进场的混凝土外加剂,不超过 50 t 为一批,每批抽样数量不应少于一次。

检验方法:检查质量证明文件和抽样检验报告。

(3)预制混凝土进场时,其质量应符合现行国家标准《预拌混凝土》(GBT 14902—2012)的规定。

检查数量:全数检查。

检验方法:检查质量证明文件。

(4)混凝土拌合物不应离析。

检查数量:全数检查。

检验方法:观察。

(5)混凝土中氯离子含量和碱总含量应符合现行国家标准的规定和设计要求。

检查数量:同一配合比的混凝土检查不应少于一次。

检验方法:检查原材料试验报告和氯离子、碱的总含量计算书。

(6)首次使用的混凝土配合比应进行开盘鉴定,其原材料、强度、凝结时间、稠度等应满足设计配合比的要求。

检查数量:同一配合比的混凝土检查不应少于一次。

检验方法:检查开盘鉴定资料和试件强度试验报告。

(7)混凝土的强度等级必须符合设计要求。用于检验混凝土强度的试件应在浇筑地点随机抽取。

检查数量:对同一配合比混凝土,取样与试件留置应符合下列规定,每拌制 100 盘且不超过 100 m^3,取样不得少于一次;每工作班拌制不足 100 盘时,取样不得少于一次;连续浇筑超过 1000 m^3 时,每 200 m^3 取样不得少于一次;每一楼层取样不得少于一次;每次取样应至少留置一组试件。

检验方法:检查施工记录及混凝土强度试验报告。

(8)现浇结构的外观质量不应有严重缺陷。对已经出现的严重缺陷,应由施工单位提出技术处理方案,并经监理单位认可后进行处理;对裂缝或连接部位的严重缺陷及其他影响结构安全的严重缺陷,技术处理方案应经设计单位认可。对经处理的部位应重新验收。

检查数量:全数检查。

检查方法:观察,检查处理记录。

(9)现浇结构不应有影响结构性能和使用功能的尺寸偏差;混凝土设备基础不应有影响结构性能或设备安装的尺寸偏差。对超过尺寸允许偏差且影响结构性能或安装、使用功能的部位,应由施工单位提出技术处理方案,并经监理、设计单位认可后进行处理。对经处理的部位应重新验收。

检查数量:全数检查。

检验方法:量测,检查处理记录。

2. 一般项目

(1)混凝土用矿物掺合料进场时，应对其品种、技术指标、出厂日期等进行检查，并应对矿物掺合料的相关技术指标进行检验，检验结果应符合国家现行有关标准的规定。

检查数量：按同一厂家、同一品种、同一技术指标、同一批号且连续进场的矿物掺合料，粉煤灰、石灰石粉、磷渣粉和钢铁渣粉不超过 200 t 为一批，粉化高炉矿渣粉和复合矿物掺合料不超过 500 t 为一批，沸石粉不超过 120 t 为一批，硅灰不超过 30 t 为一批，每批抽样数量不应少于一次。

检验方法：检查质量证明文件和抽样检验报告。

(2)混凝土原材料中的粗骨料、细骨料质量应符合现行行业标准《普通混凝土用砂、石质量及检验方法标准》(JGJ 52—2006)的规定，使用经过净化处理的海砂应符合现行行业标准《海砂混凝土应用技术规范》(JGJ 206—2010)的规定，再生混凝土骨料应符合现行国家标准《混凝土用再生粗骨料》(GB/T 25177—2010)和《混凝土和砂浆用再生细骨料》(GB/T 25176－2010)的规定。

检查数量：按现行行业标准《普通混凝土用砂、石质量及检验方法标准》(JGJ 52—2006)的规定确定。

检验方法：检查抽样检验报告。

(3)混凝土拌制及养护用水应符合现行行业标准《混凝土用水标准》(JGJ 63—2006)的规定。采用饮用水时，可不检验；采用中水、搅拌站清洗水、施工现场循环水等其他水源时，应对其成分进行检验。

检查数量：同一水源检查不应少于一次。

检验方法：检查水质检验报告。

(4)混凝土拌合物稠度应满足施工方案要求。

检查数量：对同一配合比混凝土，取样应符合下列规定。①每拌制盘且不超过 100 盘且不超过 100 m^3 时，取样不得少于一次；②每工作班拌制不足 100 盘时，取样不得少于一次；③连续浇筑超过 1000 m^3 时，每 200 m^3 取样不得少于一次；④每一楼层取样不得少于一次。

检验方法：检查稠度抽样检验记录。

(5)混凝土有耐久性指标要求时，应在施工现场随机抽取试件进行耐久性检验，其检验结果应符合国家现行有关标准的规定和设计要求。

检查数量：同一配合比的混凝土，取样不应少于一次，留置试件数量应符合国家现行标准《普通混凝土长期性能和耐久性能试验方法标准》(GB/T 50082—2009)和《混凝土耐久性检验评定标准》(JGJ/T 193—2009)的规定。

检验方法：检查试件耐久性试验报告。

(6)混凝土有抗冻要求时，应在施工现场进行混凝土含气量检验，其检验结果应符合国家现行有关标准的规定和设计要求。

检查数量：同一配合比的混凝土，取样不应少于一次，取样数量应符合国家现行标准《普通混凝土拌合物性能试验方法标准》(GB/T 50080—2016)的规定。

检验方法：检查混凝土含气量试验报告。

(7)后浇带的留设位置应符合设计要求。后浇带和施工缝的留设及处理方法应符合施工方案要求。

检查数量：全数检查。

检验方法：观察。

(8)混凝土浇筑完毕后应及时进行养护,养护时间以及养护方法应符合施工要求。

检查数量:全数检查。

检验方法:观察,检查混凝土养护记录。

(9)现浇结构的外观质量不应有一般缺陷。对已经出现的一般缺陷,应由施工单位按技术处理方案进行处理。对经处理的部位应重新验收。

检查数量:全数检查。

检验方法:观察,检查处理记录。

(10)现浇结构的位置和尺寸偏差及检验方法应符合表 4-21 的规定。

表 4-21　现浇结构位置和尺寸允许偏差及检验方法

项目		允许偏差/mm	检验方法
轴线位置	基础	15	经纬仪及尺量
	独立基础	10	经纬仪及尺量
	柱、墙、梁	8	尺量
垂直度	层高 ≤6 m	10	经纬仪或吊线、尺量
	层高 >6 m	12	
	全高(*H*)≤300 m	*H*/30000+20	经纬仪、尺量
	全高(*H*)>300 m	*H*/10000 且≤80	经纬仪、尺量
标高	层高	±10	水准仪或拉线、尺量
	全高	±30	
截面尺寸	基础	+15,-10	尺量
	柱、梁、板、墙	+10,-5	
	楼梯相邻踏步高差	6	
电梯井	中心位置	10	尺量
	长、宽尺寸	+25,0	
表面平整度		8	2 m 靠尺和塞尺量测
预埋件中心位置	预埋板	10	尺量
	预埋螺栓	5	
	预埋管	5	
	其他	10	
预留洞、孔中心线位置		15	尺量

注:检查轴线、中心线位置时,沿纵、横两个方向量测,并取其中偏差的较大值。

检查数量:按楼层、结构缝或施工段划分检验批。在同一检验批内,对梁、柱和独立基础,应抽查构件数量的 10%,且不应少于 3 件;对墙和板,应按有代表性的自然间抽查 10%,且不应少于 3 间;对大空间结构,墙可按相邻轴线间高度 5 m 左右划分检查面,板可按纵、横轴线划分检查面,抽查 10%,且均不应少于 3 面;对电梯井,应全数检查。

(11)现浇设备基础的位置和尺寸应符合设计和设备安装的要求。其位置和尺寸偏差及检验方法应符合表 4-22 的规定。

检查数量：全数检查。

表 4-22　现浇设备基础位置和尺寸允许偏差及检验方法

项目		允许偏差/mm	检验方法
坐标位置		20	经纬仪及尺量
不同平面标高		0,－20	水准仪或拉线、尺量
平面外形尺寸		±20	尺量
凸台上平面外形尺寸		0,－20	
凹槽尺寸		＋20,0	
平面水平度	每米	5	水平尺、塞尺量测
	全长	10	水准仪或拉线、尺量
垂直度	每米	5	经纬仪或吊线、尺量
	全高	10	
预埋地脚螺栓	中心位置	2	尺量
	顶标高	＋20,0	水准仪或拉线、尺量
	中心距	±2	尺量
	垂直度	5	吊线、尺量
预埋地脚螺栓孔	中心线位置	10	尺量
	截面尺寸	＋20,0	尺量
	深度	＋20,0	尺量
	垂直度	h/100,且≤10	吊线、尺量
预埋活动地脚螺栓锚板	中心线位置	5	尺量
	标高	＋20,0	水准仪或拉线、尺量
	带槽锚板平整度	5	直尺、塞尺量测
	带螺纹孔锚板平整度	2	直尺、塞尺量测

注：1. 检查坐标、中心线位置时，应沿纵、横两个方向测量，并取其中偏差的较大值。

2. h 为预埋地脚螺栓孔孔深，单位为 mm。

3. 混凝土强度的评定方法

评定混凝土强度的试块，必须按《混凝土强度检验评定标准》(GB/T 50107—2010)的规定取样、制作、养护和试验，其强度必须符合下列规定：

(1)样本容量不少于 10 组时，用统计方法评定混凝土强度。其强度应同时符合式(4.16)和式(4.17)的规定：

$$m_{f_{cu}} \geqslant f_{cu,k} + \lambda_1 S_{f_{cu}} \tag{4.16}$$

$$f_{cu,min} \geqslant \lambda_2 f_{cu,k} \tag{4.17}$$

(2)当用于评定的样本容量小于 10 组时，可采用非统计方法评定混凝土强度。其强度应同时符合式(4.18)和式(4.19)的规定：

$$m_{f_{cu}} \geqslant \lambda_3 f_{cu,k} \tag{4.18}$$

$$f_{cu,min} \geqslant \lambda_4 f_{cu,k} \tag{4.19}$$

式中：$m_{f_{cu}}$——同一验收批混凝土立方体抗压强度的平均值，N/mm^2；

$S_{f_{cu}}$——同一验收批混凝土样本立方体抗压强度的标准差，N/mm^2，当 $S_{f_{cu}}$ 的计算值小于 2.5 N/mm^2 时，应取 2.5 N/mm^2；

$f_{cu,k}$——设计的混凝土立方体抗压强度标准，N/mm^2；

$f_{cu,min}$——同一验收批混凝土立方体抗压强度的最小值，N/mm^2；

$\lambda_1,\lambda_2,\lambda_3,\lambda_4$——合格评定系数，按表 4－23、表 4－24 取用。

表 4－23　混凝土强度的合格评定系数

试件组数	λ_1	λ_2
10～14	1.15	0.90
15～19	1.05	0.85
≥20	0.95	

表 4－24　混凝土强度的非统计法合格评定系数

混凝土强度等级	λ_3	λ_4
<C60	1.15	0.95
≥C60	1.10	

4.4　钢筋混凝土工程冬期与雨期施工

4.4.1　混凝土冬期施工

1. 混凝土冬期施工的指标和原理

1)早期冻害

新浇混凝土在养护初期遭受冻结，当气温恢复到正温后，即使正温养护至一定龄期也不能达到其设计强度，这就是混凝土的早期冻害。

混凝土能凝结硬化并获得强度，是水泥水化反应的结果。水和温度是水泥水化反应能够进行的必要条件。当温度降到 5 ℃时，水化反应速度缓慢，当温度降到 0 ℃时，水化反应基本停止；当温度降到－4～－2 ℃时，混凝土内部的游离水开始结冰，游离水结冰后体积增大约 9%，在混凝土内部产生冰胀应力，使强度尚低的混凝土内部产生微裂缝和孔隙，同时损害混凝土和钢筋的黏结力，导致结构强度降低。

混凝土的早期冻害是由于混凝土内部的水结冰所致。试验表明，若混凝土浇筑后立即受冻，抗压强度损失 50%，抗拉强度损失 40%。受冻前混凝土养护时间越长，所达到的强度越高，水化物生成越多，能结冰的游离水就越少，强度损失就越低。试验还表明，混凝土遭受冻结带来的危害与遭受冻结时间的早晚、水灰比、水泥强度等级、养护温度等有关。

2)受冻临界强度

混凝土允许受冻而不致使其各项性能遭到损害的最低强度称为混凝土受冻临界强度。冬期施工的混凝土,其受冻临界强度应符合下列规定:普通混凝土采用硅酸盐水泥或普通硅酸盐水泥配制时,不低于设计混凝土强度等级值的30%;采用矿渣硅酸盐水泥配制的混凝土、粉煤灰硅酸盐水泥、火山灰质硅酸盐水泥、复合硅酸盐水泥配制时,不低于设计混凝土强度等级值的40%;混凝土强度等级等于或高于C50时,不宜低于设计混凝土强度等级值的30%。掺用防冻剂的混凝土,当室外最低气温不低于−15 ℃时,不得小于4.0 MPa;当室外最低气温不低于−30 ℃时,不得小于5.0 MPa。

3)混凝土冬期施工的原理

混凝土冬期施工的原理为:通过正温浇筑、掺外加剂、正温养护等方法,提高混凝土早期强度,使其尽快达到受冻临界强度,来抵抗混凝土受冻而产生的冰胀应力;改善混凝土内部结构,增加混凝土的密实度,排除多余的游离水,减小冰胀应力;使新浇混凝土不遭受早期冻害,当气温恢复到正温后,水泥继续水化,养护至一定龄期时,使混凝土达到其设计强度。

2. 冬期施工的工艺要求

1)混凝土材料的选择及要求

配制冬期施工的混凝土,应优先选用硅酸盐水泥或普通硅酸盐水泥,水泥强度等级不应低于42.5级,最小水泥用量不宜少于300 kg/m³,水灰比不应大于0.6。使用矿渣硅酸盐水泥,宜采用蒸汽养护;使用其他品种水泥,应注意掺合料对混凝土抗冻、抗渗等性能的影响。掺用防冻剂的混凝土,严禁使用高铝水泥。冬期浇筑的混凝土,宜使用无氯盐类防冻剂。对抗冻性要求高的混凝土,宜使用引气剂或引气减水剂。掺用防冻剂、引气剂或引气减水剂的混凝土施工,应符合《混凝土外加剂应用技术规范》(GB 50119—2013)的规定。

在钢筋混凝土中掺用氯盐类防冻剂时,氯盐掺量不得大于水泥质量的1.0%,混凝土必须振捣密实,不宜采用蒸汽养护。

混凝土所用骨料必须清洁,不得含有冰、雪、冻块及其他易冻裂物质。在掺用含有钾、钠离子防冻剂的混凝土中,不得混有活性材料。

2)混凝土材料的加热

冬期拌制混凝土时应优先采用加热水的方法,当加热水仍不能满足要求时,可对骨料进行加热。水及骨料的加热温度应根据热工计算确定,但不得超过表4-25的规定。

表4-25　拌合水及骨料加热最高温度　单位:℃

水泥强度等级	拌合水	骨料
水于42.5	80	60
42.5、42.5R及以上	60	40

3)混凝土的搅拌

混凝土搅拌前应对搅拌机械进行保温或采用蒸汽进行加温,搅拌时间应比常温搅拌时间延长30～60 s。投料顺序为先投入骨料和已加热的水,然后再投入水泥。水泥不得与80 ℃以上的水直接接触,避免水泥假凝。混凝土拌合物的出机温度不宜低于10 ℃,入模温度不得低于5 ℃。对搅拌好的混凝土应常检查其温度及和易性,若有较大差异,应检查材料加热温度和骨料含水率是否有误,并及时加以调整。在运输过程中要防止混凝土热量的散失和冻结。

4)**混凝土的浇筑**

混凝土浇筑前,应清除模板和钢筋上的冰雪和污垢,并不得在强冻胀性地基上浇筑混凝土;当在弱冻胀性地基上浇筑混凝土时,基本不得遭冻;当在非冻胀性地基土上浇筑混凝土时,混凝土在受冻前,其抗压强度不得低于临界强度。

当分层浇筑大体积结构时,已浇筑层的混凝土温度,在被上一层混凝土覆盖前,不得低于按热工计算的温度,且不得低于 2 ℃。

对加热养护的现浇混凝土结构,混凝土的浇筑程序和施工缝的位置,应能防止在加热养护时产生较大的温度应力;当加热温度在 40 ℃以上时,应征得设计人员的同意。

对于装配式结构,浇筑承受内力接头的混凝土或砂浆,宜先将结合处的表面加热到正温;浇筑后的接头混凝土或砂浆在温度不超过 45 ℃的条件下,应养护至设计要求强度;当设计无专门要求时,其强度不得低于设计的混凝土强度标准值的 75%;浇筑接头的混凝土或砂浆,可掺用不致引起钢筋锈蚀的外加剂。

3. 混凝土冬期养护方法

混凝土冬期养护方法有蓄热法、蒸汽加热法、电热法、暖棚法以及掺外加剂法等。无论采用什么方法,均应保证混凝土在冻结以前至少应达到临界强度。

1)**蓄热法**

蓄热法是利用原材料预热的热量及水泥水化热,通过适当的保温,延缓混凝土的冷却,保证混凝土能在冻结前达到所要求强度的一种冬期施工方法;适用于室外最低温度不低于 −15 ℃的地面以下工程或表面系数(指结构冷却的表面积与其全部体积的比值)不大于 5 m^{-1} 的结构。

采用蓄热法时,宜用强度等级高、水化热大的硅酸盐水泥或普通硅酸盐水泥,掺用早强剂,适当提高入模温度,外部早期短时加热;同时选用传热系数较小、价廉耐用的保温材料,如草帘、草袋、锯末、谷糠及炉渣等。此外,还可采用其他有利蓄热的措施,如地下工程可用未冻结的土壤覆盖;用生石灰与湿锯末均匀拌和覆盖,利用保温材料本身发热保温;充分利用太阳的热能,白天有日照时打开保温材料,夜间再覆盖等。

2)**蒸汽加热法**

蒸汽加热养护分为湿热养护和干热养护两类。湿热养护是让蒸汽与混凝土直接接触,利用蒸汽的湿热作用来养护混凝土,常用的有棚罩法、蒸汽套法、内部通汽法以及毛管法。而干热养护则是将蒸汽作为热载体,通过某种形式的散热器,将热量传导给混凝土使其升温,热模法就属于这一类。

3)**电热法**

电热法就是将电能转换成热能来养护混凝土的一种冬期施工方法。可用电极放入混凝土内或将电热器贴于混凝土表面。电热法设备简单,施工方便,热量损失小,易于控制,对要求短时期内尽快达到设计强度的混凝土结构有特殊的工效,但耗电量大,目前多用于局部混凝土养护。电热法可分为内部加热、表面电热器加热和电磁感应加热等形式。

4)**暖棚法**

暖棚法是在所要养护的建筑结构或构件周围用保温材料搭起暖棚,棚内设置热源,以维持棚内的正温环境,使混凝土浇筑和养护如同在常温中一样的施工方法。但暖棚搭设需大量材料和人工,能耗高、费用较大,一般只用于建筑物面积不大而混凝土工程又很集中的工程。采取暖棚法养护混凝土时,棚内温度不得低于 5 ℃,并应保持混凝土表面湿润。

5)**掺外加剂法**

在冬期混凝土施工中掺入适量的外加剂,使混凝土强度迅速增长,在冻结前达到要求的临界强度;或降低水的冰点,使混凝土能在负温下凝结、硬化。这是混凝土冬期施工的有效方法,可简化施工工艺,节约能源,还可改善其性能。但掺入外加剂的混凝土应符合冬期施工工艺要求的有关规定。

选择外加剂有三点要求:第一,外加剂对钢筋无锈蚀作用;第二,外加剂对混凝土无侵蚀作用;第三,早期强度高,后期强度无损失。

混凝土冬季施工常用的外加剂如下。

(1)早强剂:能加速水泥硬化速度,提高早期强度,且对后期强度无明显影响。如氯化钙、氯化钠、硫酸钠、硫酸钾、三乙醇胺、甲醇、乙醇等。

(2)防冻剂:在一定负温条件下,能显著降低混凝土中液相的冰点,使其游离态的水不冻结,保证混凝土不遭受冻害,在一定时间内,使混凝土获得预期强度。常用效果较好的防冻剂有氯化钠、亚硝酸钠。

(3)减水剂:在不影响混凝土和易性条件下,具有减水增强特性的外加剂。它可以降低用水量,减小水灰比。常用的减水剂有木质素磺酸盐类、多环芳香族磺酸盐类。

(4)引气剂:经搅拌能引入大量分布均匀的微小气泡,改善混凝土的和易性,在混凝土硬化后,仍能保持微小气泡,改善混凝土的和易性、抗冻性和耐久性。常用的引气剂有松香树脂类。

(5)阻锈剂:可以减缓或阻止混凝土中钢筋及金属预埋件锈蚀作用的外加剂。常用的有亚硝酸钠、亚硝酸钙、铬酸钾等。亚硝酸钠与氯盐同时使用,阻锈效果最佳。

4.4.2　混凝土工程雨期施工

1. 雨期施工的要求

(1)编制施工组织计划时,要根据雨期施工的特点,将不宜在雨期施工的分项工程提前或拖后安排;对必须在雨期施工的工程制定有效的措施,进行突击施工。

(2)合理进行施工安排,做到晴天抓紧室外工作,雨天安排室内工作,尽量缩小雨天室外业时间和工作面。

(3)密切注意气象预报,做好抗台风防汛等准备工作,必要时应及时加固在建的工程。

(4)做好建筑材料防雨、防潮工作。

2. 雨期施工的注意事项

(1)雨期施工时,加强对水泥材料防雨防潮工作的检查,应加强对混凝土粗、细骨料含水量的测定,及时调整混凝土搅拌时的用水量。

(2)模板支撑下的回填土要密实,并加好垫板。模板隔离层在涂刷前要及时掌握天气情况,以防隔离层被雨水冲掉。雨后及时对模板有无松动变形及隔离剂的情况进行检查,特别是对其支撑系统的检查,如支撑下陷、松动时,应及时加固处理。

(3)重要结构和大面积的混凝土浇筑应尽量避开雨天施工。施工前,应了解 2～3 d 的天气情况。混凝土浇筑现场要预备大量防雨材料,以备浇筑时突然遇雨进行覆盖。

(4)小雨时,混凝土运输和浇筑均要采取防雨措施,随浇筑随振捣,随覆盖防水材料。遇到大雨时,应提前停止浇筑混凝土,已浇部位应加以覆盖,以防雨水的进入。现浇混凝土应根据结构情况和可能,多考虑几道施工缝的留设位置。

(5)如混凝土表面受冲刷,雨后混凝土已超过终凝时间,应按施工缝处理。对于必须保证连续施工，不允许出现施工缝的工程，应采取一定的防雨措施，从而保证施工的连续进行。

4.5 钢筋混凝土工程施工的安全技术

混凝土结构工程在建筑施工中，工程量大、工期较长，且需要的设备、工具多，施工中稍有不慎，就会造成质量安全事故。因此必须根据工程的建筑特征、场地条件、施工条件、技术要求和安全生产的需要，拟定施工安全的技术措施，预防可能发生的质量安全事故。

为了科学地评价建筑施工现场安全生产，预防生产安全事故的发生，保障施工人员的安全和健康，提高施工管理水平，实现安全检查工作的标准化，2011 年住房和城乡建设部发布了《建筑施工安全检查标准》(JGJ 59—2011)。该标准主要采用安全系统工程原理，结合建筑施工中伤亡事故规律，依据国家有关安全法规、条例、标准和规程而编制。混凝土结构工程施工安全，一般可从以下几方面考虑。

4.5.1 钢筋加工安全技术

1. 钢筋加工使用的夹具、台座、机械要求

(1)机械的安装必须坚实稳固，保持水平位置。固定式机械应有可靠的基础，移动式机械作业时应楔紧行走轮。

(2)外作业应设置机棚，机旁应有堆放原料、半成品的场地。

(3)加工较长的钢筋时，应有专人帮扶，并听从操作人员指挥，不得随意推拉。

(4)作业后，应堆放好成品，清理场地，切断电源，锁好电闸。

(5)对钢筋进行冷拉、冷拔及预应力筋加工，还应严格地遵守有关规定。

2. 焊接遵循的规定

(1)焊机必须接地，以保证操作人员安全，对于焊接导线及焊钳接导处，都应可靠地绝缘。

(2)大量焊接时，焊接变压器不得超负荷，变压器升温不得超过 60 ℃。

(3)点焊、对焊时，必须开放冷却水，焊机出水温度不得超过 40 ℃，排水量应符合要求。天冷时应放尽焊机内存水，以免冻塞。

(4)对焊机闪光区域，须设铁皮隔挡。焊接时禁止其他人员停留在闪光区范围内，以防火花烫伤。焊机工作范围内严禁堆放易燃物品，以免引起火灾。

(5)室内电弧焊时，应有排气装置。焊工操作地点相互之间应设挡板，以防弧光刺伤眼睛。

4.5.2 模板施工安全技术

(1)进入施工现场人员必须戴好安全帽，高空作业人员必须佩戴安全带，并应系牢。

(2)经医生检查认为不适宜高空作业的人员，不得进行高空作业。

(3)工作前应先检查使用的工具是否牢固，扳手等工具必须用绳链系挂在身上，以免掉落伤人。工作时要思想集中，防止钉子扎脚和空中滑落。

(4)安装与拆除 5 m 以上的模板，应搭脚手架，并设防护栏，防止上下在同一垂直面操作。

(5)高空、复杂结构模板安装与拆除，事先应有切实的安全措施。

(6)遇六级以上大风时，应暂停室外的高空作业，雪霜雨后应先清扫施工现场，略干后不滑时再进行工作。

(7)二人抬运模板时要互相配合、协同工作。传递模板、工具应用运输工具或绳子系牢后升降,不得乱扔。装拆时,上下应有人接应,钢模板及配件应随装随拆运送,严禁从高处掷下。高空拆模时,应有专人指挥,并在下面标出工作区,用绳子和红白旗加以围栏,暂停人员过往。

(8)不得在脚手架上堆放大批模板等材料。

(9)支撑、牵杠等不得搭在门框架和脚手架上。通路中间的斜撑、拉杠等应设在1.8 m高以上。

(10)支模过程中,如需中途停歇,应将支撑、搭头、柱头板等钉牢。拆模间歇应将已活动的模板、牵杠等运走或妥善堆放,防止因扶空、踏空而坠落。

(11)模板上有预留洞的,应在安装后将空洞口盖好。对于混凝土板上的预留洞,应在模板拆除后随即将洞口盖好。

(12)拆除模板一般用长撬棍。人不许站在正在拆除的模板上。在拆除楼板模板时,要注意整块模板掉下,尤其是用定型模板做平台模板时,更要注意,拆模人员要站在门窗洞口外拉支撑,防止模板突然全部掉落伤人。

(13)在组合钢模板上架设的电线和使用电动工具,应用36 V低压电源或采取其他有效措施。

4.5.3　混凝土施工安全技术

1.垂直运输设备的规定

(1)垂直运输设备,应有完善可靠的安全保护装置(如起重量及提升高度的限制,制动、防滑、信号等装置及紧急开关等)。严禁使用安全保护装置不完善的垂直运输设备。

(2)垂直运输设备安装完毕后,应按出厂说明书要求进行无负荷、静负荷、动负荷试验及安全保护装置的可靠性实验。

(3)对垂直运输设备应建立定期检修和保养责任制。

(4)操作垂直运输设备的司机,必须通过专业培训。考核合格后持证上岗,严禁无证人员操作垂直运输设备。

(5)操作垂直运输设备,在有下列情况之一时,不得操作设备:①司机与起重机之间视线不清、夜间照明不足,而又无可靠的信号和自动停车、限位等安全装置。②设备的传动机构、制动机构、安全保护装置有故障,问题不清,动作不灵。③电气设备无接地或接地不良,电气线路有漏电。④超负荷或超定员。⑤无明确统一信号和操作规程。

2.混凝土机械

1)混凝土搅拌机的安全规定

(1)进料时,严禁将头或手伸入料斗与机架之间察看或探摸进料情况,运转中不得用手或工具等物伸入搅拌筒内扒料出料。

(2)料斗升起时,严禁在其下方工作或穿行。料坑底部要设料斗枕垫,清理料坑时必须将料斗用链条扣牢。

(3)向搅拌筒内加料应在运转中进行,添加新料必须先将搅拌机内原有的混凝土全部卸出来才能进行。不得中途停机或在满载荷时启动搅拌机,反转出料者除外。

(4)作业中,如发生故障不能继续运转时,应立即切断电源,将筒内的混凝土清除干净,然后进行检修。

2)混凝土泵送设备作业的安全事项

(1)支腿应全部伸出并支固,未支固前不得启动布料杆。布料杆升离支架后方可回转。布料杆伸出时应按顺序进行。严禁用布料杆起吊或拖拉物件。

(2)当布料杆处于全伸状态时,严禁移动车身。作业中需要移动时,应将上段布料杆折叠固定,移动速度不超过10 km/h。布料杆不得使用超过规定直径的配管,装接的软管应系防脱安全绳带。

(3)应随时监视各种仪表和指示灯,发现不正常应及时调整或处理。如出现输送管道堵塞时,应进行逆向运转使混凝土返回料斗,必要时应拆管排除堵塞。

(4)泵送工作应连续作业,必须暂停时应每隔5～10 min(冬季3～5 min)泵送一次。若停止较长时间后泵送时,应逆向运转一至两个行程,然后顺向泵送。泵送时料斗内应保持一定量的混凝土,不得吸空。

(5)应保持储满清水,发现水质混浊并有较多砂粒时应及时检查处理。

(6)泵送系统受压力时,不得开启任何输送管道和液压管道。液压系统的安全阀不得任意调整,蓄能器只能充入氮气。

3)混凝土振捣器的使用规定

(1)使用前应检查各部件是否连接牢固,旋转方向是否正确。

(2)振捣器不得放在初凝的混凝土、地板、脚手架、道路和干硬的地面上进行试振。维修或作业间断时,应切断电源。

(3)插入式振捣器软轴的弯曲半径不得小于50 cm,并不多于两个弯,操作时振动棒应自然垂直地沉入混凝土,不得用力硬插、斜推或使钢筋夹住棒头,也不得全部插入混凝土中。

(4)振捣器应保持清洁,不得有混凝土黏结在电动机外壳上妨碍散热。

(5)作业转移时,电动机的导线应保持有足够的长度和松度。严禁用电源线拖拉振捣器。

(6)用绳拉平板振捣器时,绳应干燥绝缘,移动或转向时不得用脚踢电动机。

(7)振捣器与平板应保持紧固,电源线必须固定在平板上,电器开关应装在手把上。

(8)在一个构件上同时使用几台附着式振捣器工作时,所有振捣器的频率必须相同。

(9)操作人员必须穿戴绝缘手套。

(10)作业后,必须做好清洗、保养工作。振捣器要放在干燥处。

工程案例

混凝土工程施工方案

项目小结

钢筋混凝土工程是主体工程中最为重要的一个分项工程。本项目介绍了钢筋的品种与验收,钢筋的冷加工和钢筋的连接技术,重点说明了钢筋的配料、代换及加工安装的方法。对于模板工程,要掌握模板的种类、构造和安装,模板设计的基本规定及拆除的方法。掌握混凝土的各个工艺环节,包括配料、搅拌、运输和浇筑、振捣、养护和质量检查的方法和要求,了解混凝土冬、雨期施工采取的有效措施。在钢筋混凝土结构施工中,要特别注意对所使用的材料按规范进行检查验收,杜绝劣质的、不合要求的材料,其质量必须符合现行标准的规定,严防质量事故发生。

思考与练习

1. 钢筋连接方式有哪几种？钢筋机械连接有哪几种方法？

2. 试述钢筋冷拉控制方法。

3. 试述钢筋闪光对焊的常用工艺及适用范围。

4. 试述钢筋套筒挤压连接的原理和施工要点。

5. 混凝土施工配合比怎样根据实验室配合比求得？施工配料怎样计算？

6. 某工程混凝土实验室配合比为 1∶2.12∶4.35，水灰比 $W/C=0.62$，每立方米混凝土水泥用量为 300 kg，现场砂石含水率分别为 3%、1%。试确定该混凝土的施工配合比及每立方米混凝土各组成材料的用量。若采用 250 L 搅拌机，求每拌一次材料用量。

7. 如何进行钢筋代换？

8. 某 C30 梁下部设计主筋为 4 根 HRB335 级（$f_y=300\ \text{N/mm}^2$）直径 20 mm 的钢筋，环境类别为一类。今现场无该级钢筋，拟用 HRB400 级（$f_y=360\ \text{N/mm}^2$）直径 16 mm 钢筋代换，试计算需几根钢筋。当梁宽为 250 mm 时，钢筋按一排放置能否排下？

9. 钢筋隐蔽工程验收应检查哪些内容？

10. 试述模板的作用和种类。

11. 试述柱、梁、板的模板安装方法。

12. 跨度多大的梁模板需要起拱，起拱多少？

13. 定型组合钢模板由哪几部分组成？

14. 模板拆除有哪些要求？

15. 混凝土的配制强度如何确定？施工配合比如何计算？

16. 某楼层一框架梁配筋如图 4-38 所示，抗震等级四级，混凝土等级 C30，根据《混凝土结构设计规范》保护层厚度为 C=20 mm，柱的截面尺寸为 500 mm×500 mm，柱纵向受力钢筋直径为 20 mm，箍筋直径为 10 mm。试计算该框架梁钢筋的下料长度（梁长 $l=4800$ mm）。

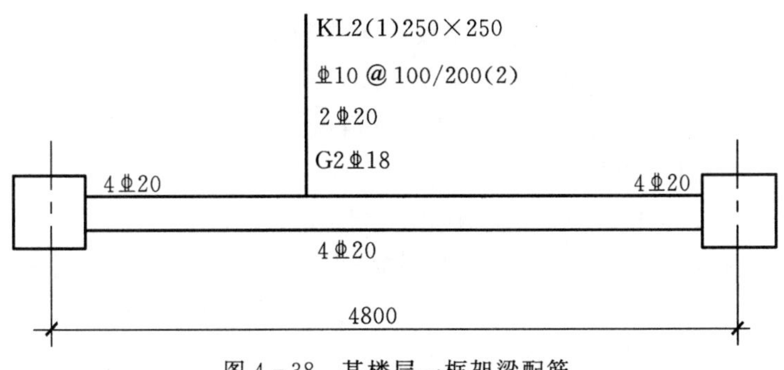

图 4-38　某楼层一框架梁配筋

17. 混凝土搅拌机械有哪几种？各有什么特点？

18. 搅拌混凝土时的投料顺序有哪几种？它们对混凝土质量有何影响？

19. 试述施工缝留设原则、留设位置和处理方法。

20. 混凝土的振动机械有哪几种？各适用于何种情况？

21. 混凝土质量检查包括哪些内容？

项目 5
预应力混凝土工程

学习目标

知识目标：了解预应力混凝土的概念、分类、应用及技术要求；了解先张法的施工设备，熟悉先张法施工工艺，掌握其技术要求及施工要点；了解后张法施工设备，熟悉后张法施工工艺，掌握后张法技术要求；了解无黏结预应力混凝土的组成、要求及制作方法。

能力目标：学会合理选择预应力混凝土结构工程中钢筋张拉施工工艺，能正确应用先张法及后张法预应力混凝土施工技术，明确应用范围，正确选择施工机械设备，能初步编写一般预应力混凝土工程施工方案。

思政目标：从木桶套箍的作用引出预应力概念，从而意识到"团结就是力量"；从预应力结构构件抗裂性能培养严把质量关的理念。

5.1　预应力混凝土工程概述

5.1.1　预应力混凝土的概念

预应力结构是在结构承受外荷载之前，预先对其在外荷载作用下的受拉区施加压应力，以改善结构使用性能的结构形式。预应力结构不仅用于混凝土工程中，而且在钢结构工程中也有应用。本项目讨论预应力混凝土结构的有关施工问题。

预应力混凝土是指通过张拉钢筋(索)，使钢筋混凝土结构在承受外荷载之前，受拉区的混凝土预先受到一定压应力的混凝土。

预应力钢筋混凝土结构构件，较普通钢筋混凝土结构改善了受拉区混凝土的受力性能，充分发挥了高强钢材的受拉性能，从而提高了钢筋混凝土结构刚度、抗裂度和耐久性，减轻了结构自重；但要增加预应力工序与增添专用设备，技术含量高，操作要求严，相应的费用高。预应力作为一种拼装手段，纵横方向张拉预应力筋，将拼装好的预制构件形成装配整体的预应力结构等。预应力混凝土在大柱网和大跨度结构中具有较大的发展前景与推广价值。

5.1.2　预应力混凝土材料

根据现行国家标准，用于预应力混凝土结构中的预应力钢筋有以下几种。

1. 热处理钢筋

热处理钢筋是由特定强度的热轧钢筋通过加热、淬火和回火等调质工艺处理的钢筋。热处理后，钢筋强度能得到较大幅度提高，而塑性降低并不多。

2. 高强度钢丝

预应力混凝土结构常用的高强钢丝按交货状态分为冷拉钢丝和消除应力钢丝，按外形分为光圆钢丝、螺旋肋钢丝和刻痕钢丝。

3. 钢绞线

预应力混凝土用钢绞线用冷拔钢丝制造而成，方法是在绞线机上以一种稍粗的直钢丝为中心，其余钢丝围绕其进行螺旋状绞合，再经低温回火处理即可（见图5-1）。钢绞线规格有2股、3股、7股、19股等，常用的是3股、7股钢绞线。

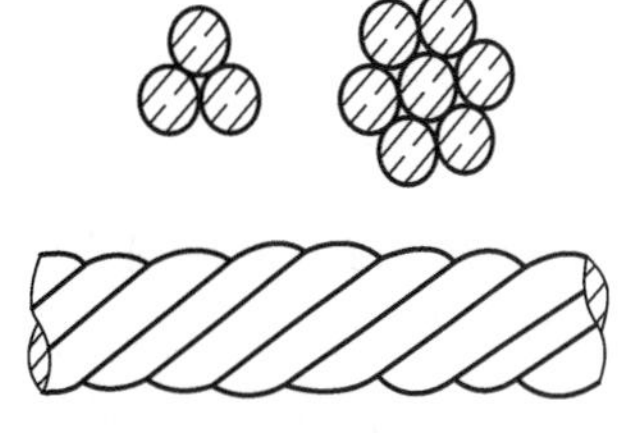

图5-1　预应力钢绞线

4. 预应力构件（结构）混凝土

在预应力混凝土结构中，一般要求混凝土的强度等级不低于C30。当采用碳素钢丝、钢绞线、Ⅴ级钢筋（热处理）作预应力钢筋时，混凝土的强度等级不低于C40。目前，在一些重要的预应力混凝土结构中，已开始采用C50～C60的高强混凝土，并逐步向更高强度等级的混凝土发展。

5.1.3　预应力混凝土的分类

1. 按预应力度大小分类

按预应力度大小分类，预应力混凝土可分为全预应力混凝土和部分预应力混凝土。

(1)全预应力混凝土。全预应力混凝土是在全部使用荷载下受拉边缘不允许出现拉应力的预应力混凝土，适用于要求混凝土不开裂的结构。

(2)部分预应力混凝土。部分预应力混凝土是在全部作用荷载下受拉边缘允许出现一定的拉应力或裂缝的混凝土。其综合性能较好，费用较低，适用面广。

2. 按预加应力方法分类

根据预应力不同，混凝土预加应力方法可分为先张法和后张法。

(1)先张法。先张法是先张拉预应力筋，后浇筑混凝土的预应力混凝土生产方法。这种方法需要专用的生产台座和夹具，以便张拉和临时锚固预应力筋，待混凝土达到设计强度后，放松预应力筋。先张法适用于预制厂生产中小型预应力混凝土构件。先张法下，预应力是通过预应力筋与混凝土间的黏结力传递给混凝土的。

(2)后张法。后张法是先浇筑混凝土，后张拉预应力筋的预应力混凝土生产方法。这种方法需要预留孔道和专用的锚具，张拉锚固的预应力筋要求进行孔道灌浆。后张法适用于在施工现场生产大型预应力混凝土构件与结构。后张法下，预应力是通过锚具传递给混凝土的。

3. 按钢筋与混凝土间黏结力分类

按钢筋与混凝土间黏结力不同，预应力混凝土分为无黏结预应力混凝土和有黏结预应力混凝土。

(1)有黏结预应力混凝土。有黏结预应力混凝土是指预应力筋沿全长均与周围混凝土相黏结。先张法的预应力筋直接浇筑在混凝土内，预应力筋和混凝土是有黏结的；后张法的预应力筋通过孔道灌浆与混凝土形成黏结力，通过这种方法生产的预应力混凝土也是有黏结的。

(2)无黏结预应力混凝土。无黏结预应力混凝土的预应力筋沿全长与周围混凝土能发生相对滑动。为防止预应力筋腐蚀和与周围混凝土黏结，采用涂油脂和缠绕塑料薄膜等措施。

4. 按施工方式分类

按施工方式不同，预应力混凝土可分为预制预应力混凝土、现浇预应力混凝土和叠合预应力混凝土等。

5.2 先张法施工

先张法施工是浇筑混凝土前在台座上或钢模上张拉预应力筋，并用夹具将张拉完毕的预应力筋临时固定在台座的横梁上或钢模上，然后进行非预应力钢筋的绑扎，支设模板，浇筑混凝土，养护混凝土至规定值(一般不低于混凝土设计强度等级的 75%)，放松预应力筋，使混凝土在预应力筋的反弹力作用下，通过混凝土与预应力筋之间的黏结力传递预应力，使得钢筋混凝土构件受拉区的混凝土承受预压应力。图 5-2 为预应力混凝土构件先张法施工示意图。

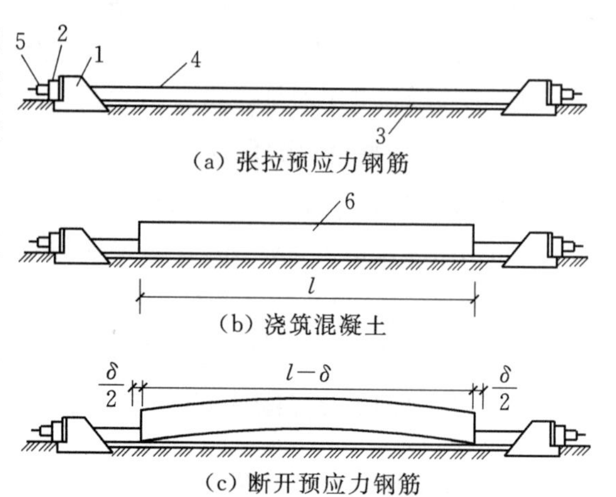

1—台座；2—横梁；3—台面；4—预应力钢筋；5—夹具；6—混凝土构件。

图 5-2 先张法施工示意图

先张法施工中预应力筋在台座上或钢模上张拉，由于台座或钢模承载力有限，先张法一般只能用于生产中小型构件，而且制造台座或钢模的一次性投资大，因此，先张法多用于预制厂生产，可多次反复利用台座或钢模。预应力筋用夹具固定在台座上，放松后夹具不起作用的工具锚，可回收使用。预应力的传递依靠黏结力，为此对混凝土握裹力有严格要求，在混凝土构件制作、养护时要保证混凝土质量。

5.2.1 先张法施工设备

1. 台座

台座是先张法施工张拉和临时固定预应力筋的支撑结构。它承受预应力筋的全部张拉力，因而必须具有足够的强度、刚度和稳定性，同时要满足生产工艺要求。台座按构造形式分为墩式台座和槽式台座。

1)墩式台座

墩式台座由传力墩、台面和横梁组成(见图 5-3)。传力墩是墩式台座的主要受力结构，传力墩依靠其自重和土压力平衡张拉力产生的倾覆力矩；依靠土的反力和摩阻力平衡张力产生的水平位移。因此，传力墩结构造型大，埋设深度深，投资较大。为了改善传力墩的受力状况，提高台座承受张拉力的能力，可采用与台面共同工作的传力墩，从而减小台墩自重和埋深。

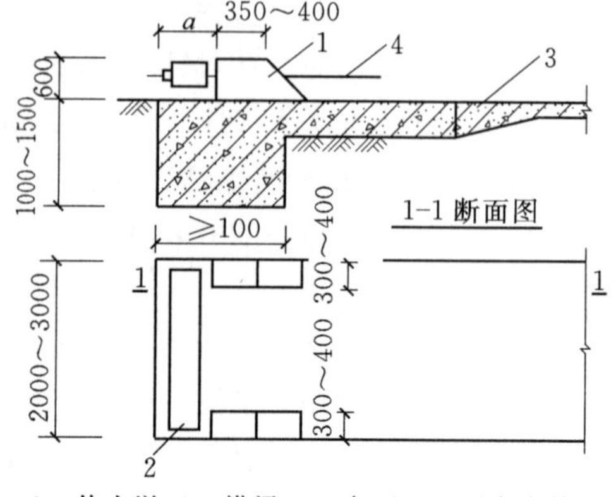

1—传力墩；2—横梁；3—台面；4—预应力筋。

图 5-3 墩式台座

台面是预应力混凝土构件成型的胎模。它是

由素土夯实后铺碎砖垫层，再浇筑 50～80 mm 厚的 C15～C20 混凝土面层组成的。台面要求平整、光滑，沿其纵向留设 0.3%的排水坡度，每隔 10～20 m 设置宽 30～50 mm 的温度缝。

横梁是锚固夹具临时固定预应力筋的支点，也是张拉机械张抗预应力筋的支座，常采用型钢或由钢筋混凝土制作而成。横梁挠度要求小于 2 mm，并不得产生翘曲。

墩式台座长度为 100～150 m，又称长线台座。墩式台座张拉一次可生产多根预应力混凝土构件，减少了张拉和临时固定的工作，同时也减少了由于预应力筋滑移和横梁变形引起的预应力损失值。

2)槽式台座

槽式台座由钢筋混凝土传力柱、上下横梁、台面和砖墙组成(见图 5-4)。传力柱是台座的主要承力结构，抵抗张拉和倾覆力矩能力大。砖墙起挡土作用，并作为蒸汽养护时的侧壁，与传力柱、台面共同组成养护坑槽。

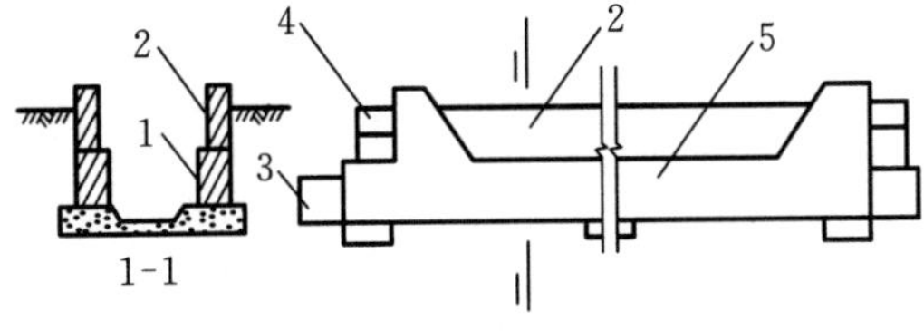

1—钢筋混凝土压杆；2—砖墙；
3—下横梁；4—上横梁；5—传力柱。

图 5-4　槽式台座

槽式台座长度为 45～76 m(45 m 长槽式台座一次可生产 6 根 6 m 长吊车梁，76 m 长槽式台座一次可生产 10 根 6 m 长吊车梁或 3 榀 24 m 长屋架)。槽式台座能够承受较为强大的张拉力，适于双向预应力混凝土构件的张拉，同时也易于进行蒸汽养护。

2. 夹具

夹具是预应力筋进行张拉和临时固定的工具。夹具要工作可靠，构造简单，施工方便，成本低。夹具根据工作特点分为张拉夹具和锚固夹具。

1)张拉夹具

张拉夹具是将预应力筋与张拉机械连接起来，进行预应力张拉的工具。常用的张拉夹具(见图 5-5)有以下几种。

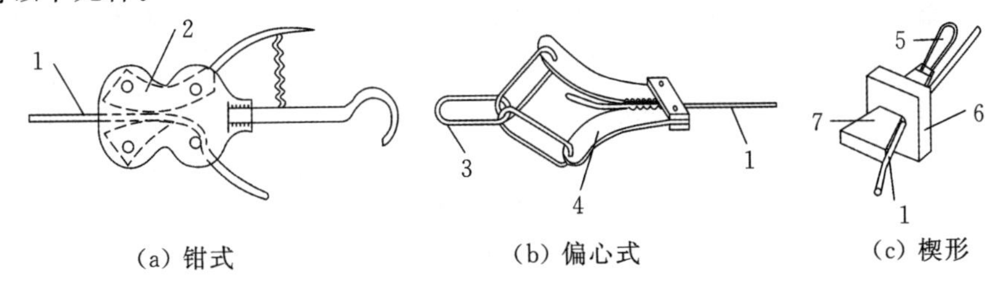

(a) 钳式　(b) 偏心式　(c) 楔形

1—钢丝；2—钳齿；3—拉钩；4—偏心齿条；5—拉环；6—锚板；7—楔块。

图 5-5　张拉夹具

(1)偏心式夹具。偏心式夹具用作钢丝的张拉。它是由一对带齿的月牙形偏心块组成。偏心块可用工具钢制作，其刻齿部分的硬度较所夹钢丝的硬度大。这种夹具构造简单，使用方便。

(2)压销式夹具。压销式夹具由销片和楔形压销组成，见图 5-6，销片 2、3 有与钢筋直径相适应的半圆槽，槽内有齿纹用以夹紧钢筋。当楔紧或放松楔形压销时，便可夹紧或放松钢筋。

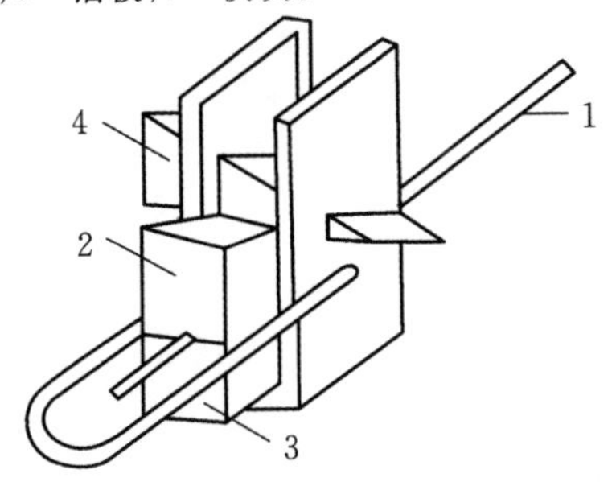

1—钢筋；2—销片(楔形)；
3—销片；4—楔形压销。

图 5-6　压销式夹具

2)锚固夹具

锚固夹具是将预应力筋临时固定在台座横梁上的工具。

常用的锚固夹具(见图 5-7)有以下几种。

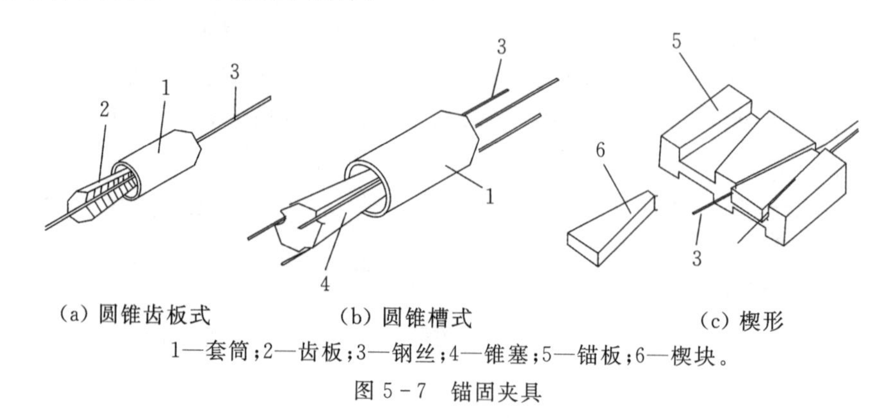

(a) 圆锥齿板式　　(b) 圆锥槽式　　(c) 楔形

1—套筒;2—齿板;3—钢丝;4—锥塞;5—锚板;6—楔块。

图 5-7　锚固夹具

(1)圆锥齿板式夹具及圆锥槽式夹具。圆锥齿板式夹具及圆锥槽式夹具是常用的两种单根钢丝夹具,适用于锚固直径 35 mm 的冷拔低碳钢丝,也适用于锚固直径 5 mm 的碳素(刻痕)钢丝。

这两种夹具均由套筒与销子组成。套筒为圆形，中开圆锥形孔。销子有两种形式:一种是在圆锥形销子上留有 1～3 个凹槽,在凹槽内刻有细齿,即为圆锥槽式夹具;另一种是在圆锥形销子上切去一块,在切削面上刻有细齿,即为圆锥齿板式夹具。

锚固时,将销子凹槽对准钢丝,或将销子齿板面紧贴钢丝,然后将销子击入套筒内,销子小头离套筒约 0.5～1 cm,靠销子挤压所产生的摩擦力锚紧钢丝,一次仅锚固一根钢丝。

(2)圆套筒二片式夹具。圆套筒二片式夹具适用夹持 12～16 mm 的单根冷拉 HRB335～RRB400 级钢筋,由圆形套筒和圆锥形夹片组成,如图 5-8 所示。圆形套筒内壁呈圆锥形,与夹片锥度吻合,圆锥形夹片为两个半圆片,半圆片的圆心部分开成半圆形凹槽,并刻有细齿,钢筋就夹紧在夹片中的凹槽内。

当锚固螺纹钢筋时,不能锚固在纵肋上,否则易打滑。为了拆卸方便,可在套筒内壁及夹片外壁涂以润滑油。

(3)镦头夹具。镦头夹具适用于预应力钢丝固定端的锚固(见图 5-9)。

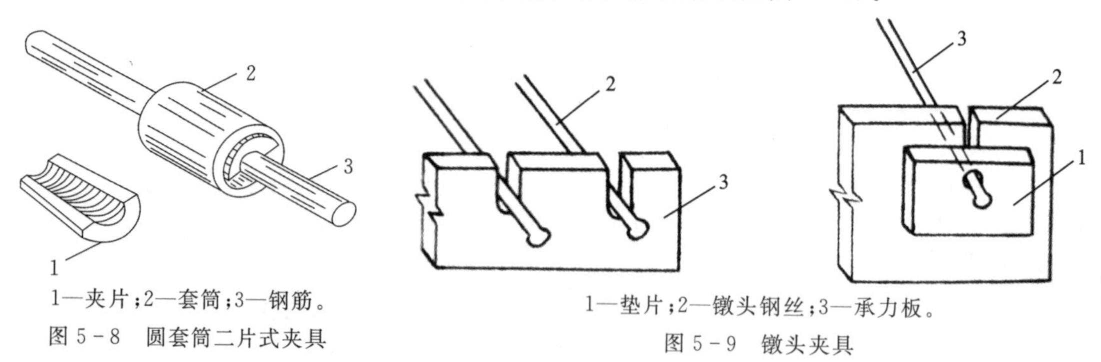

1—夹片;2—套筒;3—钢筋。

图 5-8　圆套筒二片式夹具

1—垫片;2—镦头钢丝;3—承力板。

图 5-9　镦头夹具

3. 张拉机械

张拉预应力筋的机械,要工作可靠,操作简单,能以稳定的速率加荷。先张法施工中预应力筋可单根进行张拉或多根成组进行张拉。常用的张拉机械有以下几种。

1)YC－20 型穿心式千斤顶

YC－20 型穿心式千斤顶由偏心式夹具、油缸和弹性顶压头三部分组成(见图 5－10)。其最大张拉力为 200 kN,张拉行程为 200 mm,可用来张拉 12～20 mm 直径的预应力钢筋。

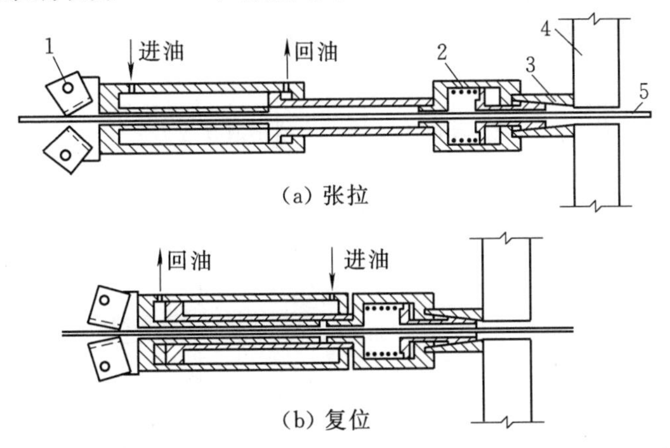

1—偏心式夹具;2—弹性顶压头;3—夹具;4—台座横梁;5—预应力筋。

图 5－10　YC－20 型穿心式千斤顶

2)电动螺杆张拉机

电动螺杆张拉机既可以张拉预应力钢筋,也可以张拉预应力钢丝。它由张拉螺杆、电动机、变速箱、测力装置、拉力架、承力架和张拉夹具等组成。其最大张拉力为 300～600 kN,张拉行程为 800 mm,张拉速度为 2 m/min,自重 400 kg。为了便于工作和转移,其一般装置在带轮的小车上。图 5－11 为电动螺杆张拉机的示意图。

电动螺杆张拉机的工作原理:工作时顶杆支撑到台座横梁上,用张拉夹具夹紧预应力筋,开动电动机使螺杆向右侧运动,对预应力筋进行张拉,达到控制应力要求时停车,并用预先套在预应力筋上的锚固夹具将预应力筋临时锚固在台座的横梁上,然后开倒车,使电动螺杆张拉机卸荷。电动螺杆张拉机运行稳定,螺杆有自锁能力,张拉速度快,行程大。

3)油压千斤顶

油压千斤顶可张拉单根预应力筋或多根成组预应力筋。多根成组张拉时,可采用四横梁装置进行,见图 5－12 。四横梁式油压千斤顶张拉装置,用钢量较大,大螺丝杆加工困难,调整预应力筋的初应力费时间,油压千斤顶行程小,工效较低,但其一次张拉力大,可以一次张拉多根钢筋。

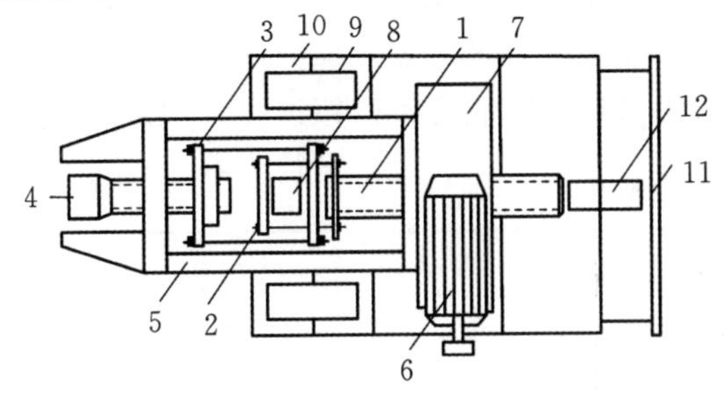

1—螺杆;2、3—拉力架;4—张拉夹具;5—承力架;6—电动机;7—变速箱;8—测力计;9—车轮;10—底盘;11—手把;12—后轮。

图 5－11　电动螺杆张拉机

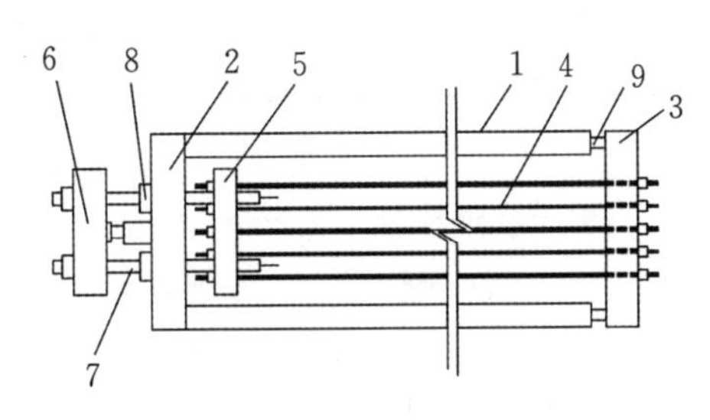

1—台模;2、3—前后横梁;4—钢筋;5、6—拉力架横梁;7—大螺丝杆;8—油压千斤顶;9—放张装置。

图 5－12　四横梁式油压千斤顶张拉装置

5.2.2 先张法施工工艺

先张法施工过程包括台座准备、预应力钢筋就位和张拉、支模板与绑非预应力钢筋、浇筑混凝土与养护、预应力钢筋的放张等工序(见图 5-13)。其中关键环节为预应力钢筋的张拉与固定、预应力放张。

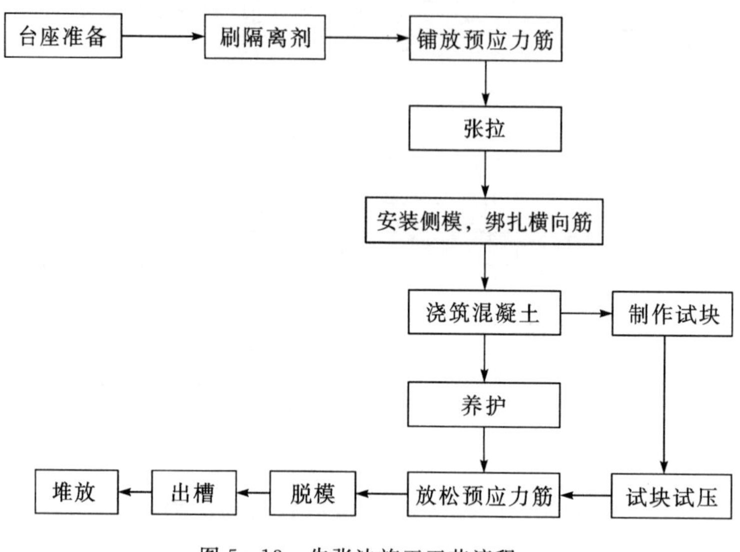

图 5-13 先张法施工工艺流程

1.预应力钢筋的张拉

预应力钢筋固定在台座横梁上时,钢筋定位板必须准确安装,定位板的挠度不应大于1 mm,横梁的挠度不应大于2 mm,以免影响预应力钢筋的内力。预应力钢筋的张拉应按设计要求进行。

1)张拉控制应力的确定

张拉控制应力是指在张拉预应力筋时所达到的规定应力,应按设计规定采用。张拉控制应力的数值直接影响预应力的效果,控制应力越高,建立的预应力值则越大。但控制应力过高,预应力筋处于高应力状态,使构件出现裂缝时的荷载与破坏荷载接近,破坏前无明显的预兆,这是不允许的。因此预应力筋的张拉控制应力应符合设计规定;为了部分抵消由于应力松弛、摩擦、钢筋分批张拉以及预应力筋与张拉台座之间的温差因素产生的预应力损失,施工中预应力筋需要超张拉时,可比设计要求提高 3%～5%,但其最大张拉控制应力不得超过表 5-1 的规定。

表 5-1 张拉控制应力

钢筋种类	张拉方法	
	先张法	后张法
预应力钢丝、钢绞线	$0.75f_{ptk}$	$0.75f_{ptk}$
热处理钢筋	$0.70f_{ptk}$	$0.65f_{ptk}$

注:f_{ptk} 为预应力筋极限抗拉强度标准值。

2)张拉顺序

在确定预应力筋张拉顺序时,应尽量考虑减少倾覆力和偏心力,先张拉台座截面重心处的预应力筋。先张法施工过程中可以采用以下两种不同的张拉顺序：

$$0 \rightarrow 1.05\sigma_{con} \xrightarrow{\text{持荷 2 min}} \sigma_{con} \text{ 或 } 0 \rightarrow 1.03\sigma_{con}$$

第一种张拉程序中，超张拉5%并持荷2 min，其目的是在高应力状态下加速预应力松弛早期发展，以减少应力松弛引起的预应力损失。第二种张拉程序中，超张拉3%，其目的是弥补预应力筋的松弛损失，这种张拉程序施工简单，一般多被采用。以上两种张拉程序是等效的，可根据构件类型、预应力筋与锚具种类、张拉方法、施工速度等选用。

采用第一种张拉程序时，千斤顶回油至稍低于σ_{con}，再进油至σ_{con}，以建立准确的预应力值。第二种张拉程序，超张拉3%是为了弥补应力松弛引起的损失，一次张拉到1.03 σ_{con}后锚固，是同样可以达到减少松弛效果的。

预应力筋张拉应根据设计要求采用合适的张拉方法、张拉顺序和张拉程序进行并应有可靠的质量保证措施和安全技术措施。预应力筋的张拉有单根张拉和多根成组张拉：单根张拉预应力筋数量不多，张拉设备拉力有限时采用；多根张拉预应力筋数量较多，张拉设备拉力较大时采用。

采用成组张拉时，为减少预应力筋应力不一致，对不大于6 m的构件的钢丝下料长度差值不大于2 mm，同组下料的钢丝长度，应不大于钢丝长度的1/5000，且不大于5 mm。为保证钢丝下料长度的准确性，先将钢丝拉到一定应力(300 MPa)，量出钢丝长度(包括弹性伸长)，做标记后，松弛截断。

3)预应力值的校核

预应力钢筋的张拉力，一般用伸长值校核。预应力筋理论伸长值ΔL按式(5.1)计算：

$$\Delta L = \frac{N_p L}{A_p E_s} \tag{5.1}$$

式中：N_p——预应力筋平均张拉力，kN，轴线张拉取张拉端的拉力，两端张拉的曲线筋取张拉端的拉力与跨中扣除孔道摩阻损失后拉力的平均值；

L——预应力筋的长度，mm；

A_p——预应力筋的截面面积，mm^2；

E_s——预应力筋的弹性模量，kN/mm^2。

预应力筋的实际伸长值，宜在初应力约为$10\%\sigma_{con}$时开始量测(初应力取值应不低于$10\%\sigma_{con}$，以保证预应力筋拉紧)，但必须加上初应力以下的推算伸长值。如果实际伸长值大于计算伸长值的10%或者小于计算值的5%，应暂停张拉，查明原因后方可继续量测。

2.混凝土的浇筑与养护

预应力筋张拉完毕后即应浇筑混凝土。混凝土的浇筑应一次完成，不允许留设施工缝。混凝土的用水量和水泥用量必须严格控制，以减少混凝土由于收缩和徐变而引起的预应力损失。预应力混凝土构件浇筑时必须振捣密实(特别是在构件的端部)，以保证预应力筋和混凝土之间的黏结力。预应力混凝土构件混凝土的强度等级一般不低于C30；当采用碳素钢丝、钢绞线、热处理钢筋做预应力筋时，混凝土的强度等级不宜低于C40。

构件应避开台面的温度缝，当不可能避开时，在温度缝上可先铺薄钢板或垫油毡，然后再灌混凝土，浇筑时，振捣器不应碰撞钢筋，混凝土达到一定强度前，不允许碰撞或踩动钢筋。

采用平卧叠浇法制作预应力混凝土构件时，其下层构件混凝土的强度需达到5 MPa后，方可浇筑上层构件混凝土并应有隔离措施。

混凝土可采用自然养护或蒸汽养护。但应注意，在台座上用蒸汽养护时，温度升高后，预应力筋膨胀而台座的长度并无变化,因而引起预应力筋应力减小,这就是温差引起的预应力损失。为了减少这种温差应力损失,应保证混凝土在达到一定强度之前,温差不能太大(一般不超过 20 ℃),故在台座上采用蒸汽养护时,其最高允许温度应根据设计要求的允许温差(张拉钢筋时的温度与台座温度的差)经计算确定。当混凝土强度养护至 7.5 MPa(配粗钢筋)或 10 MPa(钢丝、钢绞线配筋)以上时,则可不受设计要求的温差限制,按一般构件的蒸汽养护规定进行。这种养护方法又称为二次升温养护法。在采用机组流水法用钢模制作预应力构件、蒸汽养护时,由于钢模和预应力筋同样伸缩所以不存在因温差而引起的预应力损失,可以采用一般加热养护制度。

3. 预应力筋放张

预应力筋放张过程是预应力的传递过程,是先张法构件能否获得良好质量的一个重要生产过程。应根据放张要求,确定合理的放张顺序、放张方法及相应的技术措施。

1)放张要求

放张预应力筋时,混凝土强度必须符合设计要求。当设计无要求时,不得低于设计的混凝土强度标准值的 75%。对于重叠生产的构件,要求最上一层构件的混凝土强度等级不低于设计强度标准值的 75%时方可进行预应力筋的放张。过早放张预应力筋会引起较大的预应力损失或产生预应力筋滑动。预应力混凝土构件在预应力筋放张前要对试块进行试压,以确定混凝土的实际强度。

2)放张顺序

预应力筋的放张顺序,应符合设计要求。当设计无专门要求时,应符合下列规定:

(1)对承受轴心预压力的构件(如压杆、桩等),所有预应力筋应同时放张;

(2)对承受偏心预压力的构件,应先同时放张预压力较小区域的预应力筋,再同时放张预压力较大区域的预应力筋;

(3)当不能按上述规定放张时,应分阶段、对称、相互交错地放张,以防止放张过程中构件发生翘曲、裂纹及预应力筋断裂等现象;

(4)放张后,预应力筋的切断顺序宜从放张端开始逐次切向另一端。

3)放张方法

对于预应力钢丝混凝土构件,放张方法分两种情况:配筋不多的预应力钢丝放张采用剪切、割断和熔断的方法自中间向两侧逐根进行,以减少回弹量,利于脱模;配筋较多的预应力钢丝放张采用同时放张的方法,以防止最后的预应力钢丝因应力突然增大而断裂或使构件端部开裂。

对于预应力钢筋混凝土构件,放张应缓慢进行。配筋不多的预应力钢筋,可采用剪切、割断或加热熔断逐根放张;配筋较多的预应力钢筋,所有钢筋应同时放张,可采用楔块或砂箱等装置进行缓慢放张。

(1)楔块放张。楔块装置放置在台座与横梁之间,放张预应力筋时,旋转螺母使螺杆向上运动,带动楔块向上移动,钢块间距变小,横梁向台座方向移动,便可同时放松预应力筋(见图 5-14)。楔块放张一般用于张拉力不大于 300 kN 的情况。

(2)砂箱放张。砂箱装置放置在台座和横梁之间,它由钢制的套箱和活塞组成,内装石英砂或铁砂,见图 5-15。预应力筋张拉时,砂箱中的砂被压实,承受横梁的反力。预应力筋放张时,将出砂口打开,砂缓慢流出,从而使预应力筋缓慢地放张。砂箱装置中的砂应采用干砂并选定适宜的级配,防止出现砂子压碎引起流不出的现象或者增加砂的空隙率,使预应力筋的预应力损失增加。采用砂箱放张,能控制放张速度,工作可靠,施工方便,可用于张拉力大于 1000 kN 的情况。

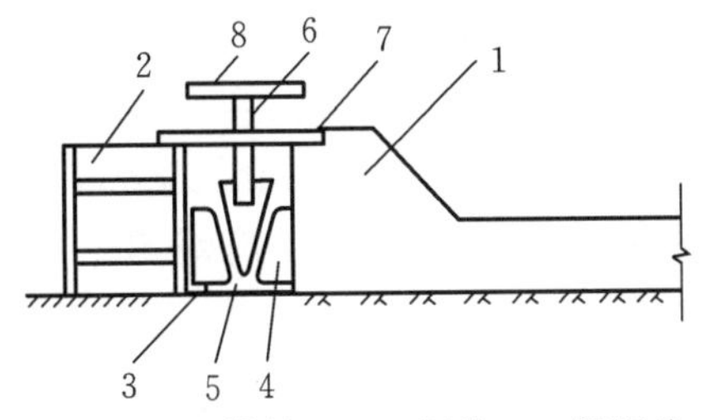

1—台座；2—横梁；3、4—钢块；5—钢楔块；
6—螺杆；7—承力板；8—螺母。

图 5-14　楔块放张

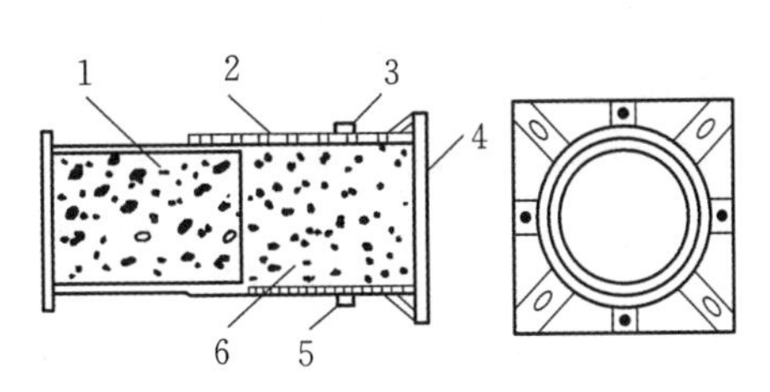

1—活塞；2—钢套箱；3—进砂口；
4—钢套箱底板；5—出砂口；6—砂子。

图 5-15　砂箱装置示意图

5.3　后张法施工

后张法施工是在浇筑混凝土构件时，在放置预应力筋的位置处预留孔道，待混凝土达到一定强度(一般不低于设计强度标准值的 75%)，将预应力筋穿入孔道中并进行张拉，然后用锚具将预应力筋锚固在构件上，最后进行孔道灌浆。预应力筋承受的张拉力通过锚具传递给混凝土构件，使混凝土产生预压应力。

图 5-16 为预应力混凝土构件后张法施工示意图。图 5-16(a)为制作混凝土构件并在预应力筋的设计位置上预留孔道，待混凝土达到规定的强度后，穿入预应力筋进行张拉。图 5-16(b)为预应力筋的张拉，用张拉机械直接在构件上进行张拉，混凝土同时完成弹性压缩。图 5-16(c)为预应力筋的锚固和孔道灌浆，预应力筋的张拉力通过构件两端的锚具传递给混凝土构件，使其产生预压应力，最后进行孔道灌浆。

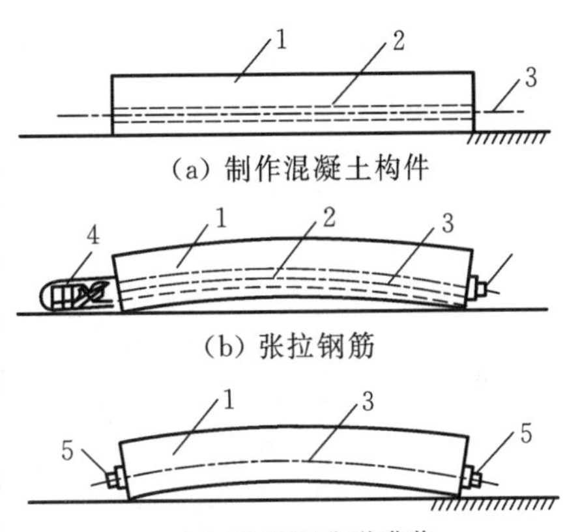

1—混凝土构件；2—预留孔道；
3—预应力筋；4—千斤顶；5—锚具。

图 5-16　后张法施工过程

后张法施工由于直接在混凝土构件上进行张拉，不需台座，不受场地限制，张拉力可达几百吨，适用于在施工现场生产大型预应力混凝土构件，特别是大跨度构件。后张法施工工序较多，工艺复杂。锚具作为预应力筋的组成部分，将预应力筋固定在构件上，不仅在张拉过程中起作用，而且在工作过程中也起作用，永远停留在构件上，不能重复使用。

5.3.1　锚具及预应力筋制作

在后张法中预应力筋的锚具与张拉机械是配套使用的，不同类型的预应力筋形式采用不同的锚具。由于后张法构件预应力传递靠锚具，因此，锚具必须具有可靠的锚固性能、足够的刚度和强度储备，而且要构造简单，施工方便，预应力损失小，价格便宜。

1. 常用锚具

1)螺丝端杆锚具

螺丝端杆锚具由螺丝端杆、螺母和垫板组成，如图 5-17 所示，是单根预应力粗钢筋张拉端常用的锚具。螺丝端杆锚具适用于锚固直径不大于 36 mm 的冷拉 HRB335 与 HRB400 钢筋。

螺丝端杆采用45号钢制作，螺母和垫板采用3号钢制作。螺丝端杆的长度一般为320 mm，当预应力构件长度大于24 m时，可根据实际情况增加螺丝端杆的长度，螺丝端杆的直径按预应力筋的直径对应选取。螺丝端杆与预应力筋的焊接应在预应力筋冷拉前进行。螺丝端杆与预应力筋焊接后，同张拉机械相连进行张拉，最后上紧螺母即完成对预应力钢筋的锚固。

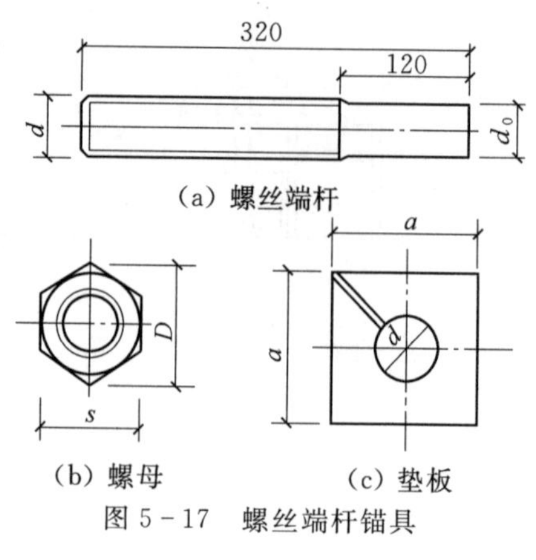

图5-17　螺丝端杆锚具

2)帮条锚具

帮条锚具(见图5-18)由帮条和衬板组成。帮条筋采用与预应力筋同级钢筋，而衬板则可用普通低碳钢钢板，焊条应选用E5003。帮条施焊时，严禁将地线搭在预应力筋上并严禁在预应力筋上引弧，以防预应力筋咬边及温度过高，可将地线搭在帮条上。三根帮条与衬板相接触的截面应在一个垂直平面上，以免受力时产生扭曲，三根帮条互成120°角。帮条的焊接可在预应力筋冷拉前或冷拉后进行。

3)钢质锥形锚具

钢质锥形锚具(见图5-19)由锚塞和锚环组成，一般适用于锚固碳素钢丝束，可锚固12～24根钢丝。锚塞和锚环均用45号钢制作。锚塞和锚环的锥度应严格保持一致，保证对钢丝的挤压力均匀，不致影响摩擦阻力。

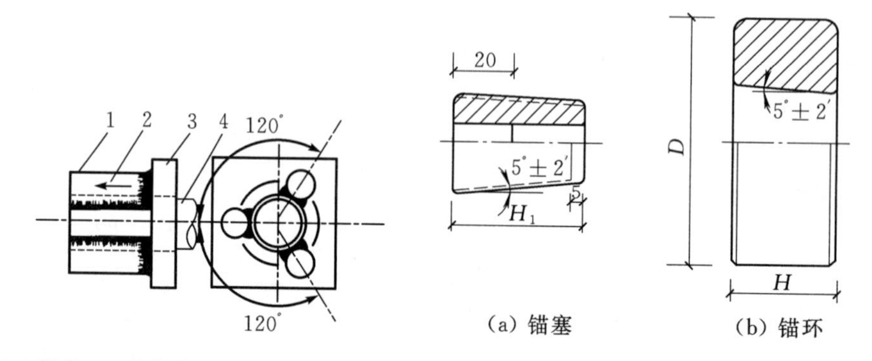

1—帮条；2—施焊方向；3—衬板；4—主筋。

图5-18　帮条锚具

图5-19　钢质锥形锚具

4)镦头锚具

镦头锚具由锚环、锚板和螺母组成(见图5-20)。镦头锚具适用锚固12～24根碳素钢丝。镦头一般是直接在预应力筋端部热镦、冷镦或锻打成型，垫板采用3号钢制作。

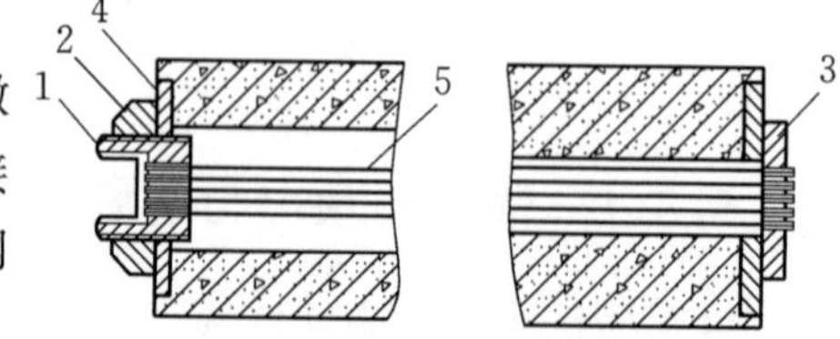

1—锚环；2—螺母；3—锚板；4—垫板；5—镦头预应力钢丝。

图5-20　镦头锚具

5)锥形螺杆锚具

锥形螺杆锚具由锥形螺杆、套筒、螺母和垫板组成(见图5-21)。该锚具适用于14～28根碳素钢丝的锚固。施工时首先把钢丝套上锥形螺杆的锥体部分，使钢丝均匀整齐地贴紧锥体，然后戴上套筒，用手锤将套筒均匀地打紧，并使螺杆中心与套筒中心在同一直线上，最后用拉伸机使螺杆锥体通过钢丝挤压套筒，而使套筒发生变形从而使钢丝和锥形锚具的套筒、螺杆锚成一个整体。这个过程一般叫“预顶”,预顶用的力应为张拉力的105%。因为锥形锚具外径较大,为了缩小构件孔道直径,所以一般仅在构件两端将孔道扩大。因此,钢丝束锚具一端可事先安装,另一端则要将钢丝束穿入孔道后进行。

6)JM-12 **型锚具**

JM-12型锚具由锚环和夹片组成(见图5-22),多用于钢绞线束的锚固。JM-12型锚具有良好的锚固性能,预应力筋滑移量比较小,施工方便,但是加工量大且成本高。

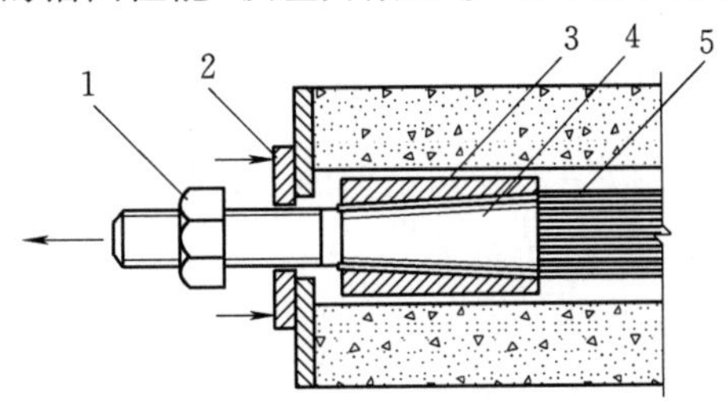

1—螺母;2—垫板;3—套筒;
4—锥形螺杆;5—预应力钢丝束。
图5-21 锥形螺杆锚具

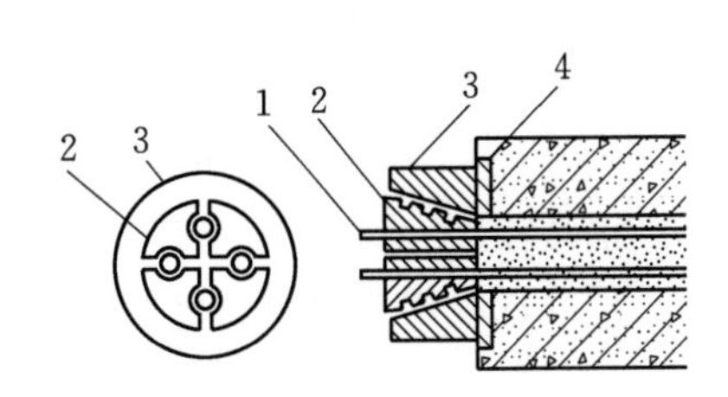

1—预应力筋;2—夹片;3—锚环;4—垫板。
图5-22 JM-12型锚具

2. 预应力筋的制作

1)单根粗钢筋下料长度

(1)如图5-23(a)所示,当预应力筋两端采用螺杆锚具时,其成品全长L_1(包括螺杆全长)为

$$L_1 = l + 2l_2 \tag{5.2}$$

式中:l——构件孔道长度,mm;

l_2——螺杆伸出构件外的长度,mm,按下式计算:张拉端$l_2 = 2H + h + 5$ mm,锚固端$l_2 = H + h + 10$ mm,其中H为螺母高度,h为垫板厚度,也可取120~150 mm。

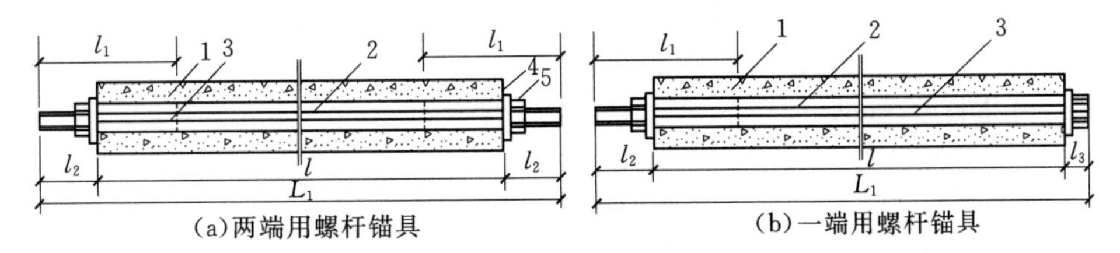

(a)两端用螺杆锚具　(b)一端用螺杆锚具

1—混凝土构件;2—孔道;3—钢丝束;4—钢质锥形锚具;5—锥锚式液压千斤顶。
图5-23 采用锥形锚具时钢丝下料长度计算简图

预应力筋钢筋部分的成品长度L_0为

$$L_0 = L_1 - 2l_1 \tag{5.3}$$

式中:l_1——螺杆长度,mm。

预应力筋钢筋部分的下料长度为

$$L = \frac{L_0}{1 + \delta - \delta_1} + nl_0 \tag{5.4}$$

式中:l_0——每个对焊接头的压缩长度,mm,根据焊时所需要的闪光留量和顶锻留量而定;

n——对焊接头的数量;

δ——钢筋的冷拉率;

δ_1——钢筋冷拉后的弹性回缩率。

(2)当预应力筋一端用螺丝端杆,另一端用帮条(或镦头)锚具时:

$$L_1 = l + l_2 + l_3 \tag{5.5}$$

$$L_0 = L_1 - l_1 \tag{5.6}$$

$$L = \frac{L_0}{1+\delta-\delta_1} + nl_0 \tag{5.7}$$

式中:l_3——镦头或帮条锚具长度(包括垫板厚度 h),mm。

2)预应力钢丝束下料长度

(1)采用钢质锥形锚具,以锥锚式千斤顶张拉(见图 5-24)时,钢丝的下料长度 L 为

$$两端张拉:L = l + 2(l_4 + l_5 + 80) \tag{5.8}$$

$$一端张拉:L = l + 2(l_4 + 80) + l_5 \tag{5.9}$$

式中:l_4——锚环厚度,mm;

l_5——千斤顶分丝头至卡盘外端距离,mm。

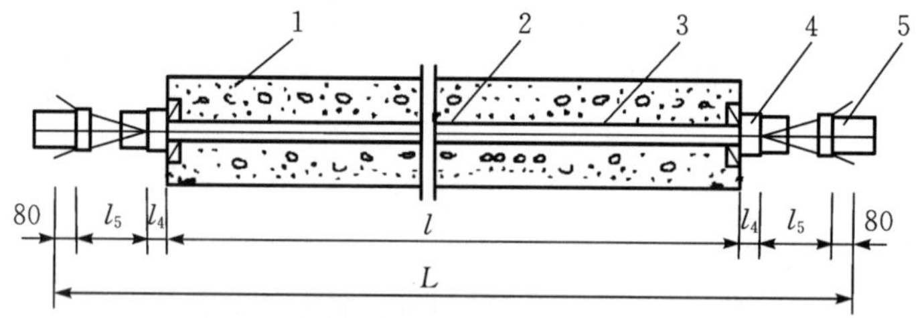

1—混凝土构件;2—孔道;3—钢丝束;4—钢质锥形锚具;5—锥锚式液压千斤顶。

图 5-24　采用锥形锚具时钢丝下料长度计算简图

(2)采用镦头锚具,以拉杆式或穿心式千斤顶在构件上张拉(见图 5-25)时,钢丝的下料长度 L 为

$$两端张拉:L = L_0 + 2a + 2b - (H - H_1) - \Delta L - C \tag{5.10}$$

$$一端张拉:L = L_0 + 2a + 2b - 0.5(H - H_1) - \Delta L - C \tag{5.11}$$

式中:L_0——孔道长度,mm;

a——锚板厚度,mm;

b——钢丝镦头留量,取钢丝直径的 2 倍,mm;

H——锚环高度,mm;

H_1——螺母高度,mm;

ΔL——张拉时钢丝伸长值,mm;

C——张拉时构件混凝土的弹性伸缩值,mm。

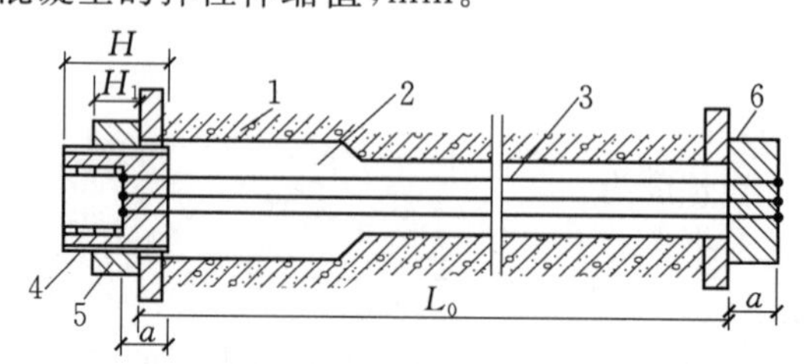

1—混凝土构件;2—孔道;3—钢丝束;4—锚环;5—螺母;6—锚板。

图 5-25　采用镦头锚具时钢丝下料长度计算简图

5.3.2 张拉机械

1. 拉杆式千斤顶

拉杆式千斤顶由主缸、主缸活塞、副缸、副缸活塞、拉杆、连接器和传力架等组成(见图5－26)。拉杆式千斤顶主要用于张拉螺纹端杆锚具的粗钢筋、带螺杆式锚具或镦头式锚具的钢丝束，适用于张拉以螺丝端杆锚具为张拉锚具的粗钢筋。

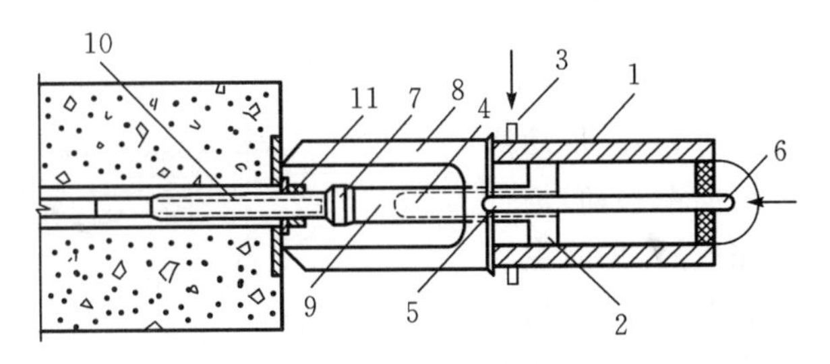

1—主缸；2—主缸活塞；3—主缸油嘴；4—副缸；5—副缸活塞；6—副缸油嘴；
7—连接器；8—顶杆；9—拉杆；10—预应力筋；11—锚固螺母。

图5－26 拉杆式千斤顶

拉杆式千斤顶张拉预应力筋时，首先使连接器与预应力筋的螺丝端杆相连接，顶杆支承在构件端部的预埋钢板上。高压油进入主缸时，则推动主缸活塞向左移动，并带动拉杆和连接器以及螺丝端杆同时向左移动，对预应力筋进行张拉。达到张拉力时，拧紧预应力筋的螺帽，将预应力筋锚固在构件的端部。高压油再进入副缸，推动副缸使主缸活塞和拉杆向右移动，使其恢复初始位置。此时主缸的高压油流回高压油泵中去，完成一次张拉过程。

拉杆式千斤顶构造简单，操作方便，应用范围较广。拉杆式千斤顶的张拉力有400 kN、600 kN和800 kN三级，张拉行程为150 mm。

2. YC－60型穿心式千斤顶

YC－60型穿心式千斤顶广泛地用于预应力筋的张拉。它适用于张拉各种形式的预应力筋。它主要由张拉油缸、顶压油缸、顶压活塞和弹簧组成(见图5－27)。张拉工作过程中，首先将安装好锚具的预应力筋穿过千斤顶的中心孔道，利用工具式锚具将预应力筋锚固在张拉油缸的端部。高压油进入张拉油室，张拉活塞顶住构件端部的垫板，使张拉油缸向左移动，从而对预应力筋进行张拉。

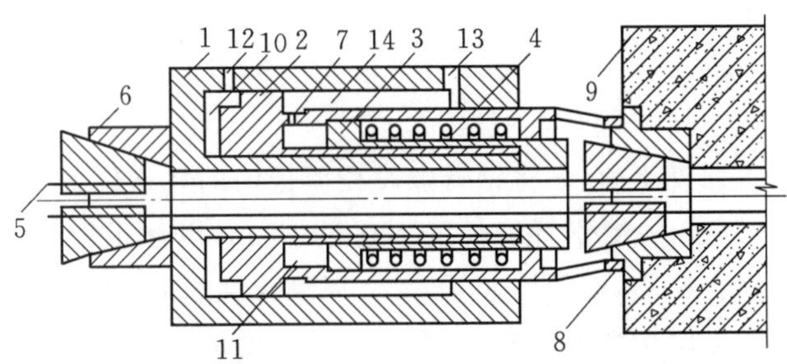

1—张拉油缸；2—顶压油缸；3—顶压活塞；4—弹簧；5—预应力筋；6—工具式夹具；7—螺帽；8—工作锚具；
9—混凝土构件；10—张拉油室；11—顶压油室；12—张拉油室油嘴；13—预压油室油嘴；14—回室油嘴。

图5－27 YC－60型穿心式千斤顶的构造及工作示意图

3. 锥锚式双作用千斤顶

锥锚式双作用千斤顶用于张拉锥形锚具锚固的预应力钢丝束。它由主缸、主缸活塞、副缸、副缸活塞、顶压头、卡环和销片等主要部件所组成，其构造和张拉工作过程如图 5－28 所示。

锥锚式双作用千斤顶在张拉工作过程中，将预应力筋用楔块锚固在锥形卡环上，使高压油经主缸油嘴进入主缸，主缸带动锚固在锥形卡环上的预应力筋向左移动，进行预应力的张拉。张拉工作完成后，关闭主缸的油嘴，开启副缸油嘴使高压油进入副缸，由于主缸仍保持着一定的油压，故副缸活塞和顶压头向右移动，顶压锚塞锚固预应力筋完成顶压工作过程。

(a) 将钢筋固定在卡环上

(b) 主缸进油张拉钢筋

(c) 副缸进油推顶锚塞

1—主缸油嘴；2—主缸；3—主缸拉力弹簧；4—工具锚；5—副缸；6—副缸活塞；7—副缸拉力弹簧；8—副缸油嘴；9—预应力筋；10—支腿；11—锚圈；12—锚塞。

图 5－28　锥锚式双作用千斤顶的构造和工作过程

锥锚式双作用千斤顶的回程是：预应力筋张拉锚固后，主、副缸回油，主缸通过本身拉力弹簧的回缩，副缸通过其本身压力弹簧的伸长，将主缸和副缸恢复到原来的初始位置。放松楔块即可拆移千斤顶。

锥锚式双作用千斤顶张拉力为 300 kN 和 600 kN，最大张拉力 850 N，张拉行程 250 mm，顶压行程 60 mm。

5.3.3　后张法施工工艺

预应力混凝土后张法施工过程中，先支模并绑扎非预应力钢筋，并在预应力筋位置上留设穿筋孔道并浇混凝土，待混凝土达到要求强度，再张拉钢筋(钢筋束)。其主要张拉程序为：埋管制孔—浇混凝土—抽管—养护穿筋张拉—锚固—灌浆(防止钢筋生锈)及锚头处理，其传力途径是依靠锚具阻止钢筋的弹性回弹，使截面混凝土获得预压应力。图 5－29 为后张法施工工艺流程图。后张法施工工艺与预应力施工有关的是孔道留设、预应力筋张拉和孔道灌浆三部分。

预应力后张法施工

1. 孔道的预留

1)钢管抽芯法

钢管抽芯法是在浇筑混凝土前，先将钢管敷设在模板内的孔道位置上并加以固定，钢管每隔 1 m 用钢筋井字架予以固定。一般钢管的长度不超过 15 m，以便于钢管的转动和抽出，长度较大的构件可用两根钢管组合使用，中间用套管连接，混凝土浇筑后，每隔一定时间转动一次钢管，防止其与混凝土黏结。为方便构件孔道灌浆，留设预留孔道的同时，还要在设计规定位置用木塞或白铁皮管留设灌浆孔和排气孔。一般在构件两端和中间每隔 12 m 左右留设一个直径 20 mm 的灌浆孔，在构件两端各留一个排气孔。待混凝土初凝以后，于终凝之前抽出钢管，形成稳定的孔道。选用的钢管应平直、表面光洁。

准确地掌握抽管时间很重要。抽管时间与水泥品种、气温和养护条件有关。抽管宜在混凝土初凝后、终凝以前进行，以用手指按压混凝土表面不显指纹时为宜。抽管过早，会造成坍孔事故；抽管太晚，混凝土与钢管黏结牢固，抽管困难，甚至抽不出来。常温下抽管时间约在混凝土浇筑后3～5 h。抽管顺序宜先上后下进行。抽管方法可分为人工抽管或卷扬机抽管，抽管时必须速度均匀，边抽边转并与孔道保持在一条直线上，抽管后应及时检查孔道情况，并做好孔道清理工作，以防止以后穿筋困难。

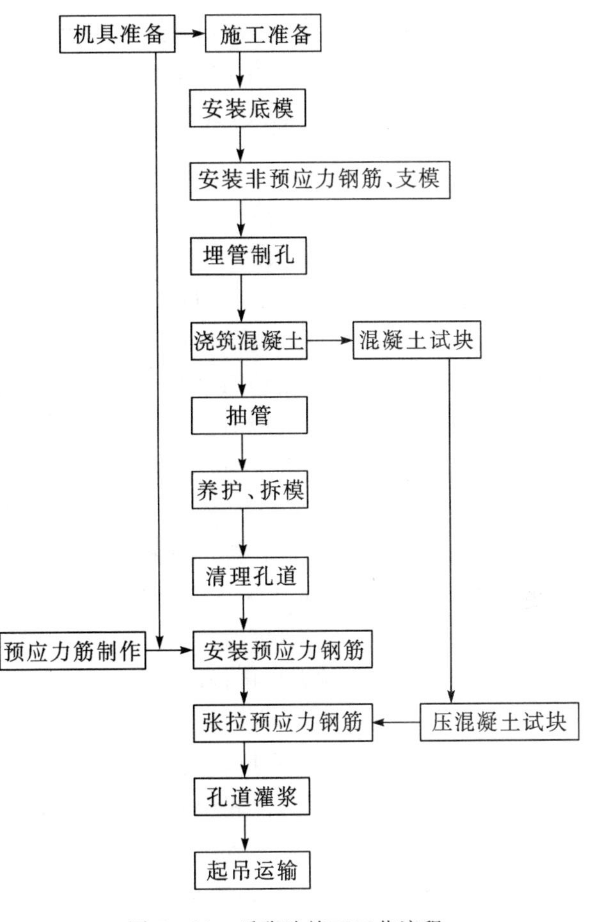

图5-29　后张法施工工艺流程

2)**胶管抽芯法**

胶管抽芯法利用的胶管有5～7层的夹布胶管和钢丝网胶管。胶管应预先敷设在模板中的孔道位置上，胶管每间隔不大于0.5 m距离用钢筋井字架予以固定。采用夹布胶管预留孔道时，混凝土浇筑前夹布胶管内充入压缩空气或压力水，工作压力为600～800 kPa，使管径增大3 mm左右，然后浇筑混凝土，待混凝土初凝后放出压缩空气或压力水，使管径缩小和混凝土脱离开，抽出夹布胶管。夹布胶管内充入压缩空气或压力水前，胶管两端应有密封装置。采用钢丝网胶管预留孔道时，预留孔道的方法和钢管相同。由于钢丝网胶管质地坚硬，并具有一定的弹性，抽管时在拉力作用下管径缩小和混凝土脱离开，即可将钢丝网胶管抽出。胶管抽芯法预留孔道，混凝土浇筑后不需要旋转胶管，抽管时应先上后下，先曲后直。胶管抽芯法施工省去了转管工序，又由于胶管便于弯曲，所以胶管抽芯法既适用于直线孔道留设，也适用于曲线孔道留设。

胶管抽芯法的灌浆孔和排气孔的留设方法同钢管抽芯法。

3)**预埋波纹管法**

预埋波纹管法就是利用与孔道直径相同的金属管埋入混凝土构件中，无须抽出。一般采用黑皮铁管、薄钢管或波纹管。预埋波纹管法因省去抽管工序，且孔道留设的位置、形状也易保证，故目前应用较为普遍。

波纹管是由薄钢带(厚0.3 mm)经压波后卷成。它具有重量轻、刚度好、弯折方便、连接简单、摩阻系数小、与混凝土黏结良好等优点，可做成各种形状的孔道。波纹管的连接，采用大一号同型波纹管。接头管的长度为200～300 mm，用塑料热塑管或密封胶带封口。

波纹管的安装，应根据预应力筋的曲线坐标在侧模或箍筋上划线，以波纹管底为准。波距为600 mm。钢筋托架应焊在箍筋上，箍筋下面要用垫块垫实。波纹管安装就位后，必须用铁丝将波纹管与钢筋托架扎牢，以防浇筑混凝土时波纹管上浮而引起的质量事故。

灌浆孔与波纹管的连接做法是在波纹管上开洞，其上覆盖海绵垫片与带嘴的塑料弧形压板，并用铁丝扎牢，再用增强塑料管插在嘴上，并将其引出梁顶面400～500 mm。灌浆孔间距不宜大于 30 m，曲线孔道的曲线波峰位置，宜设置泌水管。

在混凝土浇筑过程中，为了防止波纹管偶尔漏浆引起孔道堵塞，应采用通孔器通孔。通孔器由长 60～80 mm 的圆钢制成，其直径小于孔径 10 mm，用尼龙绳牵引。

2. 预应力筋的张拉

后张法预应力筋的张拉应在构件混凝土达到设计要求的强度后进行，防止因混凝土强度不足在张拉时引起裂缝，以及因较大的压缩变形引起过大的应力损失，以确保预应力混凝土构件的质量。

配有多根预应力筋的混凝土构件，需要分批并按一定顺序进行张拉，避免构件在张拉过程中承受过大的偏心压力，引起构件弯曲裂缝现象；通常是分批、分阶段、对称地进行张拉。在分批张拉时，要考虑后批张拉的钢筋对混凝土产生的弹性压缩，导致前批已张拉的钢筋内应力降低。因此，应设法补足前批钢筋的应力损失，或预先计算出预应力损失值，加在首批（或前批）钢筋张拉控制应力内，以补足损失值。也可采用相同的张拉力值逐根复拉补足的办法。

曲线预应力筋或长度大于 24 m 的直线预应力筋的张拉，要考虑钢筋与孔道壁之间的摩擦对张拉控制应力的影响，应在构件的两端进行张拉，尽量减小摩擦阻力影响。对于长度等于或小于 24 m 的直线预应力筋，可在一端进行张拉，但张拉端宜交替设置在构件两端。

当两端同时张拉一根（束）预应力筋时，为了减少预应力损失，在最后锚固时，宜先锚固一端，另一端则需在补足张拉力后再锚固。

平卧重叠浇筑的预应力混凝土构件，预应力筋的张拉应自上而下逐层进行，以减少上层构件重压和黏结力对下层构件张拉影响。为了减少上下层构件之间因摩擦阻力引起的应力损失，可自上而下逐层加大张拉力，但底层构件的张拉力不宜比顶层构件的张拉力大 5%并且不得超过超张拉限制值。

预应力筋锚固后的外露长度不宜小于 15 mm，并应采取可靠的防锈措施，严防锚固端钢筋和锚具的锈蚀，以保证结构的安全性。

3. 孔道灌浆

预应力筋张拉完毕后，应尽快进行孔道灌浆，以防止预应力筋的锈蚀，并能增强预应力筋与构件混凝土之间的黏结力，这样有利于预应力混凝土结构的抗裂性能和耐久性。因此，孔道灌浆应符合强度和密实度的要求。

灌浆采用纯水泥浆时，应选用强度等级不低于 42.5 级的普通硅酸盐水泥进行搅制。灰浆或细砂浆的强度不低于 30 MPa，水泥浆应在初凝之前灌入孔道，搅拌后至灌浆完毕不超过30 min，以保证预应力筋和混凝土的良好结合。

水泥浆的水灰比为 0.4～0.45，搅拌后 3 h 泌水率宜为 0，最大不得超过 1%。为了增加孔道灌筑密实度，水泥浆内可加入无腐蚀作用的外加剂或膨胀剂。灌浆时要做试块，当灰浆强度达到 15 N/mm^2 以上时才能移动构件，强度达到 100%设计强度时才允许吊装，以免损害灰浆与钢筋和孔壁的黏结。

5.4 无黏结预应力混凝土施工工艺

在后张法预应力混凝土构件中，预应力筋分为有黏结和无黏结两种。有黏结预应力做法是后张法的常规做法，张拉后通过灌浆使预应力筋与混凝土黏结。无黏结预应力做法是在预应力筋表面刷涂油脂并包塑料带（管）后，如同普通钢筋一样先铺设在支好的模板内，再浇筑混凝土，待混凝土达到规定的强度后，进行预应力筋张拉和锚固。这种预应力工艺是借助两端的锚具传递预应力，无须留孔灌浆，施工简便，摩擦损失小，预应力筋易弯成多跨曲线形状等，但对锚具锚固能力要求较高。无黏结预应力适用于大柱网整体现浇楼盖结构，尤其在双向连续平板和密肋楼板中使用最为合理经济。

5.4.1　无黏结预应力筋制作

1. 无黏结预应力筋

无黏结预应力筋由无黏结筋、涂料层和外包层三部分组成，如图5－30及图5－31所示。

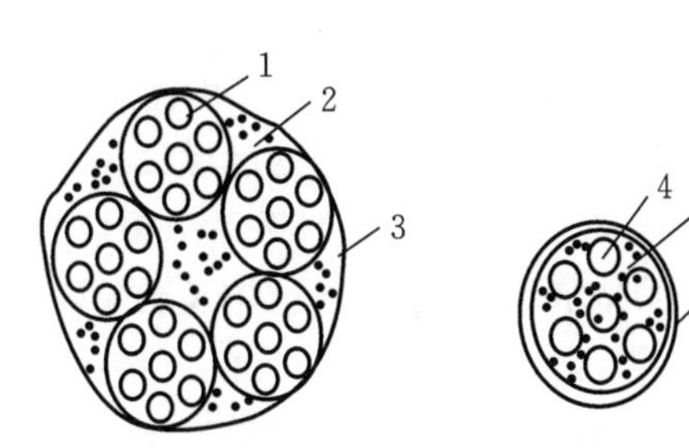

(a) 无黏结钢绞线束　(b) 无黏结钢丝束

1—钢绞线；2—防腐润滑脂；3—塑料布外包层；
4—钢丝；5—涂料；6—塑料管。

图5－30　无黏结预应力筋简图

图5－31　无黏结预应力筋

无黏结筋的涂料层可采用防腐油脂或防腐沥青制作。涂料层的作用是使无黏结筋与混凝土隔离，减少张拉时的摩擦损失，防止无黏结筋腐蚀等。因此，涂料性能要符合下列要求：使用期内化学稳定性高，润滑性能好，摩擦阻力小，不透水、不吸湿，防腐性能好。

无黏结筋的外包层可用高压聚乙烯塑料带或塑料管制作。外包层的作用是使无黏结筋在运输、储存、铺设和浇筑混凝土等过程中不会发生不可修复的破坏。制作单根无黏结筋时，宜优先选用防腐油脂作涂料层，其塑料外包层应用塑料注塑机注塑成型，防腐油脂应填充饱满，外包层应松紧适度。成束无黏结筋可用防腐沥青或防腐油脂作涂料层，当使用防腐沥青时，应用密缠塑料带作外包层，塑料带各圈之间的搭接宽度应不小于带宽的1/2，缠绕层数不小于四层。防腐油脂涂料层无黏结筋的张拉摩擦系数不应大于0.12，防腐沥青涂料层无黏结筋的张拉摩擦系数不应大于0.25。

2. 无黏结筋的制作

无黏结筋的制作一般采用挤压涂层工艺和涂包成型工艺两种。

挤压涂层工艺主要是无黏结筋通过涂油装置涂油，涂油无黏结筋通过塑料挤压机涂刷塑料薄膜，再经冷却筒槽成型塑料套管。这种挤压涂层工艺的特点是效率高、质量好、设备性能稳定，与电线、电缆包裹塑料套管的工艺相似。

涂包成型工艺是无黏结筋经过涂料槽涂刷涂料后，再通过归束滚轮成束并进行补充涂刷，涂料厚度一般为2 mm，涂好涂料的无黏结筋随即通过绕布转筒自动地交叉缠绕两层塑料布，当达到需要的长度后进行切割，成为一根完整的无黏结预应力筋。这种涂包成型工艺的特点是质量好，适应性较强。

无黏结预应力筋使用前，应逐根进行检查外包层的完好程度。对有轻微破损者，可包塑料带补好，对破损严重者应予以报废。铺设双向配筋的无黏结预应力筋，应先铺设标高较低的钢丝束，再铺设标高较高的钢丝束,以避免两个方向的钢丝束相互穿插。钢丝束的曲率,可用铁马凳(或其他构造设施)控制,铁马凳间隔不宜大于 2 m。钢丝束就位后,标高及水平位置经调整、检查无误后,用铅丝与非预应力钢筋绑扎牢固,从而防止钢丝束在浇筑混凝土施工过程中发生位移。

5.4.2 无黏结预应力施工

无黏结预应力施工中的主要问题是无黏结预应力筋的铺设、张拉和端部锚头处理。无黏结预应力筋在使用前应逐根检查外包层的完好程度,对有轻微破损者,可包塑料带补好;对破损严重者应予以报废。

1. 无黏结预应力筋的铺设

在单向连续梁板中,无黏结预应力筋的铺设比较简单,如同普通钢筋一样铺设在设计位置上。在双向连续平板中,无黏结预应力筋一般为双向曲线配筋,两个方向的无黏结预应力筋互相穿插,给施工操作带来困难,因此确定铺设顺序很重要。铺设双向配筋的无黏结预应力筋时,应先铺设标高低的无黏结预应力筋,再铺设标高较高的无黏结预应力筋,并应尽量避免两个方向的无黏结预应力筋相互穿插编结。

无黏结预应力筋应严格按设计要求的曲线形状就位并固定牢靠。铺设无黏结预应力筋时,其曲率可垫铁马凳控制。铁马凳高度应根据设计要求的无黏结预应力筋曲率确定,铁马凳间隔不宜大于 2 m 并应用铁丝将其与无黏结预应力筋扎紧。也可以用铁丝将无黏结预应力筋与非预应力钢筋绑扎牢固,以防止无黏结预应力筋在浇筑混凝土过程中发生位移,绑扎点的间距为 0.7～1.0 m。无黏结预应力筋控制点的安装偏差:矢高方向±5 mm,水平方向±30 mm。

2. 无黏结预应力筋的张拉

由于无黏结预应力筋一般为曲线配筋,故应两端同时张拉。无黏结预应力筋的张拉顺序应与其铺设顺序一致,先铺设的先张拉,后铺设的后张拉。成束无黏结预应力筋正式张拉前,宜先用千斤顶往复抽动 1～2 次以降低张拉摩擦损失。无黏结预应力筋的张拉过程中,当有个别钢丝发生滑脱或断裂时,可相应降低张拉力,但滑脱或断裂的数量不应超过结构同一截面无黏结预应力筋总量的 2%。

3. 无黏结预应力筋的端部锚头处理

在无黏结预应力筋采用钢丝束镦头锚具时,其张拉端头处理如图 5-32(a)所示。无黏结钢丝束的锚固端可采用扩大的镦头锚板设置在构件内,如图 5-32(b)所示,并用螺旋状钢筋加强。无黏结预应力筋端部锚头的防腐处理应特别重视。采用 XM 型锚具的钢绞线,张拉端头构造简

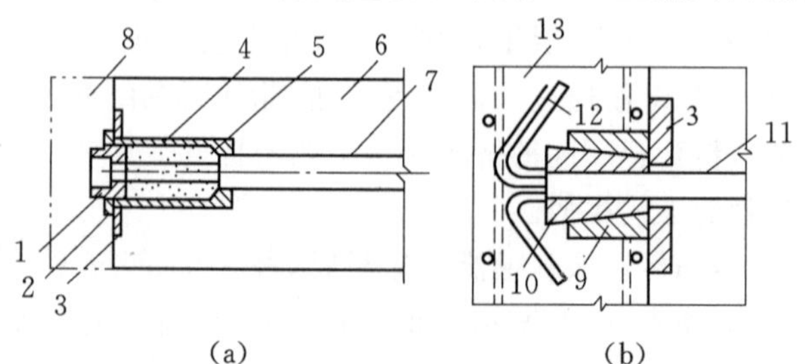

1—锚环;2—螺母;3—预埋件;4—塑料套筒;5—油脂;6—构件;7—软管;
8—封头;9—锚环;10—夹片;11—钢绞线;12—打弯钢丝;13—圈梁。

图 5-32 无黏结预应力筋张拉端详图

单，无须另加设施，端头钢绞线预留长度不小于150 mm，多余部分切断并将钢绞线散开打弯，埋设在混凝土中以加强锚固。

工程案例

高层无黏结后张预应力混凝土剪力墙结构工程实例

项目小结

预应力混凝土与普通混凝土比较，除能提高构件的抗裂强度和刚度外，还具有减轻自重、节约原材料、增加构件的耐久性、降低造价的优点。本项目主要介绍了先张法、后张法、无黏结预应力混凝土施工。

先张法施工工艺可分为张拉预应力筋、浇筑混凝土、预应力筋放张三个阶段，每个阶段的施工不慎都可能引起预应力损失，施工过程中必须遵守施工质量验收规范的规定。后张法施工中，锚具是钢筋张拉后建立预应力值和确保结构安全的关键。无黏结预应力混凝土施工是近些年发展的新技术，可应用在高层建筑和较大跨度构件施工中。

思考与练习

1. 预应力混凝土结构有哪些特点？
2. 预应力混凝土结构对材料有哪些要求？
3. 什么叫先张法施工？它有何特点？
4. 先张法的适用范围是什么？
5. 墩式台座主要由哪几部分组成？各部分有何作用？
6. 张拉夹具有哪些类型？
7. 试述先张法的张拉程序。
8. 什么叫后张法施工？与先张法相比它有何特点？
9. 后张法的适用范围是什么？
10. 对配有多根预应力筋的预应力混凝土构件，预应力筋张拉时，为什么采用分批、对称张拉？
11. 试述无黏结预应力混凝土施工技术要点。
12. 预应力混凝土吊车梁采用后张法施工，预应力筋为冷拉HRB400级钢筋束，组成为6－6⌀12。采用一端张拉，张拉程序$0\rightarrow\sigma_{con}$，$\sigma_{con}=0.85f_{pyk}$，预应力钢筋强度$f_{pyk}=500\ N/mm^2$。试计算预应力筋的张拉力。
13. 预应力混凝土屋架采用后张法施工，孔道长23.80 m，两端采用螺丝端杆锚具，端杆长度为320 mm，端杆外露出构件端部长度为120 mm。预应力筋为冷拉RRB400级钢筋，钢筋直径为28 mm，每根长度为9 m。试计算预应力筋的下料长度。（$\sigma_{con}=0.85\times700\ N/mm^2$，钢筋的试验冷拉率为3%，钢筋冷拉的弹性回缩率为0.5%，每个焊头压缩量为25 mm。）

项目 6

结构安装与钢结构工程

学习目标

知识目标:了解结构安装工程常用起重机械的类型、型号、构造及工作原理;熟悉单层工业厂房结构安装的全过程,掌握单层工业厂房结构构件的安装工艺、安装方法;掌握钢结构构件制作及连接工艺,掌握钢结构安装的质量要求及安全措施;了解装配式混凝土构件吊装施工流程和技术要点。

能力目标:能合理选择结构安装工程机械,能明确单层工业厂房施工安装过程,明确钢结构构件加工及制作工艺要求,掌握钢结构构件连接技术应用范围,正确选择施工机械设备,能初步编写单层工业厂房施工方案。

思政目标:培养"预防为主,安全第一"的施工安全理念。尤其在钢结构单层工业厂房安装施工中,加强安全保护尤显重要。起重机械内容的介绍引发爱国情怀和民族自豪感。

6.1 起重机械与索具

6.1.1 索具设备

结构安装工程施工中除了起重机械外,还要使用许多辅助工具及设备,如卷扬机、钢丝绳、滑轮组、吊钩、卡环、柱销、横吊梁等。

1. 卷扬机

卷扬机主要由减速机、电动机、电磁抱闸、卷筒等部件组成(见图 6-1)。在建筑施工中常用的电动卷扬机有快速(JJK 型)和慢速(JJM 型)两种。快速(JJK 型)卷扬机主要用于垂直运输和打桩作业,慢速(JJM 型)卷扬机主要用于结构吊装、钢筋冷拉和预应力钢筋张拉作业。常用卷扬机的牵引能力为 10~100 kN。

图 6-1　卷扬机

卷扬机必须用地锚予以固定,以防工作时产生滑动或倾覆。根据牵引力的大小,固定卷扬机的方法有螺栓锚固法、水平锚固法、立桩锚固法和压重锚固法四种。

卷扬机至构件安装位置的水平距离应大于构件的安装高度,即当构件被吊到安装位置时,操作者视线仰角应小于 45°。卷扬机的安装位置还应使其距第一个导向滑轮的距离为卷筒长度的 15 倍,即当钢丝绳在卷筒边时,与卷筒轴中垂线的夹角不大于 2°。另外,钢丝绳引入筒时应接近水平,并应从卷筒的下面引入,以减少倾覆力矩。

2. 滑轮组

滑轮组由一定数量的定滑轮和动滑轮以及缠绕的钢丝绳所组成，具有省力和改变力的方向的功能，是起重机械的重要组成部分。滑轮组中共同负担重物的钢丝绳根数，称为工作线数。滑轮组的名称，以组成滑轮组的定滑轮与动滑轮的数目来表示，如由 4 个定滑轮和 4 个动滑轮组成的滑轮组称四四滑轮组，5 个定滑轮和 4 个动滑轮所组成的滑轮组称五四滑轮组。

3. 钢丝绳

钢丝绳是起重机械中用于悬吊、牵引或捆缚重物的挠性构件。钢丝绳一般由多根直径为 0.4～2 mm、抗拉强度为 1200～2200 MPa 的钢丝按一定规则捻制而成。捻制方法包括单绕、双绕和三绕。土木工程施工中常用的是双绕钢丝绳，它由钢丝捻成股，再由多股围绕绳芯绕成绳。其规格有 6×19、6×37 和 6×61 三种(6 股，每股分别由 19、37 和 61 根钢丝捻成，每股钢丝越多，其柔性越好)。

双绕钢丝绳按照捻制方向分为同向绕、交叉绕和混合绕三种，如图 6－2 所示。同向绕、交叉绕和混合绕三种钢丝绳的捻制方向和特点见表 6－1。

(a) 同向绕

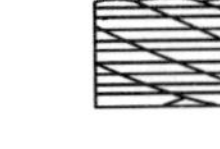

(b) 交叉绕

(c) 混合绕

图 6－2　双绕钢丝绳的绕向

表 6－1　双绕钢丝绳的捻制方向和特点

钢丝绳	捻制方向	特点
同向绕	钢丝捻成股的方向与股捻成绳的方向相同	挠性好，表面光滑磨损小，但易松散和扭转，不宜用来悬吊重物
交叉绕	钢丝捻成股的方向与股捻成绳的方向相反	不易松散和扭转，宜作起吊绳，但挠性差
混合绕	相邻两股钢丝绕向相反	性能介于上述两者之间，制作复杂，用得较少

6.1.2　桅杆式起重机

桅杆式起重机又称为把杆或拔杆，适于在比较狭窄的工地上使用，受地形限制小。桅杆式起重机具有制作简单、装拆方便、起重量大的特点，特别是大型构件吊装缺少大型起重机械时，这类起重设备更显示了它的优越性。桅杆式起重机有独脚拔杆、悬臂拔杆、人字拔杆和牵缆式桅杆起重机等。这类起重机需设较多的缆风绳，移动较困难，灵活性也较差。所以，桅杆式起重机一般多用于缺乏其他起重机械或安装工程量比较集中，而构件又较重的工程。

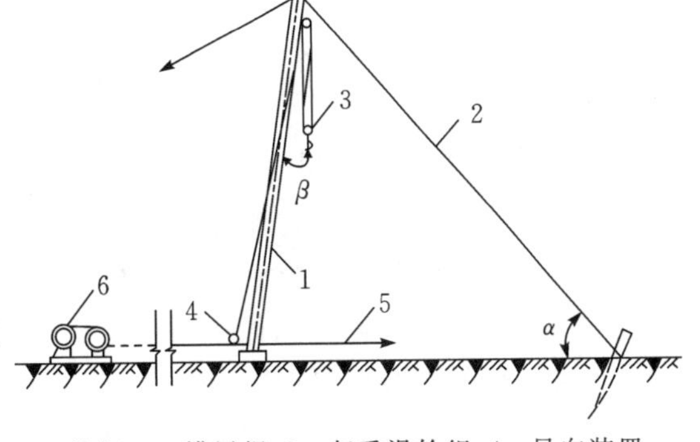

1—拔杆；2—缆风绳；3—起重滑轮组；4—导向装置；5—拉索；6—卷扬机；7—回转盘。

图 6－3　独脚拔杆

1. 独脚拔杆

独脚拔杆仅由一根拔杆和起重滑轮组、卷扬机、缆风绳和锚碇等组成(见图 6－3)。使用时，拔杆应保持不大于10°的倾角，以便吊装的构件不致碰撞拔杆，底部设置在硬木或钢制的支座上。缆风绳数量一般为6～12根，与地面夹角为30°～45°，角度过大会对拔杆产生较大的压力。拔杆起重能力，应按实际情况加以验算。木独脚拔杆常用圆木制作，圆木梢径20～32 cm，起重高度为15 m以内，起重量10 t以下；钢管独脚拔杆，一般起重高度在30 m以内，起重量可达30 t；格构式独脚拔杆起重高度达70～80 m，起重量可达100 t以上。

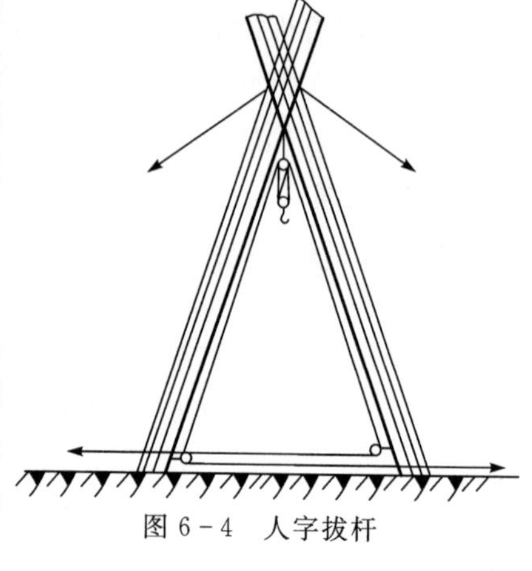
图6-4　人字拔杆

2. 人字拔杆

人字拔杆(见图6-4)一般由两根圆木或两根钢管用钢丝绳绑扎或铁件铰接而成，两杆夹角一般为20°～30°。拔杆下端两脚的距离约为高度的1/3～1/2，下悬起重滑轮组，底部设置拉杆或拉绳，以平衡拔杆本身的水平推力。人字拔杆的优点是侧向稳定性好，缆风绳较少(一般不少于5根)；缺点是构件起吊后活动范围小，一般仅用于安装重型构件或作为辅助设备以吊装厂房屋盖体系上的轻型构件。

3. 悬臂拔杆

悬臂拔杆是在独脚拔杆的中部或2/3高度处装一根起重臂而成。其特点是起重高度和起重半径都较大，起重臂左右摆动的角度也较大，但起重量较小。起重臂可以回转和起伏，可以固定在某一部位，亦可根据需要沿杆升降(见图6-5)。为了使起重臂铰接处的拔杆部分得到加强，可用撑杆和拉条(或钢丝绳)进行加固。悬臂拔杆多用于轻型构件的吊装。

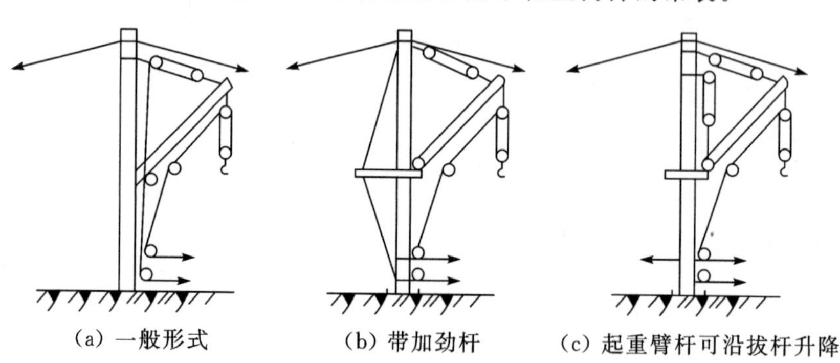
(a) 一般形式　　(b) 带加劲杆　　(c) 起重臂杆可沿拔杆升降

图6-5　悬臂拔杆

4. 牵缆式桅杆起重机

牵缆式桅杆起重机是在独脚拔杆下端装一根起重臂而成(见图6-6)。这种起重机的起重臂可以起伏，机身可回转360°，可以在起重机半径范围内把构件吊到任何位置。用角钢组成的格构式截面杆件的牵缆式起重机，桅杆高度可达80 m，起重量可达60 t左右。它多用于构件多、重量大且集中的结构安装工程。其缺点是缆风绳用量较多。

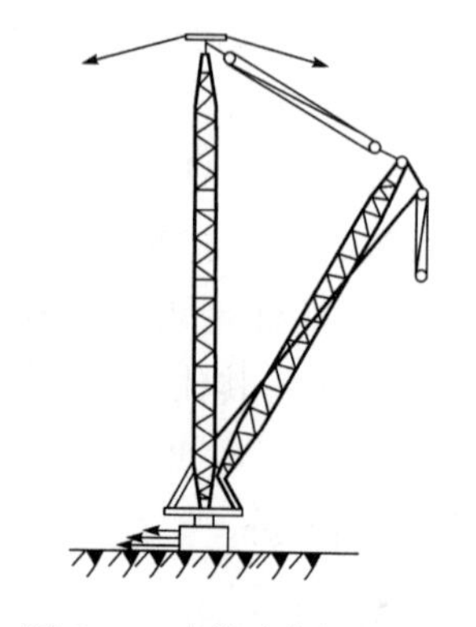
图6-6　牵缆式桅杆起重机

6.1.3　自行杆式起重机

常用的自行杆式起重机有履带式起重机、汽车式起重机和轮胎式起重机等。

1. 履带式起重机

1)履带式起重机的构造及特点

履带式起重机由行走机构、回转机构、机身及起重臂等部分组成(见图6－7)。履带式起重机操作灵活,使用方便,有较大的起重能力,在平坦坚实的道路上还可负载行走,更换工作装置后可成为挖土机或打桩机,是一种多功能机械。履带式起重机行走机构为两条链式履带;回转机构为装在底盘上的转盘,使机身可回转360°。起重臂下端铰接于机身上,随机身回转,顶端设有两套滑轮组(起重及变幅滑轮组),钢丝绳通过起重臂顶端滑轮组连接到机身内的卷扬机上,起重臂可分节制作并接长。

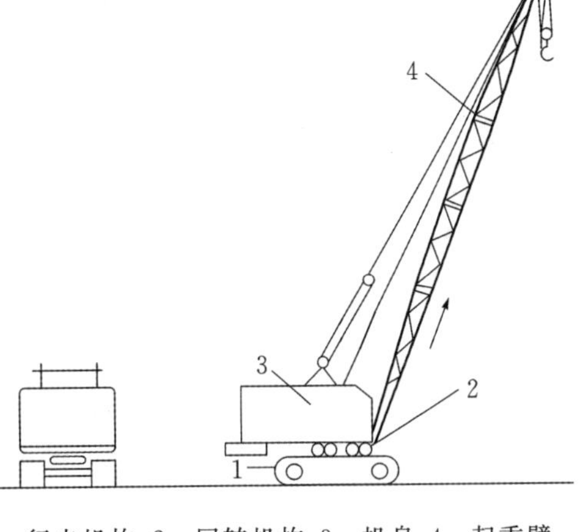

1—行走机构;2—回转机构;3—机身;4—起重臂。

图6－7　履带式起重机

履带式起重机行走速度慢,对路面破坏性大,在进行长距离转移时,应用平板拖车或铁路平板车运输。

在结构安装工程中,常用的国产履带式起重机有W1－50型、W1－100型、W1－200型等,不同型号履带式起重机主要技术性能见表6－2。W1－50型起重机机身小,自重轻,运转灵活,可在较狭窄的场地工作,适用于安装跨度18 m以内、高度10 m左右的小型车间或做一些辅助工作,如装卸构件等。W1－100型起重机机身较大,行驶速度较慢,但它有较大的起重量和可接长的起重臂,可用于安装18～24 m跨度的厂房。W1－200型起重机适于大型厂房的结构安装工程。

表6－2　履带式起重机技术性能表

参数		单位	型号							
			W1－50			W1－100		W1－200		
起重臂长度		m	10.0	18.0	18.0(带鸟嘴)	13.0	23.0	15.0	30.0	40.0
起重半径	最大起重半径	m	10.0	17.0	10.0	12.5	17.0	15.5	22.5	30.0
	最小起重半径	m	3.7	4.5	6.0	4.23	6.5	4.5	8.0	10.0
起重量	最小起重半径时	10 kN	10.0	7.5	2.0	15.0	8.0	50.0	20.0	8.0
	最大起重半径时	10 kN	2.6	1.0	1.0	3.5	1.7	8.2	4.3	1.5
起重高度	最小起重半径时	m	9.2	17.2	17.2	11.0	19.0	12.0	26.8	36.0
	最大起重半径时	m	3.7	7.6	14.0	5.8	16.0	3.0	19.0	25.0

2)履带式起重机的主要技术性能

通常履带式起重机的主要技术性能包括三个主要参数:起重量Q、起重半径R、起重高度H。起重量不包括吊钩、滑轮组的重量,起重半径R指起重机回转中心至吊钩的水平距离,起重高度H是指起重吊钩中心至停机面的垂直距离。从表6－2中可看出,起重量、起重半径和起重高度的大小取决于起重臂长度及其仰角大小。当起重臂长度一定时,随着仰角的增加,起重量和起重高度增加,而起重半径减小;当起重臂仰角不变时,随着起重臂长度增加,则起重半径和起重高度增加,而起重量减小。

3)**履带式起重机的稳定验算**

履带式起重机在正常条件下工作,机身可以保持稳定。当起重机进行超载吊装或接长臂杆时,为了保证起重机在吊装过程中不发生倾覆事故,应对起重机进行整机稳定验算。

2. 汽车式起重机

汽车式起重机(见图 6-8)是把起重机构安装在普通载重汽车或专用汽车底盘上的一种自行式起重机。起重臂的构造形式有桁架臂和伸缩臂两种。汽车式起重机行驶的驾驶室与起重操纵室是分开的。汽车式起重机的优点是行驶速度快,转移迅速,对路面破坏性小,因此,特别适用于流动性大、经常变换地点的作业。其缺点是安装作业时稳定性差,为增加其稳定性,设有可伸缩的支腿,起重时支腿落地。这种起重机不能负荷行驶。由于机身长,行驶时的转弯半径较大。

图 6-8 汽车式起重机

汽车式起重机有 Q2 系列、QY 系列等。如QY-32 型,臂长 32 m,最大起重量 320 kN,起重臂分四节,外面一节固定,里面三节可以伸缩,可用于一般工业厂房的结构安装。

3. 轮胎式起重机

轮胎式起重机(见图 6-9)在构造上与履带式起重机基本相似,但其行走装置为轮胎。起重机构及机身装在特制的底盘上,能全圆回转。随着起重量的大小不同,底盘上装有若干根轮轴,配有 4~10 个或更多个轮胎,并有可伸缩的支腿;起重时,利用支腿增加机身的稳定性,并保护轮胎。必要时,支腿下可加垫块,以扩大支承面。与汽车式起重机相比,其优点有轮距较宽、稳定性好、车身短、转弯半径小,可在 360°范围内工作,但其行驶时对路面要求较高,行驶速度较汽车式起重机慢,不适于在松软泥泞的地面上工作。

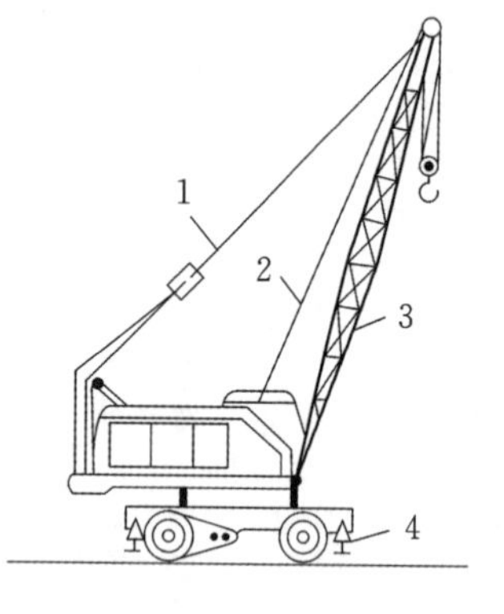

1—变幅索;2—起重索;3—起重臂;4—支腿。

图 6-9 轮胎式起重机

轮胎式起重机的特点与汽车式起重机相同。我国常用的轮胎式起重机有 QLD 系列及 QYL 系列等,均可用于一般工业厂房结构安装。

6.1.4 塔式起重机

塔式起重机(简称塔机,亦称塔吊)具有竖直的塔身。其起重臂安装在塔身顶部,与塔身组成“Γ”形,使塔式起重机具有较大的工作空间。它的安装位置能靠近施工的建筑物,有效工作半径较其他类型起重机大。塔式起重机种类繁多,广泛应用于多层及高层建筑工程施工中。

塔式起重机按其行走机构、回转方式、变幅方式分为多种类型,各类型起重机的特点参见表 6-3。

表 6-3　塔式起重机的分类和特点

分类方法	类型	特点
按行走机构分类	自行式塔式起重机	能靠近工作地点，转移方便，机动性强，常用的有轨道式、轮胎式、履带式三种
	自升式塔式起重机	设有行走机构，安装在靠近修建物的基础上，可随施工的建筑物升高而升高
按起重臂变幅方式分类	起重臂变幅塔式起重机	起重臂与塔身铰接，变幅时调整起重臂的仰角，变幅机构有电动和手动两种
	起重小车变幅塔式起重机	起重臂是不变(或可变)的横梁，下弦装有起重小车，这种起重机变幅简单，操作方便，并能带载变幅
按回转方式分类	塔顶回转式起重机	结构简单，安装方便，但起重机重心高，塔身下部要加配重，操作室位置低，不利于高层建筑施工
	塔身回转式起重机	塔身与起重臂同时旋转，回转机构在塔身下部，便于维修；操作室位置较高，便于施工观察；但回转机构较复杂

1.轨道式塔式起重机

轨道式塔式起重机是一种能在轨道上行驶的起重机，又称自行式塔式起重机。这种起重机可负荷行驶，有的只能在直线轨道上行驶，有的可沿“L”形或“U”形轨道行驶。

QT1-6 型塔式起重机(见图 6-10)是一种中型塔顶旋转式塔式起重机，由底座、塔身，起重臂、塔顶及平衡重物等组成。塔顶有齿式回转机构，塔顶通过它围绕塔身回转 360°。起重机底座有两种：一种有 4 个行走轮，只能直线行驶；另一种有 8 个行走轮能转弯行驶，内轨半径不小于 5 m。QT1-6 型塔式起重机的最大起重力矩为 400 kN·m，起重量 20～60 kN，适用于一般工业与民用建筑的安装和材料仓库的装卸作业。

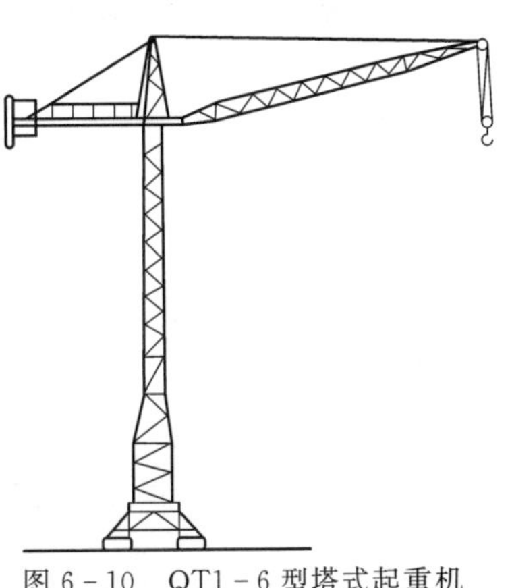
图 6-10　QT1-6 型塔式起重机

QT-60/80 型塔式起重机是一种塔顶旋转式塔式起重机，起重力矩 600～800 kN·m，最大起重量 100 kN。这种起重机适用于多层装配式工业与民用建筑结构安装，尤其适合装配式大板房屋施工。

轨道式塔式起重机在使用中应注意下列几点：

(1)塔式起重机的轨道位置，其边线与建筑物应有适当距离，以防止行走时行走台与建筑物相碰而发生事故，并避免起重机轮压传至基础，使基础产生沉陷。钢轨两端必须设置车挡。

(2)起重机工作时必须严格按照额定起重量起吊，不得超载，也不准吊运人员、斜拉重物、拔除地下埋设物。

(3)司机必须得到指挥信号后方可进行操作，操作前司机必须按电铃、发信号。吊物上升时，吊钩距起重臂端不得小于 1 m。工作休息和下班时，不得将重物悬挂在空中。

(4)运转完毕，起重机应开到轨道中部位置停放，并用夹轨钳夹紧在钢轨上。吊钩上升到距起重臂端 2～3 m 处，起重臂应转至平行于轨道的方向。

(5)所有控制器工作完毕后，必须扳到停止点(零位)，拉开电源总开关。

(6)六级风以上及雷雨天，禁止操作。起重机如失火，绝对禁止用水救火，应该用四氯化碳灭火器或其他不导电的东西扑灭。

2. 爬升式塔式起重机

高层装配式结构施工，若采用一般轨道式塔式起重机，其起重高度不能满足构件的吊装要求，需采用自升式塔式起重机。爬升式塔式起重机是自升式塔式起重机的一种，它安装在高层装配式结构的框架梁上，每吊装 1～2 层楼的构件后，向上爬升一次。这类起重机主要用于高层(10 层以上)框架结构安装。爬升式塔式起重机(见图 6－11)由底座、套架、塔身、塔顶、行车式起重臂、平衡臂等部分组成。其特点是机身体积小，重量轻，安装简单，适于现场狭窄的高层建筑结构安装。

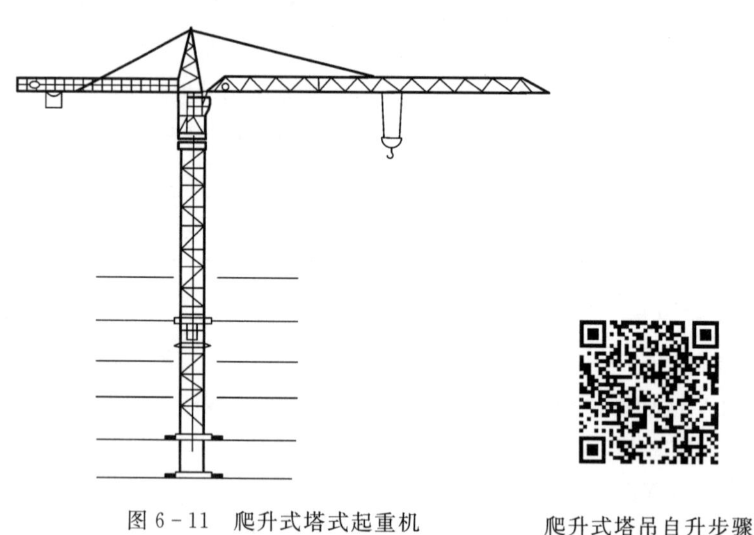

图 6－11　爬升式塔式起重机

爬升式塔吊自升步骤

3. 附着式塔式起重机

附着式塔吊自升步骤

附着式塔式起重机是固定在建筑物近旁混凝土基础上的起重机械，它可借助顶升系统随着建筑施工进度而自行向上接高。为了减小塔身的计算长度，每隔 20 m 左右将塔身与建筑物用锚固装置联结起来。这种塔式起重机宜用于高层建筑施工。

附着式塔式起重机的型号有 QT4－10 型、QT1－4 型、ZT－1200 型、ZT－100 型等。QT4－10 型起重机(见图 6－12)，每顶升一次升高 2.5 m，常用的起重臂长为 30 m，此时最大起重力矩为 1600 kN·m，起重量 5～10 t，起重半径为 3～30 m，起重高度 160 m。

附着式塔式起重机的液压顶升系统主要包括顶升套架、长行程液压千斤顶、支承座、顶升横梁及定位销等。

液压千斤顶的缸体装在塔吊上部结构的底端支承座上，活塞杆通过顶升横梁(扁担梁)支承在塔身顶部。其顶升过程可分以下五个步骤：

(1)将标准节吊到摆渡小车上，并将过渡节与塔身标准节相连的螺栓松开，准备顶升，如图 6－13(a)所示。

(2)开动液压千斤顶，将塔吊上部结构包括顶升套架向上顶升到超过一个标准节的高度，然后用定位销将套架固定。塔吊上部结构的重量就通过定位销传递到塔身，如图 6－13(b)所示。

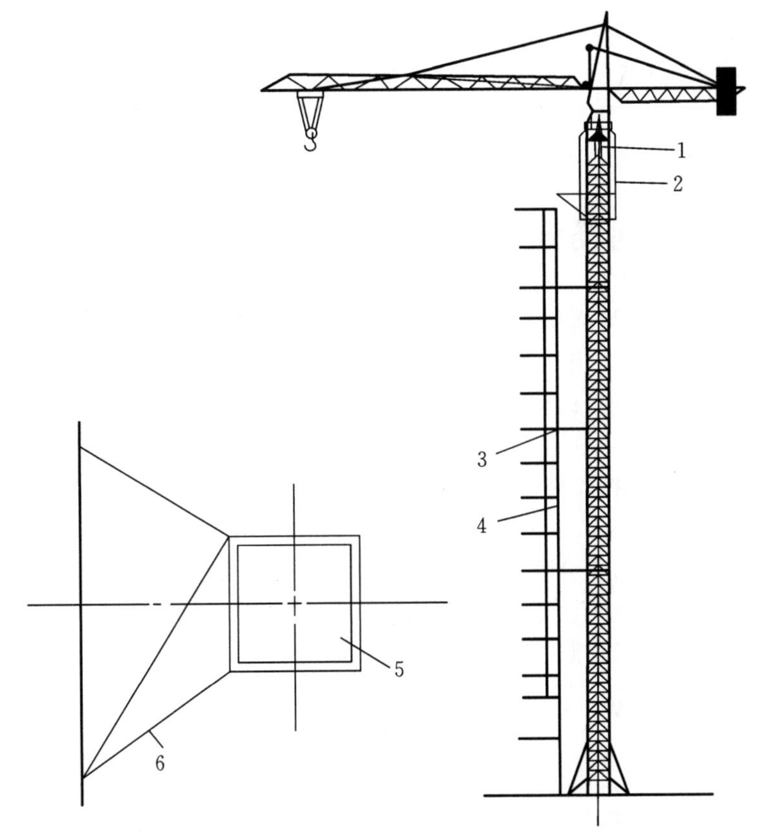

1—液压千斤顶；2—顶升套架；3—锚固装置；4—建筑物；5—塔身；6—附着杆。

图 6-12　QT4-10 型附着式塔式起重机

(3)液压千斤顶回缩，形成引进空间，此时将装有标准节的摆渡小车开到引进空间内，如图 6-13(c)所示。

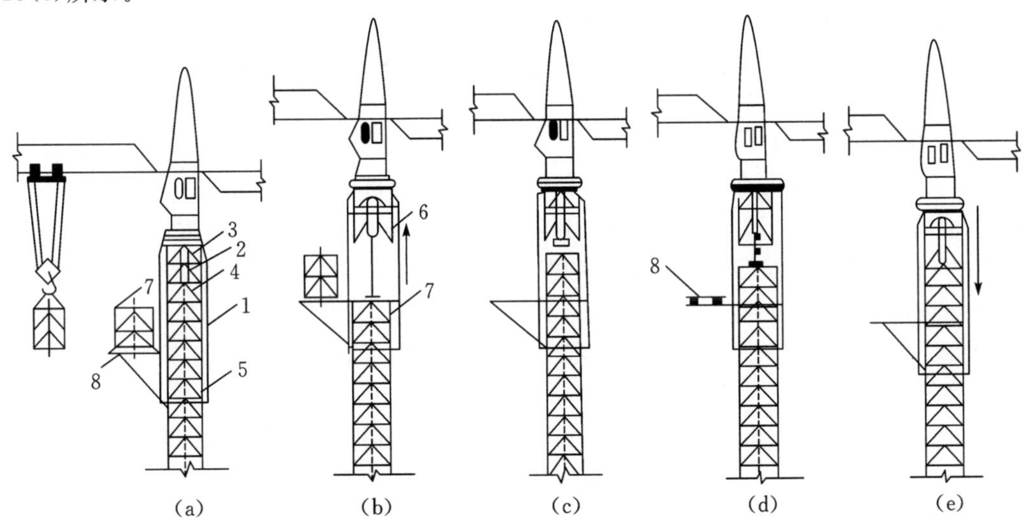

1—顶升套架；2—液压千斤顶；3—支承座；4—顶升横梁；5—定位销；6—过渡节；7—标准节；8—摆渡小车。

图 6-13　附着式塔式起重机的顶升过程

(4)利用液压千斤顶稍微提起标准节,退出摆渡小车,然后将标准节平稳地落在下面的塔身上,并用螺栓加以连接,如图 6-13(d)所示。

(5)拔出定位销,下降过渡节,使之与已接高的塔身联成整体,如图 6-13(e)所示,如一次要接高若干节塔身标准节时,可重复以上工序。

6.2 钢筋混凝土单层工业厂房结构吊装

单层工业厂房由于其占地面积大、构件类型少而数量多等特点,一般多采用装配式钢筋混凝土结构,以促进建筑工业化,加快建设速度。因此,结构安装工程是装配式单层工业厂房施工的主导工程,它直接影响整个工程的施工进度、劳动生产率、工程质量、施工安全和工程成本,必须予以充分重视。

在拟订单层工业厂房结构安装方案时,先根据厂房的平面尺寸、跨度大小、结构特点,构件的类型、重量和安装的位置标高,设备基础施工方案(封闭式或敞开式施工),现有起重机械的性能,以及施工现场的具体条件等,来合理选择起重机械,使其能满足起重量、起重高度和起重半径的要求;然后根据所选起重机械的性能,来确定构件吊装工艺、结构安装方法、起重机开行路线和停机位置,再据此进行构件现场预制的平面布置和就位布置。

6.2.1 构件吊装工艺

装配式钢筋混凝土单层工业厂房的结构构件有柱、基础梁、吊车梁、连系梁、托架、屋架、天窗架、屋面板、墙板及支撑等。构件的吊装工序有绑扎、吊升、对位、临时固定、校正、最后固定等。在构件吊装之前,必须切实做好各项准备工作,包括:场地清理,道路的修筑,基础的准备,构件的运输、就位、堆放、拼装加固、检查清理、弹线编号,以及吊装机具的准备等。

1. 构件吊装前的准备工作

1)场地清理与铺设道路

起重机进场之前,按照现场平面布置图,标出起重机的开行路线,清理道路上的杂物,进行平整压实。回填土或松软地基上,要用枕木或厚钢板铺垫。雨季施工,要做好排水工作,准备一定数量的抽水机械,以便及时排水。

2)构件的运输和堆放

在工厂制作或施工现场集中制作的构件,吊装前要运送到吊装地点就位。根据构件的重量、外形尺寸、运输量、运距以及现场条件等选用合适的运输方式,通常采用载重汽车和平板拖车。图 6-14 为柱、吊车梁、屋架等构件运输示意图。

构件运输过程中,必须保证构件不损坏、不变形、不倾覆,并且要为吊装工作创造有利条件。因此,路面要平整,有足够的路面宽度和转弯半径,司机根据路面情况掌握行车速度。构件运输应符合下列规定:

(1)为了防止构件在运输过程中由于受震动而损坏,钢筋混凝土构件的混凝土强度等级,当设计无具体规定时,不应小于设计的混凝土强度标准值的 75%;对于屋架、薄腹梁等构件不应小于设计的混凝土强度标准值的 100%。

(2)构件支承的位置和方法,应根据其受力情况确定,不得引起混凝土的超应力或损伤构件。

(3)构件装运时应绑扎牢固,防止移动或倾覆。对构件边部或与链锁接触处的混凝土,应采用衬垫加以保护。

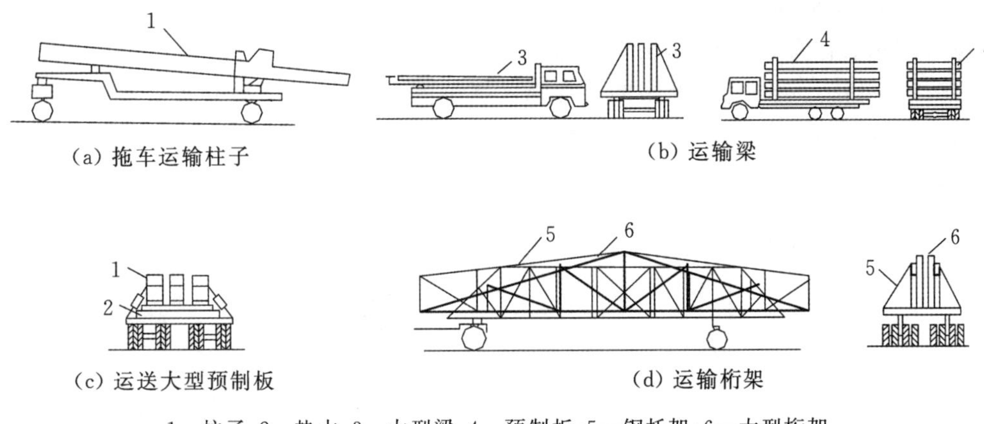

(a) 拖车运输柱子　(b) 运输梁　(c) 运送大型预制板　(d) 运输桁架

1—柱子；2—垫木；3—大型梁；4—预制板；5—钢托架；6—大型桁架。

图 6-14　构件运输示意图

(4)运输细长构件时，行车应平稳，并可根据需要对构件设置临时水平支撑。

(5)构件的堆放应按平面布置图所示位置堆放，避免二次搬运。

构件堆放应符合下列规定：

(1)堆放构件的场地应平整坚实，并具有排水措施，堆放构件时应使构件与地面之间有一定空隙。

(2)应根据构件的刚度及受力情况，确定构件平放或立放，并应保持其稳定。

(3)重叠堆放的构件，吊环应向上，标志应向外。其堆垛高度应根据构件与垫木的承载能力及堆垛的稳定性确定，各层垫木的位置应在一条垂直线上。

2. 柱的吊装

1)基础的准备

柱基施工时，杯底标高一般比设计标高低(通常低 5 cm)，柱在吊装前需对基础杯底标高进行一次调整(或称找平)。调整方法是测出杯底原有标高(小柱测中间一点，大柱测四个角点)，再量出柱脚底面至牛腿面的实际长度，计算出杯底标高调整值，并在杯口内标出，然后用 1∶2 水泥砂浆或细石混凝土将杯底找平至标志处。

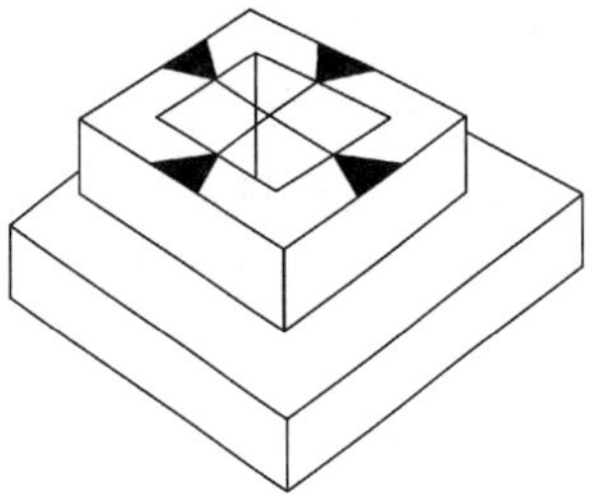

图 6-15　基础的准线

此外，还要在基础杯口面上弹出建筑的纵、横定位轴线和柱的吊装准线，作为柱对位、校正的依据(见图 6-15)。柱子应在柱身的三个面上弹出吊装准线(见图 6-16)。柱的吊装准线应与基础面上所弹的吊装准线位置相适应。对矩形截面柱可按几何中线弹吊装准线；对工字形截面柱，为便于观测及避免视差，则应靠柱边弹吊装准线。

2)柱的绑扎

柱的绑扎常用吊索和卡环，在吊索与构件之间要垫以麻袋或木板，以防吊索与构件相互磨损。柱的绑扎方法、绑扎位置和绑扎点数，应根据柱的形状、长度、截面、配筋、起吊方法和起重机性能等因素确定。由于柱起吊时吊离地面的瞬间由自重产生的弯矩最大，其最合理的绑扎点位置，应按柱子产生的正负弯矩绝对值相等的原则来确定。一般中小型柱(自重 13 t 以下)大多数绑扎一点；重型柱或配筋少而细长的柱(如抗风柱)，为防止起吊过程中柱的断裂，常需绑扎两点甚至三点。对于有牛腿的柱，其绑扎点应选在牛腿以下 200 mm 处；工字形断面和双肢柱，应选在矩形断面处，否则应在绑扎位置用方木加固翼缘，防止翼缘在起吊时损坏。

根据柱起吊后柱身是否垂直，相应的绑扎方法有如下两种。

(1)斜吊绑扎法。当柱平卧起吊的抗弯强度满足要求时，可采用斜吊绑扎法(见图 6－17)。此法的特点是柱不需翻身，起重钩可低于柱顶。当柱身较长，起重机臂长不够时，用此法较方便。但因柱身倾斜，就位对中不太方便。

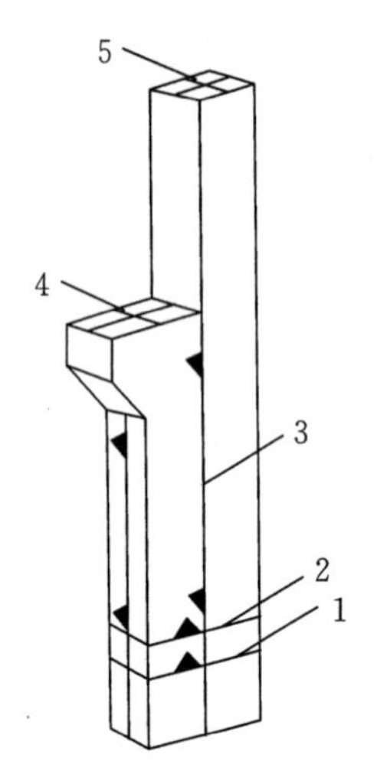

1—基础顶面线；2—地坪标高线；3—柱子中心线；
4—吊车梁对位线；5—柱顶中心线。

图 6－16　柱的准线

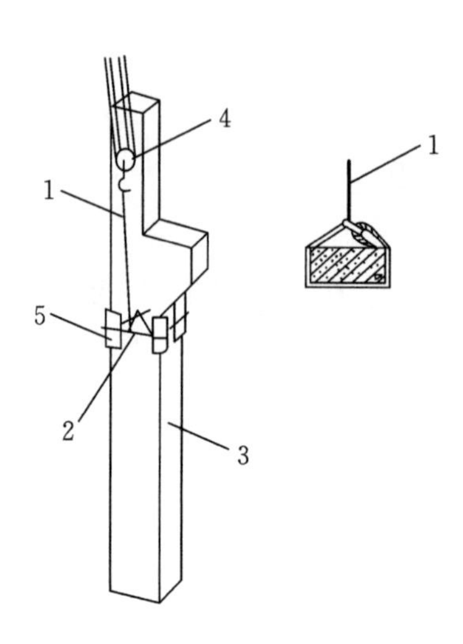

1—吊索；2—活络卡环；3—柱；
4—滑车；5—方木。

图 6－17　柱的斜吊绑扎法

(2)直吊绑扎法。当柱平卧起吊的抗弯强度不足时，吊装前需先将柱翻身后再绑扎起吊，这时就要采取直吊绑扎法(见图 6－18)。此法吊索从柱子两侧引出，上端通过卡环或滑轮挂在铁扁担上，柱身成垂直状态，便于插入杯口，就位校正。但由于铁扁担高于柱顶，须用较长的起重臂。

此外，当柱较重较长、需采用两点起吊时，也可采用两点斜吊和直吊绑扎法(见图 6－19)。此时，为便于立直，应使下扎点距柱中心近些。

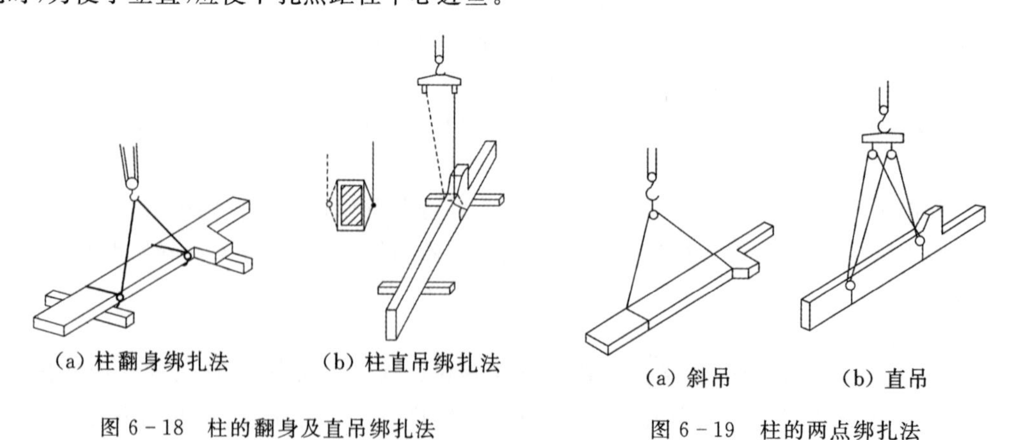

(a) 柱翻身绑扎法　(b) 柱直吊绑扎法

图 6－18　柱的翻身及直吊绑扎法

(a) 斜吊　(b) 直吊

图 6－19　柱的两点绑扎法

3)柱的吊升方法

根据柱在吊升过程中的特点，柱的吊升可分为旋转法和滑行法两种。对于重型柱还可采用双机抬吊的方法。

(1)旋转法。采用旋转法吊柱时(见图 6－20),柱脚宜近基础,柱的绑扎点、柱脚与基础中心三者宜位于起重机的同一起重半径的圆弧上。在起吊时,起重机的起重臂边升钩、边回转,使柱绕柱脚旋转而成直立状态,然后将柱吊离地面插入杯口(见图 6－21)。此法要求起重机应具有一定回转半径和机动性,故一般适用于自行杆式起重机吊装。其优点是,柱在吊装过程中振动小、生产率较高。

采用旋转法吊柱,若受施工现场的限制,柱的布置不能做到三点共弧时,则可采用绑扎点与基础中心或柱脚与基础中心两点共弧布置,但在吊升过程中需改变回转半径和起重机仰角,这样做工效低,且安全度较差。

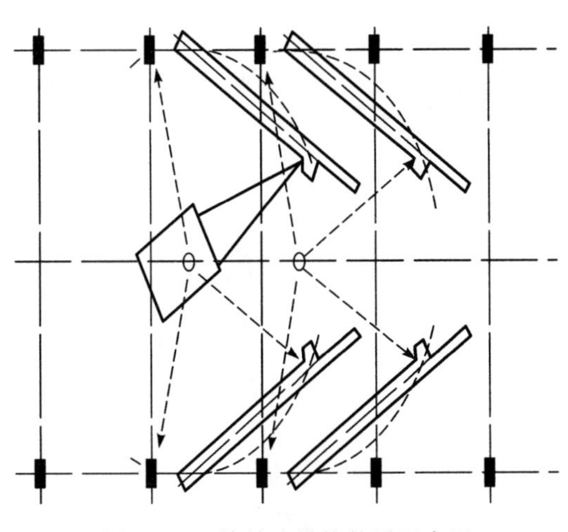

图 6－20　旋转法吊柱的平面布置

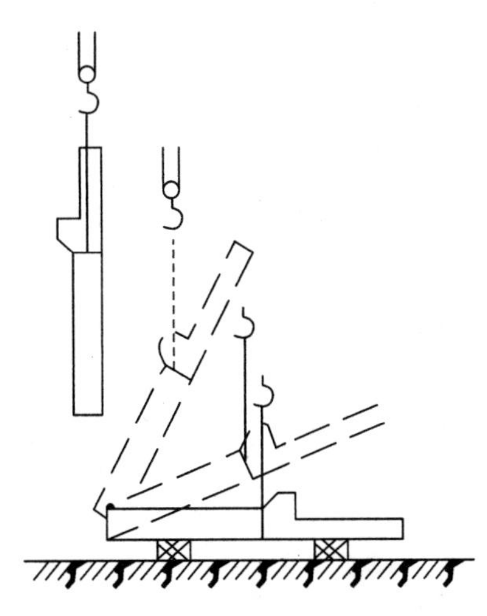

图 6－21　旋转法

(2)滑行法。柱吊升时,起重机只升钩,起重臂不转动,使柱脚沿地面滑升逐渐直立,然后吊离地面插入杯口,如图 6－22(a)所示。采用此法吊柱时,柱的绑扎点布置在杯口附近,并与杯口中心位于起重机同一起重半径的圆弧上,如图 6－22(b)所示。

滑行法的特点:柱的布置较灵活;起重半径小,起重杆不转动,操作简单;可以起吊较重、较长的柱;适用于现场狭窄或采用桅杆式起重机吊装。但是柱在滑行过程中阻力较大,易受振动产生冲击力,致使构件、起重机引起附加内力,而且当柱刚吊离地面时会产生较大的“串动”现象。为此,采用滑行法吊柱时,宜在柱的下端垫一枕木或滚筒,拉一溜绳,以减小阻力和避免“串动”。

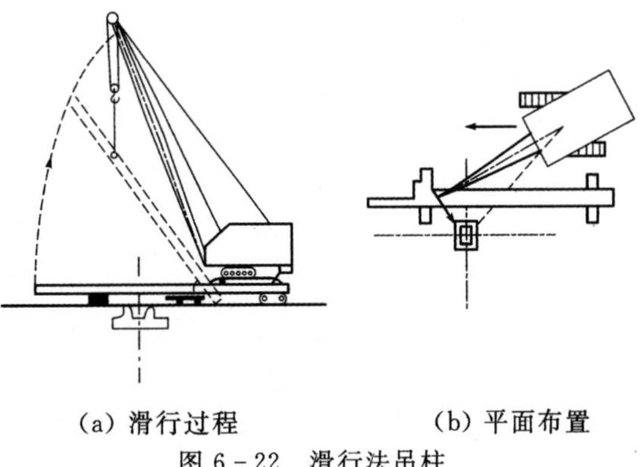

(a) 滑行过程　　(b) 平面布置

图 6－22　滑行法吊柱

(3)双机抬吊。当柱的重量较大,使用一台起重机无法吊装时,可以采用双机抬吊。双机抬吊仍可采用旋转法(两点抬吊)和滑行法(一点抬吊)。

双机抬吊旋转法,是用一台起重机抬柱的上吊点,另一台起重机抬柱的下吊点,柱的布置应使两个吊点与基础中心分别处于起重半径的圆弧上,两台起重机并列于柱的一侧,如图 6－23 所示。起吊时,两机同时同速升钩,将柱吊离地面,然后两台起重机起重臂同时向杯口旋转,此时,从动起重机 A 只旋转不提升,主动起重机 B 则边旋转边升钩直至柱直立,双机以等速缓慢落钩,将柱插入杯口中。

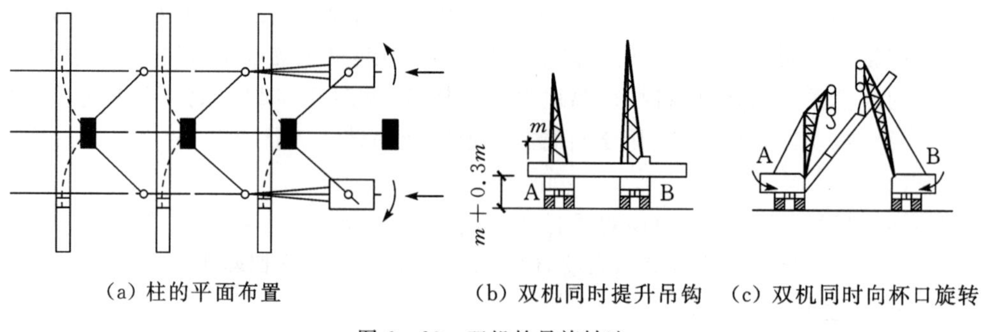

(a) 柱的平面布置　　(b) 双机同时提升吊钩　(c) 双机同时向杯口旋转

图 6-23　双机抬吊旋转法

采用双机抬吊滑行法，其柱的平面布置与单机起吊滑行法基本相同。两台起重机停放位置相对而立，其吊钩均应位于基础上方，如图 6-24 所示。起吊时，两台起重机以相同的升钩、降钩、旋转速度工作，故宜选择型号相同的起重机。

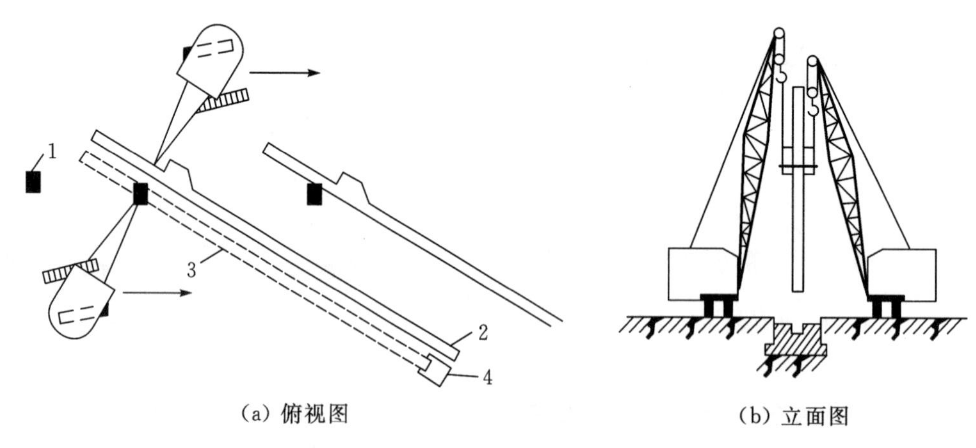

(a) 俯视图　　(b) 立面图

1—基础；2—柱预制位置；3—柱翻身后位置；4—滚动支座。

图 6-24　双机抬吊滑行法

4)柱的对位与临时固定

如用直吊法时，柱脚插入杯口后，应在悬离杯底 30～50 mm 处进行对位。若用斜吊法时，则需将柱脚基本送到杯底，然后在吊索一侧的杯口中插入两个楔子，再通过起重机回转使其对位。对位时，应先从柱四周向杯口放入 8 只楔块，并用撬棍拨动柱脚，使柱的吊装准线对准杯口上的吊装准线，并使柱基本保持垂直。

柱对位后，应先将楔块略为打紧，待松钩后观察柱沉至杯底后的对中情况，若已符合要求即可将楔块打紧，使之临时固定(见图 6-25)。当柱基杯口深度与柱长之比小于 1/20，或具有较大牛腿的重型柱，还应增设带花篮螺丝的缆风绳或加斜撑措施来加强柱临时固定的稳定性。

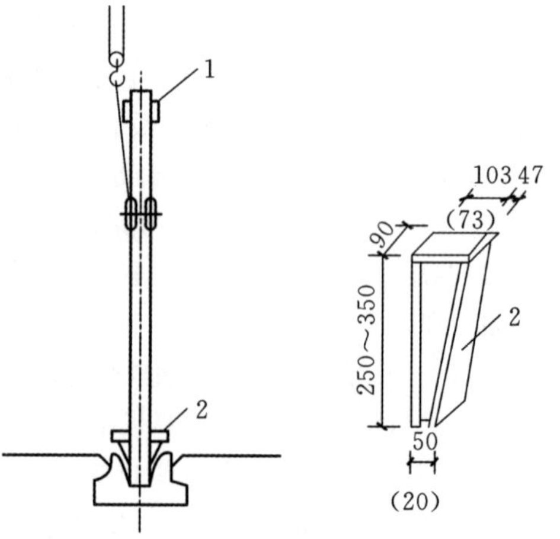

1—安装缆风绳或挂操作台的夹箍；2—钢楔。

图 6-25　柱的临时固定

5)**柱的校正与最后固定**

柱的校正包括平面位置、垂直度和标高三项，但标高的校正已在杯底抄平时进行，平面位置在对位时也已校正好，因此，吊装后则主要是校正垂直度。

垂直度的校正直接影响吊车梁、屋架等吊装的准确性，必须认真对待。柱的垂直度允许偏差值：一般柱高为 5 m 或小于 5 m 时为 5 mm；柱高大于 5 m 时为 10 mm；柱高为 10 m 及大于 10 m 的多节柱时为 1/1000 柱高，但不得大于 20 mm。

柱的垂直度检测常用经纬仪观测，也可用吊线锤检查。柱垂直度校正常用方法有敲打楔块法、千斤顶校正法(见图 6-26)、钢管撑杆斜顶法及缆风校正法等。

对于中小型柱或偏斜值较小时，可用打紧或稍放松楔块进行校正。若偏斜值较大或重型柱，则用撑杆、千斤顶或缆风绳等校正。

柱校正后，应将楔块每两个一组对称、均匀、分次打紧，并立即进行最后固定，如图 6-27 所示。其方法是在柱脚与杯口的空隙中浇筑比柱混凝土标号高一级的细石混凝土。混凝土的浇筑应分两次进行，第一次浇至楔块底面，待混凝土强度达到 30%时，即可拔去楔块，再将混凝土浇满杯口，进行养护，待第二次浇筑后混凝土强度达到 70%，方能安装上部构件。

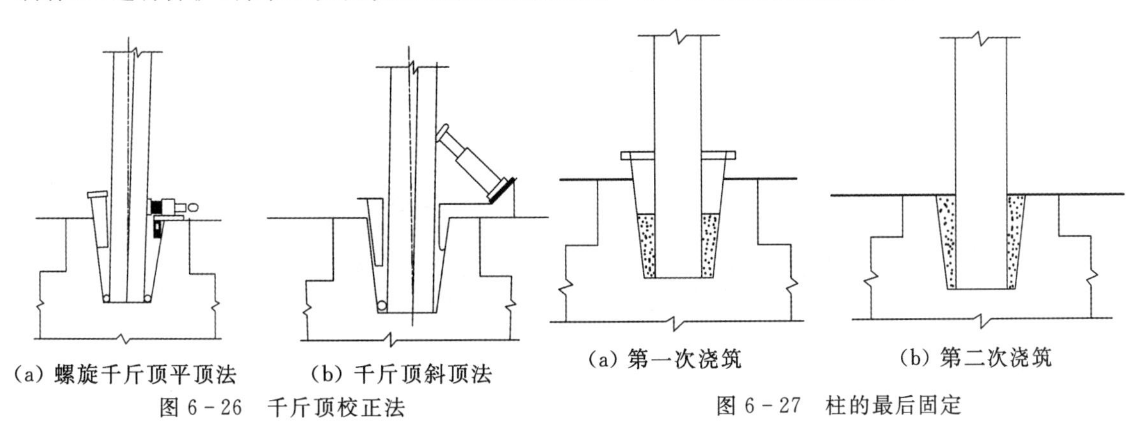

(a) 螺旋千斤顶平顶法　(b) 千斤顶斜顶法

图 6-26　千斤顶校正法

(a) 第一次浇筑　(b) 第二次浇筑

图 6-27　柱的最后固定

3. 吊车梁的吊装

吊车梁吊装时应两点绑扎，对称起吊，吊钩应对准吊车梁重心，使其起吊后基本保持水平。对位时不宜用撬棍顺纵轴线方向撬动吊车梁，吊装后需校正标高、平面位置和垂直度。吊车梁的标高主要取决于柱子牛腿的标高，只要牛腿标高准确，其误差就不大，如存在误差，可待安装轨道时加以调整。平面位置的校正，主要是检查吊车梁纵轴线以及两列吊车梁之间的跨度 L_k 是否符合要求。轴线偏差不得大于 5 mm；在屋盖吊装前校正时，L_k 不得有正偏差，以防屋盖吊装后柱顶向外偏移，使 L_k 的偏差过大。

吊车梁绑扎时，两根吊索要等长，绑扎点对称设置，吊钩对准梁的重心，以使吊车梁起吊后能基本保持水平，如图 6-28 所示。

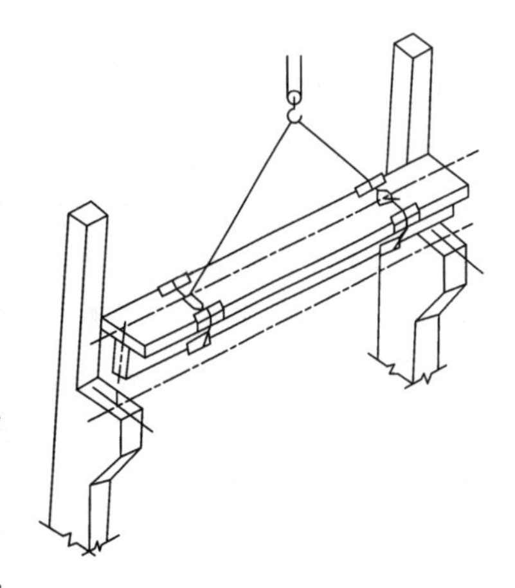

图 6-28　吊车梁的吊装

在检查校正吊车梁中心线的同时，可用锤球检查吊车梁的垂直度，若发现偏差，可在两端的支座面上加斜垫铁纠正。

每叠垫铁不得超过三块。

一般较轻的吊车梁，可在屋盖吊装前校正，亦可在屋盖吊装后校正；较重的吊车梁，宜在屋盖吊装前校正。

吊车梁平面位置的校正，常用通线法(见图 6 - 29)及平移轴线法(见图 6 - 30)。通线法是根据柱轴线用经纬仪和钢尺准确地校正好一跨内两端的四根吊车梁的纵轴线和轨距，再依据校正好的端部吊车梁沿其轴线拉上钢丝通线，逐根拨正即可。平移轴线法是根据柱和吊车梁的定位轴线间的距离(一般为 750 mm)，逐根拨正吊车梁的安装中心线。

吊车梁校正后，应随即焊接牢固，并在接头处浇筑细石混凝土最后固定。

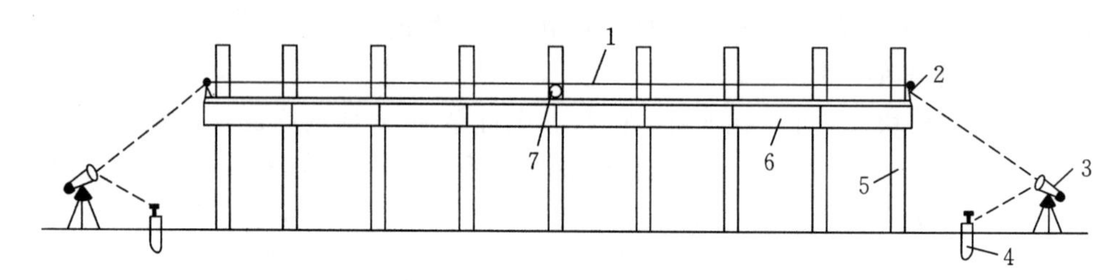

1—通线；2—支架；3—经纬仪；4—木桩；5—柱；6—吊车梁；7—圆钢。

图 6 - 29　通线法校正吊车梁示意图

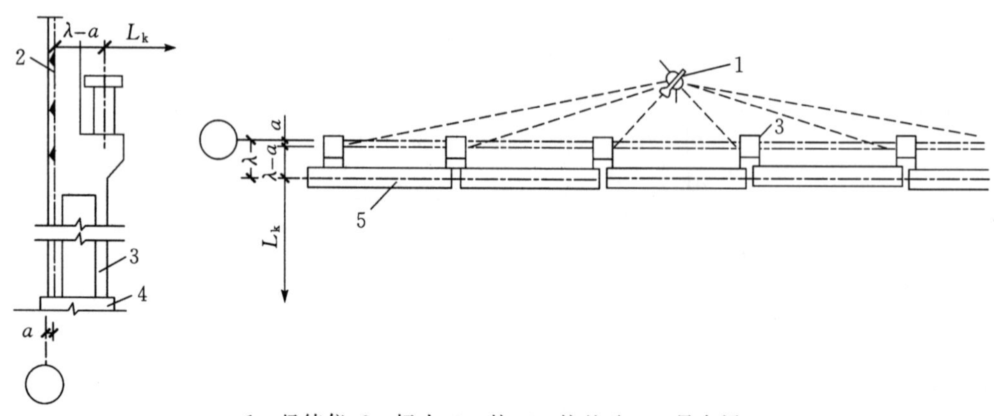

1—经纬仪；2—标志；3—柱；4—柱基础；5—吊车梁。

图 6 - 30　平移轴线法校正吊车梁示意图

4. 屋架的吊装

1)屋架的扶直与就位

钢筋混凝土屋架一般在施工现场平卧浇筑，吊装前应将屋架扶直就位。因屋架的侧向刚度差，扶直时由于自重影响，改变了杆件受力性质，容易造成屋架损伤。因此，应事先进行吊装验算，以便采取有效措施，保证施工安全。

按照起重机与屋架相对位置不同，屋架扶直可分为正向扶直与反向扶直。

(1)正向扶直。起重机位于屋架下弦一边，先以吊钩对准屋架上弦中心，收紧吊钩，然后略起臂使屋架脱模，随即起重机升钩升臂使屋架以下弦为轴缓缓转为直立状态，如图 6 - 31(a)所示。

(2)反向扶直。起重机位于屋架上弦一边，先以吊钩对准屋架上弦中心，接着升钩并降臂，使屋架以下弦为轴缓缓转为直立状态，如图 6 - 31(b)所示。

正向扶直与反向扶直的最大区别在于扶直过程中，一为升臂，一为降臂。升臂比降臂易于操

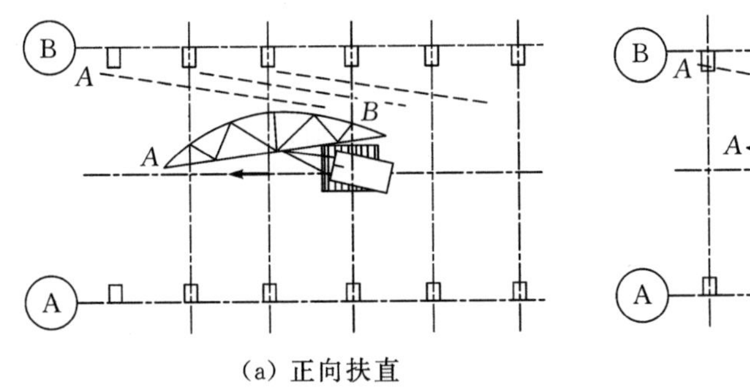

(a) 正向扶直

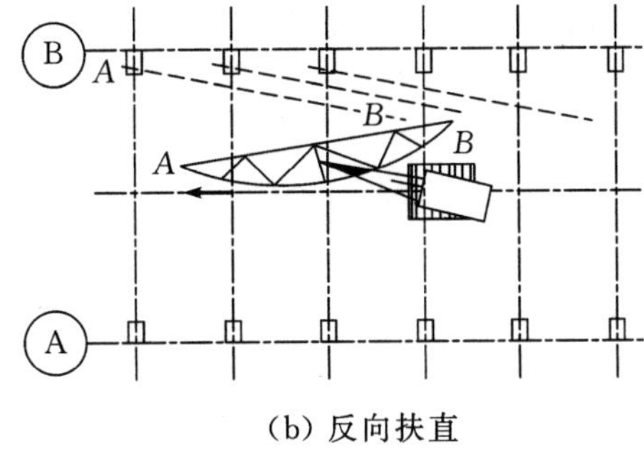

(b) 反向扶直

图 6-31　屋架扶直

作且较安全，故应尽可能采用正向扶直。

屋架扶直后，立即进行就位。就位的位置与屋架安装方法、起重机的性能有关，应少占场地，便于吊装，且应考虑到屋架安装顺序、两端朝向等问题。一般靠柱边斜放或以 3～5 榀为一组平行柱边纵向就位。屋架就位后，应用 8 号铁丝、支撑等与已安装的柱或已就位的屋架相互拉牢，以保持稳定。

2)屋架的绑扎

屋架的绑扎点应选在上弦节点处，左右对称，并高于屋架重心，使屋架起吊后基本保持水平，不晃动、倾翻。吊索与水平线的夹角不宜小于 45°，以免屋架承受过大的横向压力；必要时，为了减少绑扎高度和所受的横向压力，可采用横吊梁。吊点的数目及位置与屋架的形式和跨度有关，一般应经吊装验算确定。在屋架两端应加溜索，以控制屋架的转动。

当屋架跨度小于或等于 18 m 时，采用两点绑扎，如图 6-32(a)所示；屋架跨度为 18～24 m 时，采用四点绑扎，如图 6-32(b)所示；当屋架跨度为 30～36 m 时，采用 9 m 横吊梁，四点绑扎，如图 6-32(c)所示；侧向刚度较差的屋架，必要时应在一侧或两侧绑两道杉木杆以进行临时加固，如图 6-32(d)所示。对于组合屋架，因刚性差、下弦不能承受压力，故绑扎时也应用横吊梁。

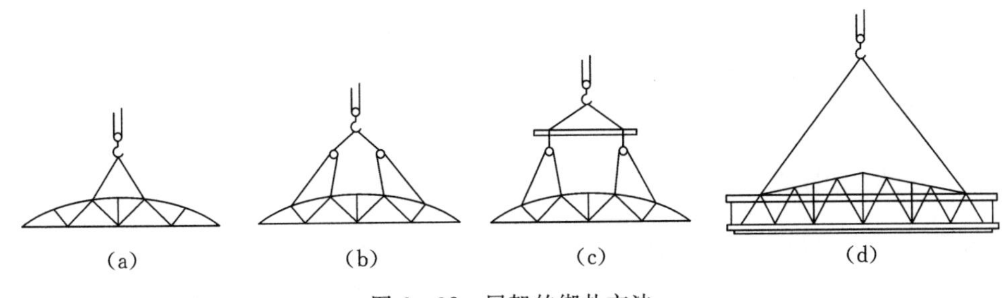

图 6-32　屋架的绑扎方法

3)屋架的吊升、对位与临时固定

屋架的吊升是先将屋架吊离地面约 300 mm，然后将屋架转至吊装位置下方，再将屋架吊升超过柱顶约 300 mm，随即将屋架缓缓放至柱顶，进行对位。重型屋架吊升时，若一台起重机的起重量不能满足要求时，可以考虑采用双机抬吊的方法。

屋架对位应以建筑物的定位轴线为准。当柱顶截面中心线与定位轴线偏差过大时，则只可逐渐调整纠正，以免影响屋面板的搁置长度。屋架对位后，立即进行临时固定，第一榀屋架用 4 根缆风绳从屋架两边拉牢，或将屋架与抗风柱连接；第二榀以后的屋架均用 2 根工具式支撑(屋架校正器)撑牢在前一榀屋架上(见图 6-33)。临时固定稳妥后，起重机才能脱钩。当屋架经校正、最后固定,并安装了若干块大型屋面板后,才能将此支撑取下。

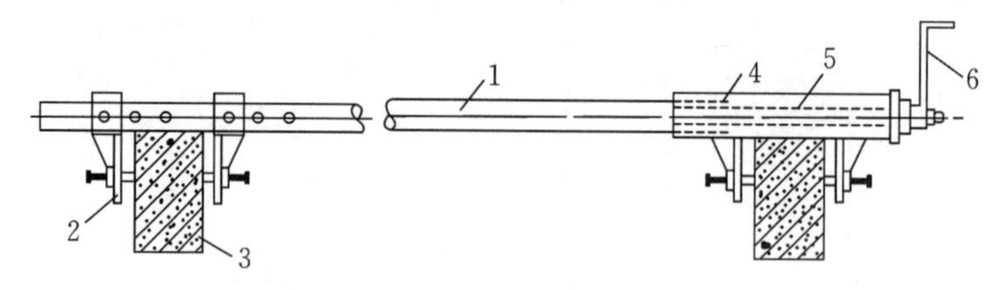

1—钢管;2—撑脚;3—屋架上弦;4—螺母;5—螺杆;6—摇把。

图 6-33 屋架校正器(工具式支撑)

4)**屋架的校正与固定**

屋架的竖向偏差可用锤球或经纬仪检查。用经纬仪检查方法是在屋架上安装三个卡尺,一个安在上弦中点附近,另两个分别安在屋架两端。自屋架几何中心向外量出一定距离(一般为500 mm),在卡尺上做出标志,然后在距离屋架中线同样距离(500 mm)处安置经纬仪,观察三个卡尺上的标志是否在同一垂直面上。

用锤球检查屋架竖向偏差,与上述步骤相同,但标志距屋架几何中心距离可短些(一般为300 mm),在两端卡尺的标志间连一条通线,自屋架顶卡尺的标志处向下挂锤球,检查三个卡尺的标志是否在同一垂直面上(见图 6-34)。若发现卡尺标志不在同一垂直面上,即表示屋架存在竖向偏差,可通过转动工具式支撑上的螺栓加以纠正,并在屋架两端的柱顶上嵌入斜垫铁。

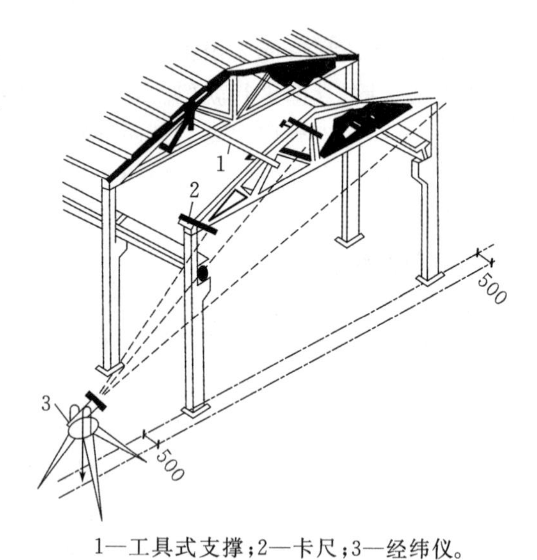

1—工具式支撑;2—卡尺;3—经纬仪。

图 6-34 屋架的临时固定与校正

屋架校正垂直后,立即用电焊固定。焊接时,应在屋架两端同时对角施焊,避免两端同侧施焊影响屋架垂直度。

6.2.2 结构吊装方案

多层装配式框架结构吊装的特点是:房屋高度大而占地面积较小,构件类型多、数量大、接头复杂、技术要求较高等。因此,在考虑结构吊装方案时,应着重解决吊装机械的选择和布置、吊装顺序和吊装方法等问题。其中,吊装机械的选择是主导的环节,所采用的吊装机械不同,施工方案亦各异。

1. 起重机的选择

起重机的选择主要包括选择起重机的类型和型号。一般中小型厂房多选择履带式等自行式起重机;当厂房的高度和跨度较大时,可选择塔式起重机吊装屋盖结构;在缺乏自行式起重机或受到地形的限制,自行式起重机难以到达的地方,可选择桅杆式起重机。

(1)起重量。起重机的起重量 Q 应满足式(6.1)要求:

$$Q \geqslant Q_1 + Q_2 \tag{6.1}$$

式中:Q_1——构件质量;

Q_2——索具质量。

(2)起重高度。起重机的起重高度必须满足所吊件的吊装高度要求，如图 6-35 所示，即为

$$H \geqslant h_1 + h_2 + h_3 + h_4 \tag{6.2}$$

式中：H——起重机高度(由停机面算起至吊钩)，m；

h_1——停机面至安装支座高度，m；

h_2——安装间隙，m，视具体情况而定，但不得小于 0.3 m；

h_3——绑扎点至构件底面尺寸，m；

h_4——吊索高度(自绑扎点至吊钩中心的距离)，m。

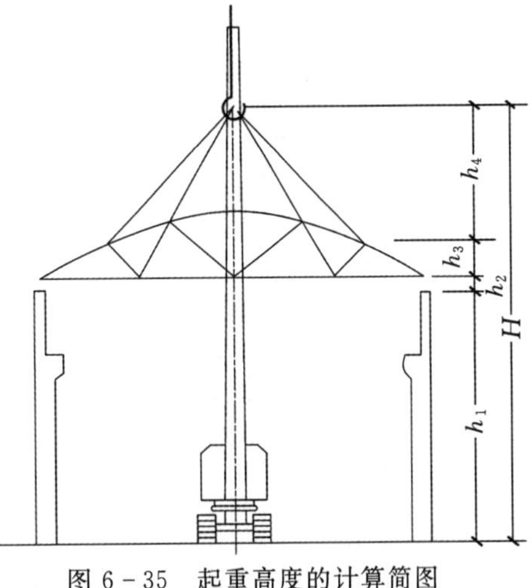

图 6-35　起重高度的计算简图

(3)起重半径(也称工作幅度)。当起重机可以不受限制地开到构件吊装位置附近吊装构件时，对起重半径没有什么要求。当起重机不能直接开到构件吊装位置附近去吊装构件时，就需要根据起重量、起重高度、起重半径三个参数，查阅起重机的性能表或性能曲线来选择起重机的型号及起重臂的长度。

当起重机的起重臂需要跨过已安装好的结构构件去吊装构件时，为了避免起重臂与已安装的结构构件相碰，则需求出起重机的最小臂长及相应的起重半径。此时，可用数解法或图解法。

数解法求所需最小起重臂长，见图 6-36(a)，计算公式如下：

$$L \geqslant l_1 + l_2 = \frac{h}{\sin\alpha} + \frac{f+g}{\cos\alpha} \tag{6.3}$$

$$h = h_1 - E$$

式中：L——起重臂的长度，m；

h——起重臂底铰至构件(如屋面板)吊装支座的高度，m；

h_1——停机面至构件(如屋面板)吊装支座的高度，m；

f——起重钩需跨过已安装结构构件的距离，m；

g——起重臂轴线与已安装构件间的水平距离，m；

E——起重臂底铰至停机面的距离，m；

α——起重臂的仰角，$\alpha = \arctan\sqrt[3]{\dfrac{h}{f+g}}$。

以求得的 α 角代入式(6.3)，即可求出起重臂的最小长度，据此，可选择适当长度的起重臂，然后根据实际采用的起重臂及仰角 α 计算起重半径 R：

$$R = F + L\cos\alpha \tag{6.4}$$

根据计算出的起重半径 R 及已选定的起重臂长度 L，查起重机的性能表或性能曲线，复核起重量 Q 及起重高度 H，如能满足吊装要求，即可根据 R 值确定起重机吊装屋面板时的停机位置。

图解法求起重机的最小起重臂长度，如图 6-36(b)所示。

第一步，选定合适的比例，绘制厂房一个节间的纵剖面图；绘制起重机吊装屋面板时吊钩位置处的垂线 $y-y$；根据初步选定的起重机的 E 值绘出水平线 $H-H$。

第二步，在所绘的纵剖面图上，自屋架顶面中心向起重机方向水平量出一距离 g，g 至少取 1 m，定出点 P。

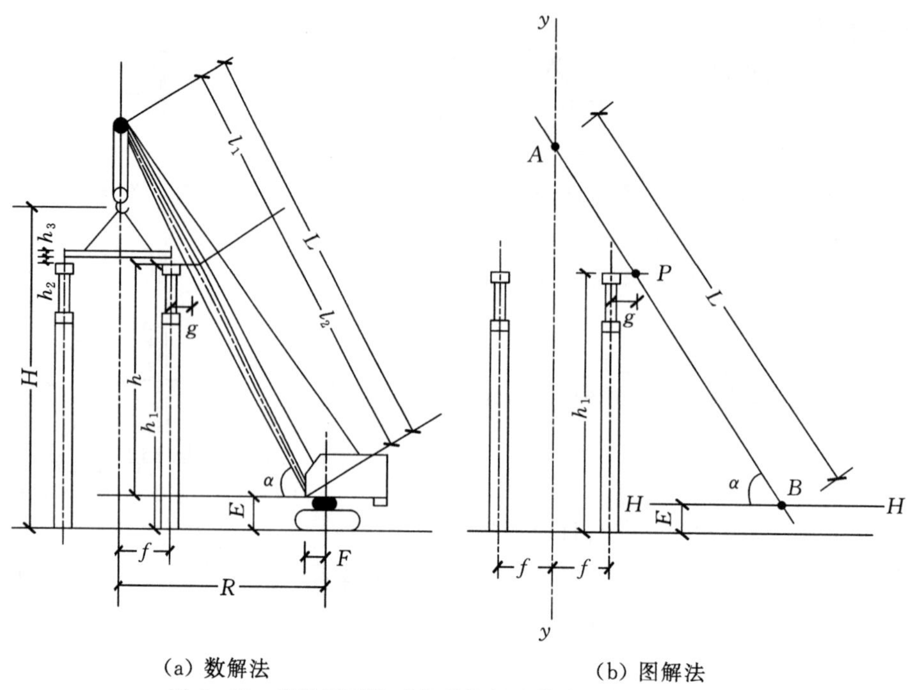

(a) 数解法　　　　　　(b) 图解法

图 6－36　吊装屋面板时起重机起重臂最小长度计算简图

第三步，根据 $\alpha=\arctan\sqrt[3]{\dfrac{h}{f+g}}$ 求出起重臂的仰角 α，过 P 点作一直线，使该直线与 $H-H$ 的夹角等于 α，交 $y-y$、$H-H$ 于 A、B 两点。

第四步，AB 的实际长度即为所需起重臂的最小长度。

2. 起重机的平面布置及构件吊装方法

起重机的平面布置方案主要根据房屋形状及平面尺寸、现场环境条件、选用的塔式起重机性能及构件质量等因素来确定。

1)起重机布置在建筑物外侧

一般情况下，起重机布置在建筑物外侧，有单侧布置及双侧（或环形）布置两种方案，如图 6－37 所示。

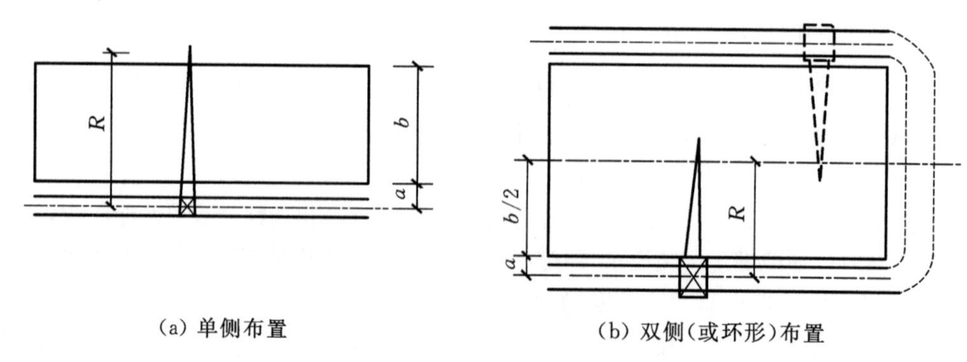

(a) 单侧布置　　　　　　(b) 双侧（或环形）布置

图 6－37　塔式起重机在建筑物外侧布置

(1)单侧布置。房屋宽度较小，构件也较轻时，塔式起重机可单侧布置。此时，起重半径应满足以下条件：

$$R \geqslant b + a \tag{6.5}$$

式中：R——塔式起重机起吊最远构件时的起重半径，m；

b——房屋宽度，m；

a——房屋外侧至塔式起重机轨道中心线的距离，m，一般约为 3 m。

(2)双侧布置(或环形布置)。房屋宽度较大或构件较重时，单侧布置起重力矩不能满足最远的构件的吊装要求，起重机可双侧布置。双侧布置时起重半径应满足以下条件：

$$R \geqslant \frac{b}{2} + a \tag{6.6}$$

2)起重机在跨内布置

其布置方式有跨内单行布置及跨内环形布置两种，如图 6－38 所示。

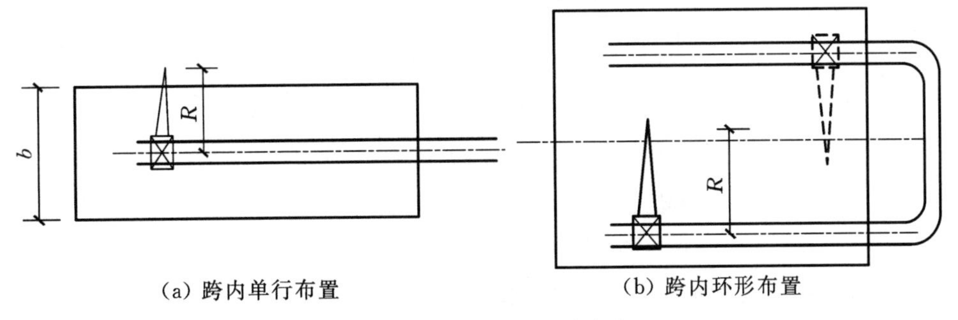

(a) 跨内单行布置　　(b) 跨内环形布置

图 6－38　塔式起重机在跨内布置

3. 预制构件现场布置

构件的现场布置是否合理，对提高吊装效率、保证吊装质量及减少二次搬运都有密切关系。因此，构件的布置也是多层框架吊装的重要环节之一。其原则是：构件尽可能布置在起重半径的范围内，以免二次搬运；重型构件靠近起重机布置，中小型构件则布置在重型构件外侧；构件布置地点应与吊装就位的布置相配合，尽量减少吊装时起重机的移动和变幅；构件叠层预制时，应满足安装顺序要求，先吊装的底层构件在上，后吊装的上层构件在下。

柱为现场预制的主要构件，布置时应先予考虑。其布置方式，有与塔式起重机轨道相平行、倾斜及垂直三种方案(见图 6－39)。平行布置的优点是可以将几层柱通长预制，能减少柱接头的偏差。倾斜布置可用旋转法起吊，适用于较长的柱。当起重机在跨内开行时，为了使柱的吊点在起重半径范围内，柱宜与房屋垂直布置。

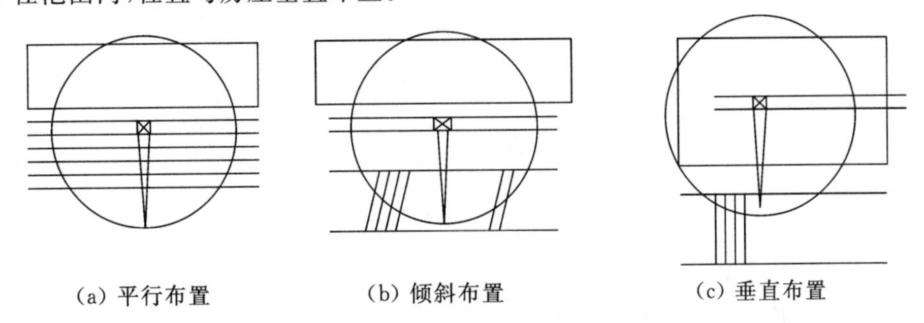

(a) 平行布置　　(b) 倾斜布置　　(c) 垂直布置

图 6－39　使用塔式起重机吊装柱的布置方案

图 6-40 为某 10 层公寓采用自升式塔式起重机的施工平面布置。考虑到构件堆放位于房屋南侧，故该机的安装位置稍偏南。由于在起重半径内的堆场不大，因此，除壁板、楼板考虑一次就位外，其他构件均需二次搬运，在附近设中间转运站，现场有一台履带式起重机卸车，也可采用随运随吊的方案，以免二次搬运。

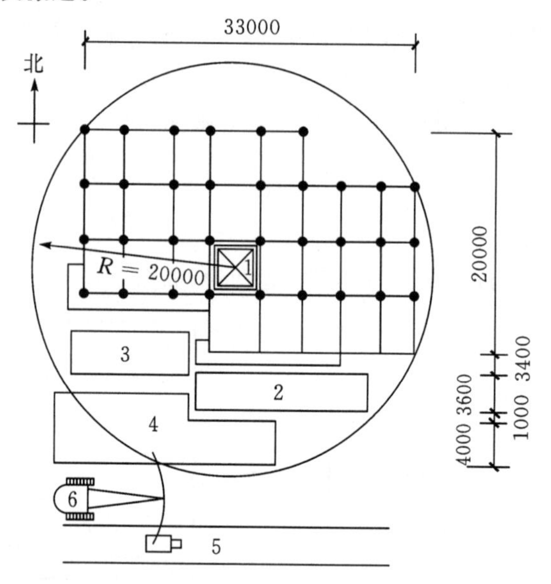

1—自升式塔式起重机；2—墙板堆放区；3—楼板堆放区；4—柱、梁堆放区；5—运输道路；6—履带式起重机。

图 6-40　自升塔式起重机吊装框架结构

6.2.3　单层工业厂房安装方案

1. 结构安装方法

单层工业厂房的结构安装方法有分件吊装法和综合吊装法两种。

分件吊装法做法是：起重机在车间内每开行一次仅吊装一种或两种构件，通常分三次开行吊装完所有构件。例如，第一次开行吊装柱，并进行校正和最后固定，第二次开行吊装吊车梁、连系梁及柱间支撑，第三次开行时以节间为单位吊装屋架、天窗架及屋面板等，如图 6-41 所示。

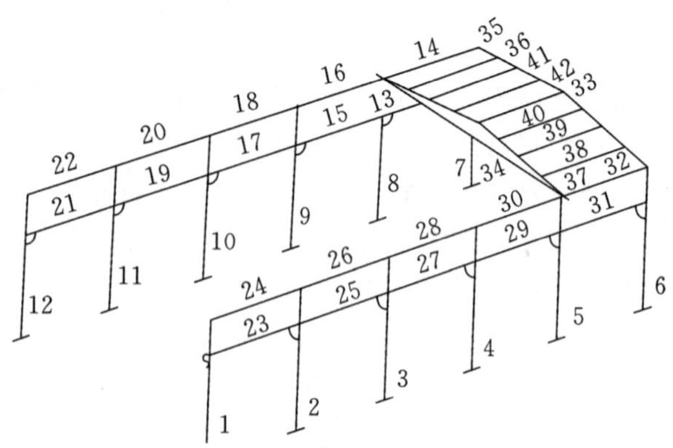

1～12—柱；13～32—单数是吊车梁，双数是连系梁；33、34—屋架；35～42—屋面板。

图 6-41　分件安装时的构件吊装顺序

分件吊装法起重机每次开行基本上吊装一种或一类构件，起重机可根据构件的重量及安装高度来选择，能充分发挥起重机的工作性能，而且在吊装过程中索具更换次数少，工人操作熟练，吊装进度快，起重机工作效率高。采用这种吊装方法还具有构件校正时间充分、构件供应及平面布置比较容易等特点。因此，分件吊装法是装配式单层工业厂房结构安装经常采用的方法。

综合吊装法是在厂房结构安装过程中，起重机一次开行，以节间为单位安装所有的结构构件。这种吊装方法具有起重机开行路线短、停机次数少的优点。但是由于综合吊装法要同时吊装各种类型的构件，起重机的性能不能充分发挥；索具更换频繁，影响生产率的提高；构件校正要配合构件吊装工作进行，校正时间短，给校正工作带来困难；构件的供应及平面布置也比较复杂。所以，在一般情况下，不宜采用这种吊装方法，只有在轻型车间（结构构件重量相差不大）结构吊装时，或采用移动困难的起重机（如桅杆式起重机）吊装时才采用综合吊装法。

2. 起重机的开行路线及停机位置

吊装屋架、屋面板等屋面构件时，起重机宜跨中开行；吊装柱时，则视跨度大小、构件尺寸、质量及起重机性能，可沿跨中开行或跨边开行，如图 6-42 所示。

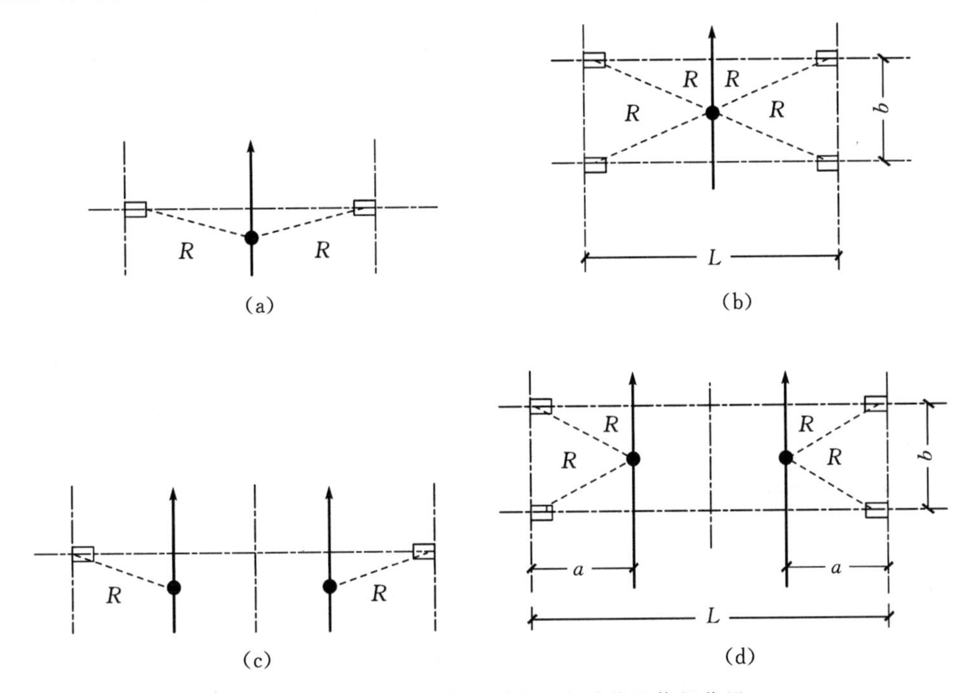

图 6-42　起重机吊装柱时的开行路线及停机位置

当 $R \geqslant L/2$ 时，起重机可沿跨中开行，每个停机位置可吊装两根柱，如图 6-42(a)所示。

当 $R \geqslant \sqrt{\left(\frac{L}{2}\right)^2 + \left(\frac{b}{2}\right)^2}$，则可吊装四根柱，如图 6-42(b)所示。

当 $R < L/2$ 时，起重机需沿跨边开行，每个停机位置吊装 1～2 根柱，如图 6-42(c)、(d)所示。

3. 构件的平面布置与运输堆放

1)构件的平面布置原则

(1)每跨构件尽可能布置在本跨内，如确有困难也可布置在跨外而便于吊装的地方。

(2)构件布置方式应满足吊装工艺要求，尽可能布置在起重机的起重半径内，尽量减少起重机在吊装时的跑车、回转及起重臂的起伏次数。

(3)按“重近轻远”的原则，首先考虑重型构件的布置。

(4)构件的布置应便于支模、扎筋及混凝土的浇筑，若为预应力构件，要考虑有足够的抽管、穿筋和张拉的操作场地等。

(5)所有构件均应布置在坚实的地基上,以免构件变形。

(6)构件的布置应考虑起重机的开行与回转,保证路线畅通,起重机回转时不与构件相碰。

(7)构件的平面布置分预制阶段构件的平面布置和安装阶段构件的平面布置。布置时两种情况要综合加以考虑,做到相互协调,有利于吊装。

2)预制阶段构件的平面布置

(1)柱的布置。柱的预制布置有斜向布置和纵向布置。

①柱斜向布置:柱采用旋转法起吊,可按三点共弧斜向布置,如图 6-43 所示。

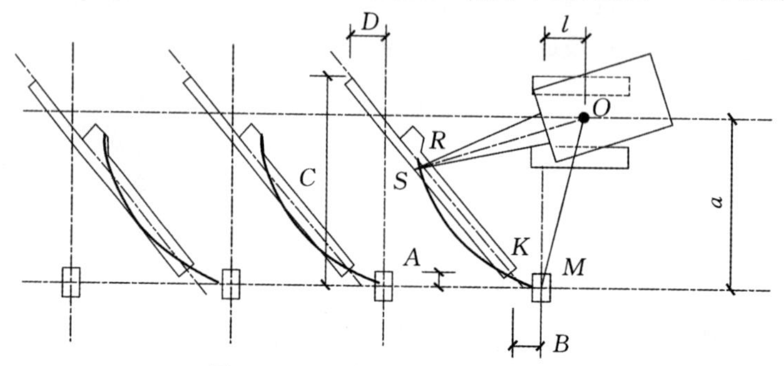

图 6-43 柱斜向布置方法之一

两点共弧的方法有两种:一种是杯口中心与柱脚中心两点共弧,吊点放在起重半径 R 之外,如图 6-44 所示。吊装时,先用较大的起重半径 R'吊起柱,并升起重臂,当起重半径变成 R 后,停止升臂,随之用旋转法安装柱。另一种方法是吊点与杯口中心两点共弧,柱脚放在起重半径 R 之外,安装时可采用滑行法,如图 6-45 所示。

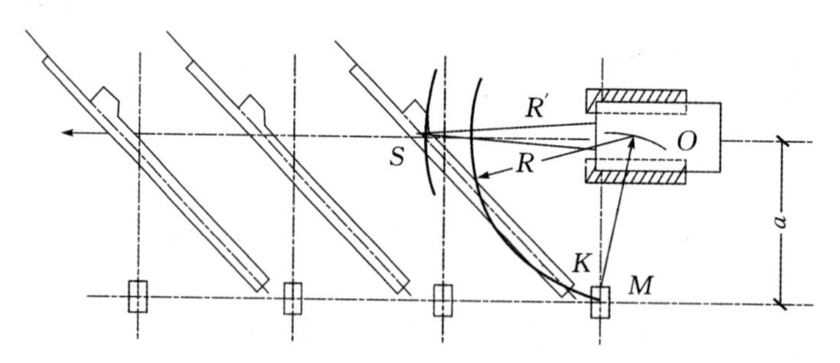

图 6-44 柱斜向布置方法之二(柱脚与柱基两点共弧)

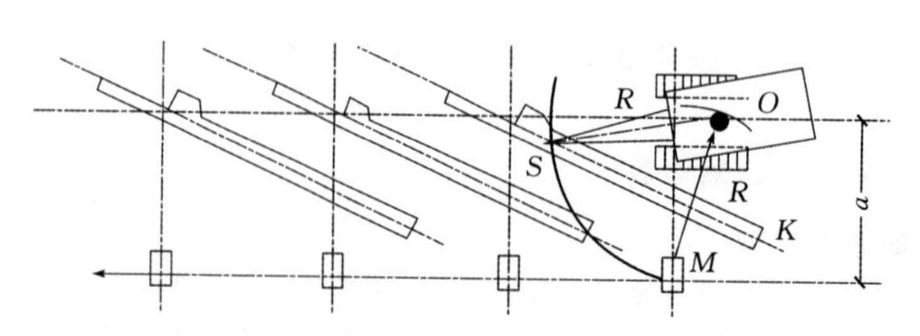

图 6-45 柱斜向布置方法之三(吊点与柱基两点共弧)

②柱纵向布置。对于一些较轻的柱,起重机能力有富余,考虑到节约场地,方便构件制作,可顺柱列纵向布置。柱纵向布置时,绑扎点与杯口中心两点共弧。

若柱长度大于 12 m，柱纵向布置宜排成两行，如图 6－46(a)所示；若柱长度小于 12 m，则可叠浇排成一行，如图 6－46(b)所示。

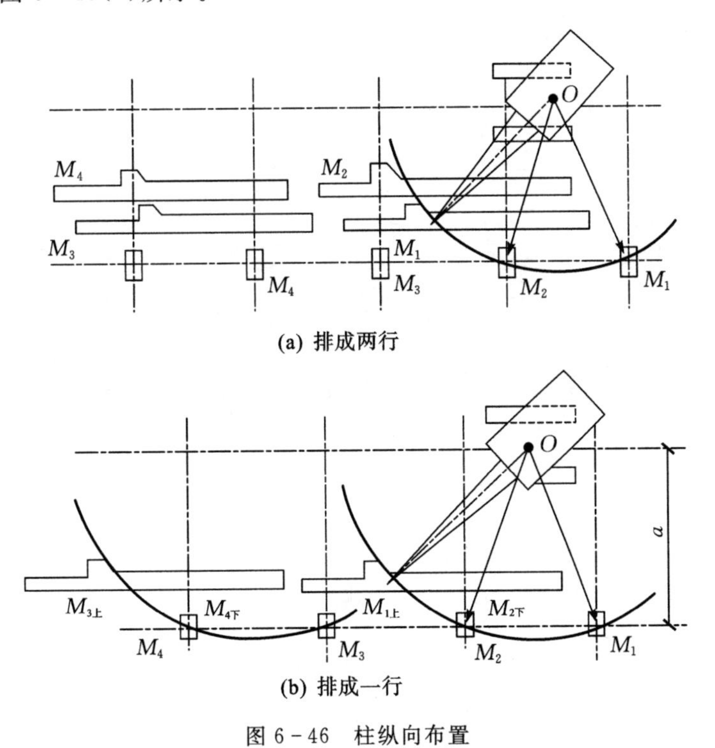

图 6－46　柱纵向布置

(2)屋架的布置。屋架宜安排在厂房跨内平卧叠浇预制，每叠 3～4 榀，布置方式有斜向布置、正反斜向布置和正反纵向布置三种，如图 6－47 所示。

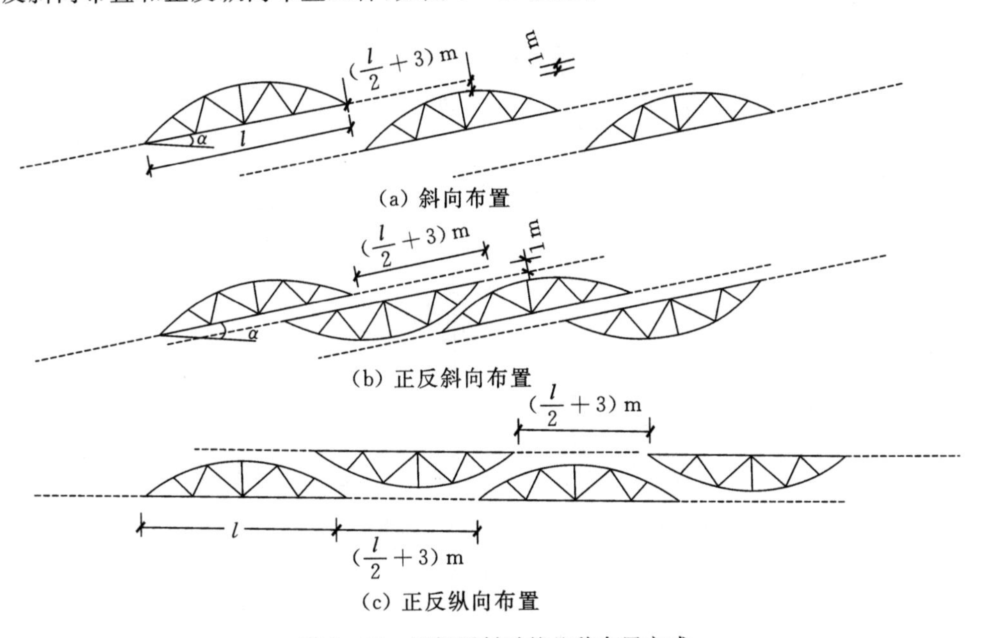

图 6－47　屋架预制时的几种布置方式

(3)吊车梁的布置。当吊车梁安排在现场预制时,可靠近柱基顺纵轴线或略做倾斜布置,也可插在柱的空当中预制,或在场外集中预制等。

3)安装阶段构件的排放布置及运输堆放

(1)屋架的扶直排放。屋架可靠柱边斜向排放或成组纵向排放。

①屋架的斜向排放。确定屋架斜向排放位置的方法如图 6-48 所示,包括确定起重机安装屋架时的开行路线及停机点,确定屋架的排放范围,确定屋架的排放位置。

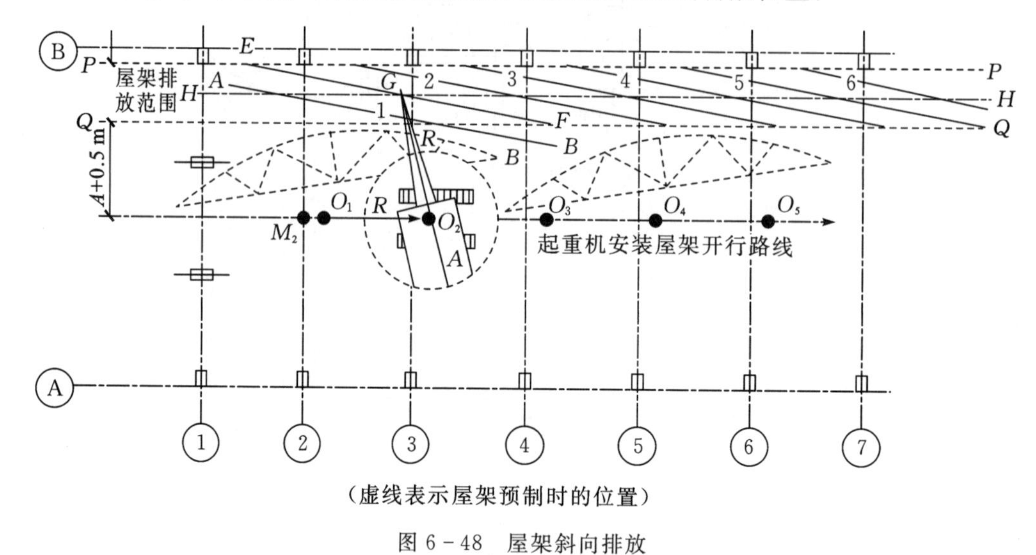

(虚线表示屋架预制时的位置)

图 6-48　屋架斜向排放

②屋架的成组纵向排放。屋架纵向排放时,一般以 4～5 榀为一组靠柱边顺轴线纵向排放,如图 6-49 所示。

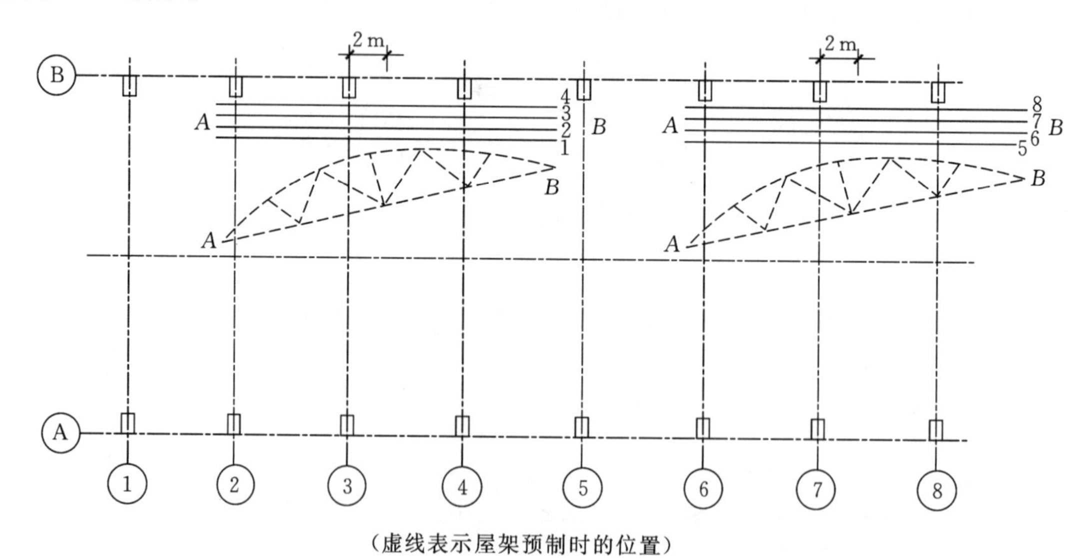

(虚线表示屋架预制时的位置)

图 6-49　屋架的成组纵向排放

(2)吊车梁、连系梁及屋面板的运输、堆放与排放。单层工业厂房除了柱和屋架一般在施工现场制作外,其他构件(如吊车梁、连系梁、屋面板等)均可在预制厂或附近的露天预制场制作,然后运至施工现场进行安装。构件运输至现场后,应根据施工组织设计所规定的位置,按编号及构件安装顺序进行排放或集中堆放。吊车梁、连系梁的排放位置，一般在其吊装位置的柱列附近，跨内跨外均可。屋面板可布置在跨内或跨外。

4. 柱的吊装与校正

各层柱的截面应尽量保持不变，以便于预制和吊装。柱与柱的接头宜设在弯矩较小的地方或梁柱节点处，柱接头应设在同一标高上，以便统一构件的规格，减少构件型号。

框架柱由于长细比过大，吊装时必须合理选择吊点位置和吊装方法，以避免产生吊装断裂现象。在一般情况下，当柱长在 10 m 以内时，可采用一点绑扎和旋转法起吊；对于 14～20 m 的长柱，则应采用两点绑扎起吊，并应进行吊装验算。柱的校正应按 2～3 次进行，首先在脱钩后电焊前进行初校；在柱接头电焊后进行第二次校正，观测焊接应力变形所引起的偏差。此外，在梁和楼板安装后还需检查一次，以消除焊接应力和荷载产生的偏差。柱在校正时，力求下节柱准确，以免导致上层柱的积累偏差。但当下节柱经最后校正仍存在偏差，若在允许范围内可以不再进行调整。在这种情况下吊装上节柱时，一般可使上节柱底部中心线对准下节柱顶部中心线和标准中心线的中点，即 $a/2$ 处，而上节柱的顶部，在校正时仍以标准中心线为准，以此类推。在柱的校正过程中，当垂直度和水平位移有偏差时，若垂直度偏差较大，则应先校正垂直度，后校正水平位移，以减少柱顶倾覆的可能性。柱的垂直度允许偏差值$\leqslant H/1000$（H 为柱高），且不大于 10 mm，水平位移允许在 5 mm 以内。

对于细而长的框架柱，在阳光的照射下，温差对垂直度的影响较大，在校正时，必须考虑温差的影响，并采取有效措施。

5. 构件接头

在多层装配式框架结构中，构件接头的质量直接影响整个结构的稳定和刚度，必须加以充分重视。

柱的接头类型有榫式接头、插入式接头和浆锚式接头三种（见图 6－50）。

（1）榫式接头，如图 6－50(a)所示，是上、下柱预制时各向外伸出一定长度（不小于 $25d$）的钢筋，上柱底部带有突出的榫头，柱安装时使钢筋对准，用剖口焊焊接，然后用比柱混凝土强度等级高 25％的细石混凝土或膨胀混凝土浇筑接头。待接头混凝土达到 75％强度等级后，再吊装上层构件。榫式接头，要求柱预制时最好采用通长钢筋，以免钢筋错位难以对接；钢筋焊接时，应注重焊接质量和施焊方法，避免产生过大的焊接应力，造成接头偏移和构件裂缝；接头灌浆要求饱满密实，不致下沉、收缩而产生空隙或裂纹。

（2）插入式接头，如图 6－50(b)所示，是将上节柱做成榫头，下节柱顶部做成杯口，上节柱插入杯口后，用水泥砂浆灌实成整体。此种接头不用焊接，安装方便，但在大偏心受压时，必须采取构造措施，以防受拉边产生裂缝。

（3）浆锚式接头，如图 6－50(c)所示，是在上柱底部外伸四根长 300～700 mm 的锚固钢筋；下柱顶部预留 4 个深约 350～750 mm、孔径约 $2.5d \sim 4d$（d 为锚固筋直径）的浆锚孔。接头前，先将浆锚孔清洗干净，并注入快凝砂浆；在下节柱的顶面满铺 10 mm 厚的砂浆；最后把上柱锚固筋插入孔内，使上下柱连成整体。也可采用先插入锚固筋，然后进行灌浆或压浆工艺。

至于装配式框架中梁与柱的接头，则根据结构设计要求而定，可以做成刚接，也可做成铰接。接头的形式有明牛腿式梁柱接头、暗牛腿式梁柱接头、齿槽式梁柱接头和浇筑整体式梁柱接头。其中明牛腿式的铰接接头和浇筑整体式的刚接接头构造、制作都较简单，施工方便，故应用较广泛。

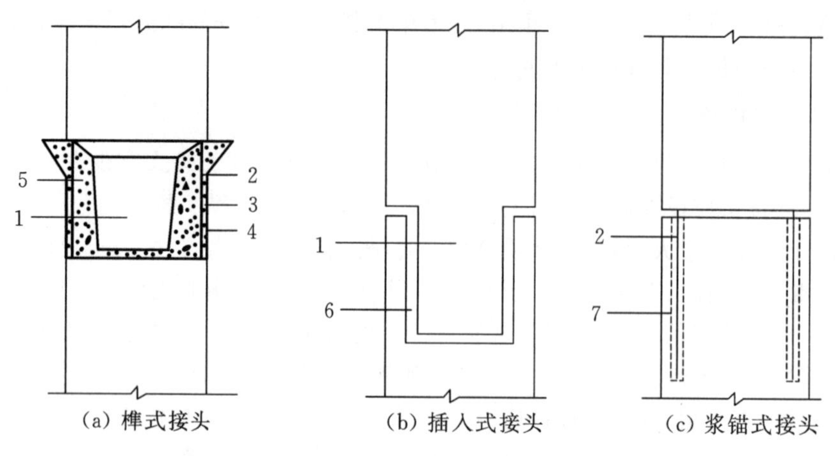

1—榫头；2—上柱外伸钢筋；3—剖口焊；4—下柱外伸钢筋；
5—后浇接头混凝土；6—下柱杯口；7—下柱预留孔。

图 6-50 柱接头形式

6.3 钢结构构件制作及连接

钢结构构件制作一般在工厂进行，包括放样、号料、切割下料、边缘加工、弯卷成型、折边、矫正和防腐与涂饰等工艺过程。钢结构加工工艺钢构件制作的工艺流程见图 6-51 所示。

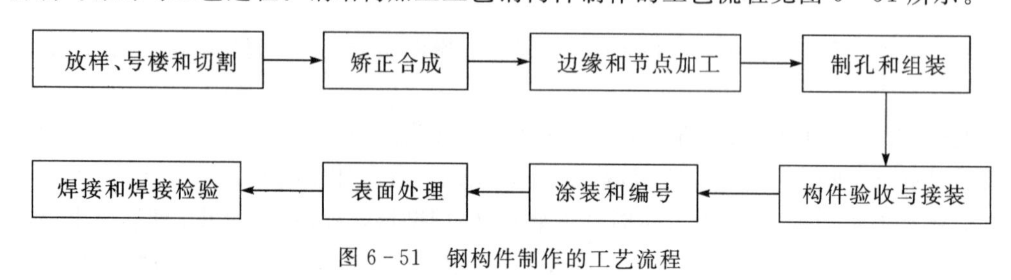

图 6-51 钢构件制作的工艺流程

6.3.1 钢构件的放样、号料与下料

1. 放样

钢结构由许多钢构件组成，结构的形状复杂，在施工图上很难反映出某些构件的真实形状，甚至有时标注的尺寸也不好表示。放样就是按照钢结构施工详图要求的形状和尺寸，按照 1∶1 的比例把构件的实形画在样台或平板上，求取实长并制成样板、样杆的过程。样板、样杆是作为钢构件下料、制作、装配等加工的依据。

放样的步骤如下：①仔细阅读图纸，并对图纸进行核对。②以 1∶1 的比例在样板台上弹出大样。当大样尺寸过大时，可分段弹出。③制作样板和样杆作为下料弯曲、铣、刨、制孔等加工的依据。

2. 号料

号料就是根据样板在钢材上画出构件的实样，并打上各种加工记号，为钢材的切割下料做准备，见图 6-52。

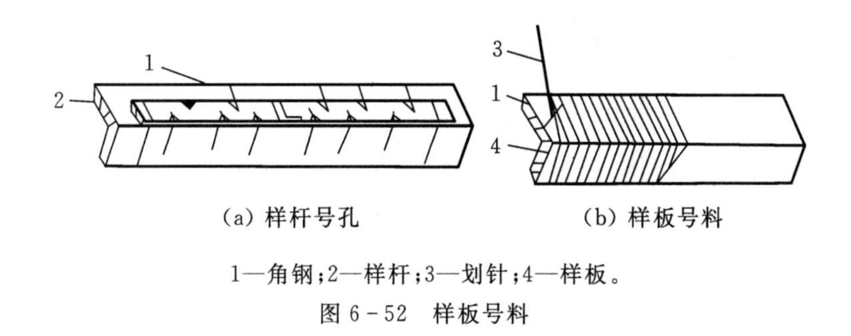

(a) 样杆号孔　　(b) 样板号料

1—角钢；2—样杆；3—划针；4—样板。

图 6-52　样板号料

号料时应注意以下问题：

(1)号料应使用经过检查合格的样板与样杆进行套裁，不得直接使用钢尺。

(2)不同规格、不同钢号的零件应分别号料，并依据先大后小的原则依次号料。对于需要拼接的同一构件，必须同时号料，以便拼接。

(3)号料时，同时画出检查线、中心线、弯曲线，并注明接头处的字母、焊缝代号。

(4)号孔应使用与孔径相等的圆规规孔，并打上样冲做出标记，便于钻孔后检查孔位是否正确。

(5)弯曲构件号料时，应标出检查线，用于检查构件在加工、装焊后的曲率是否正确。

(6)在号料过程中，应随时在样板、样杆上记录下已号料的数量，号料完毕，则应在样板、样杆上注明并记下实际数量。

3. 下料

下料就是将放样和号料的钢构件形状从原材料上进行切割分离。常用的切割方法有气割法、机械切割法和等离子切割法三种。

气割法是利用氧气与可燃气体混合产生的预热火焰加热金属表面达到燃烧温度并使金属发生剧烈的氧化，放出大量的热促使下层金属也自行燃烧，同时通过高压氧气射流，将氧化物吹除而引起一条狭小而整齐的割缝。随着割缝的移动，切割过程连续切割出所需的形状。气割分为手工气割、半自动气割、自动气割三种。气割法的设备灵活、费用低廉、精度高，是目前使用最广泛的切割方法，能够切割各种厚度的钢材，特别是带曲线的零件或厚钢板。气割前，应将钢材切割区域表面的铁锈、污物等清除干净，气割后，应清除熔渣和飞溅物。

机械切割法可利用上、下两个剪刀的相对运动来切断钢材，或利用锯片的切削运动把钢材分离，或利用锯片与工件间的摩擦发热使金属熔化而被切断。常用的切割机械有剪板机、联合冲剪机、弓锯床、砂轮切割机等。其中剪切法速度快、效率高，但切口略粗糙；锯割可以切割角钢、圆钢和各类型钢，切割速度和精度都较好。机械剪切的零件，其钢板厚度不宜大于 12 mm，剪切面应平整。

等离子切割法是利用高温高速的等离子焰流将切口处金属及其氧化物熔化并吹掉来完成切割，所以能切割任何金属，特别是熔点较高的不锈钢及有色金属铝、铜等。

6.3.2　钢构件的加工

1. 矫正

钢材使用前，材料内部的残余应力及存放、运输、吊运不当等原因，会引起钢材原材料变形；在加工成型过程中，操作和工艺原因会引起成型件变形；构件在连接过程中会存在焊接变形等。因此，必须对钢构件进行矫正，保证钢结构制作和安装质量。钢材的矫正方式主要有矫直、矫平、矫形三种。矫正的方法按外力的来源分火焰矫正、机械矫正和手工矫正等;矫正时按钢材的温度分为热矫正和冷矫正。

1)火焰矫正

钢材的火焰矫正是利用火焰对钢材进行局部加热,被加热处理的金属由于膨胀受阻而产生压缩塑性变形,使较长的金属纤维冷却后缩短而完成的。

影响火焰矫正效果的因素有火焰加热的位置、加热的形式和加热的热量三个。火焰加热的位置应选择在金属纤维较长的部位。加热的形式有点状加热、线状加热和三角形加热三种。用不同的火焰热量加热,可获得不同的矫正变形的能力。低碳钢和普通低合金结构钢构件用火焰矫正时,常采用 600~800 ℃的加热温度。

2)机械矫正

钢材的机械矫正就是使弯曲的钢材在专用机械矫正机上通过机械力作用下产生过量的塑性变形,以达到平直的目的。其优点是作用力大,劳动强度小,效率高。

常用的矫正机有拉伸矫正机、压力矫正机、辊压矫正机等。其中,拉伸矫正机(见图 6-53)适用于薄板扭曲、型钢扭曲、钢管、带钢和线材等的矫正,压力矫正机适用于板材、钢管和型钢的局部矫正,辊压矫正机适用于型材、板材等的矫正(见图 6-54)。

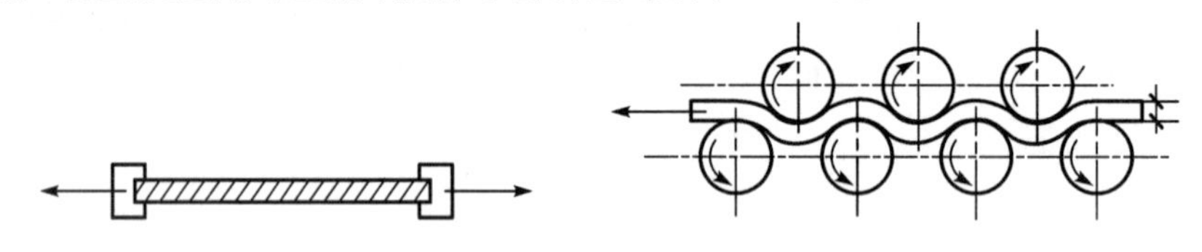

图 6-53　拉伸矫正机矫正　　图 6-54　辊压矫正机矫正

3)手工矫正

钢材的手工矫正采用手工锤击的方法进行,操作简单灵活。手工矫正由于矫正力小、劳动强度大、效率低而用于矫正尺寸较小的钢材,有时在缺乏或不便使用矫正设备时也采用。

钢材或钢构件矫正时应注意的问题:①碳素结构钢在环境温度低于-16 ℃、低合金结构钢在环境温度低于-12 ℃时,不得进行冷矫正和冷弯曲;②碳素结构钢和低合金结构钢在加热矫正时,加热温度应根据钢材性能选定,但不得超过 900 ℃,低合金结构钢在加热矫正后应缓慢冷却;③当构件采用热加工成型时,加热温度宜控制在 900~1000 ℃。

2. 成型

钢材的成型包括钢板卷曲成型和型材弯曲成型。

1)钢板卷曲成型

钢板卷曲是通过旋转辊轴对板材进行连续三点弯曲而形成的。当制件曲率半径较大时,可在常温状态下卷曲;如制件曲率半径较小或钢板较厚时,则需将钢板加热后进行。钢板卷曲分为单曲率卷曲和双曲率卷曲。单曲率卷曲包括对圆柱面、圆锥面和任意柱面的卷曲(见图 6-55),因其操作简便,工程中较常用。双曲率卷曲可以进行球面及双曲面的卷曲。钢板卷曲工艺包括预弯、对中和卷曲三个过程。

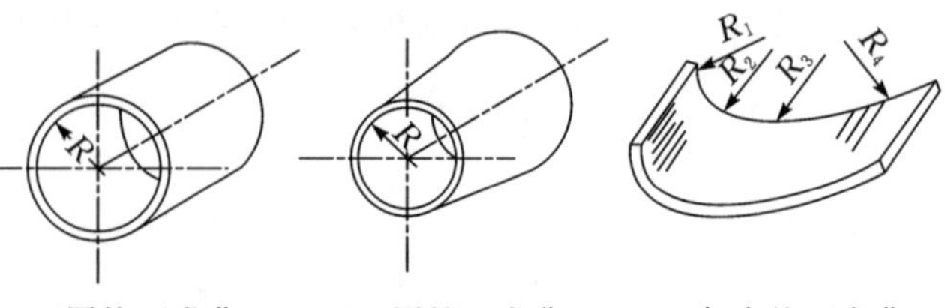

(a) 圆柱面卷曲　(b) 圆锥面卷曲　(c) 任意柱面卷曲

图 6-55　单曲率卷曲钢板

(1)预弯。板料在卷板机上卷曲时,

两端边缘总有卷不到的部分，即剩余直边。剩余直边在矫圆时难以完全消除，所以一般应对板料进行预弯，使剩余直边弯曲到所需的曲率半径后再卷曲。预弯可在三辊、四辊或预弯压力机上进行。

(2)对中。将预弯的板料置于卷板机上卷曲时，为防止产生歪扭，应将板料对中，使板料的纵向中心线与滚筒轴线保持严格的平行。在四辊卷板机中，通过调节倒辊，使板边靠紧侧辊对准；在三辊卷板机中，可利用挡板使板边靠近挡板对中。

(3)卷曲。板料位置对中后，通常采用多次进给法卷曲。利用调节上辊筒(三辊机)或侧辊筒(四辊机)的位置使板料发生初步的弯曲，然后来回滚动而卷曲。当板料移至边缘时，根据板边和准线检查板料位置是否正确。逐步压下上辊并来回滚动，使板料的曲率半径逐渐减小，直至达到规定的要求。

2)型材弯曲成型

型材弯曲成型包括型钢弯曲和钢管弯曲。

(1)型钢弯曲。型钢弯曲时由于截面重心线与力的作用线不在同一平面上，同时型钢除受弯曲力矩外还受扭矩的作用，故型钢断面会产生畸变。畸变程度取决于应力的大小，而应力的大小又取决于弯曲半径。弯曲半径越小，则畸变程度越大。在弯曲时，若制件的曲率半径较大，一般应采用冷弯，反之则应采用热弯。

(2)钢管弯曲。管材在自由状态下弯曲时，其截面会变成椭圆形，且外侧管壁受拉会减薄，内侧管壁受压会增厚。钢管的弯曲半径一般应不小于管子外径的3.5倍(热弯)至4倍(冷弯)。在弯曲过程中，应在管材中加进填充物(装砂或弹簧)后进行弯曲或用滚轮和滑槽压在管材外面进行弯曲，减少钢管在弯曲过程中的变形。

3. 边缘加工

在钢结构制造中，经过剪切或气割过的钢板边缘，其内部结构会发生硬化和变态，而且构件边缘的毛刺又容易造成应力集中，为了保证钢结构受力性能良好，需要对边缘进行加工，其刨切量不应小于2.0 mm。此外，为了保证焊缝质量，考虑到装配的准确性，要将钢板边缘刨成或铲成坡口，往往还要将边缘刨直或铣平。通常钢结构需要做边缘加工的部位包括：吊车梁翼缘板、支座支承面等图纸有要求的加工面，焊缝坡面，尺寸要求严格的加劲板、隔板、腹板和有孔眼的节点板等。

6.3.3 焊接连接的方法及操作工艺

1. 钢构件焊接连接的基本要求

(1)施工单位对首次采用的钢材、焊接材料、焊接方法、焊后热处理等，应按规定进行焊接工艺评定，并确定出焊接工艺，以保证焊接接头的力学性能达到设计要求。

(2)焊工要经过考试并取得合格证后方可从事焊接工作，焊工应遵守焊接工艺，不得自由施焊及在焊道外的母材上引弧。

(3)所使用的焊丝、焊条、焊钉、焊剂应符合规范要求。

(4)安装定位焊缝焊点数量、高度、长度需考虑工地安装的特点要求，通过计算确定。

2. 焊接接头

钢结构的焊接接头按焊接方法分为熔化焊接头和电渣焊接头。在手工电弧焊中，熔化焊接头根据焊件厚度、使用条件、结构形状的不同又分为对接接头、角接接头、T形接头和搭接接头等形式。对厚度较厚的构件通常要先开坡口再施焊，使根部能焊透，以提高焊接质量，同时获得较好的焊缝形态。焊接接头形式见表6-4。

表 6-4 钢构件焊接接头形式

序号	名称	图示	接头形式	特点
1	对接接头		不开坡口	应力集中较小,有较高的承载力
			V、X、U 形坡口	
2	角接接头		不开坡口	适用厚度在 8 mm 以下
			V、K 形坡口	适用厚度在 8 mm 以下
			卷边	适用厚度在 2 mm 以下
3	T 形接头		不开坡口	适用厚度在 30 mm 以下的不受力构件
			V、K 形坡口	适用厚度在 30 mm 以上的只承受较小剪应力的构件
4	搭接接头		不开坡口	适用厚度在 12 mm 以下的钢板
			塞焊	适用双层钢板

3. 焊缝形式

焊接按施焊的空间位置可分为平焊、横焊、立焊及仰焊四种(见图 6-56)。平焊的熔滴靠自重过渡,操作简便,质量稳定;横焊因熔化金属易下滴,而使焊缝上侧产生咬边,下侧产生焊瘤或未焊透等缺陷;立焊成缝较为困难,易产生咬边、焊瘤、夹渣、表面不平等缺陷;仰焊必须保持最短的弧长,因此常出现未焊透、凹陷等质量缺陷。

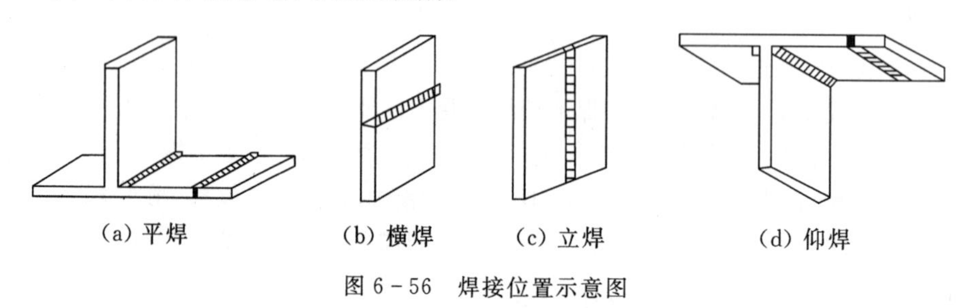

(a) 平焊　(b) 横焊　(c) 立焊　(d) 仰焊

图 6-56 焊接位置示意图

焊缝按结合形式分为对接焊缝、角接焊缝和塞焊缝三种(见图 6-57)。对接焊缝主要尺寸有焊缝有效高度 s、焊缝宽度 c、余高 h,角焊缝主要以高度 R 和宽度 k 表示,塞焊缝则以熔柱直径 d 表示。

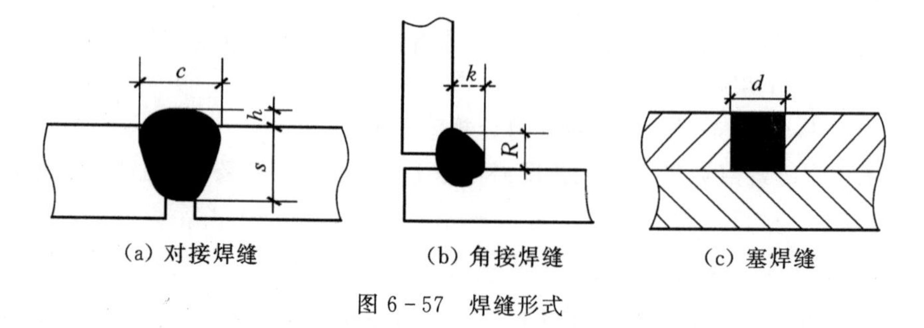

(a) 对接焊缝　(b) 角接焊缝　(c) 塞焊缝

图 6-57 焊缝形式

4. 焊缝的后处理

焊接工作结束后，应做好清除焊缝飞溅物、焊渣、焊瘤等工作。无特殊要求时，应根据焊接接头的残余应力、组织状态、熔敷金属含氢量和力学性能决定是否需要焊后热处理。

6.3.4 高强度螺栓连接技术

螺栓作为钢结构连接紧固件，通常用于构件间的连接、固定、定位等。钢结构中的连接螺栓一般分普通螺栓和高强度螺栓两种。采用普通螺栓或高强度螺栓而不施加紧固力，该连接即为普通螺栓连接；采用高强度螺栓并对螺栓施加紧固力，该连接称为高强度螺栓连接。高强度螺栓连接已经发展成为与焊接并举的钢结构主要连接形式之一，它具有受力性能好、耐疲劳、抗震性能好、连接刚度高、施工简便等优点，并被广泛地应用在建筑钢结构和桥梁钢结构的工地连接中。

高强度螺栓连接按其受力状况可分为摩擦型连接、承压型连接和张拉型连接等类型，其中摩擦型连接是目前广泛采用的基本连接形式。

(1)摩擦型连接接头处用高强度螺栓紧固，使连接板层夹紧，利用由此产生于连接板层之间接触面间的摩擦力来传递外荷载。高强度螺栓在连接接头中不受剪，只受拉力作用并由此给连接件之间施加了接触压力，这种连接应力传递圆滑，接头刚性好。通常所指的高强度螺栓连接，就是这种摩擦型连接，其极限破坏状态即为连接接头滑丝。

(2)对于承压型高强度螺栓连接接头，当外力超过摩擦阻力后，接头发生明显的滑移，高强度螺栓杆与连接板孔壁接触并受力，这时外力靠连接接触面间的摩擦力、螺栓杆剪切及连接板孔壁承压三方共同传递，其极限破坏状态为螺栓剪断或连接板承压破坏。该种连接承载力高，可以利用螺栓和连接板的极限破坏强度，经济性能好，但连接变形大，可应用在非重要的构件连接中。

6.4 钢结构安装质量控制与施工质量缺陷的防治

6.4.1 工程施工质量检验

钢结构安装质量标准及检验方法可参考表 6－5。

表 6－5 钢结构安装质量标准及检验方法

项别	序号	项目	质量标准	检验方法	检查数量
保证项目	1	钢构件	应符合设计要求和规定，运输、堆放和吊装等造成的钢构件变形应矫正和修补	钢尺检查，检查钢构件出厂合格证	全数检查
	2	基础	定位轴线、标高、地脚螺栓、混凝土强度，应符合设计要求和国家现行标准的规定	检查复测记录和混凝土试块强度试验报告	
	3	垫板	规格正确、位置正确，与柱底面和基础接触紧头紧固平稳，焊接牢固	观察和用小锤敲击	

续表

项别	序号	项目	质量标准	检验方法	检查数量
基本项目	1	标记	优良：钢构件的中心线和标高基准点等标记完备	观察检查	抽查10%但不应少于3件
	2	外观质量	优良：表面干净，无焊疤、泥沙等污垢		
	3	钢构件的顶紧面	优良：顶紧接触面不应少于75%紧贴，且边缘最大间隙不应大于0.8 mm	用观察及0.3 mm和0.8 mm厚的塞尺检查	
	4	钢屋架和钢托架的偏差	跨中垂直度允许偏差为$h/250$，且不大于15 mm 侧向弯曲矢高：$l \leqslant 30$ m，允许偏差为$l/1000$，且不大于10 mm；30 m$< l \leqslant$60 m，允许偏差为$l/1000$，且不大于30 mm；$l>$60 m，允许偏差为$l/1000$，且不大于50 mm 优良：符合合格规定，其中有50%及以上处（件），其偏差绝对值小于偏差规定的50%	用线锤、拉线、经纬仪和钢尺检查	
允许偏差项目	1	钢桁架	桁架侧向弯曲矢高：$l \leqslant 30$ m，允许偏差为$l/1000$，且不大于10 mm；30 m$< l \leqslant$60 m，允许偏差为$l/1000$，且不大于30 mm；$l>$60 m，允许偏差为$l/1000$，且不大于50 mm	拉线、钢尺	
	2		跨中垂直度：$h/250$且不大于15 mm	经纬仪、钢尺、线锤	
	3		安装在混凝土柱上时，支座中心对定位轴线的偏差不应大于10 mm	钢尺	
	4	檩条	间距：±5 mm	钢尺	
	5		弯曲矢高：允许偏差为$l/750$，且不大于12 mm	拉线、钢尺	

6.4.2 常见工程质量问题与处理

1. 钢构件制作工程质量问题与处理

（1）钢构件在组装过程中、堆放时、运输后、吊装前产生变形。变形包括纵向、横向、弯曲、扭转等形式。产生此种现象主要与材料质量有关。不同钢材混用时容易产生变形。构件的纵向变形主要取决于横截面积和弦杆截面的尺寸。构件的弯曲变形，主要取决于截面的抗弯刚度。装配不当，如装配得不直或强制装配，容易引起焊后变形。装配点焊少，容易硬气变形；对焊的焊缝高、焊缝大，收缩变形亦大。

处理方法如下：

①对已变形的构件在安装前须进行矫正。要矫正的构件，应先进行检测，确定其变形的部位、性质、程度等，做好标记，再研究出有效的矫正方法。

②机械矫正一般采用压力机或千斤顶，配合足够强度的胎模架而逐段进行。应控制矫正量，防止产生波浪形。

③在火焰加热矫正法中，应使用焊炬加热，不得用割炬加热；加热温度控制在 800 ℃左右，严禁超 900 ℃，应边加热边矫正。

④机械、火焰混合矫正法可用于刚性大及变形较大的构件矫正。一般采用千斤顶配以足够刚度的长垫块，同时配合焊炬加热矫正。

(2)构件裂缝和连接损坏，直接影响结构的承载能力和安全度。产生原因主要有：构件和连接件材质低劣；荷载、安装质量、温度和不均匀沉降作用，产生的应力超过构件或连接件承载能力；钢材的可焊性差，在焊接残余应力作用下裂缝；连接件质量低劣，如焊缝尺寸不足、漏焊、未焊透、夹渣、多孔、咬边，或螺栓和铆钉头太大、紧固不好、松动、栓杆弯曲等；在动力荷载和反复荷载下疲劳损伤；连接节点构造不完善。

当检测发现构件裂缝细小、长度较短时，可按下列方法处理：用电钻在裂缝两端各钻一个直径为 12～16 mm 的圆孔，裂缝尖端必须钻孔，减少裂缝处的应力集中；沿裂缝边缘用气割或风铲加工成 K 形或 X 形的坡口；裂缝端部及缝侧金属预热到 150～200 ℃，用和钢材匹配的焊条堵焊裂缝，堵焊后用砂轮打磨平整。发现铆钉连接缺陷，如铆钉松动、铆钉头开裂时，应将这些铆钉更换；发现铆钉剪断时，须扩大铆钉孔，更换大一号铆钉或高强度螺栓；如有漏铆必须补铆；当盖板用母材有破损时，必须加固或更换；发现仅有个别铆钉连接处贴合不紧时，可用防腐蚀的合成树脂填满缝隙。

2. 结构安装质量问题与处理

(1)钢柱底部有空隙。产生的原因主要有：基础标高不准确，表面未找平；钢柱底板因焊接变形而有空隙。

预防及处理措施如下：

①钢结构安装前应对建筑物的定位轴线、基础轴线和标高、地脚螺栓位置等进行检查，并对基础进行检测和办理交接验收手续，基础混凝土强度必须达到设计要求；基础周围的坑(槽)要回填土并夯实平整。基础轴线的标志和标高的基准点要准确、齐全。

②基础顶面直接作为柱的支撑面和基础顶面预埋钢板或支座作为柱的支撑面时，其支撑面、地脚螺栓、锚栓必须准确。

③钢柱采用钢垫板作支撑时，钢垫板面积应根据基础混凝土的抗压强度、柱脚底板下细石混凝土二次浇筑前柱底承受的荷载、地脚螺栓(锚栓)的紧固拉力来计算确定。垫板应设置在靠近地脚螺栓(锚栓)的柱脚底板加劲板或柱肢下，每根地脚螺栓(锚栓)侧应设 1～2 组垫板，每组垫板不得多于 5 块。垫板与基础面和柱底面的接触应平整、紧密。当采用成对斜垫板时，其叠合长度不应小于垫板的 2/3。二次浇筑混凝土前，垫板间应焊接固定。

④采用坐浆垫板法时，应采用无收缩砂浆。柱吊装前砂浆试块强度应高于基础混凝土强度一个等级。

(2)钢柱垂直度偏差超过允许偏差。产生的原因有：钢柱弹性较大，受外力影响容易发生变形；钢柱底板下面不密实，向软弱面倾斜；由于阳光照射、热胀冷缩造成钢柱偏差。

预防及处理措施如下：

①采取架设支撑、剪刀撑来纠正偏差。

②钢结构钢柱吊装时，如柱的长细比过大，一点吊装变形较大时，可采取二点或三点吊装方法，以减少钢柱在吊装过程中的弯曲变形；吊装就位固定后，应加设临时支撑，以防受风或其他外力作用而倾斜。独立柱最好采用扫地杆的方法支撑固定。

③对整排柱或群柱，如果没有永久性柱间支撑时，须做好柱间临时支撑，在边柱端部加设一

组或两组剪刀撑。

(3)构件起拱数值大于或小于设计数值。产生的原因有:钢屋架配料、制作、拼装不准确;下料尺寸不符合标准要求;放样不准确,忽视起拱数值。

预防及处理措施如下:

①已拼装好的钢构件须拉线检查,发现没有起拱或起拱偏小,须及时纠正或返工重焊。

②已安装的钢构件,如起拱偏小,可以不纠正,如有下垂现象,必须返工纠正后重装。

(4)构件跨度值大于或小于设计值,直接影响安装。产生的原因有:放样下料误差,制作检查不细,造成长度偏小或偏大;杆件组装的误差,造成构件组装累计误差而使跨度不标准;使用钢尺有误差,没有校验合格就使用,造成放样和拼装的尺寸不符。

预防及处理措施如下:

①吊装前必须全面检查拼装好的构件,量具必须经校验合格后方可使用,经校验有误差时要先纠正后安装。

②要放足尺大样,杆件组装后,在拼装时要先检验杆件的外形尺寸是否符合标准,对照足尺大样组装后再安装。

6.5 装配式混凝土构件吊装施工

装配式混凝土构件(见图 6-58)主要包括柱、梁、剪力墙、内隔墙、楼(屋)面板、外挂墙体、楼梯等,这些主要受力构件通常在工厂预制加工完成,待强度符合规定要求后进行现场装配施工。

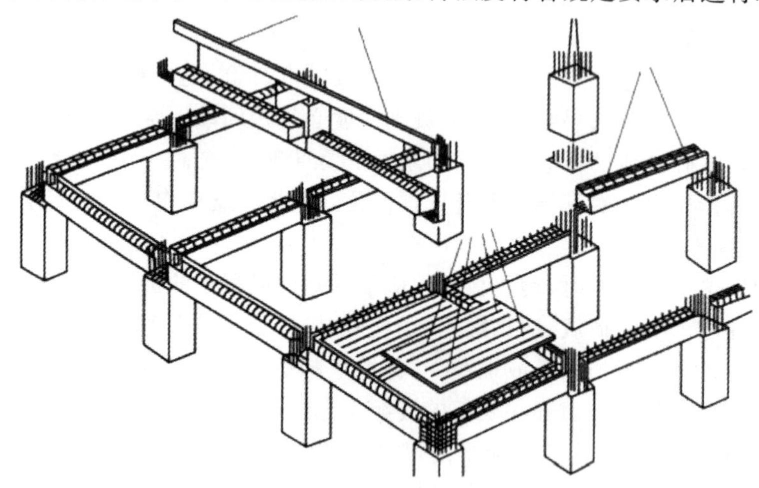

图 6-58 装配式混凝土构件示意图

6.5.1 预制混凝土柱吊装施工

1. 吊装施工流程

预制混凝土柱吊装施工流程为:预制框架柱进场并验收—按图放线—安装吊具—预制框架柱扶直—预制框架柱吊装—预留钢筋就位—水平调整和竖向校正—斜支撑固定—摘钩。

2. 技术要点

(1)预制柱在吊装之前,需要把结合层的浮浆和杂物清理干净,并进行相应的凿毛处理。

(2)测量人员应根据图纸及楼层定位线进行放样,放出预制柱的定位线和距离柱 200 mm 的定位控制线(见图 6-59)。

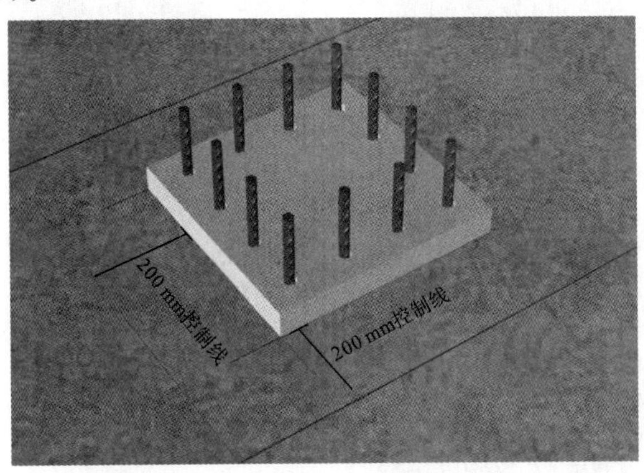

图 6-59　预制柱定位

(3)对预留的钢筋进行清理和定位。使用预先加工精确的钢筋定位框对钢筋位置和间距进行定位,调直歪斜钢筋,禁止将钢筋打弯。

(4)钢筋定位完成后要对预制混凝土柱结合面的水准高度进行测量,并根据测量数据,放置适当厚度的垫片进行吊装平面的找平。

(5)吊装构件前,将 U 形卡与柱顶预埋吊环连接牢固,预制柱采用两点起吊在距离安装位置 300 mm 时停止下降。

(6)用镜子确保钢筋对孔准确,对准之后由吊装人员手扶预制柱缓慢降落。

(7)分别在楼板上的临时支撑预留螺母处安装支撑底座,并检查支撑底座安装是否牢靠,利用可调式支撑杆将预制柱与楼面临时固定,每个构件至少使用两个斜支撑进行固定,并要安装在构件的两个侧面,确保斜支撑安装后预制柱与楼板平面成 90°。使用靠尺进行检查,确保构件稳定后方可拆除吊钩。

(8)预制柱下与楼板之间的缝隙采用砂浆封堵,封堵密实,确保灌浆时不会漏浆。然后将排浆孔封堵只剩一个,插入灌浆管进行灌浆;将下排排浆孔封堵只剩一个,待浆液成柱状流出时封堵灌浆孔。灌浆作业完成后 24 h 内,构件和灌浆连接处不能受到震动或冲击作用。

6.5.2　预制混凝土剪力墙吊装施工

预制混凝土剪力墙从受力性能角度分为预制实心剪力墙和预制叠合剪力墙(见图 6-60)。

预制实心剪力墙是指将混凝土剪力墙在工厂预制成实心构件,并在现场通过预留钢筋与主体结构相连接。随着灌浆套筒在预制剪力墙中的使用,预制实心剪力墙的使用越来越广泛。预制叠合剪力墙是指一侧或两侧均为预制混凝土墙板,在另一侧或中间部位现浇混凝土从而形成共同受力的剪力墙结构。

1. 吊装施工流程

预制混凝土剪力墙吊装施工流程为:预制剪力墙进场并验收—按图放线—安装吊具—预制剪力墙扶直—预制剪力墙吊装—预留钢筋插入就位—水平调整和竖向校正—斜支撑固定—摘钩。

2. 技术要点

(1)墙板吊装前应对预留的墙体竖向钢筋进行检查和调整。在吊装就位之前将所有墙的位

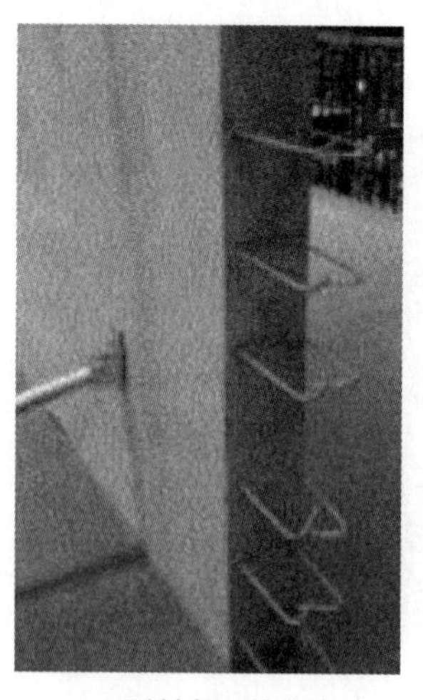

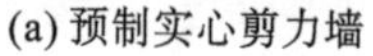

(a) 预制实心剪力墙

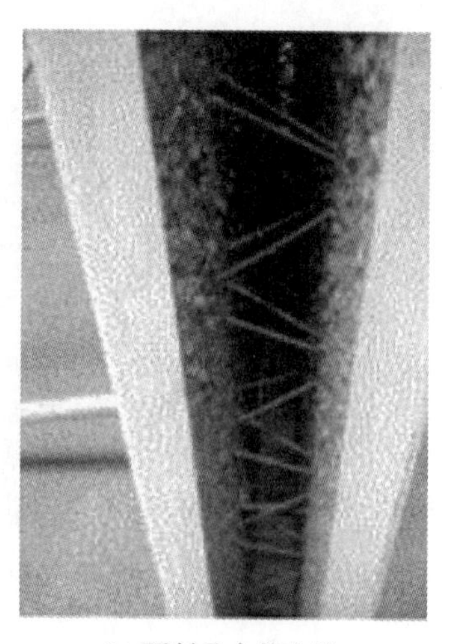

(b) 预制叠合剪力墙

图 6-60　预制混凝土剪力墙

置在地面弹好墨线,安装定位角码,顺着定位角码的位置安放墙板。同时,对起重设备进行安全检查,并在空载状态下对吊臂角度、负载能力、吊绳等进行检查,对吊装困难的部件进行空载实际演练,将倒链、斜撑杆、膨胀螺栓、扳手、2 m 靠尺、开孔、电钻等工具准备齐全,操作人员对操作工具进行清点。检查预制构件预留灌浆套筒是否有缺陷、杂物和油污,保证灌浆套筒完好;提前架好经纬仪、激光水准仪并调平。填写施工准备情况登记表,施工现场负责人检查核对签字后方可开始吊装。

(2)吊装时采用带倒链的扁担式吊装设备(见图 6-61),加设缆风绳。

(3)顺着吊装前所弹墨线缓缓下放墙板,吊装经过的区域下方设置警戒区,施工人员应撤离,由信号工指挥。待构件下降至作业面 1 m 左右高度时,施工人员方可靠近操作,以保证安全。

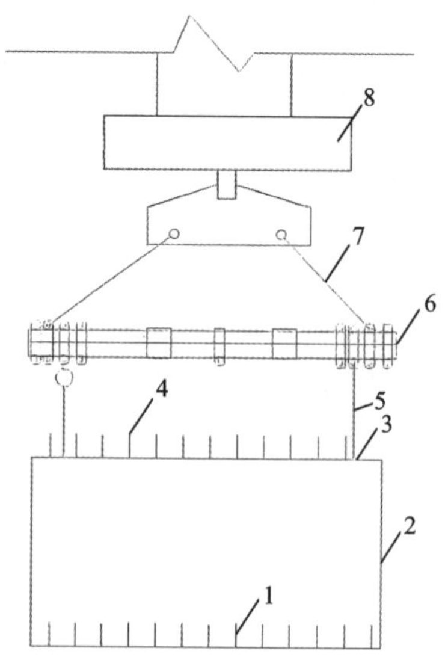

1—预埋套管;2—预制剪力墙;3—预埋拉环;4—预留钢筋;5—2 号钢丝绳;
6—平衡钢梁;7—1 号钢丝绳;8—塔吊挂钩。

图 6-61　预制剪力墙吊具安装

墙板下放好垫块，垫块保证墙板底标高的正确。

(4)墙板底部若局部套筒未对准时，可使用倒链将墙板手动微调，重新对孔。底部没有灌浆套筒的外填充墙板直接顺着角码缓缓放下墙板。垫板造成的空隙可用坐浆方式填补。

(5)墙体垂直坐落在准确的位置后使用激光水准仪复核水平是否有偏差，无误差后，利用预制墙板上的预埋螺栓和地面后置膨胀螺栓安装斜支撑杆，用检测尺检测预制墙体垂直度及复测墙顶标高后，利用斜撑杆调节好墙体的垂直度，方可松开吊钩。

(6)调节斜撑杆完毕后，再次校核墙体的水平位置和标高、垂直度，以及相邻墙体的平整度。

6.5.3 预制混凝土梁吊装施工

1. 吊装施工流程

预制混凝土梁吊装施工流程为：预制梁进场并验收—按图放线(梁搁柱头边线)—设置梁底支撑—拉设安全绳—预制梁起吊—预制梁就位安放—微调控位—摘钩。

2. 技术要点

(1)测出柱顶与梁底标高误差，在柱上弹出梁边控制线。

(2)在构件上标明每个构件所属的吊装顺序和编号，便于吊装工人辨认。

(3)梁底支撑采用“立杆支撑＋可调顶托”，预制梁的标高通过支撑体系的顶丝来调节。

(4)梁起吊时，用吊索钩住扁担梁的吊环，吊索应有足够的长度以保证吊索和扁担梁之间的角度不小于60°。

(5)当梁初步就位后，两侧借助柱头上的梁定位线将梁精确校正，在调平同时将下部可调支撑上紧，这时方可松去吊钩。

(6)主梁吊装结束后，根据柱上已放出的梁边和梁端控制线，检查主梁上的次梁缺口位置是否正确，如不正确，需做相应处理后方可吊装次梁。梁在吊装过程中要按柱对称吊装。

(7)预制梁板柱接头连接。

①键槽混凝土浇筑前应将键槽内的杂物清理干净，并提前24 h浇水湿润。

②键槽钢筋绑扎时，为确保钢筋位置的准确，键槽预留U形开口箍，待梁柱钢筋绑扎完成，在键槽上安装倒U形开口箍与原预留U形开口箍双面焊接$5d$长度(d为钢筋直径)。

6.5.4 预制混凝土楼板吊装施工

预制混凝土楼板按照制造工艺不同可分为预制混凝土叠合板、预制混凝土空心板、预制混凝土双T板等。预制混凝土叠合板最常见的主要有两种：一种是预制钢筋混凝土桁架叠合板，如图6-62(a)所示；另一种是预制带肋底板混凝土叠合楼板，如图6-62(b)所示。预制钢筋混凝土桁架叠合板属于半预制构件，下部为预制混凝土板，外露部分为桁架钢筋。桁架钢筋的主要作用是将后浇筑的混凝土层与预制底板形成整体，并在制作和安装过程中提供刚度。伸出预制混凝土层的桁架钢筋和粗糙的混凝土表面保证了叠合楼板预制部分与现浇部分能有效结合成整体。预制混凝土叠合板的预制部分最小厚度为60 cm，叠合楼板在工地安装到位后要进行二次浇筑，从而成为整体实心楼板。

1. 吊装施工流程

预制混凝土楼板吊装施工流程为：预制板进场并验收—放线(板搁梁边线)—搭设板底支

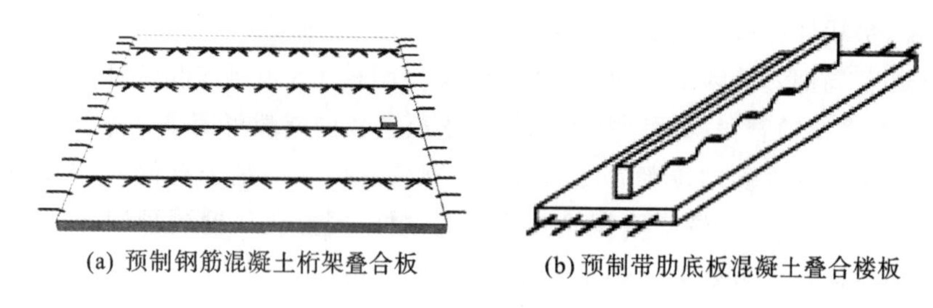

(a) 预制钢筋混凝土桁架叠合板　　(b) 预制带肋底板混凝土叠合楼板

图 6-62　预制叠合楼板

撑—预制板吊装—预制板就位—预制板微调定位—摘钩。

2. 技术要点

(1)进场验收。

①进场验收主要检查资料及外观质量,防止在运输过程中发生损坏现象,验收应满足现行的施工及验收规范。

②预制板进入工地现场,堆放场地应夯实平整,并应防止地面不均匀下沉。预制带肋底板应按照不同型号、规格分类堆放。预制带肋底板应采用板肋朝上叠放的堆放方式,严禁倒置,各层预制带肋底板下部应设置垫木,垫木应上下对齐,不得脱空。堆放层数不应大于 6 层,并有稳固措施。

(2)在每条吊装完成的梁或墙上测量并弹出相应预制板四周控制线,并在构件上标明每个构件所属的吊装顺序和编号,便于吊装工人辨认。

(3)在叠合板两端部位设置临时可调节支撑杆。预制楼板的支撑设置应符合以下要求:

①支撑架体应具有足够的承载能力、刚度和稳定性,应能可靠地承受混凝土构件的自重和施工过程中所产生的荷载及风荷载。

②确保支撑系统的间距及距离墙、柱、梁边的净距符合系统验算要求,上下层支撑应在同一直线上。板下支撑间距不大于 3.3 m。当支撑间距大于 3.3 m 且板面施工荷载较大时,跨中需在预制板中间加设支撑。

(4)在可调节顶撑上架设木方,调节木方顶面至板底设计标高,开始吊装预制楼板,预制带肋底板的吊点位置应合理设置,起吊就位应垂直平稳,两点起吊或多点起吊时吊索与板水平面所成夹角不宜大于 60°,不应小于 45°。吊装示意图见图 6-63。

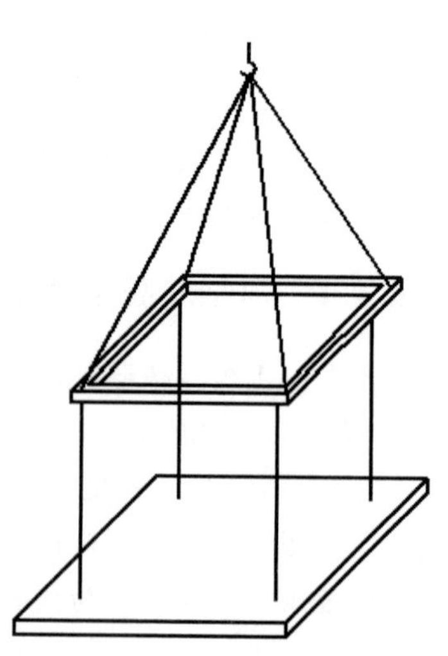

图 6-63　预制混凝土楼板吊装示意图

(5)吊装应顺序连续进行,板吊至柱上方 3～6 cm 后,调整板位置使锚固筋与梁箍筋错开便于就位,板边线基本与控制线吻合。将预制楼板坐落在木方顶面,及时检查板底与预制叠合梁的接缝是否到位,预制楼板钢筋入墙长度是否符合要求,直至吊装完成。

(6)安装预制带肋底板时,其搁置长度应满足设计要求。预制带肋底板与梁或墙间宜设置不大于 20 mm 坐浆或垫片。实心平板侧边的拼缝构造形式可采用直平边、双齿边、斜平边、部分斜平边等。实心平板端部伸出的纵向受力钢筋俗称胡子筋，当胡子筋影响预制带肋底板铺板施工时，可仅在一端留胡子筋，另一端实心平板上方设置端部连接钢筋代替胡子筋，端部连接钢筋应沿板端交错布置，端部连接钢筋支座锚固长度不应小于 $10d$、深入板内长度不应小于 150 mm。

(7)当一跨板吊装结束后，要根据板四周边线及板柱上弹出的标高控制线对板标高及位置进行精确调整，误差控制在 2 mm。

6.5.5　预制混凝土楼梯施工

1. 吊装施工流程

预制混凝土楼梯吊装施工流程为：预制楼梯进场并验收—放线—预制楼梯吊装—预制楼梯安装就位—预制楼梯微调定位—吊具拆除。

2. 技术要点

(1)楼梯间周边梁板叠合后，测量并弹出相应楼梯构件端部和侧边的控制线。

(2)调整索具铁链长度，使楼梯段休息平台处于水平位置，试吊预制楼梯板(见图 6 - 64)，检查吊点位置是否准确，吊索受力是否均匀等；试起吊高度不应超过 1 m。

(3)楼梯吊至梁上方 30～50 cm 后，调整楼梯位置使上下平台锚固筋与梁箍筋错开，板边线基本与控制线吻合。

(4)根据已放出的楼梯控制线，用就位协助设备等将构件根据控制线精确就位，先保证楼梯两侧准确就位，再使用水平尺和倒链调节楼梯水平。

(5)调节支撑板就位后调节支撑立杆，确保所有立杆全部受力。

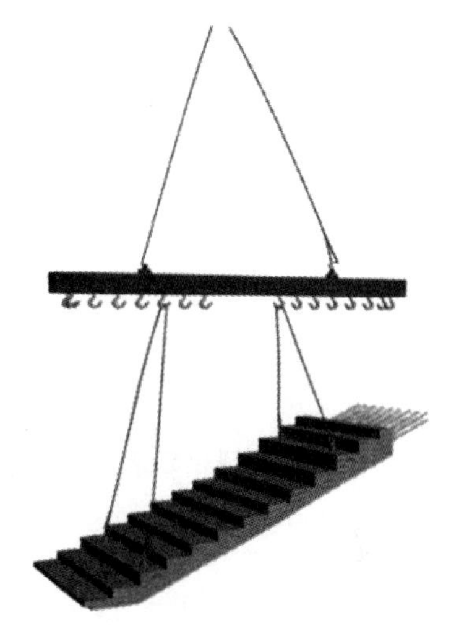

图 6 - 64　预制混凝土楼梯吊装示意图

项目小结

本项目主要阐述了结构安装工程的主要起重器械、结构安装工艺、钢结构构件制作及连接工艺、钢结构安装质量控制以及装配式混凝土构件吊装施工等方面内容。

结构安装施工前的准备工作是关系到安装工作能否顺利进行的关键，了解结构安装工程常用起重机械的类型、型号、构造及工作原理，合理选择起重机械十分重要；熟悉结构构件的安装工艺、安装方法，掌握结构安装的质量要求及安全措施，合理确定施工方案是学习的基本要求。

思考与练习

1. 常用的起重机械有哪些？
2. 钢丝绳的种类很多，按钢丝和钢丝绳股的搓捻方向分哪几类？各有何特点？
3. 常用的吊具有哪几种？它们各有什么用途？
4. 起重机有哪些主要的参数？
5. 试述履带式起重机的起重高度、起重半径和起重量之间的关系。
6. 试说明柱的旋转法和滑行法吊装的特点及适用范围。

7. 试述分件吊装法和综合吊装法的概念,并比较其特点。

8. 试述柱按三点共弧进行斜向布置的方法及其特点。

9. 如何校正柱垂直度?

10. 钢结构下料有哪些方法?

11. 简述钢结构构件制作方法及操作工艺。

12. 简述钢结构焊接连接方法及操作工艺。

13. 高强度螺栓连接时应注意哪些问题?

14. 钢结构安装常见质量问题有哪些?如何预防和处理?

15. 跨度 18 m 的钢筋混凝土屋架,重 45 kN,安装到标高 14.50 m 处的柱顶,停机面标高+0.700 m,屋架的绑扎方法如图 6-65 所示,屋架绑扎时吊索与水平面夹角为 45°,索具重 0.3 t,试确定起重机的起重量和起重高度。

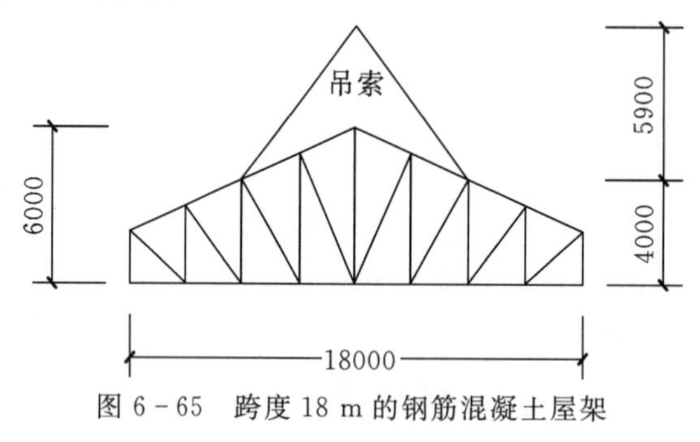

图 6-65 跨度 18 m 的钢筋混凝土屋架

16. 试述预制混凝土柱、剪刀墙、梁、楼板、楼梯的吊装施工流程和技术要点。

项目 7 防水及屋面保温工程

学习目标

知识目标：掌握卷材防水屋面的概念、构造及各构造层的作用，了解卷材防水屋面各种原材料的特性、配比及使用要求，掌握卷材防水屋面各构造层的施工方法及技术要求；掌握涂膜防水屋面的概念，熟悉涂膜防水屋面的构造及施工方法；掌握防水混凝土结构施工、水泥砂浆防水层施工、卷材防水层施工。

能力目标：学会合理选择防水材料，熟悉各类材料防水层的施工工艺，熟悉各种防水屋面和地下防水工程的质量标准、安全技术要求；能理论结合实际，进行施工质量控制和质量验收；在了解原材料要求及配比的基础上能进行配比调整，初步具备编写房屋建筑防水工程施工方案的能力。

思政目标：建筑防水需认真做好每个部位的防水施工，细节决定成败，重点培养工匠精神之质量意识。

建筑防水技术在房屋建筑中发挥功能保障作用。防水工程质量的优劣，不仅关系到建(构)筑物的使用寿命，而且直接影响到人们生产、生活环境和卫生条件。因此，建筑防水工程质量除了考虑设计的合理性、防水材料的正确选择外，更要注意其施工工艺及施工质量。

建筑工程防水按其部位可分为屋面防水、地下防水、卫生间防水等，按其构造做法又可分为结构构件的刚性自防水和用各种防水卷材、防水涂料作为防水层的柔性防水。

7.1 屋面防水工程

屋面防水工程应根据建筑工程类别和工程防水使用环境确定防水等级，并按相应等级进行防水设防。对防水有特殊要求的建筑屋面，应进行专项防水设计。屋面工程防水设计工作年限不应低于 20 年。平屋面防水等级和防水做法如表 7-1 所示。民用建筑和对渗漏敏感的工业建筑防水等级为一级或二级，对渗漏不敏感的工业建筑屋面防水等级为二级或三级。

表 7-1 平屋面防水等级和防水做法

防水等级	防水做法	防水层	
		防水卷材	防水涂料
一级	不应少于 3 道	卷材防水层不应少于 1 道	
二级	不应少于 2 道	卷材防水层不应少于 1 道	
三级	不应少于 1 道	任选	

7.1.1 卷材防水屋面

卷材防水屋面是用胶结材料粘贴卷材进行防水的屋面。这种屋面具有重量轻、防水性能好的优点,其防水层的柔韧性好,能适应一定程度的结构振动和胀缩变形。所用卷材有高聚物改性沥青防水卷材和合成高分子防水卷材两大系列。

1. 卷材屋面构造

1)构造

卷材防水屋面一般由结构层、隔汽层、保温(隔热)层、找平层、防水层、保护层等组成,有时还设找坡层。其一般构造层次如图 7-1 所示,施工时以设计为施工依据。

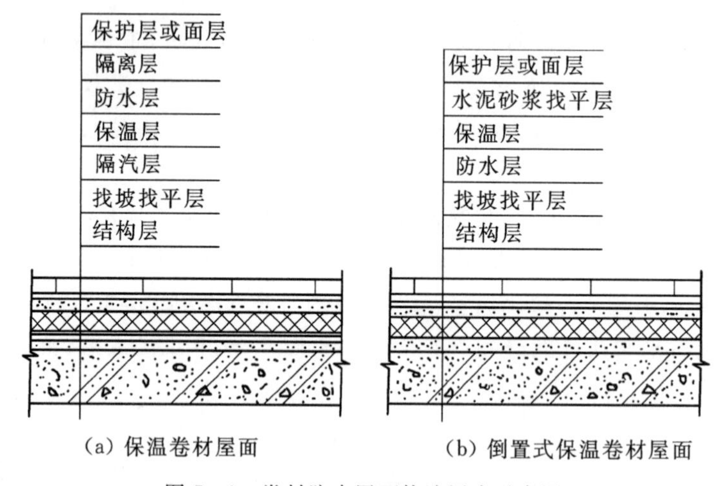

(a) 保温卷材屋面　　(b) 倒置式保温卷材屋面

图 7-1　卷材防水屋面构造层次示意图

2)卷材防水屋面的施工工艺

卷材防水屋面的施工工艺流程为:结构基层—涂刷隔汽层—保温层的铺设—找平层施工—冷底子油结合层—黏结防水层—热嵌绿豆砂保护层。

2. 卷材防水层施工

1)基层要求

基层施工质量将直接影响屋面工程的质量。基层应有足够的强度和刚度,承受荷载时不致产生显著变形。基层一般采用水泥砂浆、细石混凝土找平,做到平整、坚实、清洁、无凹凸形及尖锐颗粒。铺设屋面隔汽层和防水层以前,基层必须清扫干净。

屋面及檐口、檐沟、天沟找平层的排水坡度必须符合设计要求。平屋面采用结构找坡应不小于 3%,采用材料找坡宜为 2%,天沟、檐沟沟内纵向坡度不应小于 1%,沟底水落差不大于 200 mm。卷材防水层的基层与突出屋面结构的连接处以及基层的转角处,找平层应做成圆弧或钝角,其圆弧半径应符合要求:高聚物改性沥青防水卷材为 50 mm,合成高分子防水卷材为 20 mm。

为防止由于温差及混凝土构件收缩而使防水屋面开裂,找平层应留分格缝,缝宽宜为 5~20 mm。缝应留在预制板支承边的拼缝处,其纵横向最大间距,当找平层采用水泥砂浆或细石混凝土时,纵横缝的间距不宜大于 6 m。

采用水泥砂浆或细石混凝土找平层时,其厚度和技术要求应符合表 7-2 的规定。混凝土结构层宜采用结构找坡，坡度不应小于3%；当采用材料找坡时，宜采用质量轻、吸水率低和有一定强度的材料，坡度宜为2%。

表7-2　找平层厚度和技术要求

找平层分类	适用的基层	厚度/mm	技术要求
水泥砂浆	整体现浇混凝土板	15～20	1∶2.5水泥砂浆
	整体材料保温层	20～25	
细石混凝土	装配式混凝土板	30～35	C20混凝土，宜加钢筋网片
	板状材料保温层		C20混凝土

2)材料选择

(1)基层处理剂。基层处理剂是为了增强防水材料与基层之间的黏结力，在防水层施工前，预先涂刷在基层上的涂料。其选择应与所用卷材的材性相容。常用的基层处理剂有用于高聚物改性沥青防水卷材屋面的氯丁胶乳沥青防水涂料、橡胶改性沥青溶液、沥青溶液(即冷底子油)和用于合成高分子防水卷材屋面的聚氨酯煤焦油系的二甲苯溶液、氯丁胶乳溶液等。

(2)胶黏剂。卷材防水层的黏结材料，必须选用与卷材相应的胶黏剂。

高聚物改性沥青防水卷材可选用橡胶或再生橡胶改性沥青的汽油溶液或水乳液作为胶黏剂，其黏结剪切强度应大于0.05 MPa，黏结剥离强度应大于8 N/10 mm。合成高分子防水卷材可选用以氯丁橡胶和丁基酚醛树脂为主要成分的胶黏剂或以氯丁橡胶乳液制成的胶黏剂，其黏结剥离强度不应小于15 N/10 mm，其用量为0.4～0.5 kg/m^2。胶黏剂均由卷材生产厂家配套供应。

(3)卷材。各类卷材的外观质量满足要求。各种防水材料及制品均应符合设计要求，具有质量合格证明，进场前应按规范要求进行抽样复检，严禁使用不合格产品。

3)卷材施工

(1)铺设方向。卷材防水层施工时，应先进行细部构造处理，然后由屋面最低标高向上铺贴。檐沟、天沟卷材施工时，宜顺檐沟、天沟方向铺贴，搭接缝应顺流水方向。卷材宜平行屋脊铺贴，上下层卷材不得相互垂直铺贴。

(2)施工顺序。屋面防水层施工时，应先做好节点、附加层和屋面排水比较集中部位(如屋面与落水口连接处、檐口、天沟、屋面转角处、板端缝等)的处理，然后由屋面最低标高处向上施工。铺贴天沟、檐沟卷材时，宜顺天沟、檐口方向，尽量减少搭接。铺贴多跨和有高低跨的屋面时，应按先高后低、先远后近的顺序进行。大面积屋面施工时，应根据屋面特征及面积大小等因素合理划分流水施工段。施工段的界线宜设在屋脊、天沟、变形缝等处。具体工艺如下：基层表面清理、修补，喷涂基层处理剂，节点附加增强处理，定位、弹线、试铺，铺贴卷材，收头处理、节点密封，清理、检查、修整，保护层施工。

(3)搭接方法及宽度要求。平行屋脊的搭接缝应顺流水方向，搭接缝宽度应符合表7-3的要求。同一层相邻两幅卷材短边搭接缝错开不应小于500 mm，上下层卷材长边搭接缝应错开且不应小于幅宽的1/3；叠层铺贴的各层卷材，在天沟与屋面的交接处，应采用叉接法搭接，搭接缝应错开，搭接缝宜留在屋面与天沟侧面，不宜留在沟底。

表 7-3　卷材搭接宽度　　单位:mm

卷材类别		搭接宽度
合成高分子防水卷材	胶黏剂	80
	胶粘带	50
	单缝焊	60,有效焊接宽度不小于 25
	双缝焊	80,有效焊接宽度 10×2+空腔宽
高聚物改性沥青防水卷材	胶黏剂	100
	自沾	80

(4)铺贴方法。卷材的施工方法有冷粘法、热熔法和自粘法之分。在立面或大坡面铺贴高聚物改性沥青防水卷材时,应采用满粘法,并宜减少短边搭接。对容易渗漏水的薄弱部位(如天沟、檐口、泛水、水落口处等),均应加铺 1～2 层卷材附加层。

①高聚物改性沥青防水卷材施工。高聚物改性沥青防水卷材是指对石油沥青进行改性,提高防水卷材使用性能,增加防水层寿命而生产的一类沥青防水卷材。对沥青的改性,主要是通过添加高分子聚合物实现的。使用较为普遍的高聚物改性沥青防水卷材有弹性体改性沥青防水卷材、APP(无规聚丙烯)改性沥青防水卷材、PVC(聚氯乙烯)改性沥青防水卷材和再生胶改性沥青卷材等。

依据高聚物改性沥青防水卷材的特性,其施工方法有冷粘法、热熔法、自粘法和机械固定法之分。

第一,冷粘法施工。冷粘法施工是利用毛刷将胶黏剂涂刷在基层或卷材上,然后直接铺贴卷材,使卷材与基层、卷材与卷材黏结的方法。施工时,胶黏剂涂刷应均匀,不露底,不堆积。空铺法、条粘法、点粘法应按规定的位置与面积涂刷胶粘剂。铺贴卷材时应平整顺直,搭接尺寸准确,接缝应满涂胶黏剂,辊压黏结牢固,不得扭曲,溢出的胶黏剂随即刮平封口。接缝口应用密封材料封严,宽度不应小于 10 mm。

第二,热熔法施工。热熔法施工是指利用火焰加热器熔化热熔型防水卷材底层的热熔胶进行粘贴的方法。施工时,在卷材表面热熔后(以卷材表面熔融至光亮黑色为度)应立即滚铺卷材,使之平展,并辊压黏结牢固。搭接缝处必须以溢出热熔的改性沥青胶为度,并应随即刮封接口。加热卷材时应均匀,不得过分热或烧穿卷材。对厚度小于 3 mm 的高聚物改性沥青防水卷材,严禁采用热熔法施工。

第三,自粘法施工。自粘法施工是指采用带有自粘胶的防水卷材,不用热施工,也不需涂胶结材料,而进行黏结的方法。铺贴前,基层表面应均匀涂刷基层处理剂,待干燥后及时铺贴卷材。铺贴时,应先将自粘胶底面隔离纸完全撕净,排除卷材下面的空气,并辊压黏结牢固,不得空鼓。搭接部位必须采用热风焊枪加热后随即粘贴牢固,溢出的自粘胶随即刮平封口。接缝口用不小于 10 mm 宽的密封材料封严。

第四,机械固定法。固定件应与结构层连接牢固,固定件间距应根据抗风揭试验和当地的使用环境与条件确定,并不宜大于 600 mm。卷材防水层周边 800 mm 范围内应满粘,卷材收头应采用金属压条钉压固定和密封处理。

②合成高分子防水卷材施工。合成高分子防水卷材的主要品种有高分子防水卷材、氯化聚乙烯-橡胶共混防水卷材、氯化聚乙烯防水卷材和聚氯乙烯防水卷材等。其施工工艺流程与前相

同。施工方法一般有冷粘法、自粘法和热风焊接法、机械固定法四种。

冷粘法、自粘法和机械固定法施工要求与高聚物改性沥青防水卷材基本相同，但冷粘法施工时搭接部位应采用与卷材配套的接缝专用胶黏剂，在搭接缝黏合面上涂刷均匀，并控制涂刷与黏合的间隔时间，排除空气，辊压黏结牢固。

热风焊接法是利用热空气焊枪进行防水卷材搭接黏合的方法。焊接前卷材铺放应平整顺直，搭接尺寸正确；施工时焊接缝的结合面应清扫干净，应无水滴、油污及附着物。对热塑性卷材的搭接缝可采用单缝焊或双缝焊，焊接应严密，先焊长边搭接缝，后焊短边搭接缝，应控制加热温度和时间，焊接缝不得漏焊、跳焊或焊接不牢，也不得损害非焊接部位的卷材。

(5)屋面特殊部位的铺贴要求。天沟、檐沟、檐口、水落口、泛水、变形缝和伸出屋面管道的防水构造，必须符合设计要求。天沟、檐沟、檐口、泛水和立面卷材收头的端部应裁齐，塞入预留凹槽内，用金属压条钉压固定，最大钉距不应大于 900 mm，并用密封材料嵌填封严，凹槽距屋面找平层不小于 250 mm，凹槽上部墙体应做防水处理。

水落口杯应牢固地固定在承重结构上，如系铸铁制品，所有零件均应除锈，并刷防锈漆。天沟、檐沟铺贴卷材应从沟底开始。如沟底过宽，卷材纵向搭接时，搭接缝必须用密封材料封口，密封材料嵌填必须密实、连续、饱满、黏结牢固，无气泡，不开裂脱落。沟内卷材附加层与屋面交接处宜空铺，其空铺宽度不小于 200 mm，其卷材防水层应由沟底翻上至沟外檐顶部，卷材收头应用水泥钉固定并用密封材料封严。铺贴檐口 800 mm 范围内的卷材应采取满粘法。铺贴泛水处的卷材应采取满粘法，防水层贴入水落口杯内不小于 50 mm，水落口周围直径 500 mm 范围内的坡度不小于 5%，并用密封材料封严。

变形缝处的泛水高度不小于 250 mm，伸出屋面管道的周围与找平层或细石混凝土防水层之间，应预留 20 mm×20 mm 的凹槽，并用密封材料嵌填严密，在管道根部直径 500 mm 范围内，找平层应抹出高度不小于 30 mm 的圆台。管道根部四周应增设附加层，宽度和高度均不小于 300 mm。管道上的防水层收头应用金属箍紧固，并用密封材料封严。

(6)排汽屋面的施工。卷材应铺设在干燥的基层上。当屋面保温层或找平层干燥有困难而又急需铺设屋面卷材时，则应采用排汽屋面。排汽屋面是整体连续的，在屋面与垂直面连接的地方，隔汽层应延伸到保温层顶部，并高出 150 mm，以便与防水层相连，要防止房间内的水蒸气进入保温层，造成防水层起鼓破坏，保温层的含水率必须符合设计要求。在铺贴第一层卷材时，采用空铺等方法使卷材与基层之间留有纵横相互贯通的空隙作排汽道(见图 7-2)，排汽道的宽度为 30～40 mm，深度一直到结构层。对于有保温层的屋面，也可在保温层上的找平层上留槽作排汽道，并在屋面或屋脊上设置一定的排汽孔(每 36 m^2 左右一个)与大气相通，这样就能使潮湿基层中的水分蒸发排出，防止油毡起鼓。排汽屋面适用于气候潮湿，雨量充沛，夏季阵雨多，保温层或找平层含水率较大干燥有困难的地区。

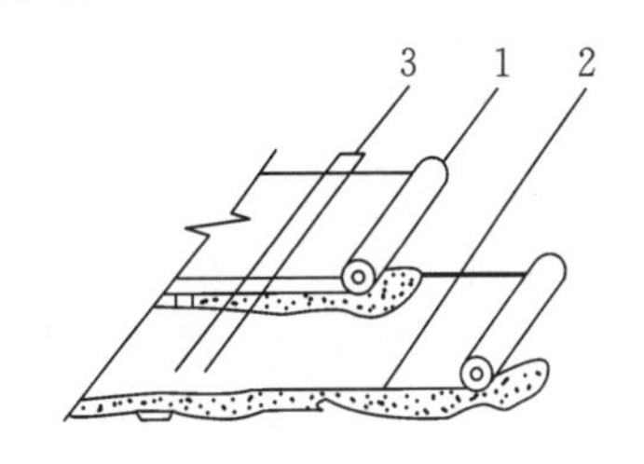

1—卷材；2—沥青胶；
3—附加卷材条。
图 7-2　排汽屋面卷材空铺法

4)**保护层施工**

卷材铺设完毕，经检查合格后，应立即进行保护层的施工，及时保护防水层免受损伤，从而延长卷材防水层的使用年限。常用的保护层做法有以下几种：

(1)涂料保护层。保护层涂料一般在现场配制，常用的有铝基沥青悬浮液、丙烯酸浅色涂料或在涂料中掺入铝粉的反射涂料。施工前防水层表面应干净无杂物。涂刷方法与用量按各种涂料使用说明书操作，基本和涂膜防水施工相同。涂刷应均匀，不漏涂。

(2)绿豆砂保护层。其在沥青防水卷材非上人屋面中使用较多。施工时在卷材表面涂刷最后一道沥青胶，趁热撒铺一层粒径为3～5 mm的绿豆砂(或人工砂)。绿豆砂应撒铺均匀，全部嵌入沥青胶中。为了嵌入牢固，绿豆砂须经预热至100 ℃左右干燥后使用。边撒砂边扫铺均匀，并用软辊轻轻压实。

(3)细砂、云母或蛭石保护层。细砂、云母或蛭石保护层主要用于非上人屋面的涂膜防水层的保护层，使用前应先筛去粉料，砂可采用天然砂。当涂刷最后一道涂料时，应边涂刷边撒布细砂(或云母、蛭石)，同时用软胶辊反复轻轻滚压，使保护层牢固地黏结在涂层上。

(4)混凝土预制板保护层。混凝土预制板保护层的结合层可采用砂或水泥砂浆。混凝土预制板的铺砌必须平整，并满足排水要求。在砂结合层上铺砌块体时，砂层应洒水压实、刮平；板块对接铺砌，缝隙应一致，缝宽10 mm左右，砌完洒水轻拍压实。板缝先填砂一半高度，再用1∶2水泥砂浆勾成凹缝。为防止砂子流失，在保护层四周500 mm范围内，应改用低强度等级水泥砂浆做结合层。采用水泥砂浆做结合层时，应先在防水层上做隔离层，隔离层可采用热砂、干铺油毡、铺纸筋灰或麻刀灰、黏土砂浆、白灰砂浆等多种方法施工。预制块体应先浸水湿润并阴干。摆铺完后应立即挤压密实、平整，使之结合牢固。预留板缝(10 mm)用1∶2水泥砂浆勾成凹缝。

上人屋面的预制块体保护层，块体材料应按照楼地面工程质量要求选用，结合层应选用1∶2水泥砂。

(5)水泥砂浆保护层。水泥砂浆保护层与防水层之间应设置隔离层。保护层用的水泥砂浆一般为20 mm厚1∶2.5或M15的水泥砂浆。

采用水泥砂浆做保护层时，表面应抹平压光，并应设分格缝，分格面积宜为1 m^2。铺设水泥砂浆时应随铺随拍实，并用刮尺刮平。排水坡度应符合设计要求。

立面水泥砂浆保护层施工时，为使砂浆与防水层黏结牢固，可事先在防水层表面粘上砂粒或小豆石，然后再做保护层。

(6)细石混凝土保护层。施工前应在防水层上铺设隔离层，并按设计要求支设好分格缝木模，设计无要求时，每格面积不大于36 m^2，分格缝宽度为20 mm。一个分格内的混凝土应连续浇筑，不留施工缝。振捣宜采用铁辊滚压或人工拍实，以防破坏防水层。拍实后随即用刮尺按排水坡度刮平，初凝前用木抹子提浆抹平，初凝后及时取出分格缝木模，终凝前用铁抹子压光。

细石混凝土保护层浇筑后应及时进行养护，养护时间不应少于7 d。养护期满即将分格缝清理干净，待干燥后嵌填密封材料。

7.1.2 涂膜防水屋面

涂膜防水屋面是在屋面基层上涂刷防水涂料，经固化后形成一层有一定厚度和弹性的整体涂膜从而达到防水目的的一种防水屋面形式。这种屋面具有施工操作简便，无污染，冷操作，无接缝，能适应复杂基层，防水性能好，温度适应性强，容易修补等特点；也可作为Ⅰ级、Ⅱ级屋面多道防水设防中的一道防水层。

1.材料要求

根据防水涂料成膜物质的主要成分，适用涂膜防水层的涂料可分为高聚物改性沥青防水涂料、合成高分子防水涂料和聚合物水泥防水涂料三类。根据防水涂料形成液态的方式，前两种防水涂料可分为溶剂型、反应型和乳液型三类(见表7-4)，而聚合物水泥防水涂料可分为Ⅰ型和Ⅱ型两种。

表 7-4 主要防水涂料的分类

类别	材料名称	
高聚物改性沥青防水涂料	溶剂型	再生橡胶沥青涂料、氯丁橡胶沥青涂料等
	乳液型	再生橡胶沥青涂料、丁苯胶乳沥青涂料、氯丁胶乳沥青涂料、PVC 改性煤焦油涂料等
合成高分子防水涂料	乳液型	硅橡胶涂料、丙烯酸酯涂料等
	反应型	聚氨酯防水涂料、环氧树脂防水涂料等

2. 基层要求

涂膜防水层要求基层的刚度大，空心板安装牢固，找平层有一定强度，表面平整、密实，不应有起砂、起壳、龟裂、爆皮等现象。表面平整度应用 2 m 直尺检查，基层与直尺的最大间隙不应超过 5 mm，间隙仅允许平缓变化。基层与凸出屋面结构连接处及基层转角处应做成圆弧形或钝角。按设计要求做好排水坡度，不得有积水现象。施工前应将分格缝清理干净，不得有异物和浮灰。对屋面的板缝处理应遵守有关规定。等基层干燥后方可进行涂膜施工。

3. 涂膜防水层施工

涂膜防水层施工的一般工艺流程为：基层表面清理与修理—喷涂基层处理剂—特殊部位附加增强处理—涂布防水涂料及铺贴胎体增强材料—清理与检查修理—保护层施工。

基层处理剂常用涂膜防水材料稀释后使用，其配合比应根据不同防水材料按要求配置。涂膜防水必须由两层以上涂层组成，每层应刷 2～3 遍，且应根据防水涂料的品种，分层分遍涂布，不能一次涂成，并待先涂的涂层干燥成膜后，方可涂后一遍涂料，其总厚度必须达到设计要求。涂膜厚度选用应符合表 7-5 规定。

表 7-5 每道涂膜防水层最小厚度　　单位：mm

防水等级	合成高分子防水涂料	聚合物水泥防水涂膜	高聚物改性沥青防水涂膜
Ⅰ级	1.5	1.5	2.0
Ⅱ级	2.0	2.0	3.0

涂料的涂布顺序为：先高跨后低跨，先远后近，先立面后平面。同一屋面上先涂布排水较集中的水落口、天沟、檐口等节点部位，再进行大面积涂布。涂层应厚薄均匀、表面平整，不得有露底、漏涂和堆积现象。涂层施工间隔时间不宜过长，否则易形成分层现象。涂层中夹铺胎体增强材料时，宜边涂边铺胎体。胎体增强材料长边搭接宽度不得小于 50 mm，短边搭接宽度不得小于 70 mm。当屋面坡度小于 15%时，可平行屋脊铺设；当屋面坡度大于 15%时，应垂直屋脊铺设。采用两层胎体增强材料时，上下层不得互相垂直铺设，搭接缝应错开，其间距不应小于幅宽的 1/3。找平层分格缝处应增设胎体增强材料的空铺附加层，其宽度以 300～1200 mm 为宜。涂膜防水层收头应用防水涂料多遍涂刷或用密封材料封严。在涂膜未干前，不得在防水层上进行其他施工作业。涂膜防水屋面上不得直接堆放物品。涂膜防水屋面的隔汽层设置原则与卷材防水屋面相同。

涂膜防水屋面应设置保护层，构造如图 7-3 所示。保护层材料可采用细砂、云母、蛭石、浅色涂料、水泥砂浆或块材等。采用水泥砂浆或块材时，应在涂膜与保护层之间设置隔离层。当用细砂、云母、蛭石时，应在最后一遍涂料涂刷后随即撒上，并用扫帚轻扫均匀、轻拍粘牢。当用浅色涂料做保护层时，应在涂膜固化后进行。

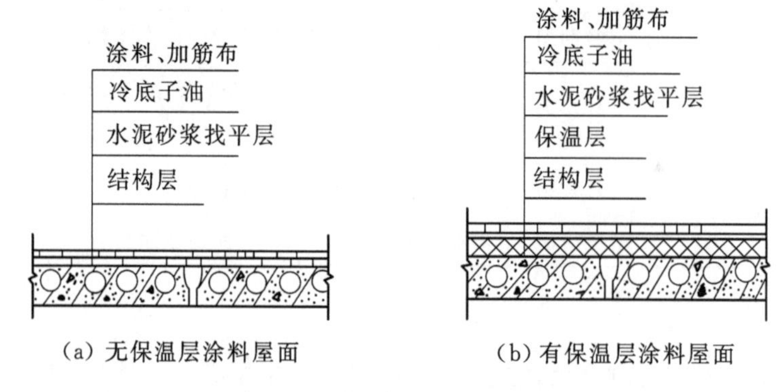

(a) 无保温层涂料屋面　　(b) 有保温层涂料屋面

图 7-3　涂膜防水屋面构造图

7.1.3　复合防水屋面施工

复合防水屋面指采用复合防水层的屋面。复合防水层由彼此相容的卷材和涂料组合而成。由于涂膜防水层具有黏结强度高、可修补防水层基层裂缝缺陷、防水层无接缝、整体性好的特点，因此卷材与涂料复合使用时，涂膜防水层宜设置在卷材防水层的下面。卷材防水层强度高、耐穿刺、厚薄均匀、使用寿命长，宜设置在涂膜防水层的上面。

复合防水层防水涂料与防水卷材之间应黏结牢固，尤其是天沟和立面防水部位，如出现空鼓和分层现象，一旦卷材破损，防水层会出现蹿水现象，另外空鼓或分层会加速卷材热老化和疲劳老化，降低卷材使用寿命。水乳型或水泥基类防水涂料，应待涂膜实干后再采用冷粘铺贴卷材。复合防水层施工质量应按卷材防水施工质量和涂膜防水施工质量要求组织施工。在复合防水层中，如果防水涂料既是涂膜防水层，又是防水卷材的胶黏剂，那么单独对涂膜防水层的验收不可能，只能待复合防水层完工后整体验收。如果防水涂料不是防水卷材的胶黏剂，那么应对涂膜防水层和卷材防水层分别验收。复合防水层最小厚度不小于 2 mm。

7.1.4　其他屋面施工简介

1. 架空隔热屋面

架空隔热屋面是在屋面增设架空层，利用空气流通进行隔热。隔热屋面的防水层做法同前述。施工架空层前，应将屋面清扫干净，根据架空板尺寸弹出砖垛支座中心线。架空屋面的坡度不宜大于 5%，为防止架空层砖垛下的防水层造成损伤，应加强其底面的卷材或涂膜防水层，在砖垛下铺贴附加层。架空隔热层的砖垛宜用 M5 水泥砂浆砌筑，铺设架空板时，应将灰浆刮平，随时扫净屋面防水层上的落灰和杂物，保证架空隔热层气流畅通，架空板应铺设平整、稳固，缝隙宜用水泥砂浆或水泥混合砂浆嵌填，并按设计要求留变形缝。

架空隔热屋面所用材料及制品的质量必须符合设计要求。非上人屋面架空砖垛所用的黏土砖强度等级不小于 MU10；架空盖板如采用混凝土预制板时，其强度等级不应小于 C20，且板内宜放双向钢筋网片，严禁有断裂和露筋缺陷。

2. 瓦屋面

瓦屋面防水是我国传统的屋面防水技术。它的种类主要有烧结瓦屋面、混凝土瓦屋面、沥青瓦屋面，分为Ⅰ、Ⅱ两个防水等级。

1)烧结瓦屋面和混凝土瓦屋面

烧结瓦主要采用黏土、水泥等材料制成，分为有釉类和无釉类。混凝土瓦主要以混凝土为原料制成，分为波形瓦和平板瓦。烧结瓦屋面和混凝土瓦屋面的坡度不应小于30%。屋面采用的木质基层、顺水条、挂瓦条的防腐、防火及防蛀处理，以及金属顺水条、挂瓦条的防锈蚀处理，均应符合设计要求。

烧结瓦、混凝土瓦应采用干法挂瓦，瓦与屋面基层应固定牢靠。屋面木基层应铺钉牢固、表面平整，钢筋混凝土基层的表面应平整、干净、干燥。脊瓦搭盖间距应均匀，脊瓦与坡面瓦之间的缝隙应用聚合物水泥砂浆填实抹平，屋脊或斜脊应顺直。沿山墙一行瓦宜用聚合物水泥砂浆做出披水线。檐口第一根挂瓦条应保证瓦头出檐口50～70 mm；屋脊两坡最上面的一根挂瓦条，应保证脊瓦在坡面瓦上的搭盖宽度不小于40 mm；钉檐口条或封檐板时，均应高出挂瓦条20～30 mm。

烧结瓦屋面和混凝土瓦屋面完工后，应避免屋面受物体冲击，严禁任意上人或堆放物件。

2)沥青瓦屋面

玻纤胎沥青瓦，简称为玻纤瓦或者沥青瓦，也称油毡瓦。沥青瓦是一种新型屋面防水材料，它是以玻璃纤维毡为胎基，经浸涂石油沥青后，一面覆盖彩砂矿物粒料，另一面撒以隔离材料，并经切割所制成的瓦片屋面防水材料。沥青瓦屋面的坡度不应小于20%。

沥青瓦施工时，其基层应牢固平整。铺设沥青瓦前，应在基层上弹出水平及垂直基准线，并应按线铺设。沥青瓦应自檐口向上铺设，起始层瓦应由瓦片经切除垂片部分后制得，且起始层瓦沿檐口应平行铺设并伸出檐口10 mm，再用沥青基胶结材料和基层黏结；第一层瓦应与起始层瓦叠合，但瓦切口应向下指向檐口；第二层瓦应压在第一层瓦上且露出瓦切口，但不得超过切口长度。相邻两层沥青瓦的拼缝及切口应均匀错开。沥青瓦的固定方式应以钉为主、黏结为辅。在沥青瓦上钉固定钉时，应将钉垂直钉入持钉层内；固定钉穿入细石混凝土持钉层的深度不应小于20 mm，穿入木质持钉层的深度不应小于15 mm，固定钉的钉帽不得外露在沥青瓦表面。沥青瓦屋面与立墙或伸出屋面的烟囱、管道的交接处应做泛水，在其周边与立面250 mm的范围内应铺设附加层，然后在其表面用沥青基胶结材料满粘一层沥青瓦片。

3. 金属压型夹心板屋面

金属压型夹心板屋面是金属板材屋面中使用较多的一种，它由两层彩色涂层钢板、中间加硬质聚氨酯泡沫组成，通过辊轧、发泡、黏结一次成型。其防水等级为Ⅰ、Ⅱ级，适用于工业与民用建筑轻型屋盖的保温防水屋面。

铺设压型钢板屋面时，横向搭接方向宜与主导风向一致，搭接不应小于一个波，搭接部位应设置防水密封胶带，可避免刮风时冷空气贯入室内；上下两排板的搭接长度，应根据板型和屋面坡长确定。所有搭接缝内应用密封材料嵌填封严，防止渗漏。

4. 蓄水屋面

蓄水屋面是屋面上蓄水后利用水的蓄热和蒸发，大量消耗投射在屋面上的太阳辐射热，以有效减少通过屋盖的传热量，从而达到保温隔热和延缓防水层老化的目的。蓄水屋面多用于我国南方地区，一般为开敞式。为加强防水层的坚固性，应采用刚性防水层或在卷材、涂膜防水层上再做刚性防水层，并采用耐腐蚀、耐霉烂、耐穿刺性好的防水层材料，以免异物掉入时损坏防水层。蓄水屋面应划分为若干蓄水区以适应屋面变形的需要。蓄水隔热层应划分为若干隔水区，每区的边长不宜大于10 m，在变形缝的两侧应分成两个互不连通的蓄水区，长度超过40 m的蓄水屋面应分仓设置,分仓隔墙可采用现浇混凝土或砌体。蓄水屋面应设置人行通道。考虑到防水要求的特殊性,蓄水屋面所设排水管、溢水口和给水管等,应在防水层施工前安装完毕。并且为使每个蓄水区混凝土的整体防水性好,防水混凝土要一次浇筑完毕,不得留施工缝。蓄水屋面的所有孔洞应预留,不能后凿。蓄水屋面的刚性防水层完工后,应在混凝土终凝后,立即洒水养护,养护好后,及时蓄水,防止干涸开裂,蓄水屋面蓄水后不能断水。

5. 种植屋面

种植屋面是在屋面防水层上覆土或盖有锯木屑、膨胀蛭石等多孔松散材料,进行种植草皮、花卉、蔬菜、水果或设架种植攀缘植物等作物。这种屋面可以有效地保护防水层和屋盖结构层,对建筑物也有很好的保温隔热效果,并对城市环境能起到绿化和美化的作用,有益于环境保护和人们的健康。

种植屋面在施工挡墙时,留设的泄水孔位置应准确,且不得堵塞,以免给防水层带来不利。覆盖层施工时,应避免损坏防水层,覆盖材料的厚度和质量应符合设计要求,以防止屋面结构过量超载。

6. 玻璃采光顶

玻璃采光顶指由玻璃透光面板与支承体系组成的屋顶。玻璃采光顶设计应根据建筑物的屋面形式、使用功能和美观要求,选择结构类型、材料和细部构造。玻璃采光顶应采用支承结构找坡,排水坡度不宜小于 5%。采用的安全玻璃宜是夹层玻璃或夹层中空玻璃,单片玻璃厚度不宜小于 6 mm,夹层玻璃的玻璃原片厚度不宜小于 5 mm,中空玻璃气体层的厚度不应小于 12 mm。中空玻璃宜采用双道密封结构,隐框或半隐框中空玻璃的二道密封应采用硅酮结构密封胶。采光顶玻璃组装采用镶嵌方式时,应采取防止玻璃整体脱落的措施。

7.2 屋面保温工程

如今室内空调普及,冬天要防止热量散发,夏天要防止冷气向室外传导,以减少能源的消耗,因此提高建筑工程的保温、隔热性能非常重要。

7.2.1 普通保温工程

1. 保温材料及要求

保温材料既起到阻止冬季室内热量通过屋面散发到室外,同时也防止夏季室外热量(高温)传到室内,它起到保温和隔热的双重作用。

1)材料分类

我国目前屋面保温层按形式可分为板状材料保温层、纤维材料保温层和整体材料保温层三种,各种保温层的保温材料如表 7 - 6 所示。

表 7 - 6 保温层及其保温材料

保温层	保温材料
板状材料保温层	聚苯乙烯泡沫塑料、硬质聚氨酯泡沫塑料、膨胀珍珠岩制品、泡沫玻璃制品、加气混凝土砌块、泡沫混凝土砌块
纤维材料保温层	玻璃棉制品,岩棉、矿渣棉制品
整体材料保温层	喷涂硬泡聚氨酯、现浇泡沫混凝土

2)材料要求

材料的密度、导热系数等技术性能,必须符合设计要求和施工及验收规范的规定,应有试验资料。

板状保温材料产品应有出厂合格证,根据设计要求选用材料的厚度、规格应一致,外形应整齐,密度、导热系数、强度应符合设计要求。

(1)泡沫混凝土板块:表观密度不大于 500 kg/m³,抗压强度应不低于 0.4 MPa。

(2)加气混凝土板块:表观密度为 500～600 kg/m³,抗压强度应不低于 0.2 MPa。

(3)聚苯板:表观密度≤45 kg/m³,抗压强度不低于 0.18 MPa,导热系数为 0.043 W/(m·K)。

3)作业条件

(1)铺设保温材料的基层(结构层)施工完以后,将预制构件的吊钩等进行处理,处理点应抹入水泥砂浆,经检查验收合格,方可铺设保温材料。

(2)铺设隔汽层的屋面应先将表面清扫干净,且要求干燥、平整,不得有松散、开裂、空鼓等缺陷;隔汽层的构造做法必须符合设计要求和施工及验收规范的规定。

(3)穿过结构的管根部位,应用细石混凝土填塞密实,以使管子固定。

(4)板状保温材料运输、存放应注意保护,防止损坏和受潮。

2. 操作工艺

工艺流程为:基层清理—弹线找坡—管根固定—隔汽层施工—保温层铺设—抹找平层。

1)基层清理

预制或现浇混凝土结构层表面,应将杂物、灰尘清理干净。

2)弹线找坡

按设计坡度及流水方向,找出屋面坡度走向,确定保温层的厚度范围。

3)管根固定

穿结构层的管根在保温层施工前,应用细石混凝土塞堵密实。

4)隔汽层施工

2～4 道工序完成后,设计有隔汽层要求的屋面,应按设计做隔汽层,涂刷均匀无漏刷。

5)保温层铺设

(1)板状材料保温层铺设。

①干铺板块状保温层:直接铺设在结构层或隔汽层上,分层铺设时上下两层板块缝应错开,两块表面相邻的板边厚度应一致。一般在板状材料保温层上用细石混凝土做找平层。

②黏结铺设板块状保温层:板块保温材料用黏结材料平粘在屋面基层上,一般用低标号水泥、石灰混合砂浆;聚苯板材料应用沥青胶结料粘贴。

一般在板状材料保温层施工时,应立即做保护层。如遇两层铺设,板缝应错开,不要上下重缝。

(2)整体材料保温层铺设。

①水泥白灰炉渣保温层:施工前用石灰水将炉渣闷透,不得少于 3 d,闷制前应将炉渣或水渣过筛,粒径控制在 5～40 mm。最好用机械搅拌,一般配合比为水泥∶白灰∶炉渣=1∶1∶8,铺设时分层、滚压,控制虚铺厚度和设计要求的密度,应通过试验,保证保温性能。

②沥青蛭石、沥青珍珠岩、现浇硬泡聚氨酯等整体现浇保温层:沥青蛭石和沥青珍珠岩要搅

拌均匀一致，虚铺厚度和压实厚度均要先行试验。施工时表面要平整，压实程度要一致。硬泡聚氨酯现浇喷涂施工时，气温应在 15～35 ℃，风速不要超过 5 m/s，相对湿度应小于 85%，否则会影响硬泡聚氨酯质量。施工时还应注意配比准确，一般应做配比试验，使发泡均匀，表观密度保持在 30～45 kg/m^3。喷涂时，工人应进行培训，掌握喷枪的工人应使喷枪运行均匀，使发泡后表面平整。硬泡聚氨酯在完全发泡前应避免上人踩踏。发泡厚度允许误差为+10%～-5%。

硬泡聚氨酯保温层完成经检查合格后，应立即进行保护层施工，如系刚性砂浆或混凝土保护层，则应在保温层上铺聚酯毡等材料作为隔离层。

7.2.2 倒置保温工程

倒置式屋面是把原屋面“防水层在上，保温层在下”的构造设置倒置过来，将憎水性或吸水率较低的保温材料放在防水层上，使防水层不易损伤，提高耐久性，并可防止屋面结构内部结露。倒置式屋面具有节能保温隔热、延长防水层使用寿命、施工方便、劳动效率高、综合造价经济等特点。

1. 材料

1)保温材料

保温材料应选用高热绝缘系数、低吸水率的新型材料，如聚苯乙烯泡沫塑料、聚乙烯泡沫塑料、聚氨酯泡沫塑料、泡沫玻璃等，也可选用蓄热系数和热绝缘系数都较大的水泥聚苯乙烯复合板等保温材料。

2)防水材料

倒置式保温防水屋面主防水层(保温层之下的防水层)应选用合成高分子防水材料和中高档高聚物改性沥青防水卷材，也可选用改性沥青涂料与卷材复合防水；不宜选用刚性防水材料和松散憎水性材料，如防水宝、拒水粉等，也不宜选用胎基易腐烂的防水材料和易腐烂的涂料加筋布等。

屋面工程所采用的防水材料应有材料质量证明文件，优先选用省部级推广和认可产品，确保其质量符合技术要求。材料进场后，施工单位应按规定取样复试，提交试验报告，严禁在工程中使用不合格的材料。

2. 施工准备

1)技术准备

防水保温工程施工应编制专项施工方案或技术措施，掌握施工图中的细部构造及有关技术要求，并根据施工方案进行技术交底，详细交代施工部位、构造做法、细部构造、技术要求、安全措施、质量要求和检验方法等。

2)材料准备

屋面工程负责人应根据设计要求，按面积计算各种材料的总用量，防水材料应抽检合格后方准许使用。

现场应准备足够的高压吹风机、平铲、扫帚、滚刷、压辊、剪刀、墙纸刀、卷尺、粉线包及灭火器等施工机具或设施，并保证完好。

3)结构基层

防水层施工前，基层必须干净干燥，表面不得有酥松、起皮起砂现象。

3. 施工工艺

1)工艺流程

工艺流程为:基层清理检查、工具准备、材料检验,节点增强处理,防水层施工、检验,保温层铺设、检验,现场清理,保护层施工,验收。

2)防水层施工

根据不同的材料,采用相应的施工工法和工艺施工、检验。

3)保温层施工

保温材料可以直接干铺或用专用黏结剂粘贴,聚苯板不得选用溶剂型胶黏剂粘贴。保温材料接缝处可以是平缝也可以是企口缝,接缝处可以灌入密封材料以连成整体。板状保温材料的施工应采用斜缝排列,以利于排水。

当采用现喷硬泡聚氨酯保温材料时,要在成型的保温层面进行分格处理,以减少收缩开裂。大风天气和雨天不得施工,同时注意喷施人员的劳动保护。

4)面层施工

(1)上人屋面。

①采用 40～50 mm 厚钢筋细石混凝土做面层时,应按设计要求进行分格缝的节点处理。

②采用混凝土块材上人屋面保护层时,应用水泥砂浆坐浆平铺,板缝用砂浆勾缝处理。

(2)不上人屋面。

①当屋面是非功能性上人屋面时,可采用平铺预制混凝土板的方法进行压埋,预制板要有一定强度,厚度也应小于 30 mm。

②选用卵石或砂砾做保护层时,其直径应为 20～60 mm,铺埋前应先铺设 250 g/m^2 的聚酯纤维无纺布或油毡等隔离,再铺埋卵石,并要注意雨水口的畅通。压置物的质量应保证最大风力时保温板不被刮起和保证保温层在积水状态下不浮起。

③聚苯乙烯保温层不能直接接受太阳照射,以防紫外线照射导致老化,还应避免与溶剂接触和在高温环境下(80 ℃以上)使用。

7.3 地下防水工程

地下防水工程是防止地下水对地下建(构)筑物基础的长期浸透,保证其使用功能正常发挥的一项重要工程。由于地下工程常年受到地表水、潜水、上层滞水、毛细管水等的作用,所以,对地下工程防水的处理比屋面防水工程要求更高,防水技术难度更大。而如何正确选择合理有效的防水方案就成为地下防水工程中的首要问题。

地下工程防水设计工作年限不应低于工程结构设计工作年限。地下工程的防水等级分为三级,各级标准应符合表 7-7 的规定。有人员活动的民用建筑地下室,对渗漏敏感的建筑地下工程,防水等级为一级或二级。对渗漏不敏感的物品、设备使用或贮存场所,不影响正常使用的建筑地下工程,防水等级为三级或二级。

表 7－7 地下工程防水等级和防水做法

防水等级	防水做法	防水混凝土	外设防水层		
			防水卷材	防水涂料	水泥基防水材料
一级	不应少于 3 道	为 1 道,应选	不少于 2 道； 防水卷材或防水涂料不应少于 1 道		
二级	不应少于 2 道	为 1 道,应选	不少于 1 道； 任选		
三级	不应少于 1 道	为 1 道,应选	—		

注:水泥基防水材料指防水砂浆、外涂型水泥基渗透结晶防水材料。

地下工程的防水方案,应遵循“防、排、截、堵结合,刚柔相济，因地制宜,综合治理”的原则,根据使用要求、自然环境条件及结构形式等因素确定。地下工程的防水,应采用经过试验、检测和鉴定并经实践检验质量可靠的新材料、新技术、新工艺。常用的防水方案有以下三类。

(1)结构自防水:依靠防水混凝土本身的抗渗性和密实性来进行防水。结构本身既是承重围护结构,又是防水层。因此,它具有施工简便、工期较短、改善劳动条件、节省工程造价等优点,是解决地下防水的有效途径,从而被广泛采用。

(2)设防水层：在结构物的外侧增加防水层,以达到防水目的。常用的防水层有水泥砂浆、卷材、沥青胶结料和金属防水层,可根据不同的工程对象、防水要求及施工条件选用。

(3)渗排水防水:利用盲沟、渗排水层等措施来排除附近的水源以达到防水目的。这种防水方案适用于形状复杂、受高温影响、地下水为上层滞水且防水要求较高的地下建筑。

地下防水的主要形式有卷材防水、防水混凝土结构防水、刚性防水和涂膜防水等。

7.3.1 卷材防水层

卷材防水层应采用高聚物改性沥青防水卷材和合成高分子防水卷材。所选用的基层处理剂、胶黏剂、密封材料等配套材料,均应与铺贴卷材材料性能相容。卷材防水层应在地下工程主体迎水面铺贴。

卷材防水层是依靠结构的刚度由多层卷材铺贴而成的,要求结构层坚固、形式简单,粘贴卷材的基层面要平整干燥。其特点是具有良好的韧性和延伸性,能适应一定的结构振动和微小变形,对酸、碱、盐溶液具有良好的耐腐蚀性,是地下防水工程常用的施工方法。

1. 地下结构卷材防水层的铺贴方式

墙面粘贴弹性体改性沥青防水卷材

地下防水工程一般把卷材防水层设置在建筑结构的外侧迎水面上,称为外防水,这种防水层的铺贴法可以借助土压力压紧,并与结构一起抵抗有压地下水的渗透和侵蚀作用,防水效果良好,采用比较广泛。卷材防水层用于建筑物地下室,应铺设在结构主体底板垫层至墙体顶端的基面上,在外围形成封闭的防水层,卷材防水层为一至二层。

外防水的卷材防水层铺贴方法,按其与地下防水结构施工的先后顺序分为外贴法和内贴法两种。

1)**外防外贴法施工**

外防外贴法是在地下建筑墙体做好后，直接将卷材防水层铺贴在墙上，然后砌筑保护墙(见图7-4)。外防外贴法适用于防水结构层高大于3 m的地下结构防水工程。其施工程序是：先浇筑需防水的结构的底面混凝土垫层，并在垫层上砌筑永久性保护墙，墙下干铺油毡一层，墙高不小于结构底板厚度，另加200～500 mm；在永久性保护墙上用水泥砂浆砌临时保护墙，墙高为150 mm×(油毡层数+1)；在永久性保护墙上和垫层上抹1∶3水泥砂浆找平层，临时保护墙上用水泥砂浆找平；待找平层基本干燥后，即在其上满涂冷底子油，然后分层铺贴立面和平面卷材防水层，并将顶端临时固定。在铺贴好的卷材表面做好保护层后，再进行需防水的结构的底板和墙体施工。需防水结构施工完成后，将临时固定的接槎部位的各层卷材揭开并清理干净，在此区段的外墙外表面上补抹水泥砂浆找平层，找平层上满涂冷底子油，将卷材分层错槎搭接向上铺贴在结构墙上。卷材接槎的搭接长度，高聚物改性沥青类卷材为150 mm，合成高分子类卷材为100 mm。当使用两层卷材时，卷材应错槎接缝，上层卷材应盖过下层卷材。应及时做好防水层的保护结构。

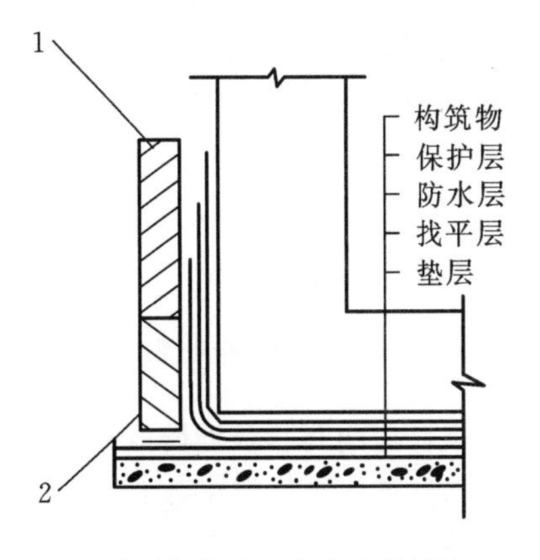

1—临时保护墙；2—永久保护墙。

图7-4 外防外贴法

2)**外防内贴法施工**

外防内贴法是浇筑混凝土垫层后，在垫层上将永久保护墙全部砌好，将卷材防水层铺贴在永久保护墙和垫层上，最后施工并浇筑地下建筑墙体(见图7-5)。外防内贴法适用于防水结构层高小于3 m的地下结构防水工程。其施工程序是：先在垫层上砌筑永久保护墙，然后在垫层及保护墙上抹1∶3水泥砂浆找平层，待其基本干燥后满涂冷底子油，沿保护墙与垫层铺贴防水层。卷材防水层铺贴完成后，在立面防水层上涂刷最后一层沥青胶时，趁热粘上干净的热砂或散麻丝，待冷却后，随即抹一层10～20 mm厚1∶3水泥砂浆保护层。在平面上可铺设一层30～50 mm厚1∶3水泥砂浆或细石混凝土保护层。最后进行需防水的结构的施工。

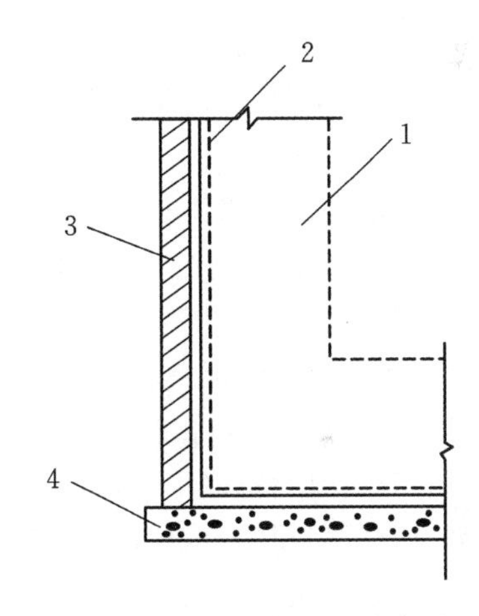

1—待施工的构筑物；2—防水层；3—保护层；4—垫层。

图7-5 外防内贴法

2.卷材防水层的铺设工艺施工要点

(1)墙上卷材应沿垂直方向铺贴，相邻卷材搭接宽度应符合《地下工程防水技术规范》(GB 50108—2008)的规定。上下两层卷材的接缝应相互错开1/3～1/2卷材宽度，且两层卷材不得相互垂直铺贴。

(2)墙面上铺贴的卷材如需接长时，应用阶梯形接缝相连接，上层卷材盖过下层卷材不应少于150 mm，见图7-6。

(3)卷材防水层粘贴工艺分冷粘法铺贴卷材和热熔法铺贴卷材。

(4)阴阳角处均应做成圆弧形或45°坡角。其尺寸视卷材品种确定。在转角处等特殊部位，应增做卷材加强层，加强层宽度不应小于500 mm。

(5)外防外贴法铺贴卷材应先铺平面，后铺立面，平立面交接处应交叉搭接；外防内贴法宜先铺垂直面，后铺水平面。铺贴垂直面时应先铺转角，后铺大面。墙面铺贴时应待冷底子油干燥后自下而上进行。

(6)最后一层卷材贴好后，应在其表面均匀涂刷一层1～1.5 mm的热沥青胶，以保护防水层。

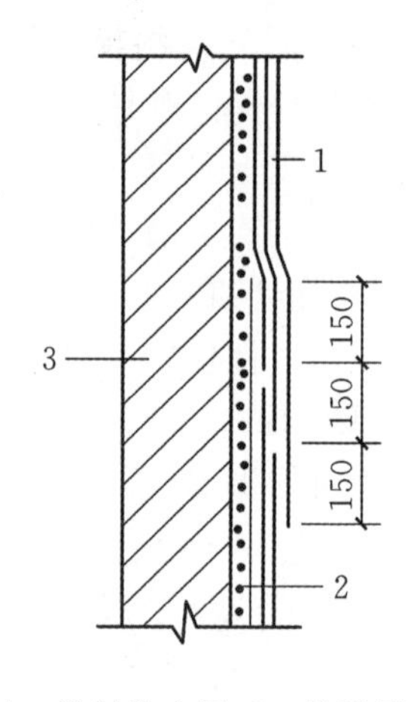

1—卷材防水层；2—找平层；3—墙体结构。

图7-6　阶梯形接缝

7.3.2　水泥砂浆防水层

刚性抹面防水根据防水砂浆材料组成及防水层构造不同可分为掺外加剂或掺合料的水泥砂浆防水层与聚合物水泥砂浆防水层两种，可采用多层抹压施工法。水泥砂浆防水层，近年来已从掺用一般无机盐类防水剂发展至用聚合物外加剂改性水泥砂浆，从而提高了水泥砂浆防水层的抗拉强度及韧性，有效地增强了防水层的抗渗性，可单独用于防水工程，得到较好的防水效果。水泥砂浆防水层通过特定多层抹面的施工工艺要求来提高水泥砂浆的密实性，从而达到防水抗渗的目的，适用于埋深不大以及不会因结构沉降、温度和湿度变化及受震动等产生有害裂缝的地下防水工程，适用于地下工程结构主体的迎水面或背水面，但不适用受持续振动或温度高于800 ℃的地下工程防水。

水泥砂浆防水层所采用的水泥强度等级不应低于32.5级，宜采用中砂，其粒径在3 mm以下，外加剂的技术性能应符合国家或行业标准一等品及以上的质量要求。水泥砂浆防水层通常采用四层或五层抹面做法。一般在防水工程的迎水面采用五层抹面做法，如图7-7(a)在背水面采用四层抹面做法(少一道水泥浆)。施工前要注意对基层的处理，使基层表面保持湿润、清洁、平整、坚实、粗糙，以保证防水层与基层表面结合牢固，不空鼓和密实不透水。施工时应注意素灰层与砂浆层应在同一天完成。施工应连续进行，尽可能不留施工缝。一般顺序为先平面后立面。分层做法如下：第一层，在浇水湿润的基层上先抹1 mm厚素灰(用铁板用力刮抹5～6遍)，再抹1 mm找平。第二层，在素灰层初凝后终凝前进行，使砂浆压入素灰层0.5 mm并扫出横纹。第三层，在第二层凝固后进行，做法同第一层。第四层，同第二层做法，抹后在表面用铁板抹压5～6遍，最后压光。第五层，为水泥浆层，厚1 mm。在第四层抹压两遍后刷水泥浆一遍，随第四层压光。水泥砂浆铺抹时，采用砂浆收水后二次抹光，使表面坚固密实。

防水层的厚度应满足设计要求，聚合物水泥防水砂浆厚度单层施工宜为6～8 mm，双层施工宜为10～12 mm，掺加外加剂或掺合料的水泥防水砂浆厚度宜为18～20 mm。施工时应注意素灰层与砂浆层应在同一天完成，防水层各层之间应结合牢固，不空鼓。每层宜连续施工，尽可能不留施工缝，必须留施工缝时，应采用阶梯坡形槎，见图7-7(b)。

水泥砂浆防水层不得在雨天及5级以上大风中施工，冬季施工不应低于5 ℃，夏季施工不应在30 ℃以上或烈日照射下施工。如采用普通水泥砂浆做防水层，铺抹的面层终凝后应及时进行养护，且养护时间不得少于14 d。

聚合物水泥砂浆防水层未达硬化状态时，不得浇水养护或受雨水冲刷，硬化后应采用干湿交替的养护方法。潮湿环境中，可在自然条件下养护。

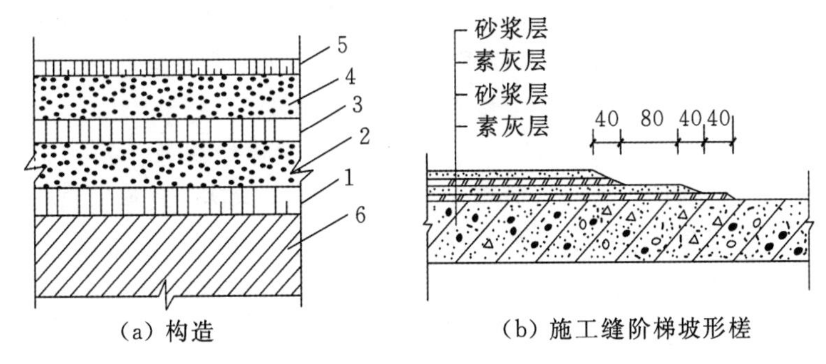

(a) 构造　　(b) 施工缝阶梯坡形槎

1、3—素灰层 2 mm；2、4—砂浆层 4～5 mm；5—水泥浆 1 mm；6—结构层。

图 7－7　水泥砂浆防水层做法

7.3.3　防水混凝土

防水混凝土结构是依靠混凝土材料本身的密实性而具有防水能力的整体式混凝土或钢筋混凝土结构。它既是承重结构、围护结构，又满足抗渗、耐腐和耐侵蚀结构要求。

防水混凝土是在普通混凝土的基础上，通过调整配合比，掺外加剂，掺混合料配制而成的，使其抗渗等级大于 P6。防水混凝土的设计抗渗等级，应符合表 7－8 的要求。

表 7－8　防水混凝土设计抗渗等级

工程埋置深度/m	设计抗渗等级
$H<10$	P6
$10\leqslant H<20$	P8
$20\leqslant H<30$	P10
$H\geqslant 30$	P12

注：1. 本表适用于Ⅰ、Ⅱ、Ⅲ类围岩(土层及软弱围岩)。

2. 山岭隧道防水混凝土的抗渗等级可按国家现行有关标准执行。

防水混凝土适用于一般工业与民用建筑物的地下室、地下水泵房、水池、水塔、大型设备基础、沉箱、地下连续墙等防水建筑。

1. 防水混凝土的种类

(1)普通防水混凝土。普通防水混凝土不同于普通混凝土，在粗骨料周围(通过调整和控制配合比的方法)形成一定浓度和良好的质量砂浆包裹层，混凝土硬化后，骨料和骨料之间孔隙被具有一定密度的水泥砂浆填充，并切断混凝土内部沿粗料表面连通毛细渗水通路，提高自身密实度和抗渗性的一种混凝土。而且结构厚度不应小于 250 mm，裂缝宽度不得大于 0.2 mm，并不得贯通。

(2)外加剂防水混凝土。外加剂防水混凝土是在混凝土中掺入一定量的外加剂，以改善混凝土内部结构，达到增加混凝土密实度和提高抗渗性的一种混凝土。所有外加剂应符合国家或行业标准一等品及以上的质量标准。

①减水剂防水混凝土。在混凝土中掺入减水剂，可以改善混凝土的和易性，使混凝土内部孔隙分布得到改善，使孔隙率减小、孔径缩小，提高混凝土的密实度和抗渗性。减水剂防水混凝土

适用于地下防水工程、钢筋密集或振捣困难薄壁防水结构，以及泵送混凝土。其最高抗渗强度≥2.2 MPa。常用的主要减水剂有木质素磺酸钙减水剂，又称 M 型减水剂。对于所选用的减水剂，应经实验复核产品说明书所列的各项技术指标的正确性。

②加气剂防水混凝土。目前常用的加气剂有松香酸钠热聚物等。混凝土中加入加气剂后，将会产生大量微小而均匀的气泡，使其黏滞性增大，不易松散离析，改善了混凝土的和易性，同时大量微小气泡的产生，使混凝土中的毛细管性质改变，提高了混凝土的抗渗性和抗冻性。加气剂混凝土含气量要求控制在 3%至 5%范围内，否则含量过大，混凝土的强度将会降低。它适用于高寒、抗冻性要求高、处于地下水位以下遭受冰冻的地下防水工程。

(3)补偿收缩混凝土。补偿收缩混凝土是在普通混凝土中掺入适量膨胀剂或用膨胀水泥配制而成的一种微膨胀混凝土。其最高抗渗强度≥3.6 MPa。补偿收缩混凝土是以本身适度膨胀抵消收缩裂缝，同时改善孔隙结构，降低孔隙率，减小开裂，使混凝土有较高的抗渗性能。它适用于地下连续墙、逆筑法、坑槽回坑及后浇带、膨胀带等防裂防渗工程，尤其适用于大体积混凝土防裂防渗工程。常用的膨胀剂有 U 型混凝土膨胀剂(UEA)、明矾石膨胀剂、明矾石膨胀水泥、石膏矾土膨胀水泥等。

防水混凝土还可根据工程抗裂需要掺入钢纤维或合成纤维，可有效提高混凝土的抗裂性，但相应成本较高。它适用于对抗拉、抗剪、抗折强度和抗冲击、抗裂、抗疲劳、抗爆破性能等要求较高的地下防水工程。

2.防水混凝土工程的施工要求

(1)防水混凝土迎水面钢筋保护层的厚度不小于 50 mm。绑扎钢筋的铅丝应向里侧弯曲，不要外露。

(2)配料必须按实验室制定的配料单严格控制各种材料用量，不得随意增加，对各种外加剂应稀释成较小浓度的溶液后，再加入搅拌机内，严禁将外加剂干粉或者高浓度溶液直接加到搅拌机内，但膨胀剂应以干粉加入。

(3)混凝土的搅拌必须采用机械搅拌，时间不应小于 2 min，掺外加剂时应根据其技术要求确定搅拌时间，如混凝土出现离析现象，必须进行二次搅拌。混凝土的浇筑高度不超过 1.5 m，否则应用溜槽或串筒等方法。混凝土浇筑应分层，分层厚度不超过 500 mm。防水混凝土掺加引气剂、减水剂时应采用高频插入式振捣器振捣，振捣时间为 10～30 s，以混凝土泛浆和不冒气泡为准，应避免漏振、欠振和超振。防水混凝土终凝后应立即进行养护，养护时间不少于 14 d。

(4)防水混凝土施工缝留设及施工注意的问题。防水混凝土应连续浇筑，宜少留施工缝，当留设施工缝时应遵守下列原则:墙体应留水平施工缝而且不应留在剪力最大处或底板与侧墙的交接处，应留在高出底板表面不小于 300 mm 的墙体上。拱(板)墙结合的水平施工缝，宜留在拱(板)墙接缝线以下 150～300 mm 处。墙体有预留孔洞时，施工缝距孔洞边缘不应小于300 mm。垂直施工缝应避开地下水和裂隙水较多的地段，并尽量与变形缝相结合。施工缝防水构造形式见图 7－8。

施工缝施工的操作要求如下：

①水平施工缝与垂直施工缝浇筑混凝土前，应将其表面浮浆和杂物清除，先铺净浆，再铺 30～50 mm 厚的 1∶1 水泥砂浆或涂刷混凝土界面处理剂，并及时浇筑混凝土。

②遇水膨胀止水条(胶)应具有缓胀性能，其 7 d 的膨胀率不应大于最终膨胀率的 60%，最终膨胀率宜大于 220%，而且应保证位置准确，固定牢靠。

③防水混凝土结构内部设置的各种钢筋或绑扎铁丝，不得接触模板。固定模板用的螺栓必须穿过防水混凝土时，可以采用工具式螺栓或螺栓加堵头，螺栓应加焊方形止水环，见图 7－9。

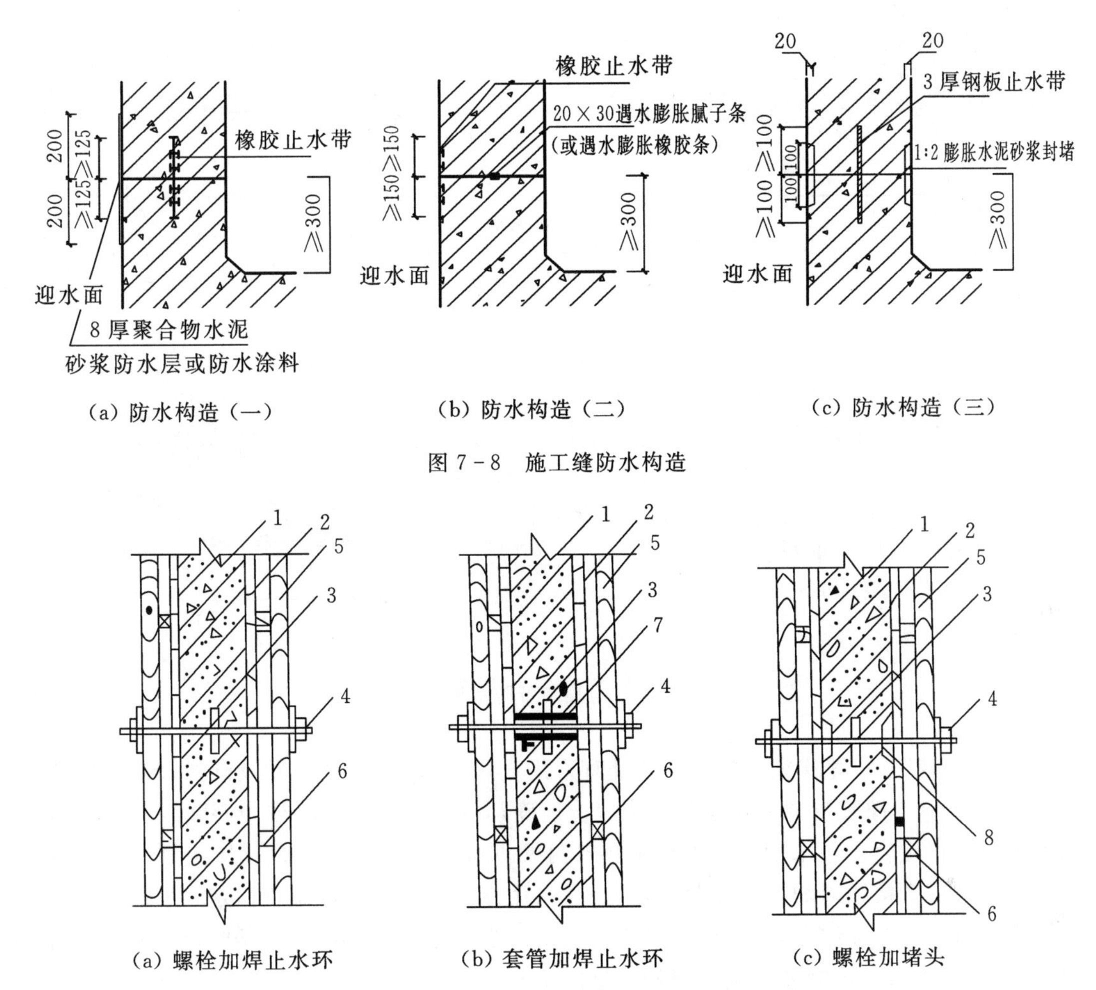

(a) 防水构造(一)　　(b) 防水构造(二)　　(c) 防水构造(三)

图7-8　施工缝防水构造

(a) 螺栓加焊止水环　　(b) 套管加焊止水环　　(c) 螺栓加堵头

1—防水建筑;2—模板;3—止水环;4—螺栓;5—水平加劲肋;6—垂直加劲肋;
7—预埋套管(拆模后将螺栓拔出,套管内用膨胀水泥砂浆封堵);
8—堵头(拆模后将螺栓沿平凹坑底割去,再用膨胀水泥砂浆封堵)。

图7-9　螺栓穿墙止水措施

(5)后浇带留设与施工。随着高层建筑物的增多,大体积混凝土主体结构愈来愈多。为减少早期混凝土裂缝和地基不均匀沉降的影响,需留设后浇带,后浇带部位在结构中实际形成了两条施工缝,对结构在该部位受力有一定影响,所以应留设在受力较小的部位,因后浇带系柔性接缝,故也应留设在变形较小的部位,间距宜为30～60 m,宽度宜为700～1000 mm。

后浇带可做成平缝,结构立筋不宜在缝中断开,如需断开,则主筋搭接长度大于45倍主筋直径,并应按设计要求加设附加钢筋。后浇带应在其两侧混凝土龄期达六周后再施工,但高层建筑的后浇带应在结构顶板浇筑钢筋混凝土两周后进行,施工缝表面需按上述的办法处理,补偿收缩混凝土的养护期不应少于四周。

后浇带应采用补偿收缩混凝土浇筑,其强度等级应比两侧混凝土提高一个等级,混凝土养护应不少于28 d。后浇带构造详图见图7-10。

(6)变形缝的施工与构造。橡胶(或塑料)中埋式止水带适用水压及变形量大,而结构厚度≥300 mm的变形缝;金属中埋式止水带可用不锈钢板,适用于环境温度高于50 ℃,结构厚度≥

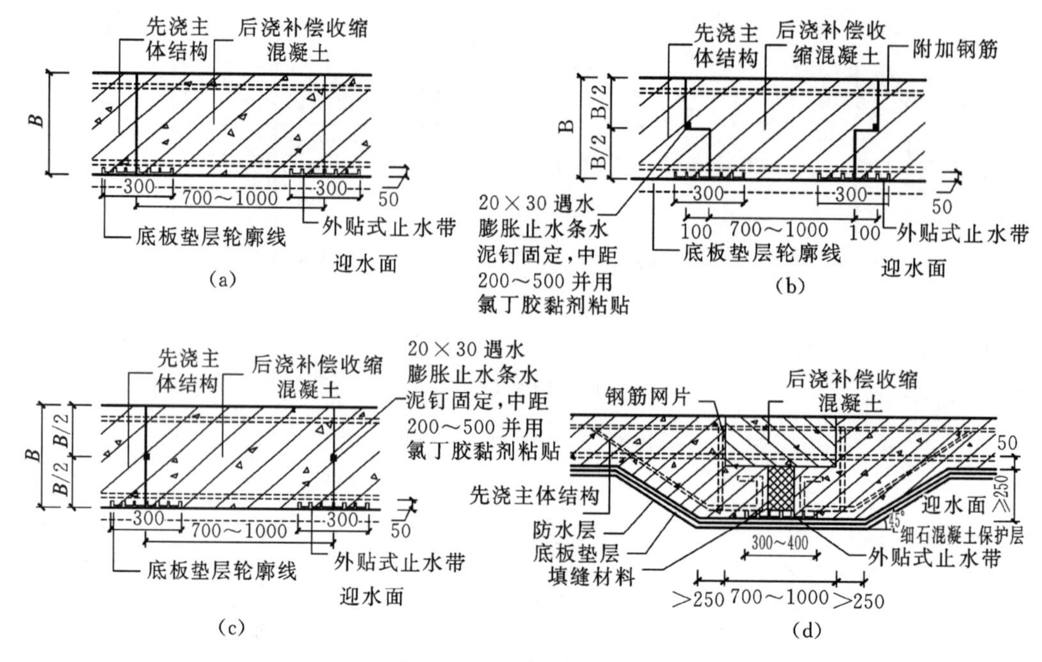

图 7-10　后浇带防水构造

300 mm 的变形缝。中埋式止水带在转角处宜采用直角专用配件,并应做成圆弧,转角半径一般为 200～300 mm。橡胶与金属止水带必须埋设准确,其中间空心圆环(或中心线)应与变形缝及结构厚度中心线重合。止水带接茬不得甩在转角处,应留在边墙较高部位,接头宜采用热压焊,金属材料可采用搭接或对焊。浇混凝土前,必须采用专用的钢筋套或扁钢固定,以防止位移。止水带设置应与结构专业结合,避免与钢筋交叉施工。当采用遇水膨胀橡胶条时,应采用可靠的固定措施,防止止水条胀出缝外。变形缝做法见图 7-11。

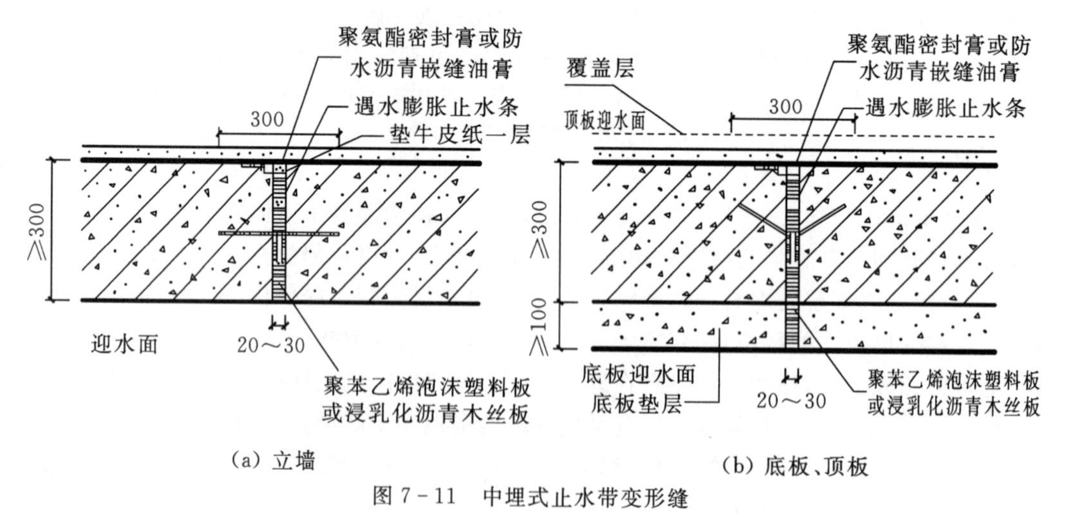

图 7-11　中埋式止水带变形缝

(7)穿墙管(盒)施工与构造。混凝土浇筑前应先预埋穿墙管(盒),与内墙凹凸部位的距离应大于 250 mm,结构变形或管道伸缩量较小时,可以将穿墙管直接埋入混凝土内,采用固定式防水法,并预留凹槽,用嵌缝材料嵌填密实,结构变形或管道伸缩量较大或有更换要求时,应采用套管式防水法,套管应加焊止水环。穿墙管较多时,管与管之间距离应大于 300 mm。钢止水环加工完成后，在其外壁刷防锈漆两遍，预留洞口后埋穿墙部分的混凝土必须捣实严密。柔性防水管道一般可用于管道穿过墙壁之处受有震动或有严密防水要求的建筑物。其防水构造做法见图7-12。

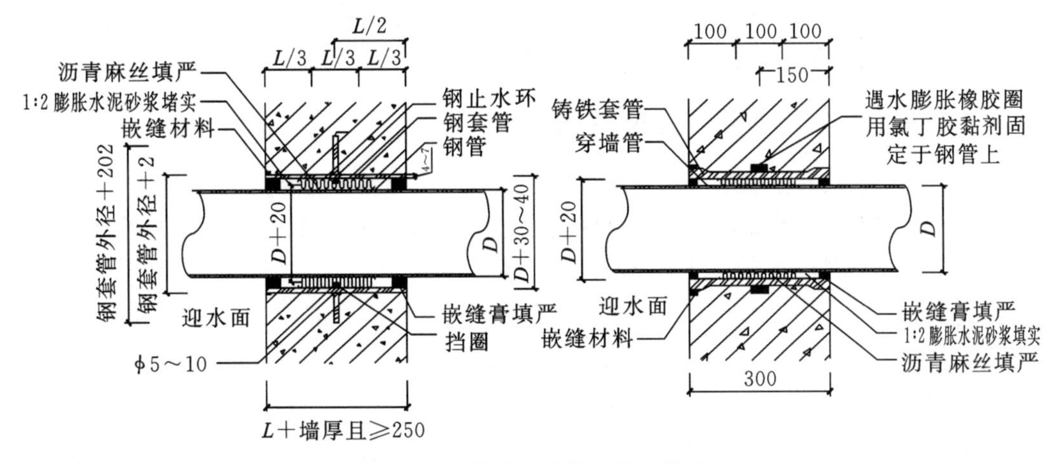

图7-12　管道穿墙构造做法详图

防水混凝土终凝后(一般浇后4～6 h)，即应开始覆盖浇水养护，养护时间应在14 d以上，冬季施工混凝土入模温度不应低于5 ℃，宜采用综合蓄热法、蓄热法、暖棚法等养护方法，并应保持混凝土表面湿润，防止混凝土早期脱水。如采用掺化学外加剂方法施工时，能降低水溶液的冰点，使混凝土在低温下硬化，但要适当延长混凝土搅拌时间，振捣要密实，还要采取保温保湿措施。不宜采用蒸汽养护和电热养护，地下构筑物应及时回填分层夯实，以避免由于干缩和温差产生裂缝。防水混凝土结构须在混凝土强度达到设计强度40%以上时方可在其上面继续施工，达到设计强度70%以上时方可拆模。拆模时，混凝土表面温度与环境温度之差，不得超过15 ℃，以防混凝土表面出现裂缝。

防水混凝土浇筑后严禁打洞，因此，所有的预留孔和预埋件在混凝土浇筑前必须埋设准确。对防水混凝土结构内的预埋铁件、穿墙管道等防水薄弱之处，应采取措施，仔细施工。

拌制防水混凝土所用材料的品种、规格和用量，每工作班检查不应少于两次。混凝土在浇筑地点的坍落度，每工作班至少检查两次。防水混凝土抗渗性能应采用标准条件下养护混凝土抗渗试件的试验结果评定，试件应在浇筑地点随机取样后制作。连续浇筑混凝土每500 m^3 应留置一组抗渗试件，一组为6个试件，每项工程不得少于两组。

防水混凝土的施工质量检验，应按混凝土外露面积每100 m^2 抽查1处，每处10 m^2，且不得不少于3处，细部构造应全数检查。

防水混凝土的抗压强度和抗渗压力必须符合设计要求，其变形缝、施工缝、后浇带、穿墙管、埋设件等设置和构造均要符合设计要求，严禁有渗漏。防水混凝土结构表面的裂缝宽度不应大于0.2 mm，且不得贯通；其结构厚度不应小于250 mm，主体结构迎水面钢筋保护层厚度不应小于50 mm。

7.4　卫生间防水工程

卫生间是防水的薄弱部位，因为用水频繁、积水多、面积小、管道预留孔洞多、施工操作死角多等多种因素影响，所以卫生间防水工程是一个关键项目，在施工中应特别予以重视。

传统的卷材防水做法已不适于卫生间防水施工的特殊性，通过大量的实验和实践证明，以涂膜防水代替各种卷材防水，尤其是选用高弹性的聚氨酯涂膜防水涂料或选用弹塑性的氯丁胶乳沥青防水涂料等新材料和新工艺，可以使卫生间、厨房的地面和墙面形成一个没有接缝、封闭严密的整体防水层，从而提高其防水工程质量。

7.4.1 卫生间楼地面聚氨酯防水施工

聚氨酯涂膜防水涂料是双组分化学反应固化形成的高弹性防水涂料，多以甲、乙双组分形式使用。其主要材料有聚氨酯涂膜防水涂料甲组分、聚氨酯涂膜防水涂料乙组分和无机铝盐防水剂等。施工用辅助材料应备有二甲苯、醋酸乙酯、磷酸等。

1. 基层处理

卫生间的防水基层必须用1∶3的水泥砂浆找平，要求抹平压光无空鼓，表面要坚实，不应有起砂、掉灰现象。在抹找平层时，在管道根部的周围，应使其略高于地面；在地漏的周围，应做成略低于地面的洼坑。找平层的坡度以1%～2%为宜，坡向地漏。凡遇到阴阳角处，要抹成半径不小于10 mm的小圆弧。与找平层相连接的管件、卫生洁具、排水口等，必须安装牢固，收头圆滑，按设计要求用密封膏嵌固。基层必须基本干燥，一般在基层表面均匀泛白无明显水印时，才能进行涂膜防水层施工。

2. 施工工艺

(1)清理基层。需做防水处理的基层表面必须彻底清扫干净。

(2)涂布底胶。将聚氨酯甲、乙两组分和二甲苯按1∶1.5∶2的比例(重量比以产品说明为准)配合搅拌均匀，再用小滚刷或油漆刷均匀涂布在基层表面上。涂刷量约0.15～0.2 kg/m^2，涂刷后应干燥固化4 h以上，才能进行下道工序施工。

(3)配制聚氨酯涂膜防水涂料。将聚氨酯甲、乙组分和二甲苯按1∶1.5∶0.3的比例配合，用电动搅拌器强力搅拌均匀备用。应随配随用，一般在2 h内用完。

(4)涂膜防水层施工。用小滚刷或油漆刷将已配好的防水涂料均匀涂布在底胶已干的基层表面上。涂完第一遍涂膜后，一般需固化5 h以上，在基本不粘手时，再按上述方法涂布第二、三、四遍涂膜，并使后一遍与前一遍的涂布方向相垂直。对管子根部、地漏周围以及墙转角部位，必须认真涂刷，涂刷厚度不小于2 mm。在涂刷最后一遍涂膜固化前及时稀撒少许干净的粒径为2～3 mm的小豆石，使其与涂膜防水层黏结牢固，作为与水泥砂浆保护层黏结的过渡层。

(5)做好保护层。当聚氨酯涂膜防水层完全固化和通过蓄水试验合格后，即可铺设一层厚度为15～25 mm的水泥砂浆保护层，然后按设计要求铺设饰面层。

3. 质量要求

聚氨酯涂膜防水涂料的技术性能应符合设计要求或材料标准规定，并应附有质量证明文件和现场取样进行检测的试验报告以及其他有关质量的证明文件。聚氨酯的甲、乙料必须密封存放，甲料开盖后，吸收空气中的水分会起反应而固化，如在施工中，混有水分，则聚氨酯固化后内部会有水泡，影响防水能力。涂膜厚度应均匀一致，总厚度不应小于1.5 mm。涂膜防水层必须均匀固化，不应有明显的凹坑、气泡和渗漏水的现象。

7.4.2 卫生间楼地面氯丁胶乳沥青防水涂料施工

氯丁胶乳沥青防水涂料是以氯丁橡胶和沥青为基料，经加工合成的一种水乳型防水涂料。

它兼有橡胶和沥青的双重优点，具有防水、抗渗、耐老化、不易燃、无毒、抗基层变形能力强等优点，冷作业施工，操作方便。

1.基层处理

基层处理与聚氨酯涂膜防水施工要求相同。

2.施工工艺及要点

“二布六油”防水层的工艺流程为：基层找平处理；满刮一遍氯丁胶乳沥青水泥腻子；满刮第一遍涂料；做细部构造加强层；铺贴玻纤网格布，同时刷第二遍涂料；刷第三遍涂料；铺贴玻纤网格布，同时刷第四遍涂料；涂刷第五遍涂料；涂刷第六遍涂料并及时撒砂粒；做蓄水试验；按设计要求做保护层和面层；防水层二次试水，验收。

在清理干净的基层上满刮一遍氯丁胶乳沥青水泥腻子，管根和转角处要厚刮并抹平整，腻子的配制方法是将氯丁胶乳沥青防水涂料倒入水泥中，边倒边搅拌至稠浆状即可刮涂于基层，腻子厚度为2～3 mm，待腻子干燥后，满刷一遍防水涂料，但涂刷不能过厚，不得漏刷，表面均匀不流淌，不堆积，立面刷至设计标高。在细部构造部位，如阴阳角、管道根部、地漏、大便器蹲坑等分别附加“一布二涂”附加层。附加层干燥后，大面铺贴玻纤网格布同时涂刷第二遍防水涂料，使防水涂料浸透布纹渗入下层，玻纤网格布搭接宽度不小于100 mm，立面贴到设计高度，顺水接槎，收口处贴牢。

上述涂料实干后(约24 h)，满刷第三遍涂料，表面干燥后(约4 h)铺贴第二层玻纤网格布，同时满刷第四遍防水涂料。第二层玻纤网络布与第一层玻纤网格布接槎要错开，涂刷防水涂料时，应均匀，将布展平无折皱。上述涂层实干后，满刷第五遍、第六遍防水涂料，整个防水层实干后，可进行第一次蓄水试验，蓄水时间不少于24 h，无渗漏才合格，然后做保护层和饰面层。工程交付使用前应进行第二次蓄水试验。

3.质量要求

氯丁胶乳沥青涂膜防水在水泥砂浆找平层做完后，应对其平整度、强度、坡度和干燥度进行预检验收。防水涂料应有产品质量证明书以及现场取样的复检报告。施工完成的氯丁胶乳沥青涂膜防水层，不得有起鼓、裂纹、孔洞缺陷。末端收头部位应粘贴牢固，封闭严密，成为一个整体的防水层。做完防水层的卫生间，经24 h以上的蓄水检验，无渗漏水现象方为合格。要提供检查验收记录，连同材料质量证明文件等技术资料一并归档备查。

7.4.3　卫生间涂膜防水施工注意事项

施工用材料有毒性，存放材料的仓库和施工现场必须通风良好，无通风条件的地方必须安装机械通风设备。施工材料多属易燃物质，存放、配料以及施工现场必须严禁烟火，现场要配备足够的消防器材。在施工过程中，严禁上人踩踏未完全干燥的涂膜防水层。操作人员应穿平底胶布鞋，以免损坏涂膜防水层。凡需做附加补强层部位应先施工，然后再进行大面防水层施工。已完工的涂膜防水层，必须经蓄水试验无渗漏现象后，方可进行刚性保护层的施工。进行刚性保护层施工时，切勿损坏防水层以免留下渗漏隐患。

7.5　建筑防水、保温工程施工质量控制与缺陷的防治

根据《屋面工程质量验收规范》(GB 50207—2012)和《地下防水工程质量验收规范》(GB

50208—2011)的规定,可以采取以下建筑防水、保温工程施工质量控制与缺陷的防治措施。

7.5.1 工程施工质量检查与检验

1. 屋面工程

屋面工程所采用的防水、保温材料应有产品合格证书和性能检测报告,材料的品种、规格、性能等应符合现行国家产品标准和设计要求。屋面工程施工前,要编制施工方案,应建立"三检"制度,并有完整的检查记录。伸出屋面的管道、设备或预埋件应在防水层施工前安设好。施工时每道工序完成后,要经监理单位检查验收,并在合格后才可进行下道工序的施工。

屋面的保温层和防水层严禁在雨天、雪天和五级以上大风下施工,温度过低也不宜施工。屋面工程完工后,应对屋面细部构造、接缝、保护层等进行外观检验,并用淋水或蓄水试验进行检验。防水层不得有渗漏或积水现象。

2. 地下防水工程

地下防水工程防水层施工应满铺不断,接缝严密;各层之间应紧密结合;管道、电缆等穿过防水层处应封严;变形缝的止水带不应折裂、脱焊或脱胶,并用填缝材料严密封填缝隙,对防水材料应严格检测;特殊部位和关键工序应严格把关。

3. 屋面保温工程

保温材料的导热系数、表观密度或干密度、抗压强度或压缩强度、燃烧性能必须符合设计要求。板状保温材料应紧贴基层铺设,铺平垫稳,找坡正确,保温材料上下层应错缝并嵌填密实。整体保温层应材料拌和应均匀,分层铺设,压实适当,表面平整,找坡正确。倒置式屋面采用卵石保护层时还要检验卵石铺摊均匀程度,保温层质量检验见表7-9。

表7-9 保温层质量检验

检验项目	要求	检验方法	
主控项目	1.保温材料的堆积密度或表观密度以及导入系数、板材的强度、厚度、吸水率	必须符合设计要求	检查出厂合格证、质量检验报告和现场抽样复验报告
	2.保温层的含水率	必须符合设计要求	检验现场抽样报告
一般项目	1.保温层的铺设	(1)板状保温材料:铺平垫稳、拼缝严密、找坡正确 (2)整体现浇保温层:拌和均匀、分层铺设、压实适当、表面平整、找坡正确	观察检查
	2.保温层的厚度允许偏差	整体现浇保温层为−5%～+10%;板状保温材料保温层,正偏差不限,负偏差为5%,且不大于4 mm	用钢针插入和尺量检查
	3.倒置式屋面保温层采用卵石铺压	卵石应均匀分布,卵石的质(重)量应符合设计要求	观察检查和按堆积密度计算其质(重)量

7.5.2　常见施工质量缺陷的防治

1. 常见屋面渗漏防治方法

造成屋面渗漏的原因是多方面的，包括设计、施工、材料质量、维修管理等。要提高屋面防水工程的质量，应以材料为基础，以设计为前提，以施工为关键，并加强维护，对屋面工程进行综合治理。

1)屋面渗漏的原因

(1)山墙、女儿墙和突出屋面的烟囱等墙体与防水层相交部渗漏雨水，其原因是节点做法过于简单，垂直面卷材与屋面卷材没有很好地分层搭接，或卷材收口处开裂，在冬季不断冻结，夏天炎热融化，使开口增大，并延伸至屋面基层。此外，卷材转角处未做成圆弧形或角太小，女儿墙压顶砂浆等级低，滴水线未做或没有做好等原因，也会造成渗漏。

(2)天沟漏水，其原因是天沟长度大，纵向坡度小，雨水口少，雨水斗四周卷材粘贴不严，排水不畅。

(3)屋面变形缝(伸缩缝、沉降缝)处漏水，其原因是处理不当，如薄钢板凸棱安装错误、薄钢板安装不牢、泛水坡度不当等。

(4)挑檐、檐口处漏水，其原因是檐口砂浆未压住卷材，封口处卷材张开，檐口砂浆开裂，下口滴水线未做好等。

(5)雨水口处漏水，其原因是雨水口处水斗安装过高，泛水坡度不够，使雨水沿雨水斗外侧流入室内。

(6)厕所、厨房的通气管根部处漏水，其原因是防水层未盖严或包管高度不够，在油毡上口未缠麻丝或钢丝，油毡没有做压毡保护层，使雨水沿出气管进入室内。

(7)大面积漏水，其原因是屋面防水层找坡不够，表面凹凸不平，造成屋面积水。

2)屋面渗漏的预防及治理办法

常见女儿墙泛水构造如图7-13所示。女儿墙压顶开裂时，可铲除开裂压顶的砂浆，重抹1∶2～1∶2.5水泥砂浆，并做好滴水线，有条件者可换成预制钢筋混凝土压顶板。突出屋面的

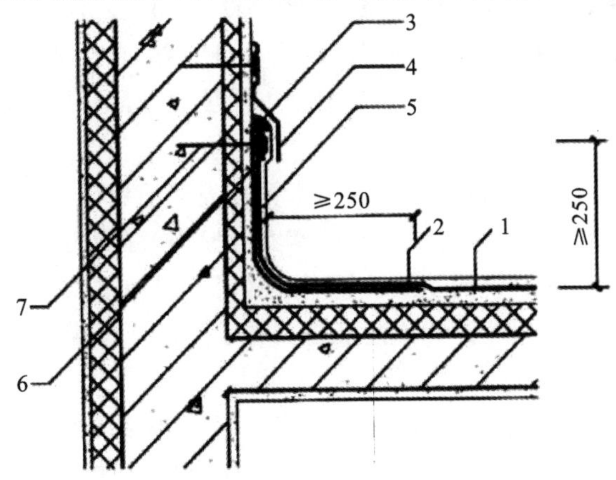

1—防水层；2—附加层；3—密封材料；4—金属盖板；5—保护层；6—金属压条；7—水泥钉。

图7-13　女儿墙泛水构造

烟囱、山墙、管根等与屋面交接处、转角处做成钝角，垂直面与屋面的卷材应分层搭接，对已漏水的部位，可将转角渗透漏处的卷材割开，并分层将旧卷材烤干剥离，清除原有沥青胶，重新贴上卷材再加一层镀锌薄钢板。

(1)出屋面管道：出屋面管道做法如图 7－14 所示。管根处做成钝角，建议设计单位加做防雨罩，使油毡在防雨罩下收头。

(2)檐口漏雨：将檐口处旧卷材掀起，用 24 号镀锌薄钢板将其钉于檐口，将新卷材贴于薄钢板上。

(3)雨水口漏雨渗水：将雨水斗四周卷材铲除，检查短管是否紧贴基层板面或铁水盘。如短管浮搁在找平层上，则将找平层凿掉，清除后安装好短管，再用接槎法重做“三毡四油”防水层，然后进行雨水斗附近卷材的收口和包贴。

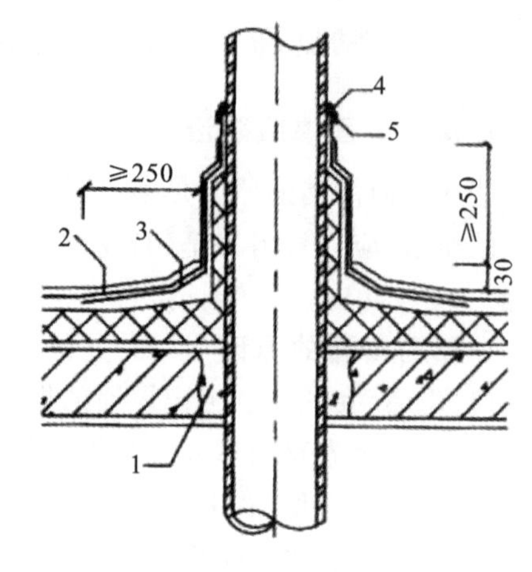

1—细石混凝土；2—防水卷材层；3—附加层；4—密封材料；5—金属箍。

图 7－14　伸出屋面管道防水构造

如用铸铁弯头代替雨水斗时，则需将弯头凿开取出，清理干净后安装弯头，再铺油毡(或卷材)一层，其伸入弯头内应大于 50 mm，最后做防水层至弯头内并与弯头端部搭接顺畅、抹压密实。

对于大面积渗漏屋面，针对不同原因可采用不同方法治理，一般有以下两种方法：

第一种方法是将原豆石保护层清扫一遍，去掉松动的浮石，抹 20 mm 厚水泥砂浆找平层，然后做“一布三油”乳化沥青(或氯丁胶乳沥青)防水层和雨水口漏水处理黄砂(或粗砂)保护层。

第二种方法是按上述方法将基层处理好后，将“一布三油”改为“二毡三油”防水层，再做豆石保护层。第一层油毡应干铺于找平层上，只在四周女儿墙和通风道处卷起，与基层粘贴。

2. 地下防水工程渗漏及防治方法

地下防水工程，常常由于设计考虑不周、选材不当或施工质量差而造成渗漏，直接影响生产和使用。渗漏水易发生的部位主要在施工缝、蜂窝麻面、裂缝、变形缝及穿墙管道等处。渗漏水的形式主要有孔洞漏水、裂缝漏水、防水面渗水或上述几种渗漏水的综合。因此，堵漏前必须先查明其原因，确定其位置，弄清水压大小，然后根据不同情况采取不同的防治措施。

1)渗漏部位及原因

(1)防水混凝土结构渗漏的部位及原因。由于模板表面粗糙或清理不干净，模板浇水湿润不够，脱模剂涂刷不均匀，接缝不严，振捣混凝土不密实等原因，混凝土出现蜂窝、孔洞、麻面而引起渗漏。墙板和底板及墙板与墙板间的施工缝处理不当而造成地下水沿施工缝渗入。混凝土中砂石含泥量大、养护不及时等，产生干缩和温度裂缝而造成渗漏。混凝土内的预埋件及管道穿墙处未做认真处理而致使地下水渗入。

(2)卷材防水层渗漏部位及原因。保护墙和地下工程主体结构沉降不同，致使粘在保护墙上的防水卷材被撕裂而造成漏水。卷材的压力和搭接接头宽度不够，搭接不严，结构转角处卷材铺贴不严实，后浇或后砌结构时卷材被破坏，或由于卷材韧性较差、结构不均匀沉降而造成卷材被破坏，也会产生渗漏。另外，管道处的卷材与管道黏结不严，出现张口翘边现象也会引起渗漏。

(3)变形缝处渗漏原因。止水带固定方法不当，埋设位置不准确或在浇筑混凝土时被挤动，止水带两翼的混凝土包裹不严，特别是底板止水带下面的混凝土振捣不实，钢筋过密，浇筑混凝土时下料和振捣不当，造成止水带周围骨料集中、混凝土离析，产生蜂窝、麻面；混凝土分层浇筑前，止水带周围的木屑杂物等未清理干净，混凝土中形成薄弱的夹层，均会造成渗漏。

2)**堵漏技术**

堵漏技术就是根据地下防水工程特点，针对不同程度的渗漏水情况，选择相应的防水材料和堵漏方法，进行防水结构渗漏水处理。在拟订处理渗漏水措施时，应本着将大漏变小漏、片漏变孔漏、线漏变点漏，使漏水部位汇集于一点或数点，最后堵塞的方法进行。

对防水混凝土工程的修补堵漏，通常采用的方法是用促凝剂和水泥拌制而成的快凝水泥胶浆，进行快速堵漏或大面积修补。近年来，采用膨胀水泥(或掺膨胀剂)作为防水修补材料，其抗渗堵漏效果更好。对混凝土的微小裂缝，则采用化学灌浆堵漏技术。

(1)快硬性水泥胶浆堵漏法。堵漏材料包括促凝剂和快凝水泥胶浆。促凝剂以水玻璃为主，并与硫酸铜、重铬酸钾及水配制而成。配制时按配合比先把定量的水加热至100 ℃，然后将硫酸铜和重铬酸钾倒入水中，继续加热并不断搅拌至完全溶解后，冷却至30～40 ℃，再将此溶液倒入称量好的水玻璃液体中，搅拌均匀，静置半小时后就可使用。快凝水泥胶浆的配合比是水泥∶促凝剂＝1∶0.5～1∶0.6。由于这种胶浆凝固快(一般1 min左右就凝固)，使用时，注意随拌随用。

地下防水工程的渗漏水情况比较复杂，堵漏的方法也较多，因此，在选用时要因地制宜。常用的堵漏方法有堵塞法和抹面法。

①堵塞法。堵塞法适用于孔洞漏水或裂缝漏水时的修补处理。孔洞漏水常用直接堵塞法和下管堵漏法。直接堵塞法适用于水压不大、漏水孔洞较小情况。操作时，先将漏水孔洞处剔槽，槽壁必须与基面垂直，并用水刷洗干净，随即将配制好的快凝水泥胶浆捻成与槽尺寸相近的锥形团，在胶浆开始凝结时，迅速压入槽内，并挤压密实，保持半分钟左右即可。当水压力较大、漏水孔洞较大时，可采用下管堵漏法(见图7-15)。孔洞堵塞好后，在胶浆表面抹素灰一层，砂浆一层，以作保护。待砂浆有一定的强度后，将胶管拔出，按直接堵塞法将管孔堵塞。最后拆除挡水墙，再做防水层。裂缝漏水的处理方法有裂缝直接堵塞法和下绳堵漏法。裂缝直接堵塞法适用于水压较小的裂缝漏水，操作时，沿裂缝剔成八字形坡的沟槽，刷洗干净后，用快凝水泥胶浆直接堵塞，经检查无渗水，再做保护层和防水层。当水压力较大、裂缝较长时，可采用下绳堵漏法(见图7-16)。

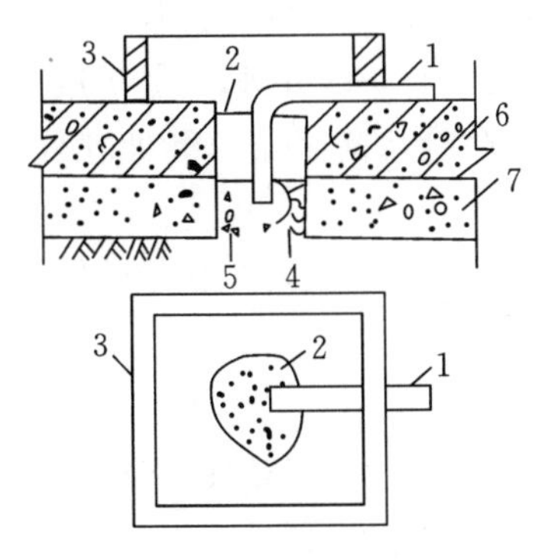

1—胶皮管；2—快凝胶浆；3—挡水墙；
4—油毡一层；5—碎石；6—构筑物；7—垫层。

图7-15　下管堵漏法

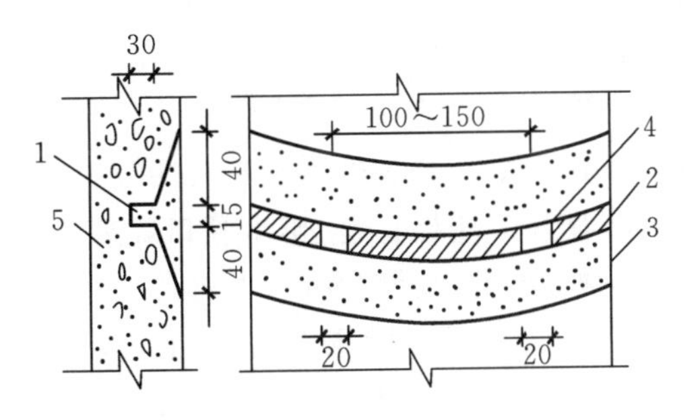

1—绳(导水用)；2—快凝胶浆填缝；
3—砂浆层；4—暂留小孔；5—构筑物。

图7-16　下绳堵漏法

②抹面法。抹面法适用于较大面积的渗水面，一般先降低水压或降低地下水位，将基层处理好，然后做刚性防水层修补处理。先在漏水严重处用凿子剔出半贯穿性孔眼，插入胶管将水导出，这样就使“片渗”变为“点漏”，然后在渗水面做好刚性防水层修补处理。待修补的防水层砂浆凝固后，拔出胶管，再按孔洞直接堵塞法将管孔堵填好。

(2)化学灌浆堵漏法。灌浆材料主要有以下两种：

①氰凝。氰凝的主体成分是以多异氰酸酯与含羟基的化合物(聚酯、聚醚)制成的预聚体。使用前，在预聚体内掺入一定量的副剂(表面活性剂、乳化剂、增塑剂、溶剂与催化剂等)，搅拌均匀即配制成氰凝浆液。氰凝浆液不遇水不发生化学反应，稳定性好；当浆液灌入漏水部位后，立即与水发生化学反应，生成不溶于水的凝胶体；同时释放二氧化碳气体，使浆液发泡膨胀，向四周渗透扩散直至反应结束。

②丙凝。丙凝由双组分(甲溶液和乙溶液)组成。甲溶液是丙烯酰胺和 N－N′-亚甲基双丙烯酰胺及 β-二甲氨基丙腈的混合溶液。乙溶液是过硫酸铵的水溶液。两者混合后很快形成不溶于水的高分子硬性凝胶，这种凝胶可以修补结构裂缝，从而达到堵漏的目的。

灌浆堵漏施工，可分为对混凝土表面处理、布置灌浆孔、埋设灌浆嘴、封闭漏水部位、压水试验、灌浆、封孔等工序。灌浆孔的间距一般为 1 m 左右，并要交错布置；灌浆结束，待浆液固结后，拔出灌浆嘴并用水泥砂浆封固灌浆孔。

3. 卫生间渗漏与堵漏技术

卫生间用水频繁，防水处理不当就会发生渗漏。卫生间渗漏主要表现在楼板管道滴漏水、地面积水、墙壁潮湿渗水，甚至下层顶板和墙壁也出现滴水等现象。治理卫生间的渗漏，必须先查找渗漏的部位和原因，然后采取有效的针对性措施。

1)板面及墙面渗水

(1)原因：混凝土、砂浆施工的质量不良，存在微孔渗漏；板面、隔墙出现轻微裂缝；防水涂层施工质量不好或被损坏。

(2)堵漏措施具体如下：

①拆除卫生间渗漏部位饰面材料，涂刷防水涂料。

②如有开裂现象，则应对裂缝先进行增强防水处理，再刷防水涂料。增强处理一般采用贴缝法、填缝法和填缝加贴缝法。贴缝法主要适用于微小的裂缝，可刷防水涂料并加贴纤维材料或布条做防水处理。填缝法主要用于较显著的裂缝，施工时要先进行扩缝处理，将缝扩展成 15 mm×15 mm 左右的 V 形槽，清理干净后刮填嵌缝材料。填缝加贴缝法除采用填缝处理外，在缝表面再涂刷防水涂料，并粘纤维材料处理。

③当渗漏不严重、饰面拆除困难时，也可直接在其表面刮涂透明或彩色聚氨酯防水涂料。

2)卫生洁具及穿楼板管道、排水管口等部位渗漏

(1)原因：细部处理方法欠妥，卫生洁具及管口周边填塞不严；管口连接件老化；由于振动及砂浆、混凝土收缩等原因，出现裂隙；卫生洁具及管口周边未用弹性材料处理，或施工时嵌缝材料及防水涂料黏结不牢；嵌缝材料及防水涂层被拉裂或拉离黏结面。

(2)堵漏措施：①将漏水部位彻底清理，刮填弹性嵌缝材料；②在渗漏部位涂刷防水涂料，并粘贴纤维材料增强效果；③更换老化管口连接件。

工程案例

屋面防水工程施工方案

项目小结

本项目主要讲述屋面防水、保温工程与地下防水工程。防水工程是建筑物的重要组成部分，对人们正常的工作和生活有着直接的影响。屋面防水工程的最低保修期为5年，因此施工中对原材料和施工工艺应严格执行有关的国家规范、标准。在屋面防水工程中，重点介绍了卷材防水铺贴方法、铺贴要求、铺贴顺序，要求重点掌握卷材、涂膜防水层的施工程序及技术要点，也要了解屋面接缝密封防水施工的技术要求。屋面保温工程要求掌握常用保温材料种类、施工要求及倒置式屋面构造特点。

在地下防水工程中，介绍地下防水工程卷材防水、结构自防水等几种常见防水形式的施工方法和施工操作要点以及施工质量缺陷和预防措施，要求重点掌握卷材防水内贴法和外贴法施工工艺和防水混凝土的施工工艺，同时了解水泥砂浆的施工特点。

不论地下防水工程与屋面防水工程，细部和节点做法是防水的薄弱环节和防水工程质量保证的关键，学习过程应引起高度的重视。

思考与练习

1. 常用防水卷材有哪些种类？
2. 卷材防水屋面施工要求是什么？
3. 卷材屋面保护层有哪几种做法？
4. 简述倒置式屋面施工工艺流程。
5. 地下工程防水等级有哪几级？它的标准是什么？适用范围是什么？
6. 地下防水工程有哪几种防水方案？
7. 简要回答卷材地下防水外贴法、内贴法施工要点。
8. 防水混凝土是如何分类的？各有哪些特点？
9. 影响普通防水混凝土抗渗性的主要因素有哪些？防水混凝土所用的材料有什么要求？
10. 卫生间防水有哪些特点？
11. 聚氨酯涂膜防水有哪些优缺点？有哪些施工工序？
12. 卫生间涂膜防水施工应注意哪些事项？
13. 简述屋面渗漏原因及其防治方法。

项目 8 建筑装饰装修工程

学习目标

知识目标:了解各类装饰装修工程的构造、分类和质量验收,熟悉各种装饰装修工程的施工工艺和要求,掌握其施工点和应用。

能力目标:熟知装饰工程中常用的装饰技术,合理地选择应用范围,并能学会常用装饰施工技术的施工要点。

思政目标:从"人-家-环境"培养创新、环保、绿色装修理念,体现以人为本的设计及环保意识。

8.1 抹灰工程施工

8.1.1 抹灰工程概述

1.抹灰的分类

抹灰工程按面层的做法和材料的不同可以分为一般抹灰和装饰抹灰两种。

1)一般抹灰

一般抹灰的面层材料主要有石灰砂浆、水泥砂浆、水泥混合砂浆、麻刀灰、纸筋灰和石膏灰等。一般抹灰按其质量要求和操作工序的不同,分为普通抹灰、中级抹灰和高级抹灰三级。

(1)普通抹灰。普通抹灰由一层底层、一层面层构成。施工分为分层赶平、修整,表面压光。普通抹灰适用于简易住宅、大型和非居住的房屋(如车库、仓库、锅炉房等),以及建筑物中的地下室、储藏室等。

(2)中级抹灰。中级抹灰由一层底层、一层中层和一层面层构成,如图 8-1 所示。施工分为:阳角找方,设置标筋,分层赶平、修整,表面压光。中级抹灰主要适用于一般的居住建筑、公共建筑和高级装修的建筑物的附属用房等,如住宅、宿舍、教学楼、办公楼等。

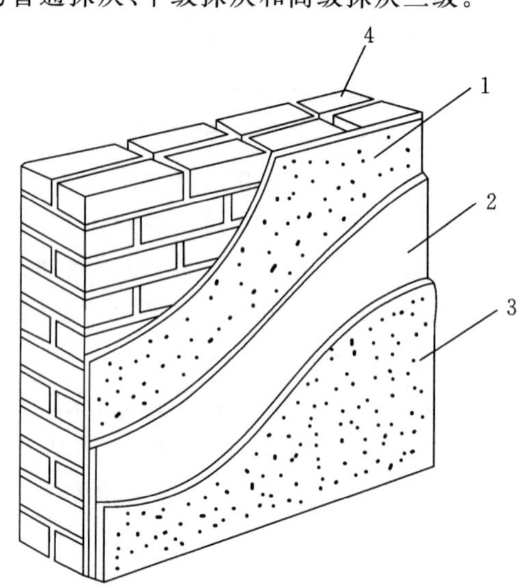

1—底层;2—中层;3—面层;4—基层。

图 8-1 抹灰层的组成

(3)高级抹灰。高级抹灰由一层底层、数层中层和一层面层构成。施工要求是阴阳角找方,设置标筋,分层赶平、修整,表面压光。高级抹灰适用于大型公共建筑物、纪念性的建筑物以及有特殊要求的高级建筑物等，如剧院、礼堂、展览馆、高级宾馆等。

2)**装饰抹灰**

装饰抹灰是指在建筑墙面涂抹水刷石、水磨石、斩假石、干黏石等。

2. 抹灰的组成

抹灰工程应分层进行，各层厚度不宜太厚。抹灰一般由底层、中层和面层组成，当底层和中层并为一起操作时，则可只分为底层和面层。下面简述各层的作用及对材料的要求。

1)**底层**

底层主要起抹面层与基体黏结和初步找平的作用，采用的材料与基层有关。室内砖墙常采用石灰砂浆或水泥砂浆，室外砖墙常采用水泥砂浆，混凝土基层常采用素水泥浆、混合砂浆或水泥砂浆，硅酸盐砌块基层常采用水泥混合砂浆或聚合物水泥砂浆，板条基层抹灰常采用麻刀灰和纸筋灰。因基层吸水性强，故砂浆稠度应较小，一般为100～200 mm。若有防潮、防水要求，则应采用水泥砂浆抹底层。

2)**中层**

中层主要起保护墙体和找平作用，采用的材料与基层相同，但稠度可大一些，一般为70～80 mm。

3)**面层**

(1)面层主要起装饰作用。室内墙面及顶棚抹灰常采用麻刀(玻纤)灰、纸筋灰或石膏灰，也可采用大白腻子。室外抹灰可采用水泥砂浆、聚合物水泥砂浆或各种装饰砂浆，砂浆稠度为100 mm左右。

(2)抹灰层的平均总厚度要求。内墙普通抹灰平均总厚度不得大于18 mm，中级抹灰平均总厚度不得大于20 mm，高级抹灰平均总厚度不得大于25 mm；外墙抹灰墙面平均总厚度不得大于20 mm，勒脚及凸出墙面部分不得大于25 mm；顶棚抹灰当基层为板条、空心砖或现浇混凝土时平均总厚度不得大于15 mm，当基层为预制混凝土时平均总厚度不得大于18 mm，金属网顶棚抹灰不得大于20 mm；石墙抹灰厚为35 mm。

(3)抹灰层每层的厚度要求。水泥砂浆每层宜为5～7 mm，水泥混合砂浆和石灰砂浆每层厚度宜为7～9 mm。面层抹灰经过赶平压实后的厚度，麻刀灰不得大于3 mm，纸筋灰、石膏灰不得大于2 mm。

8.1.2 一般抹灰施工

1. 一般抹灰材料的要求及砂浆的选用

一般抹灰主要使用的材料有石灰、水泥、砂子等。石灰砂浆、水泥混合砂浆、水泥砂浆、聚合物水泥砂浆、膨胀珍珠岩水泥砂浆、纸筋石灰砂浆、石膏灰等类型砂浆可用于抹灰工程。

1)**材料的要求**

(1)抹灰用的石灰膏应用块状生石灰淋制，用3 mm×3 mm的筛过滤，并储存在沉淀池内；抹灰用的石灰膏的热化期不应少于15 d，罩面用的磨细石灰粉的熟化期不应少于3 d，以避免出现干裂和爆灰现象。

(2)抹灰用砂宜用中砂，平均粒径为0.35～0.5 mm，要求颗粒坚硬洁净，含黏土、淤泥不超过3%，在使用前需过5 mm孔径筛子，去除粗大颗粒及杂质。

(3)水泥品种有硅酸盐水泥、普通水泥、矿渣硅酸盐水泥、火山灰质硅酸盐水泥、白水泥等。抹灰用的水泥宜为硅酸盐水泥、普通硅酸盐水泥，其强度等级不应小于C32.5。不同品种不同标号的水泥不得混合使用。水泥应有出厂证明或复试单,当出厂超过三个月时,按试验结果使用。

2)砂浆的选用及要求

抹灰工程采用的砂浆品种应符合设计要求,如无设计要求,应遵循以下规定:①外墙门窗洞口外侧壁、屋檐、勒脚、女儿墙及较大湿度的房间和车间等的抹灰用水泥砂浆或水泥混合砂浆;②混凝土板和墙的底层抹灰用水泥砂浆或水泥混合砂浆;③板条、金属网顶棚、隔断的底层、中层抹灰用麻刀石灰砂浆或纸筋石灰砂浆,加气混凝土块和板的底层抹灰用水泥混合砂浆或聚合物水泥砂浆。

2. 基层处理

为使抹灰砂浆与基层表面黏结牢固,防止抹灰层产生空鼓、脱落,抹灰前应对基体表面的灰尘、污垢、油渍、碱膜、跌落砂浆等进行清除,对墙面上的孔洞、剔槽等用水泥砂浆进行填嵌。不同材质的基体表面应相应处理,以增强其与抹灰砂浆之间的黏结强度。分层抹灰时,底层抹灰后应间隔一定时间,让其干燥和水分蒸发后再涂抹后一层。

3. 一般抹灰层施工工艺

1)墙面抹灰

墙面抹灰的工艺流程为:弹准线—抹灰饼—标筋—做护角—抹底层灰—抹中层灰—抹面层灰。具体施工要点如下:

(1)弹准线。将房间用角尺规方,小房间可用一面墙做基线,大房间或有柱网时,应在地面上弹出“十”字线,在距墙阴角 100 mm 处用线锤吊直,弹出竖线后,再按规方地线及抹面层厚度向里反弹出墙角抹灰准线,并在准线上下两端钉上铁钉,挂上白线,作为抹灰饼、标筋的依据。

(2)抹灰饼、标筋(冲筋)。较大面积墙面抹灰时,为了控制设计要求的抹灰层平均总厚度尺寸,先在上方两角处以及两角水平距离之间 1.5 m 左右的必要部位做灰饼标志块,可采用底层抹灰砂浆,大致呈 50 mm 方形平面,并在门窗洞口等部位加做标志块,标志块的厚度以使抹灰层达到平均总厚度(宜为基层至中层砂浆表面厚度尺寸而留出抹面厚度)为目的并确保抹灰面最终的平整、垂直所需的厚度尺寸为准。然后以上部做好的标志块为准,用线锤吊线做墙下角的标志块(通常设置于踢脚线上口)。

标志块收水后,在各排上下标志块之间做砂浆标志带,称为标筋或冲筋,采用的砂浆与标志块相同,宽度为 100 mm 左右,分 2～3 遍完成并略高出标志块,然后用刮杠将其擦抹至与标志块齐平,同时将标筋的两侧修成斜面,以使其与抹灰层接槎顺平。标筋的另一种做法是采用横向水平冲筋,较有利于控制大面与门窗洞口在抹灰过程中保持平整。标筋的形式参见图 8-2。

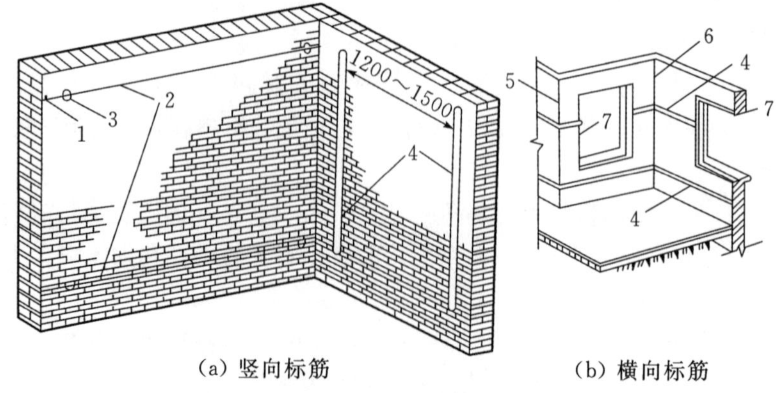

(a) 竖向标筋　　(b) 横向标筋

1—钉子;2—挂线;3—灰饼;4—标筋;5—墙阳角;6—墙阴角;7—窗框。

图 8-2　做灰饼和标筋

(3)做护角。为防止门窗洞口及墙(柱)面阳角部位的抹灰饰面在使用中容易被碰撞损坏,应采用1∶2水泥砂浆抹制暗护角,以增加阳角部位抹灰层的硬度和强度。护角部位的高度不应低于2 m,每侧宽度不应小于50 mm,如图8-3所示。

将阳角用方尺规方,靠门窗框一边以框墙空隙为准,另一边以标筋厚度为准,在地面画好准线,根据抹灰层厚度粘稳靠尺板并用托线板吊垂直。在靠尺板的另一边墙角分层抹护角的水泥砂浆,其外角与靠尺板外口平齐;一侧抹好后把靠尺板移到该侧用卡子稳住,并吊垂线调直靠尺板,将护角另一面水泥砂浆分层抹好;然后轻手取下靠尺板。待护角的棱角稍收水后,用阳角抹子和素水泥浆抹出小圆角。最后在阳角两侧分别留出护角宽度尺寸,将多余的砂浆以45°斜面切掉。

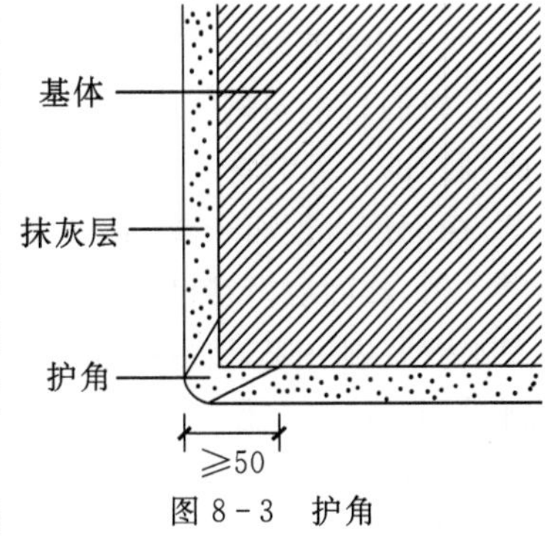

图8-3　护角

(4)抹底层灰、中层灰。待标筋有一定强度后,即可在两标筋间用力抹上底层灰,用木抹子压实搓毛。待底层灰收水后,即可抹中层灰,抹灰厚度应略高于标筋。中层抹灰后,随即用木杠沿标筋刮平,不平处补抹砂浆,然后再刮,直至墙面平直为止。紧接着用木抹子搓压,使表面平整密实。

2)顶棚抹灰

顶棚抹灰的施工工艺流程为:弹线—湿润—抹底层灰—抹中层灰—抹面层灰。具体操作要点如下:

墙面完成后,应在墙顶四周弹出水平标高线,此线最好根据顶棚基层(结构层)平整状况的抹灰厚度来控制。对平整的混凝土大板,如设计无特殊要求,可以不抹灰,可刮披腻子找平。吊顶抹灰应先检查基层的牢固后进行。

抹灰的前一天,应用水湿润基层。抹底层的当天,应根据顶棚的湿润情况,用茅草扫帚洒水再湿润,再用满刷胶黏剂泥浆,随刷随抹底层灰。分遍抹好底层灰,每遍要向上压实。最后底层灰要按控制线检查,抹时每次要用软刮尺刮平,用长直尺检查平整度。符合要求后,待底层灰干到七八成后抹纸筋纸面灰,抹法同墙面。关键是操作者的技术,能把顶面抹平出光,看不到抹子花、鱼鳞纹等。

顶棚抹灰是较困难的操作,要搭好满堂架子,便于操作人员施工和保证安全。

8.1.3　装饰抹灰施工

装饰抹灰除具有与一般抹灰相同的功能外,主要是装饰艺术效果更加鲜明。装饰抹灰的底层和中层的做法基本相同,均用1∶3水泥砂浆打底,厚度15 mm,只是面层的材料和做法有所不同。面层材料有斩假石、干粘石、拉毛石等,方法有喷涂、滚涂等。

1.装饰抹灰的材料要求

(1)选定的装饰抹灰面层的色彩确定后,应对所用材料事先看样订货,并尽可能一次将材料采购齐,以免因不同批次的来源不同而造成一定的色差。

(2)所用材料必须符合国家有关标准,如白水泥的白度、强度、凝结时间,各种颜料、107胶、有机硅憎水剂、六偏磷酸钠分散剂等都应符合它们各自的产品标准。

(3)彩色石渣、花岗岩石屑、彩砂的色彩、粒径大小和含泥量均应符合要求。

(4)其他材料包括颜料、胶黏剂、有机硅憎水剂和六偏磷酸钠分散剂等,均应注意掺量和储存环境。

2. 装饰抹灰施工工艺

装饰抹灰与一般抹灰的区别在于面层的材料和做法不同，底层和中层的做法基本相同。下面介绍几种主要装饰面层的施工工艺。

1）斩假石施工

斩假石也叫剁斧石，是一种在硬化后的水泥石子浆面层上用斩斧等专用工具斩琢，形成有规律剁纹的一种装饰抹灰方法。斩假石的施工工艺流程为：基层处理，抹底、中层灰，弹线、贴分格条，抹面层水泥石子浆，养护，斩剁面层。

（1）抹面层。在已硬化的水泥砂浆中层（1∶2 水泥砂浆）上洒水湿润，弹线并贴好分格条，用素水泥浆刷一遍，然后抹面层。面层石粒浆的配合比为 1∶1.25 或 1∶1.5，稠度为 5～6 cm，骨料采用 2 mm 粒径的米粒石，内掺 0.3 mm 左右粒径的白云石屑。面层抹面厚度为 12 mm，抹后用木抹子打磨拍平，不要压光，但要拍出浆，随势上下溜直，每分格区内一次抹完。抹完后，随即用软毛刷蘸水顺剁纹的方向把水泥浆轻刷掉露出石粒。注意不要用力过重，以免石粒松动。抹完 24 h 后浇水养护。

（2）斩剁面层。在正常温度（15～30 ℃）下，面层养护 2～3 d 后即可试剁，试剁时以石粒不脱掉、较易剁出斧迹为准。采用的斩剁工具有斩斧、多刃斧、花锤、扁凿、齿凿、尖锥等。斩剁的顺序一般为先上后下、由左至右，先剁转角和四周边缘，后剁大面。斩剁前应先弹顺线，相距约 10 cm，按线斩剁，以免剁纹跑斜。剁纹深度一般以 1/3 石粒粒径为宜。为了美观，一般在分格缝和阴、阳角周边留出 15～20 mm 的边框线不剁。斩剁完成后，墙面应用清水冲刷干净，起出分格条，用钢丝刷刷净分格缝处。按设计要求，可在缝内做凹缝并上色。

2）干粘石施工

干粘石是将干石子直接黏附在砂浆上的一种饰面，具有与水刷石相类似的装饰效果。干粘石施工可节约水泥 30%～40%，节约石子约 50%。干粘石墙面的施工工艺流程为：清理基层—湿润墙体—设置标筋—抹底层砂浆—抹中层砂浆—弹线和粘贴分格条—抹面层砂浆—撒石子—修整拍平。

干粘石的面层做法：在中层水泥砂浆浇水湿润后，粘贴分格条，然后按格抹面层砂浆黏结层（厚 4～5 mm），黏结砂浆抹平后，应立即撒石子，先撒四周易干部位，然后撒中间，要做到大面均匀，边角和分格条两侧不漏粘。

3）滚涂饰面施工

聚合物水泥砂浆滚涂饰面，是将聚合物水泥砂浆抹在墙体表面，用滚子滚出花纹后，再喷罩甲基硅醇钠憎水剂而形成的一种装饰面层。

滚压花纹用的滚子可用不同材料制成（如橡胶油印滚子、多孔聚胶酯滚子）。滚子长度一般为 180～250 mm，直径为 40～50 mm。滚子的花纹根据设计要求而定。

4）弹涂饰面施工

聚合物水泥砂浆弹涂饰面是在墙体中层抹灰表面刷一道聚合物水泥色浆后，用电动（或手动）弹涂器分几遍将不同色彩的聚合物水泥色浆弹到已涂刷底色浆的墙面上，形成直径 2～4 mm 大小的圆粒状色点，这些不同颜色的色点互相交错，相互衬托，其立面直观效果类似于干粘石饰面。

8.1.4 质量验收

质量验收时的注意事项如下：

(1)抹灰前基层的表面应清除干净,并洒水湿润。

(2)抹灰所用的材料的品种、性能应符合设计要求。水泥的凝结时间和安定性应复验合格。

(3)抹灰应分层进行,各层间黏结牢固,面层无爆灰、裂缝。

(4)抹灰工程的外观应光滑、洁净、美观。

8.2 吊顶工程施工

顶棚装饰工程是现代室内装饰工程中的一个重要组成部分。根据其结构,顶棚可分为直接式顶棚和悬吊式顶棚两大类。

对于直接式顶棚来说,结构比较简单,装饰工程的内容也仅限于面层粉刷和阴角线的安装。而对于悬吊式顶棚来说,其装饰工程的内容就比较多样了。根据所使用的龙骨不同,悬吊式顶棚可分为木龙骨吊顶、轻钢龙骨吊顶和铝合金龙骨吊顶。轻钢龙骨有U型、T型、C型、H型、V型等不同类型。如果根据所用面层材料不同分类,还可以分出更多种类型。本节主要介绍T型龙骨吊顶。

8.2.1 T型龙骨吊顶的组成与分类

T型龙骨吊顶是采用截面形状为T型的龙骨组成龙骨格栅,将面层板材放置在龙骨的翼面上的一种吊顶形式。它由于造价低、安装简便、施工速度快,具有防火、保温和隔音等性能,因此,在现代装饰工程中大量地使用在会议室、礼堂、餐厅、学校、医院、办公场所等。

T型龙骨吊顶根据其龙骨的设置情况分为明龙骨吊顶和暗龙骨吊顶两种。明龙骨吊顶,龙骨露在外面,由于龙骨与面层材料的色差,使得龙骨的线条分明、分格明显,起到一定的装饰作用。暗龙骨吊顶,龙骨暗藏在面层材料内,看不到龙骨,可以防止因龙骨表面颜色老化影响装饰效果的现象发生,在外观只能看到板材的对缝,显得面层整体性较高。

8.2.2 明装T型龙骨吊顶

1. 吊顶用的材料

1)承重龙骨

承重龙骨是承受整个吊顶荷载的构件。T型龙骨吊顶的承重龙骨选用的是轻钢龙骨,用吊件悬吊在顶棚上。由于T型龙骨吊顶的重量较轻,因此,吊件的安装除了可以选用轻钢龙骨的吊杆吊装,也可以采用镀锌铁丝做吊杆。结构形式如图8-4所示。

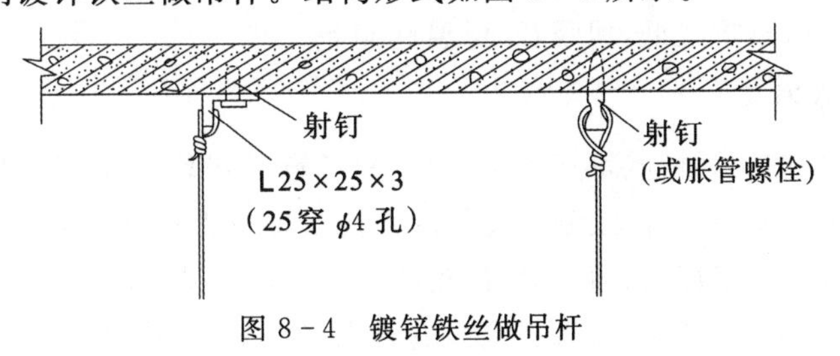

图8-4 镀锌铁丝做吊杆

2)T型主龙骨

根据龙骨的使用情况不同,T型龙骨分主龙骨和副龙骨两种。明装T型主龙骨是用镀锌钢带或薄板由特制轧机经多道工序轧制而成的底面烤漆的型材，它具有强度大、通用性强、防火性能好、容易安装、施工速度快等优点，如图8－5所示。主龙骨长度较长，一般每根3 m长，在立筋上每隔300 mm开有安装副龙骨的安装槽和与承重龙骨连接的安装孔。在立筋上还设有稳固面层板材的三角形铁角。

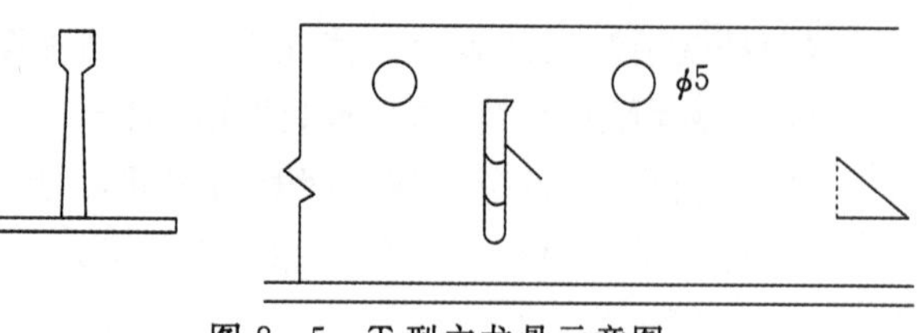

图8－5　T型主龙骨示意图

3)**T型副龙骨**

T型副龙骨的制作材料方法及截面形状与T型主龙骨相同，每根长600 mm。两端设有与主龙骨连接的挂钩，使用时用端部的挂钩与主龙骨上的连接件挂牢即可。其端部如图8－6(a)所示。

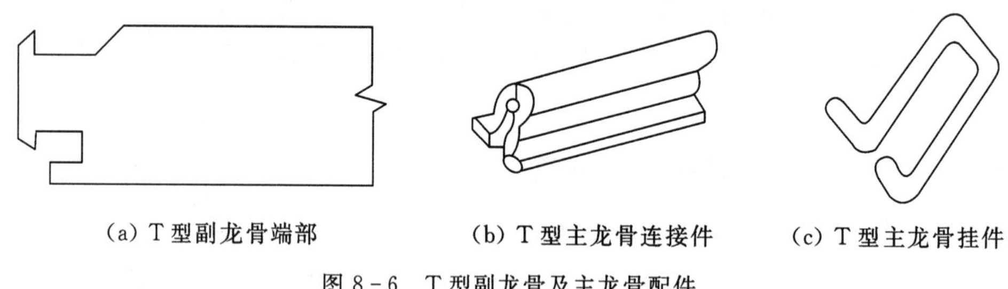
(a) T型副龙骨端部　　(b) T型主龙骨连接件　　(c) T型主龙骨挂件

图8－6　T型副龙骨及主龙骨配件

4)**边龙骨**

边龙骨是截面为T型，制作材料与方式同T型主龙骨口处收口的龙骨材料，有的工程也可以使用阴角线代替。

5)**龙骨连接件**

龙骨连接件用于吊顶与墙面的连接。龙骨连接件分T型主龙骨连接件和挂件[见图8－6(b)和(c)]。T型主龙骨连接件是用来接长T型主龙骨的，使用时将两支T型主龙骨的一端分别插入连接件的两端，用钳子固定牢固。T型主龙骨挂件是将T型主龙骨挂在承重龙骨上的部件，使用时按照规定的间距将T型主龙骨挂在承重龙骨上，并用钳子锁紧。

6)**面层板材**

目前，T型龙骨吊顶用的面层板材有矿棉板和石膏装饰板两种。矿棉板质量较轻，具有较好的吸音、保温和防火的性能，而且便于加工和安装，只是造价相对较高。石膏装饰板表面花式图案多样，防火性能较好、造价较低，但吸音、保温性能差一些。

2. 施工前的技术准备

(1)根据施工现场的实际情况审查施工图纸，制订施工方案。结合灯具的布置情况、通风孔、检查孔和消防喷淋头的安装位置，绘制主龙骨的走向及副龙骨的分格图。

(2)制定施工顺序，确定灯具、通风口、检查孔与吊顶面层节点的制作方案，进行技术交底。

(3)检查验收已安装施工完的通风、消防、电器线路等工程，并通电、试压验收合格，需要做保温的部位已做好保温。

3. 施工工艺

龙骨吊顶的施工工艺流程为：抄平放线—安装承重龙骨—安装主龙骨—安装边龙骨—安装

面层及副龙骨—吊顶调平。

1)抄平放线

首先,用水平管或水平仪在四面墙 1 m 左右高度弹出一根水平控制线,作为以后其他施工项目施工的水平控制线;其次,根据设计图纸及施工现场的实际情况,由甲乙双方共同确定吊顶的标高;最后根据水平控制线和确定好的标高在四面墙上弹出吊顶龙骨的水平线,以控制龙骨的安装平整度。

2)安装承重龙骨

承重龙骨的安装可采用与轻钢龙骨相同的做法,也可以采用镀锌铁丝吊装。因为 T 型龙骨吊顶的单位自重较小,所以承重龙骨的间距可以取 1200~1800 mm。由于 T 型龙骨吊顶副龙骨与面层板材一起安装,不便于龙骨调平,所以,在安装承重龙骨前必须要在承重龙骨的位置上拉好水平控制线,安装承重龙骨时,根据水平控制线将龙骨调平就位。

3)安装主龙骨

承重龙骨安装完毕,检查合格后,用主龙骨挂件将主龙骨安装在承重龙骨上,调整好龙骨并锁紧挂件。龙骨需要接长时用主龙骨连接件接长。主龙骨的间距由面层板块的尺寸确定,一般常用的间距为 600 mm。

4)安装边龙骨

收口边龙骨可以选择 T 型边龙骨,也可以选择使用木制阴角条,如果选择用木制阴角条收口,在安装前最好先油漆几遍,待安装完毕处理好钉眼后再油漆最后一遍。用水泥钉根据墙面弹的标高控制线安装收口边龙骨,钉距取 400 mm 左右。

5)安装面层及副龙骨

主龙骨与边龙骨安装完毕,检验合格后,就可以开始安装面层板材和副龙骨了。首先用细木条将主龙骨临时固定,保持主龙骨的间距不变,防止在安装面层板材和副龙骨时因不小心造成主龙骨的间距变化,使安装好的面层板材掉下摔坏。由一边开始,沿着与主龙骨垂直的方向,根据面层板材的尺寸拉一条施工线,控制板材的安装直度。

每安装一块面层板材就安装一根副龙骨,安装到吊杆处时,将安装好的板块掀起一块,以便于面层安装好后调平。安装时要尽量保持龙骨间距不变,防止已安装好的板材掉下摔坏。

6)吊顶调平

沿房间的对角和十字拉好水平控制线对吊顶进行调平,当房间面积较大时应多拉几条"十"字水平线。仔细调整吊杆的长度将顶棚调整平整,全部调整完后将吊杆长度锁定,将掀起的面层板块恢复。房间面积较大时,吊顶的中部要起拱。

8.2.3 暗装 T 型龙骨吊顶

1. 吊顶用材料

1)T 型主龙骨

暗装 T 型主龙骨也是用镀锌钢带或薄板由特制轧机经多道工序轧制而成的底面烤漆的型材,底面的宽度小于明装 T 型主龙骨的底面。它具有强度大、通用性强、防火性能好、容易安装、施工速度快等优点。

主龙骨长度较长,一般为 4.2 m,在立筋上每隔 300 mm 开有安装副龙骨的安装槽和与承重龙骨连接的安装孔。

2)T 型副龙骨

T 型副龙骨的制作材料方法及截面形状与暗装 T 型主龙骨相同,每根长 600 mm。在两端制作并装配与主龙骨连接的挂钩,使用时用端部的挂钩与主龙骨上的连接件挂牢即可。

3)边龙骨

边龙骨是截面为 T 型,制作材料与方式同 T 型主龙骨,用于吊顶与墙面接口处收口的龙骨材料。

4)龙骨连接件

龙骨连接件分 T 型主龙骨连接件和挂件。T 型主龙骨连接件是用来接长 T 型主龙骨的。使用时,将两根 T 型主龙骨的一端分别插入连接件的两端,用钳子固定牢固。

T 型主龙骨挂件是将 T 型主龙骨挂在承重龙骨上的部件,使用时按照规定的间距将 T 型主龙骨挂在承重龙骨上,并用钳子锁紧。

5)面层板材

目前,暗装 T 型龙骨吊顶用的面层板材有矿棉板,与明装 T 型龙骨吊顶的不同处在于矿棉板的四边开有安装龙骨的凹槽,靠背部的一面四边尺寸小于面部,主要是为了让出龙骨立筋的安装位置。

面层板材的表面四边有倒角和不倒角之分。倒角的板材,安装完毕后,线条分明,既能起到明装龙骨的装饰效果,还能避免因龙骨表面颜色老化影响装饰效果。不倒角的板材显得有较高的整体性。使用时可以根据装饰效果的需要按照设计的要求选择使用。

2. 施工前的技术准备

(1)根据施工现场的实际情况审查施工图纸,制订施工方案。结合灯具的布置情况、通风孔、检查孔和消防喷淋头的安装位置绘制主龙骨的走向及副龙骨的分格图。

(2)制定施工顺序,确定灯具、通风口、检查孔与吊顶面层节点的制作方案,进行技术交底。

(3)检查验收已安装施工完的通风、消防、电器线路等工程,并通电、试压验收合格,需要做保温的部位已做好保温。

3. 施工工艺

施工工艺流程为:抄平放线—安装承重龙骨—安装边龙骨—安装主龙骨及面层。

1)抄平放线

首先,用水平管或水平仪在四面墙 1 m 左右高度弹出一根水平控制线,作为以后其他施工项目施工的水平控制线;其次,根据设计图纸及施工现场的实际情况,由甲乙双方共同确定吊顶的标高;最后根据水平控制线和确定好的标高在四面墙上弹出吊顶龙骨的水平线,以控制龙骨的安装平整度。

2)安装承重龙骨

承重龙骨的安装可采用与轻钢龙骨相同的做法,也可以来用镀锌铁丝吊装。因为 T 型龙骨吊顶的单位自重较小,所以承重龙骨的间距可以取 1200～1800 mm。

由于 T 型龙骨吊顶副龙骨与面层板材一起安装,不便于龙骨调平,所以,在安装承重龙骨前必须要在承重龙骨的位置上拉好水平控制线,安装承重龙骨时,根据水平控制线将龙骨调平就位。

3)安装边龙骨

收口边龙骨可以选择 T 型边龙骨,也可以选择使用木制阴角条,如果选择用木制阴角条收口,在安装前最好先油漆几遍,待安装完毕处理好钉眼后再油漆最后一道。用水泥钉根据墙面弹的标高控制线安装收口边龙骨,钉距取 400 mm 左右。

4)安装主龙骨和面层板材

承重龙骨安装完毕,检查合格后,沿主龙骨的长度方向和房间的对角线及十字方向挂水平控制线,控制主龙骨和面层板材安装的平整度。在与主龙骨垂直的方向挂控制板缝的控制线,以便控制面层板块的板缝位置。用主龙骨挂件将主龙骨安装在承重龙骨上,调整好龙骨的水平度,锁紧挂件。龙骨需要接长时用主龙骨连接件接长。

主龙骨的间距由面层板块的尺寸确定,一般常用的间距为300～600 mm。沿着与主龙骨垂直的方向安装面板,当顶棚的照明灯具采用格栅灯时,也要同时安装。当安装到最后一排格栅灯的位置时,由另一面墙开始安装,利用格栅灯或检查口将最后的板块装好。

8.2.4　质量验收

(1)钢、木龙骨主梁、搁栅(立筋、横撑)的规格以及间距应符合设计要求;安装必须位置正确,连接牢固,无松动。

(2)钢、铝合金龙骨安装,应符合设计和产品说明书的要求;吊筋必须连接牢固,无变形松动。

(3)吊顶罩面板安装必须牢固,无脱层、翘曲、折裂、缺楞、掉角等缺陷。

8.2.5　常见工程质量问题与处理

1.整体紧缝吊顶质量缺陷

1)问题表现

(1)接槎明显。

(2)吊顶面层裂缝,特别是拼接处裂缝。

(3)面层挠度大,不平整,甚至变形。

2)处理措施

(1)针对接槎明显问题的处理。吊杆与主龙骨、主龙骨与次龙骨拼接应平整。吊顶面层板材拼接也应平整,在拼接处面板边缘如无构造接口,应事先刨去2 mm左右,以便接缝处粘贴胶带纸(布)后使接口与大面相平。批刮腻子须平整,拼接缝处更应精心批刮密实、平整,打砂皮一定要到位,可将砂皮钉在木楔上做均匀打磨,以确保其平整,消除接槎。

(2)针对面层裂缝问题的处理。吊杆与龙骨安装应平整,受力节点结合应严密牢固,可用砂袋等重物试吊,使其受力后不产生位移变形,方能安装面板。湿度较大的空间不得用吸水率较大的石膏板等做面板,纤维板等材料应经收缩相对稳定后方能使用。使用纸面石膏板时,自攻螺钉与板边或板端的距离不得小于10 mm,也不宜大于16 mm;板中螺钉的间距不得大于200 mm。整体紧缝平顶其板材拼缝处要统一留缝2 mm左右,宜用弹性腻子批嵌,也可用108胶或木工白胶拌白水泥掺入适量石膏粉作腻子批嵌拼缝至密实,并外贴拉结带纸或布条1～2层,拉结带宜用的确良布或编织网带,然后批平顶大面。

(3)针对面层挠度大、不平整问题的处理。吊顶施工应按规程操作,事先以基准线为标准,在四周墙面上弹出水平线;同时在安装吊顶过程中要做到横平、竖直,连接紧密,并按规范起拱。

2.分格缝吊顶质量缺陷

1)问题表现

(1)分格缝不均匀,纵横线条不平直、不光洁。

(2)底面不平整,中部下坠。

2)处理措施

(1)分格缝不均匀,纵横线条不平直。吊顶安装前应按吊顶平面尺寸统一规划,合理分块,准确分格。吊顶安装过程中必须纵横拉线与弹线;装钉板块时,应严格按基准线拼缝、分格与找方,竖线以左线为准,横线以上线为准。吊顶板块必须尺寸统一与方正,周边平直与光洁。

(2)针对底面不平整、中部下坠问题的处理。使用可调吊筋,在装分格板前调平并预留起拱。

3. 扣板式吊顶质量缺陷

1)问题表现

(1)扣板拼缝与接缝明显。

(2)板面变形或挠度大,扣板脱落。

2)处理措施

(1)针对扣板拼缝与接缝明显问题的处理。板材裁剪口必须方正、整齐与光洁。铝合金等扣板接口处如变形,安装时应校正,其接口应紧密。扣板色泽应一致,拼接与接缝应平顺,拼接要到位。

(2)针对板面变形、扣板脱落问题的处理。扣板材质应符合质量要求,须妥善保管,预防变形;铝合金等薄扣板不宜做在室外与雨篷底,否则易变形、脱落。扣板接缝应保持一定的搭接长度,一般不应小于 30 mm,其连接应牢固。扣板吊顶一般跨度不能过大,其跨度应视扣板刚度与强度而合理确定,否则易变形、脱落。

8.3 轻质隔墙工程施工

隔墙是用来分隔房间大小的,是非承重墙。它要求自重轻,厚度薄,对于隔音防水也有一定要求。本书主要介绍轻质隔墙工程的施工。

轻质隔墙按照构造方式和所用材料不同分为骨架隔墙、板材隔墙、玻璃隔墙等。骨架隔墙大多为轻钢龙骨或木龙骨,饰面板有石膏板、埃特板、GRC(玻璃纤维增强混凝土)板、聚碳酸酯板(PC板)、胶合板等;板材隔墙大多为加气混凝土条板和增强石膏空心条板等;玻璃隔墙主要为玻璃砖隔墙。

8.3.1 骨架隔墙施工

骨架隔墙由木筋骨架或金属骨架及墙面材料两部分所构成。根据墙面材料的不同可命名不同的隔墙,如板条抹灰隔墙、钢丝网抹灰隔墙和人造板隔墙等。

目前最常采用的骨架隔墙是以轻钢龙骨作立筋的现装石膏板隔墙、水泥刨花板隔墙、稻草板隔墙、纤维板隔墙等。不同类型、规格的轻钢龙骨,可以组成不同的隔墙骨架构造。

轻钢龙骨隔墙的构造均由沿顶龙骨、沿地龙骨、竖向龙骨、加强龙骨、横撑龙骨及配件组成,如图 8-7 所示。

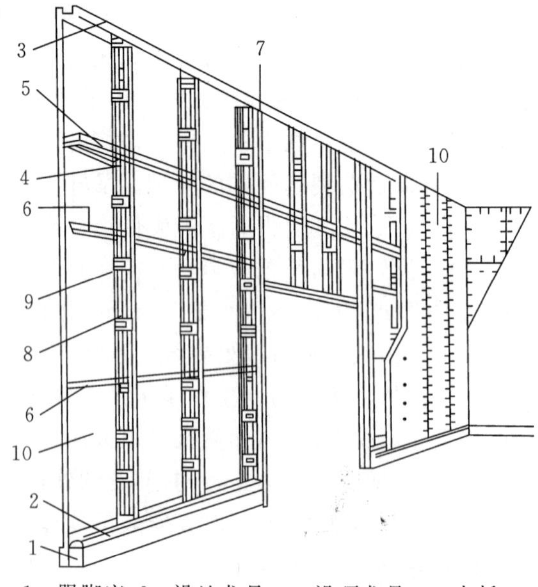

1—踢脚座;2—沿地龙骨;3—沿顶龙骨;4—卡托;5—横撑龙骨;6—通贯横撑龙骨;7—加强龙骨;8—支撑卡;9—贯穿孔;10—石膏板。

图 8-7 隔墙龙骨安装示意图

隔墙龙骨安装时，应根据设计要求在楼(地)面上弹出隔墙位置线，并引到隔墙的两端和上下构件的面上，同时将门洞位置、竖向龙骨位置在隔墙的上下处分别标注出来，作为基准线，再进行主、配件的安装。

(1)安装沿顶、沿地龙骨。在地面上和顶棚下按设计标高分别摆放好沿地和沿顶龙骨，用射钉固定，钉距在800 mm左右，射钉射入基体深度为:混凝土基体为20～30 mm，砖墙基体为30～50 mm。龙骨与地面、顶面的缝隙处要垫橡胶条或沥青泡沫塑料条。龙骨安装要求横平竖直，沿地、沿顶龙骨要在同一垂直面上。

(2)安装竖向龙骨。竖向龙骨的间距由罩面板材的实际尺寸决定，并要符合设计要求。竖向龙骨与沿地、沿顶龙骨一般用铆钉固定，与基体采用射钉固定，也可采用电钻钻孔、用膨胀螺栓固定，或在墙体上留预埋铁件固定。门窗洞口处应采用加强龙骨，如门窗较大时，可在洞口处上下加斜撑，以增强洞口的刚度。

(3)安装横撑龙骨。横撑龙骨的间距应根据设计要求并结合罩面板的实际尺寸来定。

(4)安装墙内管线。当隔墙龙骨主件、配件安装完毕后，应在罩面板铺钉前敷设墙内管线，并填装墙内的保温材料。墙内管线安装时，应加强龙骨的保护措施，并使墙内管线与罩面板间留有一定的间隙。

8.3.2　板材隔墙施工

1. 工艺流程

其工艺流程为:基层处理—放线—配板和修补—支设临时方木—配置胶黏剂—安装U形卡件或L形卡件(有抗震设计要求时)—安装隔墙板—安装门窗框—设备和电气管线安装—板缝处理。

2. 施工工艺

1)基层处理

清理隔墙板与顶面、地面、墙面的结合部位，凡凸出墙面、地面的浮浆、混凝土块等必须剔除并扫净，结合部位应找平。

2)放线

在结构地面、墙面及顶面根据图纸，用墨斗弹好隔墙定位边线及门窗洞口线，并按板幅宽弹分档线。线放好先后报相关部门验线。

3)配板、修补

(1)板的长度应按楼层高度结构类型和设计要求选择，墙板与结构连接有刚性连接和柔性连接两种。刚性连接按结构净高尺寸减20 mm，柔性连接比刚性连接高15 mm。

(2)隔墙板厚度选用应按设计要求并考虑便于门窗安装，最小厚度不小于75 mm。

(3)安装前要进行选板，有缺棱掉角的，应用与板材混凝土材性相近的材料进行修补，未经修补的坏板或表面酥松的板不得使用。

4)支设临时方木

临时方木分上方木和下方木。上方木直接压墙定位线顶在上部结构底面，下方木可离楼地面约100 mm左右，上下方木之间每隔1.5 m左右立竖向支撑方木，并用木楔将下方木与支撑方木之间楔紧。临时方木支撑后，检查竖向方木的垂直度和相邻方木的平面度，合格后即可安装隔墙板。

5)配置胶黏剂

条板与条板拼缝、条板顶端与主体结构黏结采用胶黏剂。

加气混凝土隔墙胶黏剂一般采用环保108胶聚合砂浆，GRC空心混凝土隔墙胶黏剂一般采用SG791、SG792建筑胶黏剂(791、792胶泥)，增强水泥条板、轻质混凝土条板、预制混凝土板等则采用丙烯酸类聚合物液状胶黏剂。

胶黏剂要随配随用，并应在30 min内用完。配置时应注意环保108胶掺量适当，过稀易流淌，过稠容易产生“滚浆”现象，使刮浆困难。

6)安装U形或L形卡件

当建筑设计有抗震要求时，应按设计要求，在两块条板顶端拼缝处设U形或L形钢板卡，与主体结构连接。U形或L形钢板卡(50 mm长，1.2 mm厚)用射钉固定在结构梁和板上。如主体为钢结构，与钢梁的连接可采用短周期螺柱焊的方式将钢板卡固定其上，随安板随固定U形或L形钢板卡。

7)安装隔墙板

将板的上端与上部结构底面用黏结砂浆或胶黏剂黏结，下部用木楔顶紧后空隙间填入细石混凝土。隔墙板安装顺序应从门洞口处向两端依次进行，门洞两侧宜用整块板，无门洞的墙体，应从一端向另一端顺序安装。

8)安装门窗框

在墙板安装的同时，应按定位线顺序立好门框。安装门窗时，应在角部增加角钢补强，安装节点应符合设计要求。

9)设备、电气管线安装

(1)设备安装：根据工程设计在条板上定位钻单面孔(不能开对穿孔)，空心板孔洞四周用聚苯块填塞，然后用2号水泥型胶黏剂(配件用胶黏剂)预埋吊挂配件，达到黏结强度后固定设备。

(2)电气安装。利用条板孔内敷软管穿线和定位钻单面孔，对非空心板，则可利用拉大板缝或开槽敷管穿线，管径不宜超过25 mm。用膨胀水泥砂浆填实抹平。用2号水泥胶黏剂固定开关、插座。

10)板缝处理

隔墙板安装完10 d后，检查所有缝隙是否黏结良好，有无裂缝，如出现裂缝，应查明原因后进行修补。

8.3.3 玻璃砖隔墙施工

1. 工艺流程

玻璃砖隔墙施工的工艺流程为：放线—固定周边框架—扎筋—排砖—玻璃砖砌筑—勾缝—边饰处理。

2. 施工工艺

1)放线

在墙下面弹好撂底砖线，按标高立好皮数杆，皮数杆的间距以15～20 m为宜。砌筑前用素混凝土或垫木找平并控制好标高，在玻璃砖墙四周根据设计图纸尺寸要求弹好墙身线。

2)固定周边框架

将框架固定好，用素混凝土或垫木找平并控制好标高，将骨架与结构连接牢固，同时做好防水层及保护层。固定金属型材框用的镀锌钢膨胀螺栓直径不得小于8 mm，间距≤500 mm。

3)扎筋

(1)非增强的室内空心玻璃砖隔断尺寸应符合表8-1的规定。

表 8-1　非增强的室内空心玻璃砖隔断尺寸

砖缝的布置	隔断尺寸/m	
	高度	长度
贯通的	≤1.5	≤1.5
错开的	≤1.5	≤6

(2)室内空心玻璃砖隔断的尺寸超过表 8-1 规定时,应采用直径为 6 mm 或 8 mm 的钢筋增强。

(3)当只有隔断的高度超过规定时,应在垂直方向上每两层空心玻璃砖水平布一根钢筋;当只有隔断的长度超过规定时,应在水平方向上每三个缝垂直布一根钢筋。

(4)高度和长度都超过规定时,应在垂直方向上每两层空心玻璃砖水平布两根钢筋,在水平方向上每三个缝至少垂直布一根钢筋。

(5)钢筋每端伸入金属型材框的尺寸不得小于 35 mm。用钢筋增强的室内空心玻璃砖隔断的高度不得超过 4 m。

4)排砖

玻璃砖砌体采用十字缝立砖砌法。按照排版图弹好的位置线,首先认真核对玻璃砖墙长度尺寸是否符合排砖模数,否则可调整隔墙两侧的槽钢或木框的厚度及砖缝的厚度。注意隔墙两侧调整的宽度要保持一致,隔墙上部槽钢调整后的宽度也应尽量保持一致。

5)玻璃砖砌筑

(1)玻璃砖采用白水泥∶细砂=1∶1 的水泥浆,或白水泥∶107 胶=100∶7 的水泥浆(重量比)砌筑。白水泥浆要有一定的稠度,以不流淌为好。

(2)按上、下层对缝的方式,自下而上砌筑。两个玻璃砖之间的砖缝不得小于 10 mm,且不得大于 30 mm。

(3)每层玻璃砖在砌筑之前,宜在玻璃砖上放置十字定位架,卡在玻璃砖的凹槽内。

(4)砌筑时,将上层玻璃砖压在下层玻璃砖上,同时使玻璃砖的中间槽卡在定位架上,两层玻璃砖的间距为 5～10 mm,每砌筑完一层后,用湿布将玻璃砖面上沾着的水泥浆擦去。

(5)玻璃砖墙宜以 1500 mm 高为一个施工段,待下部施工段胶结料达到设计强度后再进行上部施工。当玻璃砖墙面积过大时应增加支撑。

(6)最上层的空心玻璃砖应深入顶部的金属型材框中,深入尺寸不得小于 10 mm,且不得大于 25 mm。空心玻璃砖与顶部金属型材框的腹面之间应用木楔固定。

6)勾缝

玻璃砖墙砌筑完后,立即进行表面勾缝。勾缝要勾严,以保证砂浆饱满。先勾水平缝,再勾竖缝,缝内要平滑,缝的深度要一致。勾缝与抹缝之后,应用布或棉纱将砖表面擦洗干净,待勾缝砂浆达到强度后,用硅树脂胶涂敷,也可采用硅胶注入玻璃砖间隙勾缝。

7)边饰处理

(1)当玻璃砖墙没有外框时,需要进行饰边处理。饰边通常有木饰边和不锈钢饰边等。

(2)金属型材与建筑墙体和屋顶的结合部,以及空心玻璃砖砌体与金属型材框翼端的结合部应用弹性密封剂密封。

8.3.4 质量验收

1. 骨架隔墙工程

(1)骨架隔墙所用龙骨、配件、墙面板、填充材料及嵌缝材料的品种、规格、性能和木材的含水率应符合设计要求。有隔声、隔热、阻燃、防潮等特殊要求的工程,材料应有相应性能等级的检测报告。

(2)骨架隔墙工程边框龙骨必须与基体结构连接牢固,并应平整、垂直、位置正确。

(3)骨架隔墙中龙骨间距和构造、连接方法应符合设计要求。骨架内设备管线、门窗洞口等部位加强龙骨应安装牢固、位置正确,填充材料的设置应符合设计要求。

(4)木龙骨及木墙面板的防火和防腐处理必须符合设计要求。

(5)骨架隔墙的墙面板应安装牢固,无脱层、翘曲、折裂及缺损。

(6)墙面板所用接缝材料的接缝方法应符合设计要求。

2. 板材隔墙工程

(1)隔墙板材的品种、规格、性能、颜色应符合设计要求。有隔声、隔热、阻燃、防潮等特殊要求的工程,板材应有相应性能等级的检测报告。

(2)安装隔墙板材所需预埋件、连接件的位置、数量及连接方法应符合设计要求。

(3)隔墙板材安装必须牢固。现制钢丝网水泥隔墙与周边墙体的连接方法应符合设计要求,并应连接牢固。

(4)隔墙板材所用接缝材料的品种及接缝方法应符合设计要求。

3. 玻璃砖隔墙工程

(1)玻璃砖隔墙工程所用材料的品种、规格、性能、图案和颜色应符合设计要求。

(2)玻璃砖隔墙的砌筑或玻璃板隔墙的安装方法应符合设计要求。

(3)玻璃砖隔墙砌筑中埋设的拉结筋必须与基体结构连接牢固,并应位置正确。

8.3.5 常见工程质量问题与处理

1. 接槎明显,拼接处裂缝

1)问题表现

石膏板、纤维水泥板等板材配置轻钢龙骨或铝合金龙骨组成的隔断墙,其板材拼接处接槎明显,或出现裂缝,纤维水泥板尤为严重。

2)处理措施

(1)板材拼接应选择合理的接点构造。其一般有两种做法:一是在板材拼接前先倒角,或沿板边 20 mm 刨去宽 40 mm 厚 3 mm 左右;在拼接时板材间应保持一定的间距,一般以 2～3 mm 为宜。清除缝内杂物,将腻子批嵌至倒角边,待腻子初凝时,再刮一层较稀的厚约 1 mm 的腻子,随即贴布条或贴网状纸带,贴好后应相隔一段时间,待其终凝硬结后再刮一层腻子,将纸带或布条罩住,然后把接缝板面找平。二是在板材拼缝处嵌装饰条或勾嵌缝腻子,用特制小工具把接缝勾成光洁清晰的明缝。

(2)选用合适的勾、嵌缝材料。勾、嵌缝材料应与板材成分一致或相近,以减少其收缩变形。

(3)采用质量好、制作尺寸准确、收缩变形小、厚薄一致的侧角板材,同时应严格操作程序,确保拼接严密、平整,连接牢固。

(4)房屋底层做石膏板隔断墙，在地面上应先砌三皮砖(1/2 砖)，再安装石膏板，这样既可防潮，又方便粘贴各类踢脚线。

2. 门框固定不牢固

1)问题表现

门框安装后出现松动或镶嵌的灰浆腻子脱落。

2)处理措施

(1)门框安装前，应将槽内杂物清理干净，刷 108 胶稀释溶液 1～2 遍；槽内放小木条以防黏结材料下坠；安装门框后，沿门框高度钉 3 枚钉子，以防外力碰撞门框导致错位。

(2)尽量不采用后塞门框的做法，应先把门框临时固定，将龙骨与门框连接，在门框边应增设加强筋，固定牢固。

(3)为使墙板与结构连接牢固，边龙骨预粘木块时，应控制其厚度不得超过龙骨翼缘；安装边龙骨时，翼缘边部顶端应满涂掺 108 胶水的水泥砂浆，使其黏结牢固；梁底或楼板底应按墙板放线位置增贴 92 mm 宽石膏垫板，以确保墙面顶端密实。

3. 细部做法不妥

1)问题表现

隔断墙与原墙、平顶交接处不顺直，门框与墙板面不交圈，接头不严、不平；装饰压条、贴面制作粗糙，可见钉子印。

2)处理措施

(1)施工前质量交底应明确，严格要求操作人员做好装饰细部工程。

(2)门框与隔墙板面构造处理应根据墙面厚度而定，墙厚等于门框厚度时，可钉贴面；小于门框厚度时应加压条；贴面与压条应制作精细，切实起到装饰条的作用。

(3)为防止墙板边沿翘起，应在墙板四周接缝处加钉盖缝条，或根据不同板材，采取四周留缝的做法，缝宽 10 mm 左右。

8.4　楼地面工程施工

8.4.1　楼地面的组成

楼地面是房屋建筑底层地坪与楼层地坪的总称。它是水平方向分隔房屋空间的承重构件，楼板层分隔上下楼层空间，地坪层分隔大地与底层空间。楼地面通常由基层、垫层、面层等组成。

1. 基层

基层的作用是承受其上面的全部荷载，它是楼地面的基体。底层的基层多为素土或加入石灰、碎砖的夯实土，楼层的基层一般是现浇或预制钢筋混凝土楼板。

2. 垫层

垫层位于基层之上，在底层其作用是将上部的各种荷载均匀地传给基层，在楼层其主要起着隔声和找坡作用。垫层按材料性质的不同，分为刚性垫层和非刚性垫层两种。刚性垫层有足够的整体刚度，受力后不产生塑性变形，如低强度等级混凝土、碎砖三合土等；非刚性垫层无整体刚度，受力后会产生塑性变形，如砂、碎石、矿渣等散状材料。

3. 面层

面层是楼地面的最上层，也是表面层，它直接承受着外界各种因素的作用，地面的名称通常以面层所用的材料而命名，如水泥砂浆地面、木地板地面、地砖地面等。

8.4.2 水泥砂浆地面施工

水泥砂浆地面是传统地面中应用最广泛的一种低档饰面做法，其优点是造价低廉、施工简便且使用耐久。

1. 材料要求

水泥砂浆面层所用水泥，一般是硅酸盐水泥或普通硅酸盐水泥，标号不低于 32.5 级，这些品种水泥具有早期强度高和在凝结硬化过程中干燥收缩值较小等优点。水泥砂浆面层所用的砂，应采用中砂或中、粗混合砂，含泥量不得大于 3%。砂浆需拌和均匀，颜色一致，通常调制成以手握成团并稍见冒浆为宜。

2. 施工准备

(1)基层处理。水泥砂浆面层多铺抹在楼地面的混凝土、水泥炉渣、碎砖三合土等垫层上，基层处理是防止水泥砂浆面层空鼓、裂纹和起砂等质量通病的关键工序。基层要平整、粗糙、洁净和牢固。对于较光滑的基层表面应进行凿毛，并用清水冲洗干净。

(2)找规矩。首先弹基准线，地面抹灰前，应先在四周墙面弹出水平基准线(一般为 50 线)，作为确定水泥砂浆面层标高的依据。然后根据水平基准线，按照要求的标高，在四周墙角处每隔 1.5～2.0 m 用 1∶2 水泥砂浆做灰饼。待灰饼硬结后，再以灰饼的高度做出纵横方向通长的冲筋以控制面层的厚度。对于厨房、浴室、厕所等房间的地面，必须将流水坡度找好；有地漏的房间，要在地漏四周做出不小于 5%的泛水，并要弹好水平线，避免地面"倒泛水"或积水。抄平时要注意各室内地面与走廊高度的关系。

3. 施工操作要点

先将基层清扫干净，后浇水湿润。次日刷一遍水灰比为 0.4～0.5 的水泥浆结合层，随即进行面层铺抹。面层铺抹方法是在冲筋之间铺砂浆，随铺随用 2 m 刮尺以冲筋标高为准反复搓刮平整并拍实，在砂浆收水初凝前，再用木抹子搓平，用铁抹子压第一遍；当水泥砂浆开始初凝时，即上人踩踏有足印但不塌陷，用铁抹子压第二遍，做到压实、压光、不漏压，并把凹坑、砂眼和脚印等均填补压平；待水泥砂浆终凝前，试抹不显抹纹时，再用铁抹子压第三遍，抹压要用力，使表面压平、压实、压光。这一施工工艺称为"三遍成活"。

4. 养护和成品保护

水泥砂浆面层抹压完工后，在常温下铺盖草垫或锯木屑进行浇水养护。浇水应适时，一般在夏天是 24 h 后浇水养护，春秋季节宜在 48 h 后浇水养护。养护期不少于 7 d，面层强度达到 5 MPa 时，才允许上人行走或进行其他作业。

8.4.3 水磨石地面施工

水磨石地面面层的施工工艺流程如下：基层清理，施工水泥砂浆找平层，养护，弹线、粘贴分格条，铺抹水泥石子浆面层，养护、试磨，第一遍磨光、补浆并养护，第二遍磨光、补浆并养护，第三遍磨光并养护，酸洗打蜡。

1. 材料要求

水磨石面层所用的石粒，应用坚硬可磨的岩石(如白云石、大理石等)加工成，石粒应洁净无杂物，其粒径除特殊要求外，一般为 4～12 mm。白色或浅色的水磨石面层，应采用白水泥；深色的水磨石面层，宜采用标号不低于 32.5 的硅酸盐水泥、普通硅酸盐水泥或矿渣硅酸盐水泥。水泥中掺入的颜料宜用耐光、耐碱的矿物颜料，掺入量不宜大于水泥量的 12%。

2. 弹线、粘贴分格条

水磨石面层铺设前，应在找平层上按设计要求的图案设置分格条(可用铜条、铝条或玻璃条)。粘贴分格条时，先确定分格条位置并弹线，然后用木条顺线找齐。将分格条紧靠在木条边上，用素水泥浆涂抹分格条的一边，先稳好一面，然后拿开木条在分格条的另一边涂抹水泥浆。在分格条下的水泥浆形成八字角，素水泥浆涂抹的高度应比分格条低 3 mm。

3. 铺抹水泥石子浆面层

在找平层表面刷一遍与面层颜色相同、水灰比为 0.4～0.5 的水泥浆做结合层，随刷随铺水泥石子浆。水泥石子浆的虚铺厚度比分格条高出 1～2 mm。水泥石子浆要铺平整，用滚筒滚压密实。待表面出浆后，再用抹子抹平。

4. 研磨

水磨石开磨前应先试磨，以表面石粒不松动方可开磨。

水磨石面层应使用磨石机分次磨光。头遍用 60～90 号粗金刚石磨，边磨边加水，要求磨匀磨平，使全部分格条外露，磨后将泥浆冲洗干净，用同色水泥浆刮抹，以填补面层所呈现的细小孔隙和凹痕，洒水养护 2～3 d 再磨；第二遍用 90～120 号金刚石磨，要求磨到表面光滑为止，其他要求与第一遍相同；第三遍用 180～200 号金刚石磨，磨至表面石子粒粒显露，干整光滑。这一施工工艺称为“二浆三磨”。

8.4.4 细石混凝土地面施工

细石混凝土有两种常用做法：一种是在结构层上做一层 1∶2.5 水泥浆找平层，在找平层上再做厚 30～35 mm 细石混凝土；另一种做法是在现浇结构层上直接做 40～50 mm 厚细石混凝土，即所铺细石混凝土随捣随抹做法。一般细石混凝土强度等级要求不低于 C 20，坍落度不宜大于 30 mm，以干硬性为佳，采用机械搅拌。

细石混凝土采用大于 32.5 MPa 强度等级的硅酸盐水泥、普通硅酸盐水泥或矿渣硅酸盐水泥；砂为粗砂，含泥量小于 5%；所用碎石和卵石要求级配良好，粒径小于 15 mm 或面层厚度的 2/3，含泥量小于 2%。

1. 一般做法

从基层处理到刷水泥浆的流程和水泥砂浆地面相同。现将挠捣的方法简述如下：

先进行细石混凝土搅拌。细石混凝土面层的强度等级应符合设计要求，如设计无要求时，应不小于 C20，由试验室根据原材料情况计算出配合比，应用搅拌机搅拌均匀，坍落度宜不大于 30 mm。将搅拌好的细石混凝土铺抹到地面基层上(水泥浆结合层要随刷随铺)，紧接着用 2 m 长刮杠顺着标筋刮平，然后用滚筒(常用的为直径 200 mm、长度 600 mm 的混凝土或铁制滚筒，厚度较厚时，应用平板振动器)往返、纵横滚压；如有凹处，用同配合比混凝土填平，撒一层干拌水泥砂(水泥∶砂=1∶1)拌合料，要撒匀(砂要过 3 mm 筛)，再用 2 m 长刮杠刮平；铺细石混凝土时,应由里面向门口方向铺设,应比门框锯口线低 3～4 mm。

抹光工作与水泥砂浆相同,在水泥终凝前,要抹 2～3 遍,使其表面色泽一致,全部光滑无抹纹。面层抹压完 24 h 后(有条件时,可覆盖塑料薄膜养护)进行浇水养护,每天不少于 2 次,养护时间一般至少不少于 7 d。

2. 随捣随抹施工法

随捣随抹面层一般在现浇钢筋混凝土楼板或强度等级不低于 C15 的混凝土垫层时采用。采用随捣随抹面层是在混凝土楼地面浇捣完毕,表面略有收水后,即进行抹平压光。这种做法,省去了基层表面处理、浇水湿润和扫浆等工序,而且质量较好。

其施工工艺流程为:浇捣混凝土垫层(楼板)—抹面层并压光—养护。

混凝土浇捣完后,再用 2 m 刮尺刮平,将局部缺浆处均匀铺撒 1∶1.5 干灰砂一层,厚约 5 mm,待干灰吸水湿透后用刮尺刮平,随即用木抹子搓平。紧接着用铁抹子将面层的凹坑、砂眼和脚印压平、压光。待第一遍压光吸水后用铁抹子按先里后外的顺序第二遍压光。

第三遍压光应在水泥终凝前完成,常温下一般不应超过 3～5 h。抹子上去以不留痕迹为宜。抹压时要用力,将抹子纹痕抹平压光。如压不光,可用软毛刷沾上少许水抹压。

随捣随抹面层的混凝土养护与水泥砂浆、细石混凝土面层相同。

8.4.5 块材地面施工

块材地面是指以陶瓷锦砖、瓷砖、水泥砖,以及预制水磨石板、大理石板、花岗石板等板材铺砌的地面。其优点是花色品种多样,经久耐用、易于保持清洁,缺点是造价偏高、工效偏低,不具有弹性、保温、消音等性能,通常用在人流较大、耐磨耗或比较潮湿的场所。

1. 施工准备

楼地面的板材地面施工应在顶棚、立墙饰面工程完成之后进行。施工前,除清理现场的障碍物,检查板材的质量并按施工顺序分类堆放准备必要的材料和机具之外,尚需做好以下的准备工作:

1)基层处理

块材地面施工前,应挂线检查楼、地面的平整度,以确定找平层的厚度,然后清理基层。光滑的钢筋混凝土楼面应凿毛,凿毛后清扫干净,并用水冲洗,在正式施工时,提前两天浇水湿润基层表面。

2)分格弹线

根据设计要求,确定地面的标高位置,并在相应的墙面上弹好+50 cm 水平线,作为控制标高的依据,以此为准在墙面弹出面层水平标高线,然后根据板材的分块情况,挂线找中,拉十字线进行分格弹线。

3)试拼

根据标准线确定板材的铺砌顺序和标准块的位置,在预定的位置上进行试拼,检查图案、颜色及纹理的装饰效果,试拼后按两个方向编号,并按号堆放整齐。

4)试排

在房间两个互相垂直的方向,按弹好的标准线铺两条宽度大于板块的干砂线,再按设计图纸试排,以检查板缝,核对板块与墙面、柱、管线洞门的相对位置,确定找平层的厚度,根据试排结果在房间的关键部位弹上互相垂直的控制线,用以控制块材铺砌时的位置。

2.施工方法

1)预制水磨石、大理石和花岗石平板施工

(1)刷素水泥浆及块材浸水。在基层处理后需先刷一遍素水泥浆结合层,目的是加强基层与结合层之间的黏结力。素水泥浆的水灰比常用0.4～0.5。

如面层为预制水磨石板,在使用前需浸水阴干备用,以免铺砌时块材将结合层砂浆的水分吸收过多,影响砂浆与基层及砂浆与板块之间的黏结质量。

(2)铺结合层砂浆。砂浆多使用干硬式水泥砂浆,配合比为1∶2(体积比),稠度为2.5～3.5 cm,以保证板材地面不出现空鼓和裂缝。为了保证黏结效果,摊铺长度应在1 m以上,宽应超出板宽20～30 mm,厚度控制在放上石材板块后宜高出面层水平线3～4 mm,边铺边用大杠刮平、拍实,用木抹子找平。

(3)试铺。在抹平的结合层上按设计标准线试铺,铺好后用橡皮锤轻击,并根据声音检查其密实度。如有空隙应及时补浆。待试铺合适后,将平板揭起,再在结合层上均匀地撒一层干水泥面,并用刷子蘸水弹一遍,同时在板背刷水灰比为0.4～0.5的水泥浆,随刷随正式镶铺板材。

(4)镶铺。正式镶铺时,要四角同时对准纵横缝下落,注意不要砸在已铺好的平板上,以免造成空鼓。板材对缝铺好后,用橡皮锤轻轻敲击,并用水平尺找平,压平敲实,注意对好纵横缝并调整好与相邻板面的标高。

(5)板缝处理。板材之间的纵横缝可以是密缝,也可以是离缝,主要视板材的精确度及设计要求而定。平板镶铺完后需经24 h再晒水养护,一般2 d以后再进行板缝处理。具体办法是用浆壶将稀水泥浆或稀水泥砂浆(水泥∶细沙＝1∶1)灌缝,先灌入缝内高2/3左右,将缝侧溢出的水泥浆清理干净后,再用与板面颜色相同的水泥浆将缝灌满,待缝内的水泥浆凝结后再将面层清洗干净,2 d内禁止上人或堆放材料。

(6)后期处理。

①贴踢脚板。踢脚板多用板后抹砂浆贴在墙上的方法,宜在地面完成后施工,贴前基层需进行清理,并提前一天用水湿润,贴时先刮一遍素水泥砂浆,然后按预先拉好的上口线镶贴。为了使踢脚板与地面的分格线相协调,最好使踢脚板缝与地面缝对齐,踢脚板与地面接触部位应缝隙密实,踢脚板上口在同一水平线上,出墙厚度应一致。

②上蜡抛光。大理石、花岗石及高级预制水磨石的地面应上蜡抛光。其具体方法与前述现浇水磨石地面的做法相同。

2)水泥花砖、缸砖、通体砖地面施工

水泥花砖地面的做法有水泥砂浆结合层、砂结合层和沥青玛蹄脂结合层三种类别。以水泥砂浆为结合层的花砖地面施工,与前述的预制水磨石平板的施工基本相同。需特别强调的是以下两点:

(1)水泥花砖铺贴完毕后,应立即浇水一遍,养护24 h以后,再以稀水泥浆或稀水泥砂浆(水泥∶细砂＝1∶1)填缝。

(2)应严格控制非整砖的铺放位置及尺寸大小。一般不允许在房间、走廊的中间出现非整砖,也不应在同一铺放位置出现奇大奇小的非整砖,更不允许以砂浆填补来代替板块,以确保装饰效果。

3)陶瓷锦砖地面施工

(1)找平层施工。一般应在处理干净的湿润基层上浇水灰比为0.5的素水泥浆结合层,并随即铺抹水泥砂浆找平层。找平层采用1∶3(体积比)干硬性水泥砂浆,厚度为20～30 mm,虚铺高度可比结合层实际标高高出 3～4 mm，然后用大杠刮平、拍实，用木抹子抹平，准备铺贴锦砖。

素水泥浆结合层不得使用撒干水泥面再洒水扫浆的做法，刷浆后应立即铺抹水泥砂浆找平层，以免素浆涂刷时间过长风干硬结，影响铺贴质量。

(2)找方正、弹线。找平层抹好 24 h 后可找方正、弹线。根据实测房间尺寸在房中心弹十字控制线，根据设计图纸，结合陶瓷锦砖的尺寸，计算出所铺贴的张数，不足整张的应甩到边角处，不得铺贴到视线明显的部位。

(3)锦砖铺贴。找平层砂浆养护 2～3 d 后进行锦砖铺贴。镶贴前，在砂浆找平层上浇水湿润后，抹一遍 2～3 mm 厚的水泥砂浆(可掺水泥质量 10%的 108 胶)，随抹随铺贴，一个房间宜连续操作，由里向外沿控制线退着进行铺贴陶瓷锦砖。操作时先用方尺找方，拉好控制线，按线铺贴。铺到尽端若太紧或太松，应将贴纸切开，用开刀调缝。

整个房间铺贴完后，由一端开始用橡皮锤和拍板依次拍实拍平，使水泥浆充满陶瓷锦砖之间的缝隙。

(4)刷水、揭纸。陶瓷锦砖铺贴完并拍实拍平后，用喷壶均匀在铺好的面层上洒水，以锦砖的贴纸浸透为宜。经过 15～30 min，即可依次揭纸并用铲刀清理干净。洒水时要适当，太干，纸浸不透不易揭起；太湿，会造成锦砖的小片浮起。

(5)拨缝。揭纸后，检查缝子是否均匀，缝子不匀不直时，用小靠尺比着开刀轻轻拨顺调直，随后用木拍板拍实，同时粘贴补齐脱落、缺少的陶砖颗粒。

(6)灌缝。拨缝后第二天，首先用 1∶1 的水泥细砂浆把缝隙灌满扫严，用干棉丝从里到外顺缝揉擦，擦满、擦实为止，并及时清理锦砖表面的余灰，防止对面层的污染。

(7)养护。陶瓷锦砖地面铺贴完 24 h 后，应铺锯末养护 7 d，方可上人堆物。

8.4.6 木地板地面施工

1. 木地板的分类及施工方法

木地板面层是指采用木板铺设，再用地板漆饰面的木板地面。根据材质不同，面层主要可分为实木地板、软木地板、实木复合地板及中密度(强化)复合地板、竹地板等。

木地板的施工方法可分为实铺式、空铺式和浮铺式(也称悬浮式)。实铺式是指木地板通过木搁栅与基层相连或用胶黏剂直接粘贴于基层上，一般用于 2 层以上的干燥楼面。空铺式是指木地板通过地垄墙或砖墩等架空再安装，一般用于平房、底层房屋或较潮湿地面以及地面敷设管道需要将木地板架空等情况。浮铺式是新型木地板的铺设方式，由于产品本身具有较精密的槽样企口边及配套的黏结胶、卡子和缓冲底垫等，铺设时仅在板块企口咬接处施以胶粘或采用配件卡接即可连接牢固，整体地铺覆于建筑地面基层。

2. 木地板施工要领

实铺地板要先安装地龙骨，然后再进行木地板的铺装。

龙骨的安装方法：应先在地面做预埋件，以固定木龙骨，预埋件为螺栓及铅丝，预埋件间距为 800 mm，从地面钻孔插入。

木地板的安装方法：实铺实木地板应有基面板，基面板使用大芯板。

地板铺装完成后，先用刨子将表面刨平刨光，将地板表面清扫干净后涂刷地板漆，进行抛光上蜡处理。

所有木地板运到施工安装现场后，应拆包在室内存放一个星期以上，使木地板与居室温度、湿度相适应后才能使用。

木地板安装前应进行挑选，剔除有明显质量缺陷的不合格品。将颜色花纹一致的铺在同一房间，有轻微质量缺欠但不影响使用的，可摆放在床、柜等家具底部使用，同一房间的板厚必须一致。购买时应按实际铺装面积增加10%的损耗一次购买齐备。

铺装木地板的龙骨应使用松木、杉木等不易变形的树种，木龙骨、踢脚板背面均应进行防腐处理。

铺装实木地板应避免在大雨、阴雨等气候条件下施工。施工中最好能够保持室内温度、湿度的稳定。

同一房间的木地板应一次铺装完，因此要备有充足的辅料，并要及时做好成品保护，严防油污、果汁等污染表面。安装时挤出的胶液要及时擦掉。

8.4.7 质量验收

1. 整体面层

(1)水泥类基层的抗压强度不得小于1.2 MPa，表面应粗糙、洁净、湿润并不得有积水。

(2)整体面层施工后，养护时间不得小于7 d。抗压强度应达到5 MPa后方可上人行走。

(3)整体面层的抹平工作应在水泥初凝前完成，压光工作应在水泥终凝前完成。

2. 板块面层

(1)水泥类基层的抗压强度不得小于1.2 MPa，表面应粗糙、洁净、湿润并不得有积水。

(2)面层施工后，表面应覆盖、湿润，养护时间不得小于7 d。

(3)板块的铺砌应符合设计要求。

3. 木地板面层

(1)木搁栅、垫木、毛地板等的树种、选材标准、含水率、防腐、防蚁应符合相关标准的要求。

(2)水泥类基层的表面应牢固、坚硬、洁净、干燥、不起砂。

(3)在潮湿场所应做防水(潮)处理。

(4)板块的铺砌应符合设计要求。

8.4.8 常见工程质量问题与处理

1. 水泥地面

1)地面起砂

(1)问题表现。地面表面粗糙，不坚固，使用后表面出现水泥灰粉，随走动次数增多，砂粒逐步松动，露出松散的砂子和水泥灰。

(2)处理措施。

①严格控制水灰比，用水泥砂浆作面层时，稠度不应大于35 mm，如果用混凝土作面层，其坍落度不应大于30 mm。

②水泥地面的压光一般为三遍：第一遍应随铺随拍实，抹平；第二遍压光，应在水泥初凝后进行(以人踩上去有脚印但不下陷为宜)；第三遍压光要在水泥终凝前完成(以人踩上去脚印不明显为宜)。

③面层压光24 h后，可用湿锯末或草帘子覆盖，每天洒水2次，养护不少于7 d。

④面层完成后应避免过早上人走动或堆放重物，严禁在地面上直接搅拌或倾倒砂浆。

⑤水泥宜采用硅酸盐水泥和普遍硅酸盐水泥，强度等级一般不应低于32.5，严禁使用过期

水泥或将不同品种、等级的水泥混用;砂子应用粗砂或中砂,含泥量不大于3%。

⑥小面积起砂且不严重时,可用磨石子机或手工将起砂部分水磨,磨至露出坚硬表面;也可把松散的水泥灰和砂子冲洗干净,铺刮纯水泥浆1~2 mm,然后分三遍压光。

⑦对严重起砂的地面,应把面层铲除后,重新铺设水泥砂浆面层。

2)地面、踢脚板空鼓

(1)问题表现。地面与踢脚板产生空鼓,用小锤敲击有空鼓声,严重时会开裂甚至剥落,影响使用。

(2)处理措施。

①做好基层清理工作。认真清除浮灰、白灰砂浆、浆膜等污物,粉刷踢脚板处的墙面前应用钢丝刷清洗干净,地面基层过于光滑的应凿毛或刷界面处理剂。

②施工前认真洒水湿润,使施工时达到润湿饱和但无积水。

③地面和踢脚板施工前应在基层上均匀涂刷素水泥浆结合层,素水泥浆水灰比为0.4~0.5。地面不宜用先撒水泥后浇水的扫浆方法。涂刷素水泥浆应与地面铺设或踢脚板抹灰紧密配合,做到随刷随抹。如果素水泥浆已结硬,一定要铲去重新涂刷。

④踢脚板不得用石灰砂浆或混合砂浆抹底灰,一般可用1∶3水泥砂浆。

⑤踢脚板抹灰应控制分层厚度,每层宜控制在5~7 mm。

⑥对于空鼓面积不大于400 cm^2,且无裂纹,以及人员活动不频繁的房间边、角部位,一般可不做处理。当空鼓超出以上范围应局部翻修,可用混凝土切割机沿空鼓部位四周切割,切割面积稍大于空鼓面积,并切割成较规则的形状。然后剔除空鼓的面层,适当凿毛底层表面,冲洗干净。修补时先在底面及四周刷素水泥浆一遍,随后用与面层相同的拌合物铺设,分三次抹光。如地面有多处大面积空鼓,应将整个面层凿去,重新铺设面层。

⑦如踢脚板局部空鼓长度不大于40 cm,一般可不做处理。当空鼓长度较长或产生裂缝、剥落时,应凿去空鼓处踢脚板,重新抹灰修整好。

3)地面不规则裂缝

(1)问题表现。这种裂缝在底层回填土的地面上以及预制板楼地面或整浇板楼地面上都会出现,裂缝的部位不固定,形状也不一,有的为表面裂缝,也有的是贯穿裂缝。

(2)处理措施。

①室内回填土前要清除积水、淤泥、树根等杂物,选用合格土分层夯实。靠墙边、墙角、柱边等机械夯不到的地方,要人工夯实。

②面层铺设前,应检查基层表面的平整度,如有高低不平,应先找平,使面层厚薄一致。局部埋设管道时,管道顶面至地面距离不得小于10 mm。当多根管道并列埋设时,应铺设钢丝网片,防止面层裂缝。

③严格控制面层水泥拌合物用水量,水泥砂浆的稠度不大于35 mm,混凝土坍落度不大于30 mm,如表面水分大,难以压光时,可均匀撒一些1∶1干水泥砂,不宜撒干水泥。

④面层完成24 h后,及时铺湿草帘或湿锯末,洒水养护7~10 d。

⑤面积较大地面应按设计或地面规范要求,设置分格缝。

⑥对宽度细小、无空鼓现象的裂缝,如果楼面平时无液体流淌,一般可不做处理。对宽度在0.5 mm以上的裂缝,可用水泥浆封闭处理。

⑦如果裂缝涉及结构变形,应结合结构是否需加固一并考虑处理办法。对于还在继续开展的裂缝,可继续观察,待裂缝稳定后再处理。如已经使用且经常有液体流淌的,可先用柔性密封

材料做临时封闭处理。

4)散水坡下沉、断裂

(1)问题表现。建筑物四周散水坡沿外墙开裂、下沉,在房屋转角处或较长散水坡的中间断裂。

(2)处理措施。

①基槽、基坑回填土应分层夯实,散水坡垫层也应认真夯实平整。

②散水坡与外墙相连处应设缝分开,沿散水坡长度方向间距不大于6 m应设一分格缝,房屋转角处亦应设置缝宽为20 mm的45°斜向分格缝。注意不要把分格缝设置在水落口位置。缝内填嵌沥青胶结料。

③散水坡浇制完成后,要认真覆盖草帘等浇水养护。

④如散水坡有较大下沉或断裂较多,应把下沉和断裂部位凿除,夯实后重新浇制。

⑤如仅有少数断裂,可在断裂处凿开一条20 mm宽、约20 mm深的槽口,槽内填嵌沥青胶结料。

2.板块地面(地砖、大理石、花岗石)

1)地面空鼓、脱壳

(1)问题表现。用小锤轻击地面有空鼓声,严重处板块与基层脱离。

(2)处理措施。

①确保基层平整、洁净、湿润。

②板块应提前浸水,地砖应提前2~3 h浸水,如背面有灰尘应洗干净,待表面晾干无明水后方可铺贴。

③先刷建筑胶水泥浆一遍(水泥、建筑胶、水之比为1∶0.1∶0.4),15~30 min后,铺1∶2干硬性水泥砂浆结合层,然后将板块背面刮一层薄水泥砂浆,铺贴时要求板块四角同时下落,用木锤或橡皮锤垫木块轻击,使砂浆捣实,并敲至与旁边板块平齐。也可采用黏结剂做结合层。

④铺贴大理石、花岗岩时,按前述要求试铺,合适后,将板块掀起检查结合层,如有空隙,则用砂浆补实,再浇一层水灰比为0.45的素水泥浆,板块背面也刮一层素水泥浆,最后正式铺贴。

⑤铺好的地面应及时洒水养护,一般不少于7 d,在此期间不准上人。

⑥地砖空鼓、脱壳严重时,可将地砖掀开,凿除原结合层砂浆,冲洗干净晾干后,按照本条措施的方法重新铺贴,最后用水泥砂浆灌缝、擦缝。

2)接缝不平,缝口宽度不均

(1)问题表现。相邻板块接缝高差大,板块缝口宽度不一。

(2)处理措施。

①施工前要认真检查板块材料质量是否符合有关标准的规定,不符合标准要求的不能使用。

②从走廊统一往房间引测标高,并按操作规程进行预排,弹控制线等,铺贴时纵、横接缝宽度应一致,经常用靠尺检查表面平整度。

③铺贴大理石、花岗石时,应在房内四边取中,在地面上弹出十字线,先铺设十字线交叉处一块为标准块,用角尺和水平尺仔细校正;然后由房间中间向两侧和后退方向顺序铺设,随时用水平尺和直尺找准。缝口必须拉通长线,板缝宽度一般不大于1 mm。

④地面铺贴好后,注意成品保护,在养护期内禁止人员通行。

⑤对接缝高差过大或接缝宽度严重不一致的地方,应返工重新铺贴。

3)带地漏地面倒泛水

(1)问题表现。地漏处地面偏高,造成地面积水和外流。

(2)处理措施。

①主体工程施工时,卫生间、阳台地面标高一般应比室内地面低 20 mm。

②安装地漏应控制好标高,使地漏盖板低于周围地面 5 mm。

③地面施工时,应以地漏为中心向四周辐射冲筋,找好坡度。铺贴前要试水检查找平层坡度,无积水后才能铺贴。

④对于倒泛水的地面应将面层凿除,拉好坡线,用水泥砂浆重新找坡,然后重新铺贴。如因主体工程施工时楼面未留设高差而无法找坡时,也可在卫生间门口设拦水坎,以保证地面有一定的泛水坡度。

3. 木质地面

1)木板松动或起拱

(1)问题表现。木地板使用后产生松动,踏上去有响声或木地板局部拱起。

(2)处理措施。

①搁栅、毛地板、面层等木材的材质、规格以及含水率应符合设计要求和有关规范的规定。

②铺设木质面层,应尽量避免在气候潮湿时施工。

③木搁栅、地板底面应做防腐防潮处理。

④铺钉地板用的钉,其长度应为木板厚度的 2～2.5 倍。

⑤搁栅与墙之间应留出宽为 30 mm 的缝隙,毛地板和木质面层与墙之间应留 10～20 mm 的缝隙,面层与墙的间隙用木踢脚板封盖。

⑥当木地板面层严重松动或起拱影响使用时,应拆除重新铺设。

⑦对于面层局部起拱,可卸下起拱的地板,把板刨窄一点,然后铺钉平整。如面层仅有轻度起拱时,可采用表面刨削的办法。对局部木板松动,可更换少量木板重新钉牢。

2)拼缝不严

(1)问题表现。木质板块拼缝不严密,缝隙偏大,影响使用和外观。

(2)处理措施。

①应选用不易变形开裂、经过干燥处理的木材。木搁栅、剪刀撑等木材的含水率不应超过 20%,毛地板和面层木地板的含水率不应大于 12%。

②铺设地板面层时,从墙的一边开始逐块排紧铺钉,板的排紧可在木搁栅上钉扒钉,在扒钉与板之间用对拔楔打紧。然后用钉从侧边斜向钉牢,使木板缝隙严密。

③如地面大多数缝隙过大时,需返工重新铺设。

④如仅有个别较大缝隙时,也可采用塞缝的办法修理,刨一根与缝隙大小相当的梯形木条,两侧涂胶,小面朝下塞入缝内,待胶干后将高出地板面部分刨平。

⑤当有个别小于 2 mm 的缝隙时,可用填刮腻子的办法修理。

8.5 饰面板(砖)工程施工

饰面工程是指将块料面层镶贴或安装于墙柱表面以形成装饰层。块料面层的种类很多,基本上可以分为饰面砖和饰面板两大类,饰面砖有釉面瓷砖、外墙面砖、陶瓷锦砖、玻璃锦砖等,饰面板有天然石饰面板(大理石、花岗岩、青石板等)、人造石饰面板(预制水磨石、人造大理石等)、金属饰面板(不锈钢板、涂层钢板、铝合金饰面板等)、木质饰面板(胶合板、木条板等)、塑料饰面板、玻璃饰面板等。

8.5.1　饰面板的施工

饰面板的安装工艺有粘贴法、挂粘法和干挂法。

1. 粘贴法

粘贴法适用于规格较小(边长 400 mm 以下)，且安装高度在 1 m 以下的饰面板。

其操作程序为：基层处理—抹底层和中层灰—弹线与分格—选料与预排—对号—粘贴—嵌缝—清理—抛光打蜡。

将基体表面灰尘、污垢和油渍清除干净，并浇水湿润。对于混凝土等表面光滑平整的基体应进行凿毛处理。检查墙面平整度、垂直度，并设置标筋。将饰面板背面和侧面清洗干净，湿润后阴干，在阴干的饰面板背面均匀抹上厚度 2～3 mm 的 TG 胶水泥砂浆。依据已弹好的水平线镶贴墙面底层两端的两块饰面板，然后在两端饰面板上口拉通线，依次镶贴饰面板。在镶贴过程中应随时用靠尺、吊线锤、橡胶锤等工具将饰面板校平、找直，并将饰面板缝内挤出的水泥浆在凝结前擦净。镶贴完毕，表面应及时清洗干净，晾干后，打蜡擦亮。

2. 挂粘法

1)传统湿作业法

传统湿作业法，即挂式固定和湿料填缝(见图 8－8)。

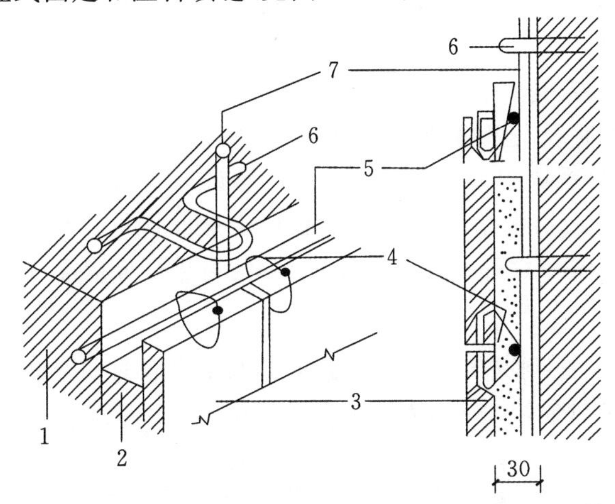

1—墙体；2—水泥砂浆；3—大理石板；4—钢丝或铜丝；5—横筋；6—铁环；7—立筋。

图 8－8　饰面板钢筋网片固定图

其操作程序为：基层处理—绑扎钢筋网片—弹饰面基准线—预拼编号—钻孔、剔凿、绑扎不锈钢丝(或铜丝)—安装—临时固定—分层灌浆—嵌缝—清洁板面—抛光打蜡。

(1)准备。安装前应分选检验并试拼，使板材的色调、花纹基本一致，试拼后按部位编号，以便施工时对号安装。

剔出基层预埋件或预埋筋，也可在墙面钻孔固定金属膨胀螺栓，用直径为 6 mm 的钢筋纵横绑扎成钢筋网片与预埋件焊牢，纵向钢筋间距 500～1000 mm，第一道横向钢筋应高于第一层板的下口 100 mm。以后各道均应在每层板的上口以下 10～20 mm 处设置。

在板的侧面上钻孔打眼，孔径 5 mm 左右，孔深 15～20 mm，孔位一般在板端 1/4～1/3；在位于板厚中心线上垂直钻孔，再在板背的直孔位置，距板边 8～10 mm 处打一横孔，使横孔和直孔相通；然后用长约 300 mm 的不锈钢丝或铜丝穿入挂接。

(2)安装。从最下一层开始,两端用板材找平找直,拉上横线再从中间或一端开始安装。安装时,先将下口钢丝绑在横筋上,再绑上口钢丝,用托线板靠直靠平,并用木楔垫稳,再将钢丝系紧,保证板与板交接处四角平整。安装完一层,要在找平、找直、找方后,在石板表面横竖接缝处每隔 100～150 mm 用调成糊状的石膏浆予以粘贴,临时固定石板,使该层石板成一整体,以防发生位移。余下板的缝隙,用纸和石膏封严,待石膏凝结、硬化后再进行灌浆。一般采用 1∶3 水泥砂浆,稠度控制在 80～150 mm,将砂浆徐徐灌入板背与基体间的缝隙,每次灌浆高度 150 mm 左右,灌至离上口 50～80 mm 处停止灌浆。为防止空鼓,灌浆时可轻轻地捣砂浆,每层灌注时间要间隔 1～2 h。全部石材安装固定后,用与饰面板相同颜色水泥砂浆嵌缝,并及时对表面进行清理。

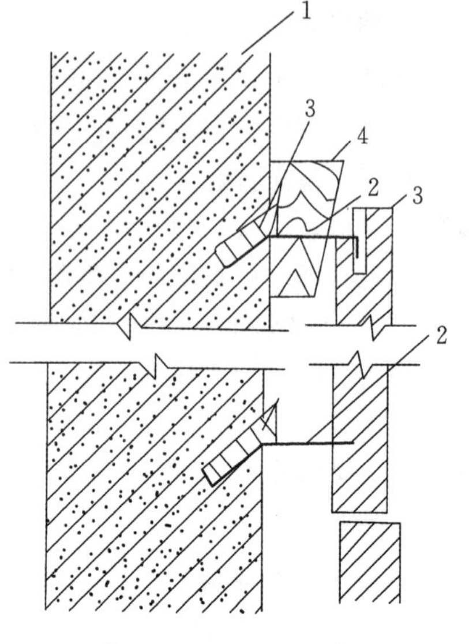

1—主体结构;2—U 形不锈钢钉;
3—硬小木楔;4—大木楔。
图 8-9　板材安装示意图

2)改进湿作业法

它不用钢筋网片做连接件,采用镀锌或不锈钢锚固件与基体锚固,然后向缝中灌入 1∶2 水泥砂浆(见图8-9)。

其操作程序为:基层处理—弹准线—板材检验—预排编号—板面钻孔—就位—固定—加楔—分层灌浆—清理—嵌缝—抛光。

安装前应在石材板块钻孔。钻孔完成后,仍将石材板块返还原位,再根据板块直径与基体的距离用直径 6 mm 的不锈钢丝制成楔固石材板块的 U 形钉,然后将 U 形钉一端钩进石材板块直孔中,并随即用硬小木楔上紧,另一端钩进基体斜孔中,同时校正板块准确无误后用硬木楔将钩入基体斜孔的 U 形钉楔紧,同时用大头木楔张紧安装板块的 U 形钉,随后进行分层灌浆。

3. 干挂法

此法具有抗震性能好、操作简单、施工速度快、质量易于保证且施工不受气候影响等优点,这种方法宜用于 30 m 以下钢筋混凝土结构,不适用砖墙和加气混凝土墙(见图 8-10)。

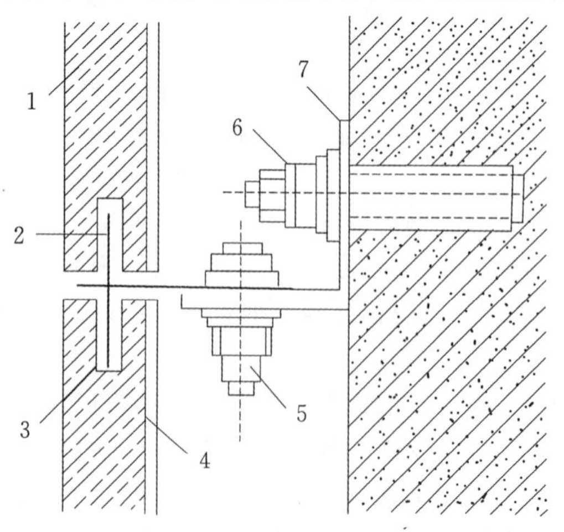

1—饰面板;2—不锈钢钉;3—板材钻孔;4—纤维布增强层;5—紧固螺栓;6—膨胀螺栓;7—L 形不锈钢连接件。
图 8-10　干挂法安装示意图

其操作程序为:基层处理—划线—锚固(膨胀)螺栓—连接件安装—挂板—连接件涂胶—嵌缝胶。

干挂法对基层要求平整度控制在2～4 mm以内,墙面垂直度偏差在20 mm以内。板与板之间应有缝隙,磨光板材的缝隙除有镶嵌金属装饰条缝外,一般可为1～2 mm。划线必须准确,一般由墙中心向两边弹放,使误差均匀地分布在板缝中。安装时打出螺栓孔,埋置膨胀螺栓,固定锚固体。把连接件上的销子或不锈钢丝插入板材的预留连接孔中,调整螺栓或钢丝长度,当确定位置准确无误后,即可紧固螺栓或钢丝;然后用特种环氧树脂或水泥麻丝纤维浆堵塞连接孔。嵌缝时先填泡沫塑料条,再用胶枪注入密封胶。为防止污染,在注胶前先用胶带纸覆盖缝两边板面,注胶完后,将胶带纸揭去。

8.5.2　釉面砖饰面施工

1. 施工准备

(1)基体表面弹水平、垂直控制线,进行横竖预排砖,以使接缝均匀。

(2)选砖,分类,将砖放入水中浸泡2～3 h,取出晾干备用。

2. 操作程序

(1)室内釉面砖饰面施工流程为:基层处理—抹底子灰—选砖和浸砖—排砖与弹线—贴标准点—垫底尺—镶贴饰面砖—擦缝。

基层打好底子灰六七成干后,按图纸要求找规矩,先用水平尺找平,结合实际和瓷砖规格,计算纵横的皮数,进行排砖、弹线。镶贴前应粘贴标准点(灰饼),用废瓷砖粘贴在墙上,用以控制整个表面平整度。计算好最下一皮砖下口标高,底尺上皮一般比地面低10 mm左右,以此为依据放好尺。粘贴应自下向上,要求灰浆饱满,亏灰时,要取下重贴,随时用靠尺检查平整度,随粘随检查,同时要保证缝隙宽窄一致。镶贴完,自检合格后,用棉丝擦干净,然后用白水泥擦缝,用布将缝内的素浆擦匀,砖面擦净。

(2)室外釉面砖饰面施工流程为:基层处理—抹底子灰—排砖—弹线分格—选砖和浸砖—镶贴面砖—勾缝与擦缝。

镶贴前应吊垂直、找方、找规矩。高层建筑使用经纬仪在四大角、门窗口边打垂直线;多层建筑可使用线坠吊垂直,根据面砖尺寸分层设点,做标志。横向水平线以楼层为水平基线交圈控制,竖向线则以四大角和通天柱、垛子为基线控制,全部都是整砖,阳角处要双面排直,灰饼间距1.6 m。打底应分层进行,第一遍厚度为5 mm抹后扫毛;待六七成干时,可抹第二遍,厚度8～12 mm,随即用木杠刮平,木抹搓毛。排砖应保证砖缝均匀,按设计图纸要求及外墙面砖排列方式进行排布、弹线或挂通线,凡阳角部位应选整砖。在砖背面铺满黏结砂浆,粘贴后,用小铲柄轻轻敲击,使之与基层粘牢,随时用靠尺找平、找方,贴完一皮后,须将砖上口灰刮平,每日下班前须清理干净。分格条应在贴砖次日取出,完成一个流程后,用1∶1的水泥砂浆勾缝,凹进深度为3 mm。整个工程完工后,应加强保护,同时用稀盐酸清洗表面,并用清水冲洗干净。

8.5.3　锦砖饰面施工

锦砖原料成品是均匀地将小块瓷砖的面层贴在一张300 mm见方的纸上,操作时要准备能放下四张锦砖的木垫板、拍实用的拍板以及拔缝用的开刀,其他工具同贴瓷砖的用具。

锦砖饰面施工打底和抹水泥砂浆相同,其中包括挂线、贴灰饼、冲筋、刮平、划毛和浇水养护等项。底子灰用1∶3水泥砂浆,厚12 mm。

贴陶瓷锦砖前,根据高度弹若干水平线,弹水平线时应计算锦砖的块数,使两线之间保持整块数。如分格,按高度均分,根据设计要求和锦砖的规格定出缝的宽度,再加工分格条。

贴锦砖时在打好的底子上浇水润湿,在已弹好水平线的下口支一根垫尺,先刷水泥浆一遍,再抹水泥浆黏结层,刮抹平整后由下往上贴锦砖,缝要对齐,贴完后将拍板放在已贴好的锦砖上,用小锤轻敲拍板,然后将锦砖的护面纸用软毛刷润湿揭开,检查砖缝大小,将歪扭的砖拨正。

最后一道工序是擦缝,用刷子蘸素水泥浆在铺好的锦砖表面刷一道,将小缝刷严,起出分格条的大缝用1∶1水泥砂浆勾严,再用棉纱擦净。

8.5.4 金属饰面板安装

1. 金属饰面板的种类

金属饰面板有铝合金板、彩色涂层钢板、搪瓷板、涂塑板、彩色不锈钢板、镀锌板、金属夹心板等品种。

2. 铝合金饰面板安装

应根据建筑物情况设计铝合金饰面板的尺寸并安装:

(1)先在结构基层上弹出支撑骨架线。

(2)根据弹线在墙体结构上设计并施工膨胀螺栓或预埋件。

(3)通过专用的连接件将支挂铝合金饰面板的钢骨架与墙体预埋件固定并做防腐处理,要求安设位置准确,结合牢固。

(4)安装铝合金饰面板,一般有两种方法:一种是将铝合金饰面板用螺钉或铆钉固定在型钢骨架上,铆钉间距为100~150 mm,此法多用于外墙;另一种方法是用夹具将饰面板卡在特制的龙骨上,此法多用于内墙。板与板之间缝隙用橡胶条或密封胶填嵌密实。铝合金板要保证安装精度,妥善处理变形缝,并注意保护。

3. 不锈钢饰面板安装

不锈钢板的种类有普通不锈钢板、彩色不锈钢板、镜面不锈钢板、浮雕不锈钢板等。现以不锈钢板、柱饰面为例说明其安装工艺。

(1)弹线。

(2)制作骨架。骨架一般采用木骨架,木骨架用木方连接成框体。其制作过程是:竖向龙骨定位—制作横向龙骨—横向龙骨与竖向龙骨连接—骨架与建筑柱体连接—骨架形体校正。

(3)安装木基层板。

①安装木夹板。若在圆柱上安装木夹板,应选择弯曲性能较好的薄皮夹板。

②安装木条板。在圆柱体骨架上安装实木条板,所用的实木条板宽度一般为50~80 mm。如圆柱体直径较小,木条板宽度可减少或将木条板加工成曲面形,木条板厚为10~20 mm。

(4)饰面。用环氧树脂胶(万能胶)把不锈钢板面粘贴在基层木夹板上即可,要注意接缝处的处理。方柱体上安装不锈钢板,可在转角处用不锈钢成型角压边。在压边不锈钢成型角处,可用少量玻璃胶封口。

8.5.5 木质饰面板施工

木质饰面板是高档次的室内装饰材料,常用于室内墙、柱面装饰。

用木质板装饰室内墙面、柱面，以板材为主。板材有两种类型：一种为天然板材，一种为人工合成木制品，即人造板材。木质饰面板主要有木胶合板、装饰防胶板、纤维板、刨花板、竹胶合板、纫木工板等材料。

其施工要点如下：

(1)弹线，设置预埋块。按照设计图纸尺寸，先在墙上画水平标高，弹出分档线。根据线档在墙上钻孔打入木楔或在砌墙时预先埋入木砖。木砖或木楔位置应符合龙骨(或护墙筋)分档的尺寸。

(2)安装龙骨。根据高度和房间大小，做木龙骨架，整片或分片安装。在龙骨与墙之间铺一层油毡防潮。

安装龙骨后，要检查表面平整度与立面垂直度，阴阳角用方尺套方。为调整龙骨表面偏差，所用的木垫块，必须与龙骨钉固牢靠。

(3)安装面板。木质面板要根据设计先做出样板(实样)，之后再上墙安装。企口板应根据要求进行拼接嵌装，其龙骨形式及排布也视设计要求做相应处理，有些新型的木质企口板材，可进行企口嵌装，依靠异型板卡或带榴口压条进行连接，以减少面板上的钉固工艺而保持饰面的完整和美观。

胶合板应进行挑选，符合要求的板材根据设计和现场情况进行整板铺钉或按造型尺寸进行锯裁。对于透明涂饰要求显露木纹的，应注意其本纹的对接须美观协调。在一般的面板铺钉作业中，也应该注意对其色泽的选择。颜色较浅的木板，可安装在光线较暗部位的墙面上；颜色较深的木板，可铺钉于受光较强的墙面上；或者将面板安排为在墙面上由浅到深逐渐过渡，从而使整个房间护墙板的色泽不出现较大差异。

胶合板的铺钉，一般采用圆钉与木龙骨钉固，要求铺钉均匀，钉距 100 mm 左右。钉压条时要钉通，接头处应做暗榫。立条所用板材应是通长的整料，不得排接，要起榫割角，钉帽要砸扁顺木板条钉牢，以避免将木板条钉裂。

8.5.6　质量验收

1. 饰面板工程

(1)饰面板的品种、规格、图案、颜色、性能应符合设计要求。饰面板的燃烧性能等级应符合设计要求。

(2)饰面板安装工程的预埋件(或后置埋件)、连接件的数量、规格、位置、连接方法和防腐处理必须符合设计要求。后置埋件的现场拉拔强度必须符合设计要求。

(3)饰面板安装必须牢固。

(4)饰面板表面应平整、洁净、色泽一致，无裂痕和缺损。

2. 饰面砖工程

(1)饰面砖的品种、规格、图案、颜色、性能应符合设计要求。

(2)饰面砖粘贴工程的找平、防水、黏结和勾缝材料及施工方法应符合设计要求及国家相关标准的规定。

(3)饰面砖整体必须牢固。

(4)饰面砖表面应平整、洁净、色泽一致，无裂痕和缺损。

(5)有排水要求的部位应设置滴水线(槽)。滴水线(槽)应顺直，流水坡向应正确，坡度应符合设计要求。

8.5.7 常见工程质量问题与处理

1. 粘贴瓷砖与条形面砖的质量缺陷

1)问题表现

(1)粘贴不牢固、空鼓甚至脱落。

(2)排缝不均匀,非整砖、不规范。

(3)勾缝不密实、不光洁、深浅不统一。

(4)面砖不平整、色泽不一致。

(5)玻化面砖表面污染、不洁净。

2)处理措施

(1)针对黏结不牢固、空鼓、脱落问题的处理。面砖粘贴方法分软贴法与硬贴法两种。软贴法是将水泥砂浆刮在面砖底上,厚度为 3～4 mm,粘贴在基层上;硬贴法是用 108 胶水、水泥与适量水拌和,将水泥浆刮在面砖底上,厚度为 2 mm,适用于面砖尺寸较小的。无论采用哪种贴法,面砖与基层必须黏结牢固。粘贴砂浆的配合比应准确,稠度适当;对高层建筑或尺寸较大的面砖,其粘贴材料应采用专用黏结材料。外墙面砖的含水率应符合质量标准,粘贴砂浆须饱满,勾缝严实,以防雨水侵蚀与酷暑高温及严寒冰冻胀缩引起空鼓脱落。

(2)针对排缝不均匀,非整砖、不规范问题的处理。外墙刮糙应与面砖尺寸事先做统筹考虑,尽量采用整砖模数,其尺寸可在窗宽度与高度上做适当调整。在无法避免非整砖的情况下,应取用大于 1/3 非整砖。准确的排砖方法应是“取中”,划控制线进行排砖。例如:外墙粘贴平面横或竖向总长度可排 80 块面砖(面砖＋缝宽),其第一控制线应划在总长度的 1/2 处,即 40 块的部位;第二控制线应划在 40 块的 1/2 处,即 20 块的部位;第三控制线应划在 20 块的 1/2 处,即 10 块的部位,依此类推。这种方法可基本消除累计误差。摆门、窗框位置应考虑外门窗套,贴面砖的模数取 1～2 块面砖的尺寸数,不要机械地摆在墙中,以免割砖的麻烦。面砖的压向与排水的坡向必须正确。对窗套上滴水线面砖的压向有“大面罩小面”或拼角(45°)两种贴法,墙、柱阳角一般采用拼角(45°)的贴法;作为滴水线的面砖其根部粘贴总厚度应大于 1 cm,并呈鹰嘴状。女儿墙、阳台栏板压顶应贴成明显向内泛水的坡向;窗台面砖应贴成内高外低 2 cm,用水泥砂浆勾成小半圆弧形,窗台口再落低 2 cm 作为排水坡向,该尺寸应在排砖时统一考虑,以达到横、竖线条全部贯通的要求。粘贴面砖时,水平缝以面砖上口为准,竖缝以面砖左边为准。

(3)针对勾缝不密实、不光洁、深浅不统一问题的处理。勾缝必须作为一道工序认真对待,砂浆配合比一般为 1∶1,稠度适中,砂浆镶嵌应密实,勾缝抽光时间应适当(即初凝前)。勾缝应自制统一的勾缝工具(视缝宽选定勾缝筋或勾缝条大小),并应规范操作,其缝深度一般为 2 mm 或面砖小圆角下;缝的形状可勾成平缝或微凹缝(半圆弧形),勾缝深度与形状必须统一,勾缝应光洁,特别在“十字路口”应通畅(平顺)。

(4)针对面砖不平整、色泽不一致问题的处理。粘贴面砖操作方法应规范化,随时自查,发现问题,在初凝前纠正,保持面砖粘贴的平整度与垂直度。粘贴面砖应严格选砖,力求同批产品、同一色泽;可模拟摆砖(将面砖铺在场地上),有关人员站在一定距离俯视面砖色泽是否一致,若发现色差明显或翘曲变形的面砖,当场就予剔除。用草绳或色纸盒包装的面砖在运输、保管与施工期间要防止雨淋与受潮,以免污染。

(5)针对玻化面砖表面污染、不洁净问题的处理。玻化面砖在粘贴前,可在其表面先用有机硅(万可涂)涂刷一遍,待其干后再放箱内供粘贴使用。涂刷一遍有机硅,其目的是在面砖表面形成一层无色膜(堵塞毛细孔),使砂浆污染在面砖上易清理干净。玻化面砖粘贴与勾缝中,应尽量减少与避免灰浆污染面砖,面砖勾缝应自上而下进行,一旦污染,应及时清理干净。

2.粘贴大理石与花岗岩的质量缺陷

1)问题表现

(1)大理石或花岗岩固定不牢固。

(2)大理石或花岗岩饰面空鼓。

(3)接缝不平,嵌缝不实。

(4)大理石纹理不顺,花岗岩色泽不一致。

2)处理措施

(1)粘贴前必须在基层按规定位置埋入钢筋接头或打膨胀螺栓与钢筋连接,第一道横筋在地面以上 100 mm 上与竖筋扎牢,作为绑扎第一皮板材下口固定铜丝。

(2)在板材上应事先钻孔或开槽,第一皮板材上下两面钻孔(4 个连接点),第二皮及其以上板材只在上面钻孔(2 个连接点),其余板材应三面钻孔(6 个连接点),孔位一般距板宽两端 1/4 处,孔径 5 mm,深度 12 mm,孔位中心距板背面 8 mm 为宜。

(3)外墙砌贴(筑)花岗岩,必须做到基底灌浆饱满,结顶封口严密。

(4)安装板材前,应将板材背面灰尘用湿布擦净;灌浆前,基层先用水湿润。

(5)灌浆用 1∶2.5 水泥砂浆,稠度适中,分层灌浆,每次灌注高度一般为 200 mm 左右,每皮板材最后一次灌浆高度要比板材上口低 50～100 mm,作为与上皮板材的结合层。

(6)灌浆时,应边灌边用橡皮锤轻击板面或用短钢筋插入轻捣,既要捣密实,又要防止碰撞板材而引起位移与空鼓。

(7)板材安装必须用托线板找垂直、平整,用水平尺找上口平直,用角尺找阴阳角方正;板缝宽为 1～2 mm,排缝应用统一垫片,使每皮板材上口保持平直,接缝均匀,用糨糊状熟石膏粘贴在板材接缝处,使其硬化结成整体。

(8)板材全部安装完毕后,须清除表面石膏和残余痕迹,调制与板材颜色相同的色浆,边嵌缝边擦洗干净,使接缝嵌得密实、均匀、颜色一致。

(9)对重要装饰面,特别是纹理密集的大理石,必须做好镶贴试拼工作,一般可在地坪上或草坪上进行。应对好颜色,调整花纹,使板与板之间上下左右纹理通顺,色调一致,形成一幅自然花纹与色彩的风景画面(安装饰面应由上至下逐块编制镶贴顺序号)。

(10)在安装过程中对色差明显的石材,应及时调整,以体现装饰面的整体效果。

3.干挂大理石与花岗岩的质量缺陷

1)问题表现

(1)干挂大理石或花岗岩固定不牢固。

(2)接缝不平整,嵌缝不密实、不均匀、不平直。

2)处理措施

(1)干挂大理石或花岗岩前,应事先在基层按规定预埋铁件。

(2)根据干挂板材的规格大小,选定竖向与横向组成钢构架的规格与质量。

(3)板材上、下两端应准确切割连接槽两条,并分别安装不锈钢挂件与其连接。

(4)严格按打胶工艺嵌实密封胶。

4. 砖石饰面泛碱

1)**问题表现**

面砖、大理石与花岗岩饰面沿板缝泛白色结晶物,污染饰面。

2)**处理措施**

(1)如果发现早期粘贴的面砖、大理石、花岗岩饰面泛碱,只要选择一个好天气,即有太阳的晴天,先用草酸将饰面泛碱等污物洗掉,然后用清水冲刷干净,最好晒一天后,在饰面上喷涂有机硅两遍,即可收到表面洁净与有光泽的良好效果。

(2)待新粘贴的饰面待黏结牢固后,将饰面清理干净,采用上述方法喷涂有机硅两遍,可以预防饰面泛碱。

8.6 门窗工程施工技术

门窗是建筑物的主要组成部分。门的主要作用是交通联系,同时具有采光和通风功能。窗的主要作用是采光、通风和日照。在构造上,门窗还具有保温、隔声、防雨、防火和防风沙的作用。另外,门和窗对建筑物的立面设计有很大影响。

8.6.1 木门窗的安装流程

木门窗的安装一般采用“后塞口”法。砌墙时按图纸位置预留出门窗洞口,后将门窗框装入的施工方法称为“后塞口”法。

准备安装木门窗的砖墙洞口已按要求预埋防腐木砖,木砖中心距不大于 1.2 m,并应满足每边不少于 2 块木砖的要求;单砖或轻质砌体应砌入带木砖的预制混凝土块中。砖墙洞口安装带贴脸的木门窗,为使门窗框与抹灰面平齐,应在安框前做出抹灰标筋。门窗框安装在砌墙前或室内外抹灰前进行,门窗扇安装应在饰面完成后进行。

后塞门窗框前要预先检查门窗洞口的尺寸、垂直度及木砖数量。门窗框用钉子固定在墙内的预埋木砖上,每边的固定点应不小于两处,其间距应不大于 1.2 m。寒冷地区门窗框与外墙间的空隙,应填塞保温材料。

8.6.2 铝合金门窗的安装

铝合金门窗是将经过表面处理的型材,通过下料、打孔、铣槽等工序,制作成门窗框料构件,然后再与连接件、密封件、开闭五金件一起组合装配而成。其组成包括型材、防腐材料、填缝材料、密封材料、防锈漆、水泥、砂、连接板、五金配件等。

铝合金门窗装入洞口应横平竖直,外框与洞口应弹性连接牢固,不得将门窗外框直接埋入墙体。

1. 铝合金门窗安装前的准备工作

(1)洞口质量检查。由于门窗框采用后塞口施工,因此铝合金门窗安装前应对洞口进行检查,洞口尺寸应大于门窗框尺寸,其差值视不同材料而有所区别。在一般情况下,洞口尺寸应符合相关规定。门窗洞口的尺寸允许偏差:宽度和高度为 5 mm,对角线长度为 5 mm,洞口下表面水平标高为 5 mm,垂直偏差为 1.5/1000,洞口中心线与建筑物基准轴线偏差为 5 mm。

此外,有预埋件的门窗洞口,还应检查预埋件的数量、位置以及埋设方法是否符合设计要求,如有问题应及时处理。

(2)检查铝合金门窗框、扇质量。检查门窗框扇的尺寸是否符合设计要求,有无变形和扭曲,并检查是否方正。

(3)检查各种配件。检查铝合金门窗各种配件的数量、品种、规格是否符合设计和施工要求。

2. 铝合金门窗安装方法与施工工艺

铝合金门窗安装施工工艺流程为:弹线—门窗框安装—洞口四周嵌缝—抹面—门窗扇安装—安装玻璃—清理—质量检验。

(1)按设计要求在门窗洞口弹出门窗位置线。同一立面的门窗的水平及垂直方向应该做到整齐一致。高层或超高层建筑的外墙窗口,须用经纬仪从顶到底逐层施测边线,再定中心线,水平方向和垂直方向偏差均不超过 5 mm。对于门,除了上面提到的确定位置外,还要特别注意室内地面的标高。

(2)固定门窗框。按照弹线位置,先将门、窗框临时用木楔固定,待检查立面垂直,左右间隙、上下位置符合要求后,再用射钉将镀锌锚固板固定在结构上。镀锌锚固板是铝合金门窗框固定的连接件。锚固板的一端固定在门窗框的外侧,另一端可以用射钉、膨胀螺栓、燕尾铁脚等固定在结构上,锚固板厚度为 1.5 mm,长度可根据需要加工。

锚固板应固定好,不得有松动现象。射钉选择要合理。锚固板的间距应不大于 50 cm,其方向宜内外交错布置。

(3)填缝。在填缝前对铝合金门窗框的平整度、垂直度等的安装质量复查后,再将框四周清扫干净,洒水湿润基层。对于较宽的窗框,仅靠内外挤灰时挤进一部分灰是不能饱满的,应专门进行填缝。填缝所用的材料,原则上按设计要求选用,但不论使用何种材料,应达到密闭、防水的目的。

(4)抹面。铝合金门窗框四周的砂浆达到一定的强度后(一般需 24 h),才能轻轻取下框旁的木楔,继续补灰,然后才能抹面层,压平抹光。

(5)门窗扇安装。铝合金门窗扇安装,应在室内外装饰基本完成后进行。

(6)玻璃安装。玻璃安装是门、窗安装的最后一道工序,其内容包括玻璃裁割、玻璃就位、玻璃密封与固定。

(7)清理。铝合金门、窗交工前,应将型材表面的塑料胶纸撕掉。如果发现塑料胶纸在型材表面留有胶痕,宜用香蕉水清理干净。玻璃应进行擦洗,对浮灰或其他杂物,应全部清理干净。待定位销孔与销对上后,再将定位销完全调出,并插入定位销孔中。用双头螺杆将门拉手固定在门扇边框两侧。

安装铝合金门的关键是要保持上下两个转动部分在同一个轴线上。

8.6.3 塑钢门窗的安装

塑钢门窗是以聚氯乙烯树脂为基料,以轻质碳酸钙做填料,掺加少量添加剂,机械加工制成各种截面的异型材,并在其空腔中设置衬钢,以提高门窗骨架的整体刚度。

塑钢门窗表面光洁细腻不需油漆,有质量轻、抗老化、保温隔热、绝缘、抗冻、成型简单、耐腐蚀、防水和隔声效果好等特点,在 $-30\sim50$ ℃的环境下不变形、不降低原有性能,防虫蛀又不助燃,线条挺拔清晰、造型美观,有良好的装饰性。

塑钢门窗安装流程如下:

(1)找平放线。先通长拉水平线,用墨线弹在侧壁上;再在顶层洞口找中,吊线锤弹窗中线。

单个门窗可现场用线锤吊直。

(2)安装铁脚。把连接件(即铁脚)与框成45°放入框内背面燕尾槽口,然后沿顺时针方向把连接件扳成直角,旋进一只自攻螺钉固定。

(3)安装门窗框。把门窗框放在洞口的安装线上,用对拔木楔临时固定;校正各方向的垂直度和水平度,用木楔塞在四周和受力部位;开启门窗扇检查,调至开启灵活、自如。

此外,门窗定位后,可以做好标记后取下窗扇存放备用;待玻璃安装完毕,再按原有标记位置将扇安回框上。

用膨胀螺栓配尼龙膨胀管固定连接件,每个连接件不少于2只膨胀螺栓,如洞口已埋设木砖,直接用2只木螺栓将连接件固定在木砖上。

(4)填缝抹口。门窗洞口粉刷前,一边拆除木楔,一边在门窗框周围缝隙内塞入填充材料,使之形成柔性连接,以适应热胀冷缩;在所有的缝隙内嵌注密封膏,做到密实均匀;再对门窗套抹灰。

(5)安装五金件及玻璃。塑钢门窗安装五金配件时,必须先钻孔后用自攻螺钉拧入,严禁直接锤击打入;待墙体粉刷完成后,将玻璃用压条压紧在门窗扇上,在铰链内滴入润滑剂,将表面清理干净即可。

8.6.4 门窗玻璃的安装

1. 施工工艺

门窗玻璃安装的施工工艺流程为:清理门窗框—量尺寸—下料—裁割—安装。

2. 施工方法

(1)玻璃品种、规格应符合设计要求。单块玻璃大于1.5 m^2时应使用安全玻璃。玻璃表面应洁净,不得有腻子、密封胶、涂料等污渍,中空玻璃内外表面均应洁净,玻璃中空层内不得有灰尘和水蒸气。

(2)门窗玻璃不应直接接触型材。单面镀膜玻璃的镀膜层及磨砂玻璃的磨砂面应朝向室内,但磨砂玻璃作为浴室、卫生间门窗玻璃时,则应注意将其花纹面朝外,以防表面浸水而透视。中空玻璃的单面镀膜玻璃应在最外层,镀膜层应朝向室内。

8.6.5 其他门窗的安装

1. 防火门安装施工

防火门是典型的特殊功能门,在多层以上及重要建筑物中均需设置。防火门按材质分有木质防火门和钢质防火门两种,按照防火等级分为甲级、乙级和丙级三种。甲级防火门门扇无玻璃小窗,耐火极限为1.2 h;乙、丙级防火门可在门扇上开设一小玻璃窗,安装5 mm厚的夹丝玻璃或复合防火玻璃,乙级耐火极限为0.9 h,丙级耐火极限为0.6 h。

木质防火门需要在表面贴防火胶板、钉镀锌铁皮或涂刷耐火涂料,以达到防火要求;木质防火门的防火性能较差,安装施工简单,在此不做介绍。

钢质防火门的安装程序为:画线—立门框并调整—安装门扇—装配附件。

2. 金属转门安装施工

金属转门主要用于宾馆、医院、机场、图书馆、商场等中、高级民用、公共建筑,起到启闭、控制人流和保持室内温度的作用。金属转门主要有铝质和钢质两种型材结构，由转门和转壁框架组成。

金属转门的特点如下：具有良好的密闭、抗震和耐老化性能，转动平稳，紧固耐用，便于清洁和维修，设有可调节的阻尼装置，可控制旋转惯性的大小。

金属转门安装施工时，首先检查各部分尺寸及洞口尺寸是否符合，以及预埋件位置和数量是否正常。转壁框架按洞口左右、前后位置尺寸与预埋件固定，保证水平。装转轴，固定底座，底座下部要垫实，不允许下沉，转轴必须垂直于地平面。装圆转门顶与转壁，转壁暂不固定，便于调整与活扇之间隙；装门扇，保持 90°夹角，旋转转门，调整好上下间隙、门扇与转壁的间隙。

3. 卷帘门安装施工

卷帘门通常有普通卷帘门和防火卷帘门两种。

卷帘门的安装方式有三种：卷帘门装在门洞边，帘片向内侧卷起的叫洞内安装；卷帘门装在门洞外，帘片向外侧卷起的叫洞外安装；卷帘门装在门洞中的叫洞中安装。防火卷帘门洞口根据设计设置预埋件，改建工程可用膨胀螺栓固定铁板来代替预埋件。

安装前要检查产品和零部件，测量产品各部位的基本尺寸、洞口尺寸、导轨和支架的预埋件位置、数量是否正确等。测量洞口标高，弹出两导轨垂线及卷筒中心线；将垫板焊接在预埋铁板上，固定卷筒的左右支架，安装卷筒并检查灵活程度；安装减速器和传动系统，安装电气控制系统，空载试车；将事先装配好的帘板安装在卷筒上；安装导轨，将两侧及上方导轨焊接于墙体预埋件上，并焊成一体，各导轨应在同一垂直平面上。安装防火联动控制系统并试车；先手动试运行，再用电动启闭数次，调整至顺畅、噪声小为止；全部完毕后，安装防护罩。最后粉刷或镶砌导轨墙体装饰面层。

4. 自动铝合金门安装施工

自动铝合金门与普通铝合金门最大的差别在于开启方式不同。自动铝合金门主要是通过一个传感系统，自动将开、关门的控制信号转化成控制电机正、反转的指令，使电机做正向或反向起动、运行、停止的动作。自动铝合金门多做成自动推拉门，已大量用于宾馆、饭店、银行、机场、医院、计算机房和高级清洁车间等。

自动铝合金门安装前应重点检查自动门上部吊挂滚轮装置的预埋钢板位置是否准确；按设计要求尺寸放出下部导向装置的位置线，预埋滚轮导向铁件和预埋槽口木条；取出木条再安装槽轨；安装自动门上部机箱槽钢横梁（常用 18 号槽钢）支撑，槽钢横梁必须与预埋铁板牢固焊接。注意安装中门框、门扇和其他装饰件均不得变形并保持清洁，要按照说明书的程序仔细安装，安装后反复调试达到最佳运行状态。

8.6.6　质量验收

1. 木门窗安装工程

（1）木门窗的木材品种、材质等级、规格、尺寸、框扇的线型等应符合设计要求。

（2）木门窗表面应洁净，不得有刨痕、锤印。

（3）木门窗品种、类型、规格、开启方向、安装位置及连接方式应符合设计要求。

2. 铝合金门窗安装工程

（1）铝合金门窗的品种、类型、规格、尺寸、性能、开启方向、安装位置、连接方式及材壁厚应符合设计规定。

（2）铝合金门窗表面应洁净、平整、光滑、色泽。

(3)窗框与墙体间缝隙应填嵌饱满。

(4)门、窗框必须安装牢固,门、窗扇必须安装牢固,并应开关灵活、关闭严密无倒翘。

3. 塑料门窗安装工程

(1)塑料门窗的品种、类型、规格、尺寸、开启方向、安装位置、连接方式及填嵌密封处理应符合设计要求。

(2)塑料门窗应开关灵活、关闭严密,无倒翘,密封条不得脱槽。

(3)塑料门窗表面应洁净、平整、光滑,大面应无划痕、碰伤。

4. 其他门窗安装工程

(1)门的质量和各项性能应符合设计要求。

(2)门的品种、类型、规格、尺寸、开启方向、安装位置及防腐处理应符合设计要求。

(3)带有机械装置、自动装置或智能化装置的特种门,其机械装置、自动装置或智能化装置的功能应符合设计要求和有关标准的规定。

(4)门的安装必须牢固。预埋件的数量、位置、埋设方式、与框的连接方式必须符合设计要求。

(5)门的配件应齐全,位置应正确,安装应牢固,功能应满足使用要求和特种门的各项性能要求。

5. 门窗玻璃安装工程

(1)玻璃的品种、规格、尺寸、色彩、图案和涂膜朝向应符合设计要求。单块玻璃大于 1.5 m^2 时应使用安全玻璃。

(2)门窗玻璃裁割尺寸应正确。安装后的玻璃应牢固,不得有裂纹、损伤和松动。

(3)玻璃的安装方法应符合设计要求。固定玻璃的钉子或钢丝卡的数量、规格应保证玻璃安装牢固。

(4)镶钉木压条接触玻璃处,应与裁口边缘平齐。木压条应互相紧密连接,并与裁口边缘紧贴,割角应整齐。

(5)密封条与玻璃、玻璃槽口的接触应紧密、平整。密封胶与玻璃、玻璃槽口的边缘应黏结牢固、接缝平齐。

(6)带密封条的玻璃压条,其密封条必须与玻璃全部贴紧,压条与型材之间应无明显缝隙,压条接缝应不大于 0.5 mm。

8.7 涂料涂饰、裱糊、软包及细部工程施工

8.7.1 涂料工程施工

涂敷于建筑构件的表面要求,并能与建筑构件很好地黏结,形成完整面坚韧的保护膜的材料,称为“建筑涂料”,简称“涂料”。涂料在建筑构件表面干结成薄膜,称为“涂膜”,又称“涂层”。过去,大多数涂料是以油料为原料制备的,故称“油漆”。目前,以合成树脂为原料的有机涂料已大大超过油漆涂料,而且以无机硅酸盐和硅溶胶为基料的无机涂料也已广泛应用。因此,油漆与涂料应当统称为“涂料”,涂料饰面工程(简称“涂料工程”)应当包括油漆施工和涂料施工。

涂料饰面具有色彩丰富、质感逼真、附着力强、施工方便、省工省料、工期短、工效高、造价低、

经济合理、维修改新方便等优点，因而在建筑装饰中的应用十分广泛。

涂料主要由主要成膜物质(胶黏剂)、次要成膜物质(颜料)、辅助成膜物质(辅助材料和溶剂)等组成。涂料的品种繁多，按装饰部位不同有内墙涂料、顶棚涂料、外墙涂料等，按成膜物质不同分为油性涂料(也称油漆)、有机高分子涂料，无机高分子涂料、有机无机复合涂料等，按涂料分散介质的不同分为溶剂型涂料、水性涂料、乳液型涂料。

建筑涂料可以采用喷涂、滚涂、刷涂、抹涂、刮涂和弹涂等方法，以取得不同表面的质感。涂料工程施工的基本工序有基层处理、打底子、刮腻子和磨光、施涂涂料等。

1. 基层处理

(1)混凝土和抹灰表面要求为:基层表面必须坚实，无酥板、脱层、起砂、粉化等现象。基层表面要求平整，如有孔洞、裂缝，须用同种涂料配制的腻子批嵌，除去表面的油污、灰尘、泥土等，清洗干净。对于施涂溶剂型涂料的基层，其含水率应控制在6%以内;对于施涂水溶性和乳液型涂料的基层，其含水率应控制在10%以内，pH值在10以下。

(2)木材表面:应先将木材表面的灰尘、污垢清除，并把木材表面的缝隙、毛刺等用腻子填补磨光。

(3)金属表面:将灰尘、油渍、锈斑、焊渣、毛刺等清除干净。

2. 打底子

木材表面打底子的目的是使表面具有均匀吸收涂料的性能，以保证面层的色泽均匀一致。木材表面涂刷混色涂料时，一般用自配的清油打底，如果涂刷清漆，则应用油粉或水粉进行润粉，以填充木纹的虫眼，使表面平滑并起着色作用。金属表面应刷防锈漆打底。抹灰或混凝土表面涂刷油性涂料时，一般也可用清油打底。打底子要求刷到、均匀，不能有遗漏和流淌现象。涂刷顺序一般为先上后下，先左后右，先外后里。

3. 刮腻子、磨光

刮腻子的作用是使表面平整。腻子应按基层、底层涂料和面层涂料的性质配套使用，应具有塑性和易涂性，干燥后应坚硬。

刮腻子的次数随涂料工程质量等级的高低而定，一般以三道为限，先局部刮腻子，再满刮腻子，头道要求平整，二、三道要求光洁。每刮一道腻子待其干燥后，再用砂纸磨光。

4. 施涂涂料

(1)喷涂。喷涂是借助压缩空气将涂料制成雾状(或粒状)喷出，涂于被饰涂面的机械施工方法。应根据所用涂料的品种、黏度、稠度、最大粒径等确定喷涂机具的种类、喷嘴口径、喷涂压力和与被饰涂表面的距离等。

施工中，要求喷枪运行时喷嘴中心线必须与墙、顶棚垂直，喷枪有规律地平行移动，运行速度一致。喷涂作业一般应连续进行，一次成活，不得漏喷、流淌。室内喷涂一般先喷涂顶棚后喷涂墙面，两遍成活。间隔时间约2 h。对门窗以及不喷涂的部位，应认真遮挡。外墙喷涂一般为两遍，较好的饰面为三遍。

(2)刷涂。刷涂是人工用刷子蘸上涂料直接涂刷于被饰涂面。刷涂应均匀、平滑一致，不流、不挂、不皱、不漏、不露刷痕。刷涂一般不少于两道。应在前一道涂料表面干后再刷涂下一道。两道施涂间隔时间由涂料品种和涂刷厚度确定，一般为2～4 h。

(3)滚涂。滚涂是利用涂料辊子蘸上少量涂料，在待涂表面施加轻微压力上下垂直来回滚动施涂。应避免扭曲蛇行，阴角及上下口一般须先用排笔、鬃刷刷涂。

(4)抹涂。先在基层刷涂或滚涂1～2道底层涂料，待其干燥后，用不锈钢抹子将饰面涂料抹到已刷涂的底层涂料上，一般抹1～2遍(总厚度2～3 mm)，间隔1 h后，再用不锈钢抹子压平。

在工厂制作组装的钢木制品和金属构件，其涂料宜在生产制作阶段施工，最后一遍安装后在现场施涂。现场制作的构件，组装前应先施涂一遍底子油，安装后再施涂。

(5)刮涂。刮涂是利用刮板，将涂料厚浆均匀地批刮于涂面上，形成厚度为1～2 mm的厚涂层。这种施工方法多用于地面等较厚层涂料的施涂。

(6)弹涂。弹涂先在基层刷涂1～2道底涂层。待其干燥后通过机械方法(弹涂器)将色浆均匀地溅在墙面上，形成1～3 mm左右的圆状色点。弹涂时，弹涂器的喷出口应垂直正对被饰面，距离300～500 mm，按一定速度自上而下、由左至右弹涂。选用压花型弹涂时，应适时将彩点压平。

8.7.2 裱糊工程施工

裱糊装饰工程(简称裱糊工程)是用壁纸或墙布对建筑物的室内墙面、柱面、顶棚进行装饰的工程，目前常用的材料是壁纸。壁纸作为一种高档内墙装饰材料在装饰工程中已被越来越多地采用，它具有装饰性好、图案和花色丰富多彩、材料质感自然、功能多样的优点。

裱糊工程除了具有装饰功能外，有的还具有吸声、隔热、隔潮、防霉、防水和防火等功能，以及施工方便等特点。

1. 裱糊工程的作业条件

(1)裱糊工程一般应是在顶棚基面、门窗及楼地面装饰施工均已完成，电气和其他设备已经安装后方可进行，影响裱糊操作和饰面的设施或附件应拆除，基层表面外露的钉帽应钉入并用油性腻子填平钉孔。

(2)裱糊基层经检查验收确认合格，基层基本干燥。

(3)在裱糊过程中及裱糊面干燥之前，应避免穿堂风劲吹和气温突然变化。冬期施工应在采暖条件下进行，施工环境温度不应低于15 ℃。

(4)裱糊时空气相对湿度不应过高，一般应低于85%。在潮湿季节施工时，应注意对裱糊面的保护，白天打开门窗适度通风，夜晚关闭门窗以防潮湿气体的侵袭。

2. 基层处理

基层基本干燥，混凝土和抹灰层含水率不高于8%，木材制品不得大于12%。抹灰面表面坚实，平滑，无飞刺，无砂粒。对局部麻点、凹坑须先刮腻子找平，再满刮腻子用砂纸磨平。腻子要具有一定强度，故常用聚酯酸乙烯乳胶(白胶)腻子、石膏腻子和骨胶腻子等。然后，在表面满刷一遍用水稀释的107胶(不加纤维素)作为底胶。刷底胶时，宜薄、均匀，不留刷痕，其作用是避免基层吸水太快，引起胶黏剂脱水而影响墙纸黏结。待底胶干后才能开始裱糊。

3. 基层弹线

弹线的目的是使墙纸粘贴后的花纹、图案、线条纵横连贯，故有必要在底胶干后弹水平、垂直线，作为操作时的标准。墙纸水平式裱贴时，弹水平线；墙纸竖向裱贴时，弹垂直线。

弹线时从墙的阴角开始，按壁纸的标准宽度找规矩，将窄条纸的裁切边留在阴角处。每个墙面的第一条纸都要弹线找直，作为裱糊时的准线，以保证第一幅壁纸垂直，这样可以使裱糊面分幅一致，裱糊的质量效果好。弹线越细越好，防止贴斜。为了使壁纸花纹对称，应在窗口弹好中线，再往两边分线。如窗口不在中间，为保证窗间墙的阳角花饰对称，应弹窗间墙中心线，由中心线向两侧再分格弹线。壁纸粘贴前，应先预拼试贴，观察其接缝效果，准确地决定裁纸边沿尺寸及对好花纹、花饰。

4. 裁割下料

壁纸墙布裁割时，要根据材料的规格及裱糊面的尺寸统筹规划，并按裱糊顺序进行分幅编号。壁纸墙布的上下两端一般需留出 50 mm 的修剪余量。对于较鲜明的花纹图案，要事先明确完工后的花饰效果及光泽特征，应保证对接无误。裁割下刀前，还需认真复核尺寸有无出入，尺子压紧后不得再有移动。裁割后的材料边缘应平直整齐，不得有飞边毛刺。下料后应卷起平放，不能立放。

5. 润纸

塑料壁纸遇水或胶水，开始自由膨胀，5～10 min 胀足，干后自行收缩。自由收缩的壁纸，其幅度宽方向的膨胀率为 0.5%～1.2%，收缩率为 0.296%～0.8%。掌握这个特性，可保证塑料壁纸的裱糊质量。如在干纸上刷胶后立即上墙裱糊，纸虽被胶固定，但继续吸湿膨胀，墙面上的纸必然出现大量气泡、皱褶，因此必须先将壁纸在水槽中浸泡几分钟，把多余的水抖掉，再静置约 20 min，然后再裱糊。这样，纸能充分胀开，粘贴到基层表面上后，塑料壁纸随着水分的蒸发面收缩、绷紧。所以，即使裱糊时有少量气泡，干后也会自行平复。

6. 涂刷胶黏剂

塑料壁纸背面和基层表面都可涂刷胶黏剂。胶黏剂要集中调制，并通过筛子过滤，除去胶中的疙瘩和杂物。调制后，应当日用完。刷胶时，基层表面涂刷胶黏剂的宽度要比上墙壁纸宽约 3 cm，涂刷要薄而均匀，不裹边，不宜过厚。塑料壁纸背面刷胶的方法是：壁纸背面刷胶后，胶面与胶面反复对叠，可避免胶干得太决，也便于上墙，这样裱糊的墙面整洁、平整。

7. 裱糊

裱糊的基本顺序是：先垂直面后水平面，先细部后大面，先保证垂直后对花拼缝，垂直面先上后下，先长墙面后短墙面，水平面先高后低。

(1)从墙面距有窗口处较近的阴角开始，依次至另一个阴角收口，如此顺序裱糊，其优点是不会在接缝处出现阴影而方便操作。

(2)无图案的壁纸，接缝处可采用搭接法裱糊。相邻的两幅在拼连处，后贴的一幅搭压前一幅，重叠 3 cm 左右，然后用钢尺或铝合金直尺与裁纸刀往搭接重叠范围的中间将两层壁纸割透，再把切掉的小条多余壁纸撕下。此后用刮板从上向下均匀地赶胶，排出气泡，并及时用湿布擦除溢出的胶液。对于质地较厚的壁纸墙布，须用胶辊进行滚压赶平。但是发泡壁纸及复合壁纸不得采用刮板或辊筒一类的工具赶压，宜用毛巾、海绵或毛刷压敷，以避免把花型赶平或使裱糊面出现死褶。

(3)对于有图案的壁纸墙布，为保证图案的完整性和连续性，裱糊时可采用拼接法。先对花，后拼缝，从上至下图案吻合后，用刮板斜向刮平，将拼缝处赶压密实。拼缝处挤出的胶液，及时用湿毛巾擦净。对于需要重叠对花的壁纸，可将相邻两幅对花搭叠，待胶干燥到一定程度(约裱糊后 30 min)用钢尺在重叠处拍实，从壁纸搭口中间自上而下切割，除去切下的余纸后用橡胶刮板刮平。注意用刀时下力要匀，一次直落，避免出现刀痕或搭接处起丝。

(4)遇有墙面卸不下来的设备或附件，裱糊时可在壁纸或墙布上剪口。方法是将壁纸墙布轻糊于裱贴面突出物件上，找到中心点，从中心点往外呈放射状剪裁(常称作“星形剪切”)，再使壁纸墙布裱糊于墙面上，然后用笔轻轻描出物件的外轮廓线，慢慢拉起多余的壁纸墙布，剪去不需要的部分，四周不得留有缝隙。

8. 安全技术

(1)裁割刀使用时，应用拇指与食指夹刀，使刀刃同墙面保持垂直，这样切割刀口既小又安全。

(2)热源切勿靠近裱糊墙面。

(3)高凳必须固定牢固，跳板不应损坏，跳板不要放在高凳的最上端。

(4)在超高的墙面上裱糊时，逐层架木要牢固，要设防护栏杆。

8.7.3 软包工程施工

人造革、织锦缎软包墙面可保持柔软、消声、温暖，适用于防止碰撞的房间及声学要求较高的房间。人造革、织锦缎软包墙面分预制板组装和现场组装两种，预制板组装墙面的底衬多用硬质材料，现场组装墙面的衬底多为软质材料。

1. 材料和工具准备

(1)材料准备：主要有人造革或织锦缎、泡沫塑料或矿渣棉、木条、五夹板、电化铝帽头钉、沥青、油毡等。

(2)工具准备：主要有锤子、木工锯、刨子、抹灰用工具、粘贴沥青用工具等。

2. 基层处理

(1)理木砖：在砖墙或混凝土墙中埋入木砖，间距为 400～600 mm，视板面划分而定。

(2)抹灰、做防潮层：为防止潮气使面板翘曲、织物发霉，应在砌体上先抹 20 mm 厚 1∶3 水泥砂浆，然后刷冷底子油做"一毡二油"防潮层或其他防潮层。

(3)立墙筋：墙筋断面为(20～50)mm×(40～50)mm，用钉子钉于木砖上，并逐个找直。

3. 面层安装

1)五夹板外包人造革或织锦缎做法

(1)将 450 mm 见方的五夹板边用刨刨平，沿一个方向的两条边刨出斜面。

(2)用刨斜边的两边压入人造革或织锦缎，压长为 20～30 mm，用钉子钉在木墙筋上，钉头埋入板内，另两侧不压织物钉于墙筋上。

(3)将织锦缎或人造革拉紧，使其平伏在五夹板上，边缘织物贴于下一条墙筋上 20～30 mm，再用一块斜边板压紧织物和该板上包的织物，一起钉入木墙筋，另一侧不压织物钉牢。以这种方法安装完整个墙面。

2)人造革或织锦缎包矿渣棉的做法

(1)在木墙筋上钉五夹板，钉头埋入板中，板的接缝在墙筋上。

(2)以规格尺寸大于纵横向墙筋中距且尺寸为 50～80 mm 的卷材(人造革、织锦缎等)，包矿渣棉于墙筋上，铺钉方法与前述基本相同。铺钉后钉口均为暗钉口。

(3)暗钉钉完后，再以电化铝帽头钉钉在每一分块卷材的四角。

8.7.4 细部工程施工

1. 橱柜制作与安装施工工艺

1)工艺流程

橱柜制作与安装的施工工艺流程为：配料—划线—榫槽及拼板施工—组装—面板的安装—

线脚收口。

2)操作工艺

(1)配料。配料应根据家具结构与木料的使用方法进行安排,主要分为木方料的选配和胶合板下料布置两个方面。应先配长料和宽料,后配小料;先配长板材,后配短板材。对于木方料的选配,应先测量木方料的长度,然后再按家具的竖框、横档和腿料的长度尺寸要求放长30～50 mm截取。木方料的截面尺寸在开料时应按实际尺寸的宽、厚各放大3～5 mm,以便刨削加工。对于木方料进行刨削加工时,应首先识别木纹。不论是机械刨削还是手工刨削,均应按顺木纹方向进行。先刨大面,再刨小面,两个相邻的面刨成90°角。

(2)划线。划线前要备好量尺(卷尺和不锈钢尺等)、木工铅笔、角尺等,应认真看懂图纸,清楚理解工艺结构、规格尺寸和数量等技术要求。划线基本操作步骤如下:

①检查加工件的规格、数量,并根据各工件的表面颜色、纹理、节疤等因素确定其正反面,并做好临时标记。

②在需要对接的端头留出加工余量,用直角尺和木工铅笔画一条基准线。若端头平直,又作为开榫一端,即不画此线。

③根据基准线,用量尺量出所需的总长尺寸线或榫肩线;再以总长线和榫肩线为基准,完成其他所需的榫眼线。

④可将两根或两块相对应位置的木料拼合在一起进行划线,画好一面后,用直角尺把线引向侧面。

⑤所画线条必须准确、清楚。划线之后,应将空格相等的两根或两块木料颠倒并列进行校对,检查划线和空格是否准确相符,如有差别,即说明其中有错,应及时查对校正。

(3)榫槽及拼板施工。

①榫的种类主要分为木方连接榫和木板连接榫两大类,但其具体形式较多,分别适用于木方和木质板材的不同构件连接。如木方中榫、木方边榫、燕尾榫、扣合榫、大小榫、双头榫等。

②在室内家具制作中,采用木质板材较多,如台面板、橱面板、搁板、抽屉板等,都需要拼缝结合。常采用的拼缝结合形式有高低缝、平缝、拉拼缝、马牙缝等几种形式。

③板式家具的连接方法较多,主要分为固定式结构连接与拆装式结构连接两种。

(4)组装。木家具组装分为部件组装和整体组装。组装前,应将所有的结构件用细刨刨光,然后按顺序逐渐进行装配,装配时,注意构件的部位和正反面。衔接部位需涂胶时,应刷涂均匀并及时擦净挤出的胶液。锤击装拼时,应将锤击部位垫上木板,不可猛击;如有拼合不严处,应查找原因并采取修整或补救措施,不可硬敲硬装就位。各种五金配件的安装位置应定位准确,安装严密、方正牢靠,结合处不得崩槎、歪扭、松动,不得缺件、漏钉和漏装。

(5)面板的安装。如果家具的表面做油漆涂饰,其框架的外封板一般同时是面板;如果家具的表面使用装饰细木夹板进行饰面,或用塑料板做贴面,那么家具框架外封板就是其饰面的基层板。饰面板与基层板之间多采用胶粘贴合。饰面板与基层黏合后,需在其侧边使用封边木条、木线、塑料条等材料进行封边收口,其原则是:凡直观的边部,都应封堵严密和美观。

(6)线脚收口。采用木质、塑料或金属线脚(线条)对家具进行装饰并统一室内整体装饰风格的做法,是当前比较广泛的一种装饰方式。其线脚的排布与图案造型形式,可以灵活多变,但也不宜过于烦琐。边缘线脚装饰于家具、固定配置的台面边缘等部位,作为封边、收口和分界的装饰线条形式,使室内陈设的观面达到完善和美观。同时,通过较好的封边收口,可使板件内部不易受到外界的温度、湿度的影响而保持一定的稳定性。常用的材料有实木条、塑料条、铝合金条、薄木单片等。

①实木条封边收口：常用钉胶结合的方法，黏结剂可用立时得、白乳胶、木胶粉。

②塑料条封边收口：一般采用嵌槽加胶的方法进行固定。

③铝合金条封边收口：铝合金封口条有L形和槽形两种，可用钉子或木螺丝直接固定。

④薄木单片和塑料带封边收口：先用砂纸打磨去除封边处的木渣、胶迹等并清理干净，在封口边刷一道稀甲醛作为填缝封闭层，然后在封边薄木片或塑料带上涂万能胶，对齐封边贴放。用干净抹布擦净胶迹后再用熨斗烫压，固化后切除毛边和多余处即可。对于薄木封边条，也有的直接用白乳胶粘贴；对于硬质封边木片也可采用镶装或加胶加钉安装的方法。

3)质量要求

(1)橱柜制作与安装所用材料的材质和规格、木材的阻燃性能和含水率、花岗岩的放射性及人造木板的甲醛含量应符合设计要求及国家现行标准的有关规定。

(2)橱柜安装预埋件或后置埋件的数量、规格、位置应符合设计要求。

(3)橱柜的造型、尺寸、安装位置、制作和固定方法应符合设计要求。配件应齐全，安装应牢固。

(4)橱柜的抽屉和柜门应开关灵活、回位正确。

(5)橱柜表面应平整、洁净、色泽一致，不得有裂纹、翘曲及损坏。

(6)橱柜裁口应顺直，拼缝应严密。

4)成品保护及其他注意事项

(1)有其他工种作业时，要适当加以掩盖，防止与饰面板碰撞。

(2)不能用水、油污等浸湿饰面板。

(3)各种电动工具使用前要进行检修，严禁非电工接电。

(4)施工现场内严禁吸烟，明火作业要有动火证，并设置看火人员。

(5)对各种木方、夹板饰面板应分类堆放整齐，保持施工现场整洁。

2.窗帘盒制作与安装施工工艺

1)工艺流程

(1)明窗帘盒的制作流程为：下料—刨光—制作卯榫—装配—修正砂光。

(2)暗窗帘盒的安装流程为：定位—固定角铁—固定窗帘盒。

2)操作工艺

(1)明窗帘盒的制作。

①下料：按图纸要求截下的毛料要比要求规格长30～50 mm，厚度、宽度要分别大3～4 mm。

②刨光：刨光时要顺木纹操作，先刨削出相邻两个基准面，并做上符号标记，再按规定尺寸加工完成另外两个基础面，要求光洁、无戗槎。

③制作卯榫：最佳结构方式是采用45°全暗燕尾卯榫，也可采用45°斜角钉胶结合，但钉帽一定要砸扁后打入木内。上盖面可加工后直接涂胶钉入下框体。

④装配：用直角尺测准暗转角度后把结构敲紧打严，注意各转角处不要露缝。

⑤修正砂光：结构固定后可修正砂光。用0号砂纸打磨掉毛刺、棱角、立槎，注意不可逆木纹方向砂光，要顺木纹方向砂光。

(2)暗窗帘盒的安装。暗装形式的窗帘盒，主要特点是与吊顶部分结合在一起，常见的有内藏式和外接式。

①内藏式窗帘盒主要形式是在窗顶部位的吊顶处，做出一条凹槽，在槽内装好窗帘轨。作为含在吊顶内的窗帘盒，与吊顶施工一起做好。

②外接式窗帘盒是在吊顶平面上，做出一条贯通墙面长度的遮挡板，在遮挡板内吊顶平面上装好窗帘轨。遮挡板可采用木构架双包镶，并把底边做封板边处理。遮挡板与顶棚交接线要用棚角线压住。遮挡板的固定法可采用射钉固定，也可采用预埋木楔、圆钉固定，或膨胀螺栓固定。

③窗帘轨道有单、双或三轨道之分。暗窗帘盒在安装轨道时，轨道应保持在一条直线上。轨道形式有工字形、槽形和圆杆形三种。工字形窗帘轨是用与其配套的固定爪来安装，安装时先将固定爪套人工字形窗帘轨上，每米窗帘轨道有三个固定爪安装在墙面上或窗帘盒的木结构上。槽形窗帘轨的安装，可用直径 5.5 mm 的钻头在槽形轨的底面打出小孔，再用螺丝穿过小孔，将槽形轨固定在窗帘盒内的顶面上。

3)质量要求

(1)窗帘盒制作与安装所使用材料的材质和规格、木材的阻燃性能等级和含水率、人造木板的甲醛含量应符合设计要求及国家现行标准的有关规定。

(2)窗帘盒的造型、规格、尺寸、安装位置和固定方法必须符合设计要求。窗帘盒的安装必须牢固。

(3)窗帘盒配件的品种、规格应符合设计要求，安装应牢固。

(4)窗帘盒表面应平整、洁净、线条顺直、接缝严密、纹理一致，不得有裂缝、翘曲及损坏。

(5)窗帘盒与墙面、窗框的衔接应严密，密封胶应顺直、光滑。

4)成品保护

(1)安装窗帘盒后，进行饰面的装饰施工，应对安装后的窗帘盒进行保护，防止污染和损坏。

(2)安装窗帘及轨道时，应注意对窗帘盒的保护，避免窗帘盒碰伤、划伤等。

3.窗台板制作与安装施工工艺

1)工艺流程

窗台板制作与安装施工工艺为：窗台板的制作—砌入防火木—窗台板刨光—拉线找平找齐—钉牢。

2)操作工艺

(1)窗台板的制作。按图纸要求加工的木窗台表面应光洁，其净料尺寸厚度在 20～30 mm，比待安装的窗长 240 mm，板宽视窗口深度而定，一般要突出窗口 60～80 mm，台板外沿要倒棱或起线。台板宽度应大于 150 mm，需要拼接时，背面必须穿暗带防止翘曲，窗台板背面要开卸力槽。

(2)窗台板的安装。

①在窗台墙上，预先砌入防腐木砖，木砖间距 500 mm 左右，每樘窗不少于两块，在窗框的下坎裁口或打槽(深 12 mm，宽 10 mm)。将窗台板刨光起线后，放在窗台墙顶上居中，里边嵌入下坎槽内。窗台板的长度一般比窗樘宽度长 120 mm 左右，两端伸出的长度应一致。在同一房间内同标高的窗台板应拉线找平、找齐，使其标高一致，突出墙面尺寸一致。应注意，窗台板上表面向室内略有倾斜(泛水)，坡度约为 1%。

②用明钉把窗台板与木砖钉牢，钉帽砸扁，顺木纹冲入板的表面，在窗台板的下面与墙交角处，要钉窗台线(三角压条)。窗台线预先刨光，按窗台长度两端刨成弧形线脚，用明钉与窗台板斜向钉牢，钉帽砸扁，冲入板内。

3)质量要求

(1)窗台板制作与安装所使用材料的材质和规格、木材的阻燃性能等级和含水率、人造板的甲醛含量应符合设计要求及国家现行标准的有关规定。

(2)窗台板的造型、规格、尺寸、安装位置和固定方法必须符合设计要求。窗台板的安装必须牢固。

(3)窗台板配件的品种、规格应符合设计要求,安装应牢固。

(4)窗台板表面应平整、洁净、线条顺直、接缝严密、色泽一致,不得有裂缝、翘曲及损坏。

(5)窗台板与墙面、窗框的衔接应严密,密封胶应顺直、光滑。

4)成品保护

(1)安装窗台板后,进行饰面的装饰施工,应对安装后的窗台板进行保护,防止污染和损坏。

(2)窗台板的安装应在窗帘盒安装完毕后再进行。

4.门窗套制作与安装施工工艺

1)工艺流程

工艺流程为:检查门窗洞口及预埋件—制作及安装木龙骨—装钉面板。

2)操作工艺

(1)制作木龙骨。

①根据门窗洞口实际尺寸,先用木方制成木龙骨架。一般骨架分三片,两侧各一片。每片两根立杆,当筒子板宽度大于500 mm需要拼缝时,中间适当增加立杆。

②横撑间距根据筒子板厚度决定。当面板厚度为10 mm时,横撑间距不大于400 mm;板厚为5 mm时,横撑间距不大于300 mm。横撑间距必须与预埋件间距位置对应。

③木龙骨架直接用圆钉钉成,并将朝外的一面刨光,其他三面涂刷防火剂与防腐剂。

(2)安装木龙骨。首先,在墙面做防潮层,可干铺油毡一层,也可涂沥青;其次,安装上端龙骨,找出水平,不平时用木楔垫实打牢;最后,安装两侧龙骨架,找出垂直并垫实打牢。

(3)装钉面板。

①在同一洞口、同一房间的面板应挑选木纹和颜色相近的。

②裁板时要大于木龙骨架实际尺寸,大面净光,小面刮直,木纹根部朝下。

③长度方向需要对接时,木纹应通顺,其接头位置应避开视线范围。

④一般窗筒子板拼缝应离室内地面2 m以上,门洞筒子板拼缝离地面1.2 m以下。同时接头位置必须留在横撑上。

⑤当采用厚木板时,板背面应做卸力槽,以免板面弯曲。卸力槽一般间距为100 mm,槽宽10 mm,深度为5~8 mm。

⑥板面与木龙骨间要涂胶。固定板面所用钉子的长度为面板厚度的3倍,间距一般为100 mm,钉帽砸扁后冲进木材面层1~2 mm。

⑦筒子板里侧要装进门、窗框预先做好的凹槽里,外侧要与墙面齐平,割角要严密方正。

3)质量要求

(1)门窗套制作与安装所使用材料的材质、规格、纹理和颜色,木材的阻燃性能等级和含水率,人造木板的甲醛含量应符合设计要求及国家现行标准的有关规定。

(2)门窗套的造型、尺寸和固定方法应符合设计要求,安装应牢固。

(3)门窗套表面应平整、洁净、线条顺直、接缝严密、色泽一致,不得有裂缝、翘曲及损坏。

4)成品保护

成品保护要求同橱柜制作。

8.7.5 常见工程质量问题与处理

1.涂料工程

1)漆膜皱纹与流坠

(1)问题表现。油漆饰面上漆膜干燥后收缩,形成皱纹,出现流坠现象。

(2)处理措施。

①重视漆料、催干剂、稀释剂的选择。选用含桐油或树脂适量的调和漆;催干剂、稀释剂的掺入要适当,宜采用含锌的催干剂。

②要注意施工环境温度和湿度的变化,高温、日光暴晒或寒冷及湿度过大一般不宜涂刷油漆;最好在温度15～25 ℃,相对湿度50%～70%条件下施工。

③要严格控制每次涂刷油漆的漆膜厚度,一般油漆为50～70 μm,喷涂油漆应比刷漆要薄一些;要避免在长油度漆膜上加涂短油度漆料,或底漆未完全干透的情况下涂刷面漆。

④对于黏度较大的漆料,可以适当加入稀释剂;对黏度较大而又不宜稀释的漆料,要选用刷毛短而硬且弹性好的油刷进行涂刷。

⑤对已产生漆膜皱纹或油漆流坠的现象,应待漆膜完全干燥后,用水砂纸轻轻将皱纹或流坠油漆打磨平整;对皱纹较严重不能磨平的,需在凹陷处刮腻子找平;在油漆流坠面积较大时,应用铲刀铲除干净,修补腻子后打磨平整,然后再分别满刷一遍面漆。

2)漆面不光滑,色泽不一致

(1)问题表现。漆面粗糙,漆膜中颗粒较多,色泽深浅不一致。

(2)处理措施。

①涂刷油漆前,物体表面打磨必须到位并光滑,灰尘、砂粒等应清除干净。

②要选用优良的漆料;调制搅拌应均匀,并过筛将混入的杂物滤净;严禁将两种以上不同型号、性能的漆料混合使用。

③"漆清水"即浅色的物体本色,应事先做好造材工作,力求材料本身色泽一致;否则只能"漆混水"即深色,同时也要制好腻子使色泽一致。对于高级装饰的油漆,应用水砂纸或砂蜡打磨平整光洁,最后上光蜡或进行抛光,提高漆膜的光滑度与柔和感。

3)涂层裂缝、脱皮

(1)问题表现。涂层漆面开裂、脱皮。

(2)处理措施。物体表面特别是木门表面必须用油腻子批嵌,严禁用水性腻子。

4)涂层不均匀,刷纹明显

(1)问题表现。涂层厚薄、深浅不均匀,刷纹明显,表面手感不平整,不光洁。

(2)处理措施。

①遇基层材料差异较大的装饰面,其底层特别要清理干净,批刮腻子厚度要适中,须先做一块样板,力求涂料涂层均匀。

②使用涂料时须搅拌均匀,涂料稠度要适中;涂料加水应严格按出厂说明书要求,不得任意加水稀释。

③涂料涂层厚度要适中,厚薄一致;毛刷软硬程度应与涂料品种适应;涂刷操作时用力要均匀顺直,刚中带柔。

5)装饰线与分色线不平直、不清晰,涂料污染

(1)问题表现。

①阳台底面涂料与墙面阴角等相邻不同饰面的分色线不平直、不清晰。

②墙面、台垛、踢脚线等不同颜色的装饰线、分色线不平直、不清晰。

③不同颜色的涂料分别(先后)涂刷时,污染相邻的不同饰面或部件。

(2)处理措施。

①必须加强对涂料涂刷人员的教育,增强质量意识,提高操作技术水平,克服涂刷的随意性与涂料污染。

②涂料涂刷必须严格执行操作程序与施工规范,采用粘贴胶带纸技术措施,确保装饰线与分色线平直与清晰。

③加强对涂料工程各涂刷工序质量交底与质量检查,尽量减少与预防涂料污染,发现涂料污染,立即制止与纠正。

2. 裱糊工程

1)裱糊面有皱纹、不平整

(1)问题表现。裱糊面未铺平,呈皱纹、麻点与凹凸不平状。

(2)处理措施。

①基层表面的粉尘与杂物必须清理干净;对表面凹凸不平较严重的基层,先要大致铲平,然后分层批刮腻子找平,并用砂纸打磨平整、擦净。

②选用材质优良与厚度适中的壁纸。

③裱糊壁纸时,应用手先将壁纸铺平后,才能用刮板缓慢抹压,用力要均匀;若壁纸尚未铺平整,特别是壁纸已出现皱纹,必须将壁纸轻轻揭起,用手慢慢推平,待无皱纹、确实铺平后方能抹压平整。

2)接槎明显,花饰不对称

(1)问题表现。裱糊面层搭接处重叠,接槎明显,纸(布)粘贴花纹不对称。

(2)处理措施。

①壁纸粘贴前,应先试贴,掌握壁纸收缩性能;粘贴无收缩性的壁纸时,不准搭接,必须与前一张壁纸靠紧而无缝隙;粘贴收缩性较大的壁纸时,可按收缩率适当搭接,以便收缩后,两张纸缝正好吻合。

②壁纸粘贴的每一装饰面,均应弹出垂线与直线,一般裱糊 2～3 张壁纸后,就要检查接缝垂直与平直度,发现偏差应及时纠正。

③粘贴胶的选择必须根据不同的施工环境温度、基层表面材料及壁纸品种与厚度等确定;粘贴胶必须涂刷均匀,特别在拼缝处,胶液与基层黏结必须牢固,色泽必须一致,花饰与花纹必须对称。

④壁纸(布)选择必须慎重。一般宜选用易粘贴且接缝在视觉上不易察觉的壁纸(布)。

项目小结

建筑装饰工程是指从美学及多功能的角度出发,对建筑或建筑空间进行设计、加工和再加工的行为与过程的总称。建筑装饰工程的作用是:优化环境,创造使用条件;保护结构体,延长使用年限;美化建筑空间,增强艺术效果;综合处理,协调建筑结构与设备之间的关系。

装饰工程的施工特点是:劳动量大,劳动量约占整个工程劳动总量的 30%～40%;工期长,约占整个工程施工期的一半以上甚至更多;造价高,一般工程装修部分占工程总造价的 30%左右，高级装修工程则可达到50%以上。因此，大力发展新工艺、新技术，改革装饰材料，提高工程质量，缩短装饰工程工期，具有重要的经济意义。

本项目主要介绍了目前常见的一些装饰施工的工艺及技术要点。学习时要注意两个要点：一是必须理论联系实践，边学习边要以专业的眼光观察周围建筑中的装饰部分，结合书本知识熟悉其具体做法；二是要区分装饰构造中哪些是结构部分，哪些是饰面部分，前者要求牢固，后者要求美观、漂亮，在施工时应各有侧重。

思考与练习

1. 一般抹灰的施工顺序如何？
2. 吊顶工程的质量通病、原因、处理措施是什么？
3. 试述轻钢龙骨隔墙的安装方法。
4. 简述水磨石地面的施工要点。
5. 试述“三遍成活”的具体工艺。
6. 简述木地板施工要点。
7. 石饰面板的粘贴法、挂粘法、干挂法的施工工艺是什么？
8. 铝合金饰面板的安装工艺是什么？
9. 试述塑钢门窗的安装方法。
10. 涂料工程施工工艺是什么？
11. 裱糊施工结束后质量验收的要点包括哪些？

项目 9
建筑幕墙工程

学习目标

知识目标:了解建筑幕墙的分类、构造、质量验收和施工安全技术,熟悉各类建筑幕墙工程的施工工艺和要求,掌握其施工点和应用。

能力目标:熟知建筑幕墙工程中常用的施工技术,合理地选择应用范围,并能学会玻璃幕墙工程的施工要点。

思政目标:坚持美观和适用相结合原则,培养创造思维、美学素养,以及安全意识和责任担当意识。

9.1 建筑幕墙工程接缝处理

9.1.1 建筑幕墙接缝处理简述

1. 成功的幕墙设计就是接缝的设计

建筑幕墙是由支承结构体系与面板组成的,可相对主体结构有一定位移能力,不分担主体结构所受作用的建筑外围护结构或装饰性结构。它属于外墙装修的一种做法。

建筑幕墙的构造设计就是接缝的设计。它包括:幕墙与建筑结构之间的连接,幕墙金属竖框与横框的连接,玻璃与金属框的连接,各种埋件与连接件的连接。幕墙的接缝处理涉及以下问题:结构的变形对幕墙的影响,幕墙的自重以及其承受的各种荷载如何分层传递给建筑主体结构,温度引起的幕墙变形,各连接件之间的防腐、防电化学反应,防雷击措施,防结露措施。

2. 建筑幕墙的技术术语

(1)硅酮结构密封胶:幕墙中用于板材与金属构架、板材与板材、板材与玻璃肋之间的结构用硅酮黏结材料。

(2)硅酮建筑密封胶:幕墙嵌缝用的硅酮密封材料,又称硅酮耐候密封胶。

(3)双面胶带:幕墙中用于控制结构胶位置和截面尺寸的双面涂胶的聚氨基甲酸乙酯或聚乙烯低泡材料。

(4)双金属腐蚀:由不同的金属或其他电子导体作为电极而形成的电偶腐蚀,也称电化学反应。

(5)相容性:黏结密封材料之间或黏结密封材料与其他材料相互接触时,相互不产生有害物理、化学反应的性能。

9.1.2　建筑幕墙接缝的设计要点

1. 硅酮结构密封胶的胶缝

(1)建筑幕墙采用硅酮结构密封胶接缝的部位都是受力结构，是关系幕墙安全的关键部位，也是幕墙接缝中最重要的一类胶缝。这类胶缝主要使用部位有:隐框玻璃幕墙、半隐框玻璃幕墙和明框玻璃幕墙的隐框开启窗的玻璃与铝合金框的连接部位，全玻幕墙玻璃面板与玻璃肋的连接部位，倒挂玻璃顶的玻璃与框架的连接部位。金属与石材幕墙也有采用硅酮结构密封胶进行接缝处理的，但应用范围较小。

(2)上述部位的连接胶缝，不仅要承受正负风荷载、地震作用，还要长期承受玻璃板块的自重，而硅酮结构密封胶承受永久荷载的能力很低。《玻璃幕墙工程技术规范》(JGJ 102—2003)规定，硅酮结构密封胶在风荷载或水平地震作用下的强度设计值取 0.2 N/mm^2，而在永久荷载作用下的强度设计值仅取 0.01 N/mm^2，只相当于前者的 1/20。而且在永久荷载作用下，胶缝还会有很大的变形。所以，对承受永久荷载部位的胶缝，如隐框或横向半隐框玻璃幕墙的玻璃下端和倒挂玻璃顶应设支托或金属安全件，以确保安全。

(3)隐框、半隐框玻璃幕墙的硅酮结构密封胶黏结宽度和厚度应根据计算确定:厚度不应小于 6 mm，且不应大于 12 mm;宽度不应小于 7 mm，且宜大于厚度，不宜大于厚度的 2 倍。

(4)全玻幕墙的面板与玻璃肋之间的传力胶缝，必须采用硅酮结构密封胶，不能混同于一般玻璃面板之间的接缝。传力胶缝的尺寸必须经过计算确定。由于构造要求，全玻幕墙面板与面板、面板与玻璃肋之间的空隙一般较大，有时接缝的厚度可能大于宽度。当满足结构计算要求时，允许在全玻幕墙的板缝中填入合格的发泡垫杆等材料后再进行两面打胶，但胶缝厚度不应小于 6 mm。

2. 硅酮耐候密封胶的胶缝

(1)硅酮耐候密封胶主要用于各种幕墙面板之间的接缝，也用于幕墙面板与装饰面、结构面及金属框架之间的密封。它与硅酮结构密封胶许多性能要求有相似之处，但硅酮耐候密封胶的耐大气变化、耐紫外线、耐老化性能较强，而硅酮结构密封胶则有较强的强度、延性和黏结性能。

(2)硅酮耐候密封胶的胶缝有两种主要功能:一是适应温度伸缩和构件变形的需要，使接缝两侧的面板不产生互相挤压而开裂;二是防止雨水渗透进入室内。其胶缝应有一定的宽度。

(3)用于石材幕墙面板接缝的硅酮耐候密封胶要求有耐污染性试验的合格证明，因为石材有孔隙，密封胶中的某些物质会渗透到石材内部，产生污染，影响美观。

3. 其他密封胶的胶缝

(1)防火密封胶用于楼面和墙面防火隔离层的接缝密封，也可用于有防火要求的玻璃幕墙的玻璃接缝密封。

(2)丁基热熔密封胶用于中空玻璃的第一道密封，聚硫密封胶用于明框玻璃幕墙中空玻璃的第二道密封。

(3)环氧胶黏剂用于干挂石材幕墙石板与金属挂件之间的黏结。

4. 橡胶密封条

玻璃幕墙的橡胶制品，宜采用三元乙丙橡胶、氯丁橡胶及硅橡胶。当前国内明框玻璃幕墙的密封主要采用橡胶密封条，依靠胶条自身的弹性在槽内起密封作用，要求胶条有耐紫外线、耐老化、永久变形小、耐污染等特性。

5. 空缝与对插接缝设计

(1)金属板与石板幕墙采用空缝设计时，必须有防水措施，并应有符合设计要求的排水出口。

(2)明框玻璃幕墙的接缝部位、单元式玻璃幕墙的组件对插接缝部位以及幕墙开启部位，宜采用雨幕原理进行构造设计。对可能渗入雨水和形成冷凝水的部位，应采取导排构造措施。由于单元组件间的接缝靠相邻单元的杆件对插形成，因此在上、下、左、右四个单元连接处会出现一个内外贯通的空洞。对纵横缝相交处，应采取防渗漏封口构造措施。

6. 建筑变形缝部位的幕墙接缝

主体建筑在伸缩缝、沉降缝、防震缝等变形缝两侧会发生相对位移，幕墙面板跨越变形缝时容易破坏，所以幕墙面板不应跨越变形缝。幕墙设计应能适应主体建筑变形的要求。

7. 建筑幕墙与雨篷等突出建筑构造之间的接缝

雨篷等突出幕墙墙面的建筑构造之间，要进行防水和排水设计。有些轻型雨篷的钢梁直接穿过幕墙与主体结构连接，其与幕墙面板的接缝应进行密封，雨篷的排水沟、出水口都应合理设计。

8. 建筑幕墙接缝的防腐蚀和防噪声设计

(1)除不锈钢外，不同金属之间的接缝应合理设置绝缘垫片或采取其他防腐蚀设计，以防止发生双金属腐蚀。

(2)幕墙构件之间的接缝，应采取措施防止产生摩擦噪声。如：铝合金立柱与横梁的接缝，可设置柔性垫片或预留 1～2 mm 的间隙，在间隙内填胶；隐框玻璃幕墙采用的挂钩式连接固定玻璃组件时，挂钩接触面宜设置柔性垫片。

9.2 玻璃幕墙工程施工

玻璃幕墙是指由支承结构体系与玻璃组成的、可相对主体结构有一定位移能力、不分担主体结构所受作用的建筑外围护结构或装饰结构。玻璃幕墙一般由固定玻璃的骨架、连接件、嵌缝密封材料、填衬材料和幕墙玻璃等组成。

玻璃幕墙最大的特点是将建筑美学、建筑功能、建筑节能和建筑结构等因素有机地统一起来，使建筑物从不同角度呈现出不同的色调，随阳光、月色、灯光的变化给人以动态的美。但同时玻璃幕墙也存在着一些局限性，例如光污染、能耗较大等问题。这些问题随着新材料、新技术的不断出现，正逐步纳入建筑造型、建筑材料、建筑节能的综合研究体系中，作为一个整体的设计问题加以深入探讨。

玻璃幕墙按构造和组合形式的不同可分为全玻璃幕墙、框架式(元件式)幕墙、单元式玻璃幕墙和点支式玻璃幕墙等几大类。

9.2.1 全玻璃幕墙

1. 全玻璃幕墙的分类

1)吊挂式全玻璃幕墙

为了提高玻璃的刚度、安全性和稳定性，避免产生压屈破坏，在超过一定高度的通高玻璃上部设置专用的金属夹具，将玻璃和玻璃肋吊挂起来形成玻璃墙面，这种玻璃幕墙称为吊挂式全玻璃幕墙。其构造如图 9-1 所示。

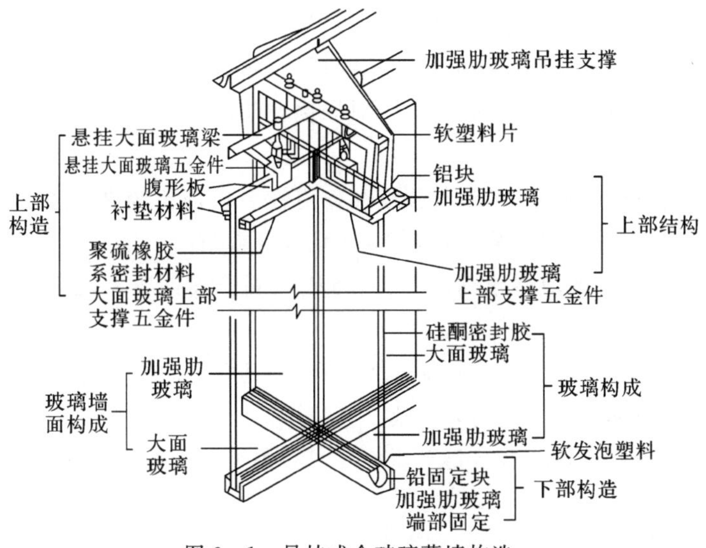

图 9-1 吊挂式全玻璃幕墙构造

这种幕墙的下部需镶嵌在槽口内，以利于玻璃板的伸缩变形。吊挂式全玻璃幕墙的玻璃尺寸和厚度，要比坐落式全玻璃幕墙的大，而且构造复杂、工序较多，因此造价也较高。

2)坐落式全玻璃幕墙

当全玻璃幕墙的高度较低时，可以采用坐落式安装。这种幕墙的通高玻璃板和玻璃肋上下均镶嵌在槽内，玻璃直接支撑在下部槽内的支座上，上部镶嵌玻璃的槽与玻璃之间留有空隙，使玻璃有伸缩的余地。其构造如图 9-2 所示。这种做法构造简单、工序较少、造价较低，但只适用于建筑物层高较小的情况。

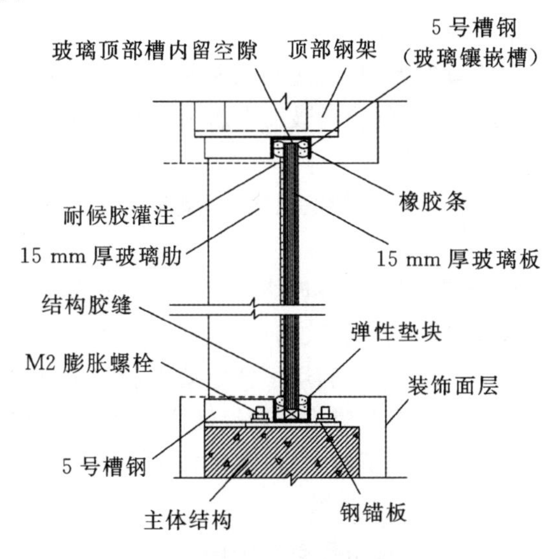

图 9-2 坐落式全玻璃幕墙构造

2. 全玻璃幕墙的施工工艺

现以吊挂式全玻璃幕墙为例，说明全玻璃幕墙的施工工艺。

全玻璃幕墙的施工工艺流程为:定位放线—上部钢架安装—下部和侧面嵌槽安装—玻璃肋和玻璃板安装就位—嵌固及注入密封胶—表面清洗和验收。

1)定位放线

定位放线方法与有框玻璃幕墙相同。使用经纬仪、水准仪等测量设备,配合标准钢卷尺、重锤、水平尺等复核主体结构轴线、标高及尺寸,对原预埋件进行位置检查、复核。

2)上部钢架安装

上部钢架是安装玻璃吊具的支架,其强度和稳定性要求都比较高,应使用热渗镀锌钢材,严格按照设计要求施工、制作。在安装过程中,应注意以下事项:

(1)钢架安装前要检查预埋件或钢锚板的质量是否符合设计要求,锚栓位置离开混凝土外缘不小于 50 mm。

(2)相邻柱间的钢架、吊具的安装必须通顺平直,吊具螺杆的中心线在同一铅垂平面内,应分段拉通线检查、复核,吊具的间距应均匀一致。

(3)钢架应进行隐蔽工程验收,需要经监理公司有关人员验收合格后,方可对施焊处进行防锈处理。

3)下部和侧面嵌槽安装

嵌固玻璃的槽口应采用型钢,如尺寸较小的槽钢等,应与预埋件焊接牢固,验收后做防锈处理。下部槽口内每块玻璃的两角附近放置两块氯丁橡胶垫块,长度不小于 100 mm。

4)玻璃板的安装

在玻璃板安装中的主要工序如下:

(1)检查玻璃。在将要吊装玻璃前,需要再一次检查玻璃质量,尤其注意检查有无裂纹和崩边,黏结在玻璃上的铜夹片位置是否正确,用干布将玻璃表面擦干净,用记号笔做好中心标记。

(2)安装电动玻璃吸盘。玻璃吸盘要对称吸附于玻璃面,吸附必须牢固。

(3)在安装完毕后,先进行试吸,即将玻璃试吊起 2~3 m,检查各个吸盘的牢固度,试吸成功才能正式吊装玻璃。

(4)在玻璃适当位置安装手动吸盘、拉缆绳和侧面保护胶套。手动吸盘用于在不同高度工作的工人能够用手协助玻璃就位。拉缆绳是为玻璃在起吊、旋转、就位时,能控制玻璃的摆动,防止因风力作用和吊车转动发生玻璃失控。

(5)在嵌固玻璃的上下槽口内侧粘贴低发泡垫条,垫条宽度同嵌缝胶的宽度,并且留有足够的注胶深度。

(6)用吊车将玻璃移动至安装位置,并将玻璃对准安装位置徐徐靠近。

(7)上层的工人把握好玻璃,防止玻璃就位时碰撞钢架。等下层工人都能握住深度吸盘时,可将玻璃一侧的保护胶套去掉。上层工人利用吊挂电动吸盘的手动吊链慢慢吊起玻璃,使玻璃下端略高于下部槽口,此时下层工人应及时将玻璃轻轻拉入槽内,并利用木板遮挡防止碰撞相邻玻璃。另外,一人用木板轻轻托扶玻璃下端,保证在吊链慢慢下放玻璃时,能准确落入下部的槽口中,并防止玻璃下端与金属槽口碰撞。

(8)玻璃定位。安装好玻璃夹具,各吊杆螺栓应在上部钢架的定位处,并与钢架轴线重合,上下调节吊挂螺栓的螺钉,使玻璃提升和准确就位。第一块玻璃就位后要检查其侧边的垂直度,以后玻璃只需要检查其缝隙宽度是否相等、符合设计尺寸即可。

(9)做好上部吊挂后,嵌固上下边框槽口外侧的垫条,使安装好的玻璃嵌固到位。

5)**灌注密封胶**

(1)在灌注密封胶之前,所有注胶部位的玻璃和金属表面,均用丙酮或专用清洁剂擦拭干净,不得用湿布和清水擦洗,所有注胶面必须干燥。

(2)为确保幕墙玻璃表面清洁美观,防止在注胶时污染玻璃,在注胶前需要在玻璃上粘贴上美纹纸加以保护。

(3)安排受过训练的专业注胶工施工,注胶时内外两侧同时进行。注胶的速度要均匀,厚度要均匀,不要夹带气泡。胶道表面要呈凹曲面。

(4)硅酮耐候密封胶的施工厚度为3.5～4.5 mm,胶缝太薄对保证密封性能不利。

(5)胶缝厚度应遵守设计中的规定,硅酮结构密封胶必须在产品有效期内使用。

6)**清洁幕墙表面**

玻璃幕墙应在施完毕后,进行一次全面彻底清洗,保证幕墙能达到竣工验收的标准。

3. 全玻璃幕墙施工注意事项

(1)玻璃磨边。每块玻璃四周均需要进行磨边处理,不要因为上下不露边而忽视玻璃安全和质量。玻璃在吊装中下部可能临时落地受力;在玻璃上端有夹具夹固,夹具具有很大的应力;吊挂后玻璃又要整体受拉,内部存在着应力。如果玻璃边缘不进行磨边,在复杂的外力、内力共同作用下,很容易产生裂缝而破坏。

(2)夹持玻璃的铜夹片一定要用专用胶黏结牢固,密实且无气泡,并按说明书要求充分养护后,才可进行吊装。

(3)在安装玻璃时应严格控制玻璃板面的垂直度、平整度及玻璃缝隙尺寸,使之符合设计及规范要求,并保证外观效果的协调、美观。

9.2.2 框架式(元件式)幕墙

框架式(元件式)幕墙的竖框(加横梁)先安装在主体结构上,再安装横梁(或竖框),竖框和横梁组成框格,面板材料在工厂内加工成单组件,再固定在竖框和横梁组成的框格上。面板材料单元组件所承受的荷载要通过竖框(或横梁)传递给主体结构。该结构较常见的形式是:竖框和横梁现场安装形成框格后,将面板材料单元组件固定于骨架上,面板材料单元组件竖向接缝在立柱上,横向接缝在横梁上,并进行密封胶接缝处理,防雨水渗透、空气渗透。其示意图为图9-3。

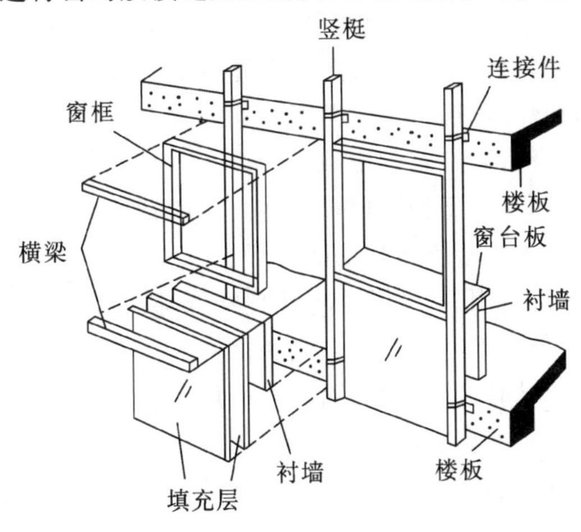

图9-3 框架式(元件式)玻璃幕墙

框架式(元件式)幕墙主要分为明框玻璃幕墙和隐框玻璃幕墙两种。下面简单介绍这两种幕墙的安装方法。

1. 明框玻璃幕墙的安装方法

明框玻璃幕墙安装的工艺流程为:检验、分类堆放幕墙部件,测量放线,主次龙骨装配,楼层紧固件安装,安装主龙骨(竖杆)并抄平、调整,安装次龙骨(横杆),安装保温镀锌钢板,在镀锌钢板上焊、铆螺钉,安装层间保温矿棉,安装楼层封闭镀锌板,安装单层玻璃窗密封条、卡,安装单层玻璃,安装双层中空玻璃密封条、卡,安装双层中空玻璃,安装侧板,镶嵌密封条,安装玻璃幕墙铝盖条,清扫,验收、交工。

(1)测量放线。主龙骨(竖杆)出于与主体结构锚固,所以位置必须准确;次龙骨(横杆)以竖杆为依托,在竖杆布置完毕后再安装,所以对横杆的弹线可推后进行。在工作层上放出 x、y 轴线,用激光经纬仪依次向上定出轴线,再根据各层轴线定出楼板预埋件的中心线,并用经纬仪垂直逐层校核,再定各层连接件的外边线,以便与主龙骨连接。如果主体结构为钢结构,由于弹性钢结构有一定挠度,故应在低风时测量定位,且要多测几次,并与原结构轴线复核、调整。放线结束后,必须建立自检、互检与专业人员复验制度,确保万无一失。

(2)装配铝合金主、次龙骨。这项工作可在室内进行,主要是装配好竖向主龙骨之间的连接件、横向次龙骨的连接件等,装配好横向次龙骨与主龙骨连接的配件及密封橡胶垫等。

(3)安装主、次龙骨。常用的安装办法有两种:一种是将骨架轻杆型钢连接件与预埋铁件依弹线位置焊牢;另一种是将竖杆型钢连接件与主体结构上的膨胀螺栓锚固。

两种方法各有优劣:预埋铁件由于是在主体结构施工中预先埋置的,不可避免地会产生偏差,必须在连接件焊接时进行接长处理;膨胀螺栓则是在连接件设置时随钻孔埋设,准确性高,机动性大,但钻孔工作量大,劳动强度高,工作较困难。如果在土建施工中安装与土建能统筹考虑,密切配合,则应优先采用预埋件。

应该注意:连接件与预埋件连接时,必须保证焊接质量。每条焊缝的长度、高度及焊条型号均须符合焊接规范要求。

采用膨胀螺栓时,钻孔应避开钢筋,螺栓杆伸入深度应能保证满足规定的抗拔能力。连接件一般为型钢,形状随幕墙结构竖杆形式变化和埋置部位变化而不同。连接件安装后,可进行竖杆的连接。主龙骨一般每两层一根,通过紧固件与每层楼板连接,主龙骨安装完一根,即用水平仪调平、固定。将主龙骨全部安装完毕,并复验其间距、垂直度后,即可安装横向次龙骨。

高层建筑幕墙均有竖向杆件接长的工序,尤其是型铝骨架,必须用连接件穿入薄壁型材中用螺栓拧紧。两根立柱用角钢焊成方管连接,并插入立柱空腹中,最后用 M12×90 mm 螺栓拧紧。考虑到钢材的伸缩性,接头应留有一定的空隙。

横向杆件型材的安装,如果是型钢,可焊接,亦可用螺栓连接。焊接时,因幕墙面积较大、焊点多,要排定一个焊接顺序,防止幕墙骨架的热变形。

固定横杆的另一种办法是,用一穿插件将横杆穿在穿插件上,然后将横杆两端与穿插件固定,并保证横竖杆件间有一个微小间隙便于温度变化伸缩。穿插件用螺栓与竖杆固定。

在采用铝合金横竖杆型材时,两者间的固定多用角钢或角铝作为连接件。角钢、角铝应各有一支固定横竖杆。如果横杆两端套有防水橡胶垫,则套上胶垫后的长度较横杆位置长度稍有增加(约 4 mm)。安装时,可用木撑将竖杆撑开,装入横杆,拿掉支撑,则将横杆胶垫压缩,这样有较好的防水效果。

幕墙主、次龙骨安装,应符合以下要求:

①立柱(即主龙骨、竖杆)与连接件连接,连接件与主体结构埋件连接,应按立柱轴线前后偏差不大于 2 mm、左右偏差不大于 3 mm、立柱连接件标高偏差不大于 3 mm 调整、固定。相邻两根立柱连接件标高偏差不大于 3 mm,同层立柱连接件标高偏差不大于 5 mm,相邻两根立柱距离偏差不大于 2 mm。立柱安装就位应及时调整、紧固,临时固定螺栓在紧固后应及时拆除。

②横杆(即次龙骨)两端的连接件以及弹性橡胶垫,要求安装牢固,接缝严密,应准备安装在立柱的预定位置。相邻两根横杆的水平标高偏差不大于 1 mm,同层水平标高偏差当一幅幕墙宽度≤35 m 时,不应大于 5 mm;当一幅幕墙宽度>35 m 时,不应大于 7 mm。横杆的水平标高应与立柱的嵌玻璃凹槽一致,其表面高低差不大于 1 mm。同一楼层横杆应由下而上安装,安装完一层时应及时检查、调整、固定。

(4)安装楼层间封闭镀锌钢板(贴保温矿棉层),将橡胶密封垫套在镀锌钢板四周,插入窗台或天棚次龙骨铝件槽中,在镀锌钢板上焊钢钉,将保温矿棉层粘在钢板上,并用铁钉、压片固定保温层,如设计有冷凝水排水管线,亦应进行管线安装。

(5)安装玻璃。幕墙玻璃的安装,由于骨架结构有不同的类型,玻璃固定方法也有差异。型钢骨架,因型钢没有嵌玻璃的凹槽,一般要用窗框过渡。可先将玻璃安装在铝合金窗框上,而后再将窗框与型钢骨架连接。铝合金型材骨架,此种类型框架截面分为立柱和横杆,它在生产成型的过程中,已将玻璃固定的凹槽同整个截面一次挤压成型,故玻璃安装工艺与铝合金窗框安装一样。但要注意立柱和横杆玻璃安装时的构造处理。立柱安装玻璃时,先在内侧安上铝合金压条,然后将玻璃放入凹槽内,再用密封材料密封。横杆装配玻璃与立柱在构造上不同,横杆支承玻璃的部分呈倾斜,要排除因密封不严流入凹槽内的雨水,外侧须用一条盖板封住。安装时,先在下框塞垫两块橡胶定位块,其宽度与槽口宽度相同,长度不小于 100 mm,然后嵌入内胶条,安装玻璃,嵌入外胶条。嵌胶条的方法如下:先间隔分点嵌塞,再分边嵌塞。橡胶条的长度比边框内槽口长 1.5%~2%,其断口应留在四角,斜面断开后拼成预定设计角度,用胶黏剂黏结牢固后嵌入槽内。

玻璃幕墙四周与主体结构之间的缝隙,应用防火保温材料堵塞,内外表面用密封胶连续封闭,保证接缝严密不漏水。

2. 隐框玻璃幕墙的安装方法

隐框玻璃幕墙安装的工艺流程为:测量放线,安装固定支座,安装立柱和横杆,安装外围护结构组件,外围护结构组件间的密封及周边收口处理,防火隔层的处理,清洁及其他。其中,安装外围护结构组件及其之间的密封,与明框玻璃幕墙不同。

(1)安装要点。在立柱和横杆安装完毕后,就开始安装外围护结构组件,安装前,须对外围护结构组件做认真的检查,其结构胶固化后的尺寸要符合设计要求,同时胶缝要饱满平整、连续光滑,玻璃表面不应有超标准的损伤。

外围护结构件的安装主要有两种形式:一为外压板固定式;二为内勾块固定式。不论采用什么形式进行固定,在外围护结构组件放置到主梁框架后,在固定件固定前,要逐块调整好组件相互间的齐平及间隙的不一致问题。板间表面的齐平采用刚性的直尺或铝方通料来进行测定,不平整的部分应调整固定块的位置或加入垫块。为了解决板间间隙的一致问题,可在两板间的间隙插入半硬质材料制成的标准模块,以确保间隙一致。插入的模块,在组件固定后应取走,以保证板间有足够的位移空间。

外围护结构组件调整、安装固定后,开始逐层实施组件间的密封工序。首先检查衬垫材料的尺寸是否符合设计要求。衬垫材料多为闭孔的聚乙烯发泡体,对于要密封的部位,必须进行表面清理工作。先要清除表面的积灰,再用类似二甲苯等挥发性强的溶剂擦除表面的油污等,然后用干净布再擦一遍，以保证表面干净并无溶剂存在。放置衬垫时，要注意衬垫放置位置的正确，过深或过浅都影响工程的质量。间隙间的密封采用耐候胶灌注，注完胶后要用工具将多余的胶压平刮去，并清除玻璃或铝板面的多余黏结胶。

(2)施工注意事项。

①提高立柱、横杆的安装精度是保证隐框幕墙外表面平整、连续的基础。因此在立杆全部或基本安装完毕后，应再次逐根进行检验和调整，确认无误后再施行永久性固定。

②外围护结构组件在安装过程中，除了要注意其个体的位置以及相邻间的相互位置外，在幕墙整幅沿高度或宽度方向尺寸较大时，还要注意安装过程中的积累误差，适时进行调整。

③外围护结构组件间的密封，是确保隐框幕墙密封性能的关键。因此，必须正确放置衬杆位置。

④密封胶表面处理是隐框幕墙外观质量的主要衡量标准。因此，施工时应采取措施防止密封胶污染玻璃。

9.2.3 单元式玻璃幕墙

单元式玻璃幕墙如图 9-4 所示。

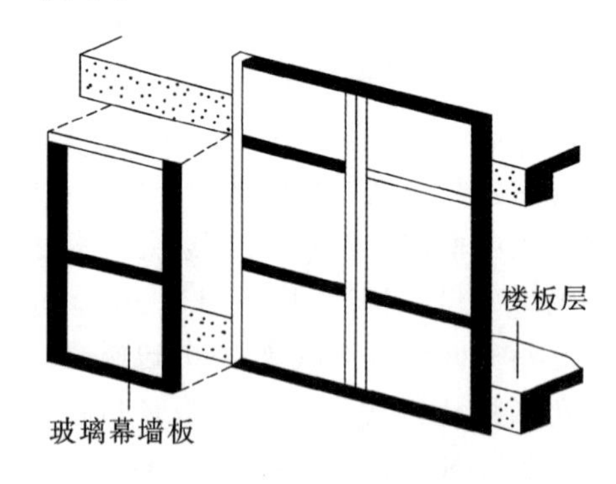

图 9-4 单元式玻璃幕墙

1. 工艺流程

单元式玻璃幕墙现场安装的工艺流程为：测量放线，检查预埋 T 形槽位置，穿入螺钉，固定牛腿，牛腿找正，牛腿精确找正，焊接牛腿，将 V 形和 W 形胶带大致挂好，起吊幕墙并垫减压胶垫，紧固螺丝，调整幕墙平直，塞入和热压接防风带，安设室内窗台板、内扣板，填塞与梁、柱间的防火、保温材料。

2. 安装要点

1)测量放线

测量放线的目的是确定幕墙安装的准确位置，因此必须先吃透幕墙设计施工图纸。对主体结构的质量(如垂直度、水平度、平整度及预留孔洞、埋件等)进行检查，做好记录，如有问题应提前进行剔凿处理。根据检查的结果，调整幕墙与主体结构的间隔距离。校核建筑物的轴线和标高，然后弹出玻璃幕墙安装位置线。

2)牛腿安装

在建筑物上固定幕墙，首先要安装好牛腿铁件。在土建结构施工时按设计要求将固定牛腿的 T 形槽预埋在每层楼板(梁、柱)的边缘或墙面上。预埋件标高偏差不大于 10 mm，埋件轴线与幕墙轴线垂直方向的前后距离偏差不大于 20 mm，平行方向的左右偏差不大于 30 mm。

当主体结构为钢结构时，连接件可直接焊接或用螺栓固定在主体结构上；当主体结构为钢筋混凝土结构时，如施工能保证预埋件位置的精度，可采用在结构上预埋铁件或T形槽来固定连接件，否则应采用在结构上钻孔安装金属膨胀螺栓来固定连接件。

在风荷载较大地区和地震区，预埋件应埋设在楼板结构层上，采用膨胀螺栓连接时，亦须锚固在楼板结构层上，螺栓距结构边缘不应小于100 mm，螺栓不应小于M12，螺栓埋深不应小于70 mm。

牛腿安装时，用螺钉先穿入T形槽内，再将铁件初次就位，就位后进行精确找正。牛腿找正是幕墙施工中重要的一环，它的准确与否将直接影响幕墙安装质量。

按建筑物轴线确定距牛腿外表面的尺寸，用经纬仪测量平直，误差控制在±1 mm。水平轴线确定后，即可用水平仪抄平牛腿标高，找正时标尺下端放置在牛腿减震橡胶平面上，误差控制在±1 mm。同一层牛腿与牛腿的间距用钢尺测量，误差控制在±1 mm。每层牛腿测量要"三个方向"同时进行，即：外表定位(x 轴方向)、水平高度定位(y 轴方向)和牛腿间距定位(z 轴方向)。

水平找正时可用(1～4)mm×400 mm×300 mm的镀锌钢板条垫在牛腿与混凝土表面进行调平。当牛腿初步就位时，要将两个螺丝稍加紧固，待一层全部找正后再将其完全紧固，并将牛腿与T形槽接触部分焊接。牛腿各零件间也要进行局部焊接，防止移位。凡焊接部位均应补刷防锈油漆。

3)幕墙的吊装和调整

幕墙由工厂整榀组装后，要经质检人员检验合格后方可运往现场。幕墙必须采取立运(切勿平放)，应用专用车辆进行运输。幕墙与车架接触面要垫好毛毡减震、减磨，上部用花篮螺丝将幕墙拉紧。幕墙运到现场后，有条件的应立即进行安装就位；否则，应将幕墙存放箱中，也可搭木支架临时存放，但必须用苫布遮盖。牛腿找正焊牢后即可吊装幕墙，幕墙吊装应由下逐层向上进行。吊装前需将幕墙之间的V形和W形防风橡胶带暂时铺挂在外墙面上。幕墙起吊就位时，应在幕墙就位位置的下层设人监护，上层要有人携带螺钉、减震橡胶垫和扳手等准备紧固。幕墙吊至安装位置时，将幕墙下端两块凹型轨道插入下层已安装好的幕墙上端的凸形轨道内，将螺钉通过牛腿孔穿入幕墙螺孔内，螺钉中间要垫好两块减震橡胶圆垫。幕墙上方的方管梁上焊接的两块定位块，坐落在牛腿悬挑出的长方形橡胶块上，用两个六角螺栓固定。幕墙吊装就位后，通过紧固螺栓、加垫等方法进行水平、垂直、横向三个方向调整，使幕墙横平竖直，外表一致。

4)塞焊胶带

幕墙与幕墙之间的间隙，用V形和W形橡胶带封闭，胶带两侧的圆形槽内，用一条直径6 mm的圆胶棍将胶带与铝框固定。胶带遇有垂直和水平接口时，可用专用热压胶带电炉将胶带加热后压为一体。塞圆形胶棍时，为了润滑，可用喷壶在胶带上喷硅油(冬季)或洗衣粉水(夏季)。塞胶带和热压接口工作宜在室内作业，当遇到无窗口墙面(如在建筑物的内、外拐角处)，可在室外进行。

5)填塞保温、防火材料

幕墙内表面与建筑物的梁柱间，四周均有约200 mm间隙，这些间隙要按防火要求进行收口处理，用轻质防火材料填充严实。空隙上封铝合金装饰板，下封0.8 mm厚镀锌钢板，并宜在幕墙后面粘贴黑色阻燃织品。

施工时，必须使轻质耐火材料与群墙内侧锡箔纸接触部位黏结严实，不得有间隙，不得松动，否则将达不到防火和保温要求。

9.2.4　点支式玻璃幕墙

点支式玻璃幕墙由玻璃面板、点支撑装置和支撑结构构成，见图9-5。点支式玻璃幕墙的特点如下：效果通透，可使室内空间和室外环境自然和谐；构件精巧，结构美观，实现精美的金属构件与玻璃装饰艺术的完美融合；支承结构多样，可满足不同建筑结构和装饰效果的需要。但其缺点是不易实现开启通风及工程造价偏高。

图 9-5　点支式玻璃幕墙

下面介绍其施工工艺要点。

1. 测量放线

测量放线是确保施工质量的最关键工序。为保证测量精度，按施工图纸采用激光经纬仪、激光指向仪、水平仪、铅垂仪及光电测距仪等仪器进行测量放线。以确定好的控制点为基准将每对水平控制点用拉线连接，将每对竖向控制点用拉线连接。连接后拉线在空中形成网面，用记号笔将每个网交叉点做上标记以确保在施工过程中拉线的交叉点不变。

2. 支座和竖向钢龙骨的定位、安装与检测

钢爪支座的安装定位准确度直接影响到玻璃能否按设计图进行安装，影响到玻璃在安装后的平面度、胶缝宽度以及玻璃的稳定性，所以对支座的安装顺序、调整精确度、应力值的大小必须按严格的规定才能有效地控制玻璃的安装质量。

在钢龙骨与支座的安装过程中要掌握好施工顺序，安装必须按“先上后下，先竖后横”的原则进行。

(1)钢龙骨的安装。对图纸选定的钢管表面进行氟碳喷涂，上、下通过铰支固定，调整顺直，先上后下，按尺寸控制单元逐步调整到位。

(2)横向支座的安装。待竖向拉杆安装调整到位后连接横向组合钢梁，横向支座在安装前应先按图纸给定的长度尺寸加长 1～3 mm 呈自由状态，先上后下按控制单元逐层安装，待全部安装结束后调整到位。

(3)支座的定位调整。在支座安装过程中必须对杆件的安装定位几何尺寸进行校核，前后杆长度尺寸严格按图纸尺寸调整才能保证连接杆与玻璃平面的垂直度。调整以按单元控制点为基准对每一个支座的中心位置进行核准，确保每个支座的前端与玻璃平面保持一致，整个平面度的误差应控制在 1～3 mm。

在调整时要采用“定位头”来保证支座与玻璃的距离和中心定位的准确。

3. 配重检测

由于点支式玻璃幕墙的自重荷载和所受力的其他荷载都是通过支座结构传递的，因此在标定的许可范围内，必须对支座杆进行配重检测。

(1)配重检测应按控制单元设置，配重的重量为玻璃在支座杆上所产生的重力荷载乘系数 1～1.2，配重后结构的变形量应小于 2 mm。

(2)配重检测的记录。配重物的施加应逐级进行，每加一级要对支座杆的变形量进行一次检测，一直到全部配重物施加在拉杆上测量出其变形情况，并在配重物卸载后测量变形复位情况并详细记录。

4. 玻璃的安装施工

(1)玻璃安装的准备工作。

①玻璃安装前应检查校对钢结构主支撑的垂直度、标高、横梁的高度和水平度等是否符合设计要求，特别要注意安装孔位的复查。

②安装前必须用钢刷局部清洁钢槽表面及槽底泥土、灰尘等杂物，驳接玻璃底部U形槽应装入氯丁橡胶垫块，对应于玻璃支撑面宽度边缘左右1/4处各放置垫块。

③安装前，应清洁玻璃及吸盘上的灰尘，根据玻璃重量及吸盘规格确定吸盘个数。

④安装前，应先检查驳接爪的安装位置是否准确，确保无误后，方可安装玻璃。

(2)现场安装玻璃时，应先将驳接头与玻璃在安装平台上装配好，然后再与驳接爪进行安装。为确保驳接头处的气密性和水密性，必须使用扭矩扳手，根据驳接系统的具体规格尺寸来确定扭矩大小。按标准安装玻璃时，玻璃应始终保持悬挂在上部的两个驳接头上。

(3)现场粗装后，应调整上下左右的位置，保证玻璃水平偏差在允许范围内。

(4)玻璃全部调整好后，应进行整体立面平整度的检查，确认无误后，才能进行打胶。

(5)玻璃打胶。

①打胶前应用二甲苯或工业乙醇和干净的毛巾擦净玻璃及钢槽打胶的部位。

②驳接玻璃底部与钢槽的缝隙用泡沫胶条塞紧，保证平直，并预留净高8～12 mm的打胶厚度。

③打胶前，在需打胶的部分粘贴保护胶纸，注意胶纸与胶缝要平直。

④打胶时要持续均匀，操作顺序一般是：先打横向缝后打竖向缝；竖向胶缝宜自上而下进行，胶注满后，应检查里面是否有气泡、空心、断缝、夹杂，若有应及时处理。

⑤隔日打胶时，胶缝连接处应清理打好的胶头，切除前次打胶时的胶尾，以保证两次打胶的连接紧密。

⑥玻璃胶修饰好后，应迅速将粘贴在玻璃上的保护胶纸撤掉，玻璃胶固化后，应清洁内外玻璃、做好防护标志。

(6)清洗。整体外装工程，应在施工完毕后，进行一次全面彻底清洗，保证工程完满达到竣工验收标准。

(7)产品的保护。当玻璃安装好之后，一定要安排专职人员对产品进行保护，措施如下：

①在玻璃表面贴上警示胶纸，防止人撞击；

②容易碰撞到的地方要用夹板或其他材料挡住，防止机械撞击及化学药品、水泥砂浆和腐蚀性气体的腐蚀，如强酸、强碱及沥青燃烧等气体等。

(8)交工验收。当全部工程完成之后，就要从上到下全面清理卫生，把牢固、美观的产品交给甲方。交工时硬件美观(产品)，软件齐全(资料)。

9.3　石材与金属幕墙工程施工

9.3.1　石材幕墙

1. 石材幕墙的种类

1)短槽式石材幕墙

短槽式石材幕墙是在幕墙石材侧边中间开短槽，用不锈钢挂件挂接、支撑石板的做法。短槽式做法的构造简单，技术成熟，目前应用较多。

2)通槽式石材幕墙

通槽式石材幕墙是在幕墙石材侧边中间开通槽，嵌入和安装通长金属卡条，将石板固定在金属卡条上的做法。此种做法施工复杂，开槽比较困难，目前应用较少。

3)钢销式石材幕墙

钢销式石材幕墙是在幕墙石材侧面打孔，穿入不锈钢钢销将两块石板连接，钢销与挂件连接，将石材挂接起来的做法。这种做法目前应用也较少。

4)背栓式石材幕墙

背栓式石材幕墙是在幕墙石材背面钻四个扩底孔，在孔中安装柱锥式锚栓，然后再把锚栓通过连接件与幕墙的横梁相接的幕墙做法。背栓式是石材幕墙的新型做法，它受力合理、维修方便、更换简单，是一项引进新技术。

2. 石材幕墙对石材的基本要求

1)幕墙石材的选用

幕墙石材的常用厚度一般为25～30 mm。为满足强度计算的要求，幕墙石材的厚度最薄应等于25 mm。火烧石材的厚度应比抛光石材的厚度大3 mm。石材经过火烧加工后，会在板材表面形成细小的不均匀麻坑效果而影响了板材厚度，同时也影响了板材的强度，故规定在设计计算强度时，对同厚度火烧板一般需要按减薄3 mm计算。

2)板材的表面处理

石板的表面处理方法，应根据环境和用途决定。其表面应采用机械加工，加工后的表面应用高压水冲洗或用水和刷子清理。

3)石材的技术要求

(1)吸水率。由于幕墙石材处于比较恶劣的使用环境中，尤其是冬季冻胀的影响，容易损伤石材，因此用于幕墙的石材吸水率要求较高，应小于0.80%。

(2)弯曲强度。用于幕墙的花岗石板材弯曲强度，应经相应资质的检测机构进行检测确定，其弯曲强度应≥8.0 MPa。

(3)技术性能。幕墙石材的技术要求和性能试验方法，应符合国家现行标准的有关规定。

3. 石材幕墙的组成和构造

石材幕墙主要由石材面板、不锈钢挂件、钢骨架(立柱和横撑)及预埋件、连接件和石材拼缝嵌胶等组成。石材幕墙的横梁、立柱等骨架，是承担主要荷载的框架，可以选用型钢或铝合金型材，并由设计计算确定其规格、型号，同时也要符合有关规范的要求。

4. 石材幕墙施工工艺流程

干挂石材幕墙安装施工工艺流程为：测量放线—预埋位置尺寸检查—金属骨架安装—钢结构防锈漆涂刷—防火保温棉安装—石材干挂—嵌填密封胶—石材幕墙表面清理—工程验收。

5. 石材幕墙的施工方法

1)测量放线

(1)根据干挂石材幕墙施工图，结合土建施工图复核轴线尺寸、标高和水准点，并予以校正。

(2)按照设计要求，在底层确定幕墙定位线和分格线位置。

(3)用经纬仪将幕墙的阳角和阴角位置及标高线定出，并用固定在屋顶钢支架上的钢丝线做标志控制线。

(4)使用水平仪和标准钢卷尺等引出各层标高线。

(5)确定好每个立面的中线。

(6)测量时应控制分配测量误差,不能使误差积累。

(7)测量放线应在风力不大于4级情况下进行,并要采取避风措施。

(8)放线定位后要对控制线定时校核,以确保幕墙垂直度和金属立柱位置的正确。

2)预埋件检查、安装

预埋件应在进行土建工程施工时埋设,幕墙施工前要根据该工程基准轴线和中线以及基准水平点对预埋件进行检查、校核,当设计无明确要求时,一般位置尺寸的允许偏差为±20 mm,预埋件的标高允许偏差为±10 mm。

3)金属骨架安装

(1)根据施工放样图检查放线位置。

(2)安装固定立柱上的铁件。

(3)先安装同一立面两端的立柱,然后拉通线顺序安装中间立柱,使同层立柱安装在同一水平位置上。

(4)将各施工水平控制线引至立柱上,并用水平尺校核。

(5)按照设计尺寸安装金属横梁,横梁一定要与立柱垂直。

(6)钢骨架中的立柱和横梁采用螺栓连接。如采用焊接时,应对下方和临近的已完工装饰饰面进行成品保护。

(7)待金属骨架完工后,应通过监理公司对隐蔽工程检查合格后,方可进行下道工序。

4)防火、保温材料安装

(1)必须采用合格的材料,即要求有出厂合格证。

(2)每层楼板与石材幕墙之间不能有空隙,应用1.5 mm厚镀锌钢板和防火岩棉形成防火隔离带,用防火胶密封。

(3)幕墙保温层施工后,保温层最好应有防水、防潮保护层,以便在金属骨架内填塞固定后严密可靠。

5)石材饰面板安装

(1)将运至工地的石材饰面板按编号分类,检查尺寸是否准确和有无破损、缺棱、掉角。按施工要求分层次将石材饰面板运至施工面附近,并注意摆放可靠。

(2)按幕墙墙面基准线仔细安装好底层第一层石材。

(3)注意每层金属挂件安放的标高,金属挂件应紧托上层饰面板(背栓式石板安装除外)而与下层饰面板之间留有间隙(间隙留待下道工序处理)。

(4)安装时,要在饰面板的销钉孔或短槽内注入石材胶,以保证饰面板与挂件的可靠连接。

(5)安装时,宜先完成窗洞口四周的石材镶边。

(6)安装到每一楼层标高时,要注意调整垂直误差,使得误差不积累。

(7)在搬运石材时,要有安全防护措施,摆放时下面要垫木方。

6)嵌胶封缝

(1)要按设计要求选用合格且未过期的耐候嵌缝胶。最好选用含硅油少的石材专用嵌缝胶,以免硅油渗透污染石材表面。

(2)用带有凸头的刮板填装聚乙烯泡沫圆形垫条,保证胶缝的最小宽度和均匀性。选用的圆形垫条直径应稍大于缝宽。

(3)在胶缝两侧粘贴胶带纸保护,以免嵌缝胶迹污染石材表面。

(4)用专用清洁剂或草酸擦洗缝隙处石材表面。

(5)安排受过训练的注胶工注胶。注胶应均匀无流淌,边打胶边用专用工具勾缝,使嵌缝胶成型后呈微弧形凹面。

(6)施工中要注意不能有漏胶污染墙面,如墙面上粘有胶液应立即擦去,并用清洁剂及时擦净余胶。

(7)在刮风和下雨时不能注胶,因为刮起的尘土及水渍进入胶缝会严重影响密封质量。

7)清洗和保护

施工完毕后,除去石材表面的胶带纸,用清水和清洁剂将石材表面擦洗干净,按要求进行打蜡或刷防护剂。

8)施工注意事项

(1)严格控制石材质量,材质和加工尺寸都必须合格。

(2)要仔细检查每块石材有没有裂纹,防止石材在运输和施工时发生断裂。

(3)测量放线要精确,各专业施工要组织统一放线、统一测量,避免各专业施工因测量和放线误差发生施工矛盾。

(4)预埋件的设计和放置要合理,位置要准确。

(5)根据现场放线数据绘制施工放样图,落实实际施工和加工尺寸。

(6)安装和调整石材板位置时,可用垫片适当调整缝宽,所用垫片必须与挂件是同质材料。

(7)固定挂件的不锈钢螺栓要加弹簧垫圈,在调平、调直、拧紧螺栓后,在螺母上抹少许石材胶固定。

9.3.2 金属幕墙

1.金属幕墙的分类

金属幕墙按照面板的材质不同,可以分为铝单板幕墙、蜂窝铝板幕墙、搪瓷板幕墙、不锈钢板幕墙等。有的金属幕墙还用两种或两种以上材料构成的金属复合板,如铝塑复合板幕墙、金属夹芯板幕墙等。

按照表面处理不同,金属幕墙又可分为光面板幕墙、亚光板幕墙、压型板幕墙、波纹板幕墙等。

2.金属幕墙的组成和构造

1)金属幕墙的组成

金属幕墙主要由金属饰面板、连接件、金属骨架、预埋件、密封条和胶缝等组成。

2)金属幕墙的构造

按照安装方法不同,金属幕墙安装有直接安装和骨架式安装两种方式。与石材幕墙构造不同的是金属面板采用折边加副框的方法形成组合件,然后进行安装。

3.金属幕墙施工工艺流程

金属幕墙施工工艺流程为:测量放线—预埋件位置尺寸检查—金属骨架安装—钢结构刷防锈漆—防火保温棉安装—金属板安装—注密封胶—幕墙表面清理—工程验收。

4.金属幕墙施工方法和质量要求

1)施工准备

在施工之前做好科学规划,熟悉图样,编制单项工程施工组织设计,做好施工方案部署,确定施工工艺流程和工、料、机的安排等。

2)**测量放线**

幕墙安装质量很大程度上取决于测量放线的准确与否,如轴网和结构标高与图样有出入时,应及时向业主和监理工程师报告,得到处理意见进行调整,由设计单位做出设计变更。

3)**预埋件检查**

该项内容与石材幕墙做法相同。

4)**金属骨架安装**

该项做法与石材幕墙相同。注意在两种金属材料接触处应垫好隔离片,防止接触腐蚀,不锈钢材料除外。

5)**金属板制作**

金属饰面板种类多,一般是在工厂加工后运至工地安装。铝塑复合板组合件一般在工地制作、安装。现在以铝单板、铝塑复合板、蜂窝铝板等为例说明加工制作的要求。

(1)铝单板。铝单板在弯折加工时弯折外圆弧半径不应小于板厚的1.5倍,以防止出现折裂纹和集中应力。板上加劲肋的固定可采用电栓钉,但应保证铝板外表面不变形、不褪色,固定应牢固。铝单板的折边上要做耳子用于安装。

(2)铝塑复合板。铝塑复合板由内外两层铝板、中间复合聚乙烯塑料组成。在切割铝塑复合板内层铝板和聚乙烯塑料时,应保留不小于0.3 mm厚的聚乙烯塑料,并不得划伤外层铝板的内表面。

(3)蜂窝铝板。应根据组装要求决定切口的尺寸和形状。在去除铝芯时不得划伤外层铝板的内表面,各部位外层铝板上应保留0.3～0.5 mm的铝芯。直角部位的加工,折角内弯成圆弧,角缝应采用硅酮耐候密封胶密封。边缘的加工,应将外层铝板折合180°,并将铝芯包封。

(4)金属幕墙的吊挂件、安装件。金属幕墙的吊挂件、安装件应采用铝合金件或不锈钢件,并应有可调整范围。采用铝合金立柱时,立柱连接部位的局部壁厚不得小于5 mm。

6)**防火、保温材料安装**

该项目内容与有框玻璃幕墙安装做法相同。

7)**金属幕墙的吊挂件、安装件**

金属面板安装同有框玻璃幕墙中的玻璃组合件安装。金属面板是经过折边加工、装有耳子(有的还有加劲肋)的组合件,通过铆钉、螺栓等与横竖骨架连接。

8)**嵌胶封缝与清洁**

板的拼缝的密封处理与有框玻璃幕墙相同,以保证幕墙整体有足够的、符合设计的防渗漏能力。施工时注意成品保护和防止构件污染。待密封胶完全固化后再撕去金属板面的保护膜。

9)**施工注意事项**

(1)金属面板通常由专业工厂加工成型。但因实际工程的需要,部分面板由现场加工是不可避免的。现场加工应使用专业设备和工具,由专业操作人员操作,以确保板件的加工质量和操作安全。

(2)各种电动工具使用前必须进行性能和绝缘检查,吊篮须做荷载、各种保护装置和运转试验。

(3)金属面板不要重压,以免发生变形。

(4)由于金属板表面上均有防腐及保护涂层,应注意硅酮密封胶与涂层黏结的相容性问题,事先做好相容性试验,并为业主和监理工程师提供合格成品的试验报告,保证胶缝的施工质量和耐久性。

(5)在金属面板加工和安装时,应当特别注意金属板面的压延纹理方向,通常成品保护膜上印有安装方向的标记,否则会出现纹理不顺、色差较大等现象,影响装饰效果和安装质量。

(6)固定金属面板的压板、螺钉,其规格、间距一定要符合规范和设计要求,并要拧紧不松动。

(7)金属板件的四角如果未经焊接处理,应当用硅酮密封胶来嵌填,保证密封、防渗漏效果。

(8)其他注意事项同隐框玻璃幕墙和石材幕墙。

9.4 建筑幕墙工程施工质量控制与施工质量缺陷的防治

9.4.1 工程质量验收

1. 玻璃幕墙工程施工质量验收

(1)玻璃幕墙工程所使用的各种材料、构件和组件的质量,应符合设计要求及国家现行产品标准和工程技术规范的规定。

(2)玻璃幕墙的造型和立面分格应符合设计要求。

(3)玻璃幕墙使用的玻璃应符合下列规定:①幕墙应使用安全玻璃,玻璃的品种、规格、颜色、光学性能及安装方向应符合设计要求。②幕墙玻璃的厚度不应小于 6 mm。全玻幕墙肋玻璃的厚度不应小于 12 mm。③幕墙的中空玻璃应采用双道密封。明框幕墙的中空玻璃应采用聚硫密封胶及丁基密封胶,隐框和半隐框幕墙的中空玻璃应采用硅酮结构密封胶及丁基密封胶。镀膜面应在中空玻璃的第二或第三面上。④幕墙的夹层玻璃应采用聚乙烯醇缩丁醛(PVB)胶片干法加工合成的夹层玻璃。点支式玻璃幕墙夹层玻璃的夹层胶片厚度不应小于 0.76 mm。⑤钢化玻璃表面不得有损伤,8.0 mm 以下的钢化玻璃应进行引爆处理。⑥所有幕墙玻璃均应进行边缘处理。

(4)玻璃幕墙与主体结构连接的各种预埋件、连接件、紧固件必须安装牢固,其数量、规格、位置、连接方法和防腐处理应符合设计要求。

(5)各种连接件、紧固件的螺栓应有防松动措施;焊接连接应符合设计要求和焊接规范的规定。

(6)隐框或半隐框玻璃幕墙,每块玻璃下端应设置两个铝合金或不锈钢托条,其长度不应小于 100 mm,厚度不应小于 2 mm,托条外端应低于玻璃外表面 2 mm。

(7)明框玻璃幕墙的玻璃安装应符合下列规定:①玻璃槽口与玻璃的配合尺寸应符合设计要求和技术标准的规定。②玻璃与构件不得直接接触,玻璃四周与构件凹槽底部应保持一定的空隙,每块玻璃下部应至少放置两块宽度与槽口宽度相同、长度不小于 100 mm 的弹性定位垫块;玻璃两边嵌入量及空隙应符合设计要求。③玻璃四周橡胶条的材质、型号应符合设计要求,镶嵌应平整,橡胶条长度应比边框内槽长 1.5%～2.0%,橡胶条在转角处应斜面断开,并应用黏结剂黏结牢固后嵌入槽内。

(8)高度超过 4 m 的全玻幕墙应吊挂在主体结构上,吊夹具应符合设计要求,玻璃与玻璃、玻璃与玻璃肋之间的缝隙,应采用硅酮结构密封胶填嵌严密。

(9)点支式玻璃幕墙应采用带万向头的活动不锈钢爪,其钢爪间的中心距离应大于 250 mm。

(10)玻璃幕墙四周、玻璃幕墙内表面与主体结构之间的连接节点、各种变形缝、墙角的连接节点应符合设计要求和技术标准的规定。

(11)玻璃幕墙结构胶和密封胶的打注应饱满、密实、连续、均匀、无气泡,宽度和厚度应符合设计要求和技术标准的规定,且应无渗漏。

(12)玻璃幕墙开启窗的配件应齐全,安装应牢固,安装位置和开启方向、角度应正确;开启应灵活,关闭应严密。

(13)玻璃幕墙的防雷装置必须与主体结构的防雷装置可靠连接。

2.金属幕墙工程施工质量验收

(1)金属幕墙工程所使用的各种材料和配件,应符合设计要求及国家现行产品标准和工程技术规范的规定。

(2)金属幕墙的造型和立面分格应符合设计要求。

(3)金属面板的品种、规格、颜色、光泽及安装方向应符合设计要求。

(4)金属幕墙主体结构上的预埋件、后置埋件的数量、位置及后置埋件的拉拔力必须符合设计要求。

(5)金属幕墙的金属框架立柱与主体结构预埋件的连接、立柱与横梁的连接、金属面板的安装必须符合设计要求,安装必须牢固。

(6)金属幕墙的防火、保温、防潮材料的设置应符合设计要求,并应密实、均匀、厚度一致。

(7)金属框架及连接件的防腐处理应符合设计要求。

(8)金属幕墙的防雷装置必须与主体结构的防雷装置可靠连接。

(9)各种变形缝、墙角的连接节点应符合设计要求和技术标准的规定。

(10)金属幕墙的板缝注胶应饱满、密实、连续、均匀、无气泡,宽度和厚度应符合设计要求和技术标准的规定。

(11)金属幕墙应无渗漏。

3.石材幕墙工程施工质量验收

(1)石材幕墙工程所用材料的品种、规格、性能和等级,应符合设计要求及国家现行产品标准和工程技术规范的规定。石材的弯曲强度不应小于8.0 MPa;吸水率应小于0.8%。石材幕墙的铝合金挂件厚度不应小于4 mm,不锈钢挂件厚度不应小于3 mm。

(2)石材幕墙的造型、立面分格、颜色、光泽、花纹和图案应符合设计要求。

(3)石材孔、槽的数量、深度、位置、尺寸应符合设计要求。

(4)石材幕墙主体结构上的预埋件、后置埋件的数量、位置及后置埋件的拉拔力必须符合设计要求。

(5)石材幕墙的金属框架立柱与主体结构预埋件的连接、立柱与横梁的连接、连接件与金属框架的连接、连接件与石材面板的连接必须符合设计要求,安装必须牢固。

(6)石材幕墙的防火、保温、防潮材料的设置应符合设计要求,并应密实、均匀、厚度一致。

(7)金属框架及连接件的防腐处理应符合设计要求。

(8)石材幕墙的防雷装置必须与主体结构的防雷装置可靠连接。

(9)各种结构变形缝、墙角的连接节点应符合设计要求和技术标准的规定。

(10)石材表面和板缝的处理应符合设计要求。

(11)石材幕墙的板缝注胶应饱满、密实、连续、均匀、无气泡,宽度和厚度应符合设计要求和技术标准的规定。

(12)石材幕墙应无渗漏。

9.4.2　常见工程质量问题与处理

幕墙工程质量问题通病、原因分析及防治措施见表9-1。

表 9－1　幕墙工程质量问题通病、原因分析及防治措施

序号	问题通病	主要现象	原因分析	防治措施
1	幕墙材料选用不合格	幕墙玻璃不合格	1. 未按规范要求选用安全玻璃； 2. 玻璃加工不合格，没有磨边、倒棱，有爆边、缺角现象； 3. 玻璃运输保管不当	1. 检查玻璃产地证书及性能测试报告，核对玻璃加工地点和厂家； 2. 玻璃边缘应磨边、倒棱，避免应力集中； 3. 玻璃运输贮藏应有防雨措施
		铝合金型材不合格	1. 选用不合格材料； 2. 运输材料、存放保管不当，造成材料弯曲、表面划伤； 3. 材料加工中，因工作台、运输车不干净及搬运不当造成表面划伤	1. 进场的铝合金型材料必须查验出厂合格证； 2. 运输、存放保管时，应分容摆放在专用料架上，避免铝材弯曲、扭曲变形； 3. 保持工作环境清洁，搬运铝材不得抽拉
		建筑密封胶条质量差	1. 制作密封胶条的橡胶原料不符合设计要求； 2. 密封胶条挤压模具设计不合理，生产工艺不完善	玻璃幕墙采用的橡胶密封条应具有抗紫外线、耐老化、永久变形小、无污染等性能
		钢材、连接件及其他材料不符合设计要求	使用假冒产品，偷工减料	1. 进场的钢材必须查验其出厂合格证和产地证明及性能测试报告； 2. 主体结构和幕墙连接的连接件表面应光滑平整，孔位正确，焊接可靠并做热浸镀锌处理； 3. 使用螺栓、螺钉应选用无磁不锈钢材质
2	幕墙构件制作	幕墙加工不合格	1. 专用的生产设备加工精度不能满足加工要求； 2. 量具没有按要求定期鉴定； 3. 未按操作规程加工	1. 加工要在清洁环境中进行，专用设备应按期维保并能满足加工精度要求； 2. 测量工具要定期进行鉴定，并有有效的合格证和鉴定证书； 3. 型材验收合格后方可使用，半成品交接坚持工序检验，及时剔除不合格品
		幕墙板块组装质量不合格	1. 操作工作技术不熟练； 2. 工作台不平整，未按工艺要求设置定位胎具，量具不准确； 3. 胶缝宽度及厚度设计不合理； 4. 静置场地不平整，周边环境有振动	1. 设置专用平台，按工艺设置定位胎具； 2. 测量工具要按期进行鉴定，并有有效的合格证和鉴定证书。 3. 注胶均匀、密实、无气泡，注胶后及时用刮刀修光刮平，及时撕去保护胶纸
		玻璃板与框架黏结质量不合格	1. 打胶环境的湿度、温度不符合打胶要求； 2. 玻璃龙骨不干净	—

续表

序号	问题通病	主要现象	原因分析	防治措施
3	幕墙安装	幕墙预埋件质量不合格	1. 焊工技术水平太差； 2. 预埋件位置放线不准确，定位不牢靠	1. 专业人员施焊作业，做到尺寸正确； 2. 必须做好埋件的偏差、遗漏等记录，及时修补，其方法报监理同意并做好记录
		幕墙主要附件安装不符合要求	1. 开启窗附件不合格，造成开启窗开关不灵活，锁具定位不可靠； 2. 施工程序不对，施工不精细，造成通气孔排水槽不畅通	1. 查验幕墙开启窗附近，删除不合格产品； 2. 附件安装定位准确，紧固要可靠； 3. 加强工序检查及隐蔽工程验收
		幕墙防雷不符合要求	1. 幕墙防雷施工责任不明确； 2. 设计不合理； 3. 未按设计要求施工，并没有进行隐蔽工程验收	1. 幕墙施工要明确幕墙防雷施工责任，明确防雷工程造价； 2. 施工时按设计要求设置均匀环，并与主体建筑防雷系统可靠连接，接地电阻不大于 4 Ω
		幕墙防火不符合要求	1. 幕墙和主体结构间没有设置层间防火； 2. 未按要求选择层间防火材料，或层间防火层太薄，达不到防火性能要求； 3. 层间防火层安装质量太差	1. 幕墙施工要明确幕墙与主体结构层间防火层的施工责任，明确层间防火层的工程造价； 2. 幕墙防火设计应符合现行国家标准的规定； 3. 填充材料达到消防验收要求
		幕墙伸缩性能不合格，有噪声出现	1. 未按主体建筑的要求设置伸缩缝或沉降缝； 2. 幕墙的上、下立柱间没有伸缩缝； 3. 幕墙的横梁和立柱间没有伸缩缝； 4. 幕墙出现噪声	1. 幕墙设计应满足建筑物的沉降和热胀冷缩要求，合理设置伸缩缝及沉降缝； 2. 幕墙上、下立柱对接要留有伸缩缝，一般不应小于 15 mm； 3. 幕墙立柱和横梁连接处应留有伸缩缝，并用橡胶垫或密封胶封闭； 4. 幕墙施工应将缝隙调整均匀，并有一定的伸缩性能

工程案例

石材幕墙质量缺陷处理方案

项目小结

建筑幕墙是建筑物不承重的外墙护围，通常由面板（玻璃、铝板、石板、陶瓷板等）和后面的支承结构（铝横梁立柱、钢结构、玻璃肋等）组成。建筑幕墙的装饰作用主要体现为在建筑物的室外或室内能产生新颖丰富的光影效果，同时具有质轻、施工简便、工期短、维修方便等优点，所以深受人们的喜爱。

本项目主要介绍了玻璃幕墙、石材幕墙和金属幕墙工程等施工的工艺及技术要点。学习时要注意必须理论联系实践，要以专业的眼光观察周围建筑中的幕墙部分，结合书本知识熟悉其具体做法和使用范围。

建筑幕墙作为现代大型和高层建筑常用的带有装饰效果的轻质墙体，其未来的发展趋势如下：①从笨重性走向更轻型的板材和结构（天然石材厚度 25 mm，新型材料最薄达到 1 mm）；②从品种少逐步走向多类型的板材及更丰富的色彩；③更高的安全性能；④更灵活、方便、快捷的施工技术；⑤更高的防水性能，延长了幕墙的寿命；⑥环保节能。

思考与练习

1. 建筑幕墙与雨篷等突出建筑构造之间的接缝如何设计？
2. 简述明框玻璃幕墙和隐框玻璃幕墙各自的施工工艺。
3. 简述石材幕墙的种类及对石材的基本要求。
4. 简述石材幕墙的组成和构造，以及其主要的施工工艺。
5. 简述金属幕墙的分类、组成和构造，以及其主要的施工工艺。
6. 简述玻璃幕墙工程施工质量验收。

参考文献

[1] 姚谨英,姚晓霞. 建筑施工技术[M]. 7 版. 北京:中国建筑工业出版社,2022.
[2] 费以原,孙震. 土木工程施工[M]. 北京:机械工业出版社,2008.
[3] 吴志红,陈娟玲,张会. 建筑施工技术[M]. 3 版. 南京:东南大学出版社,2020.
[4] 李志成,洪树生. 建筑施工[M]. 北京:科学出版社,2005.
[5] 李顺秋. 钢结构制造与安装[M]. 北京:中国建筑工业出版社,2005.
[6] 建筑施工手册编写组. 建筑施工手册[M]. 4 版. 北京:中国建筑工业出版社,2003.
[7] 张长友,白锋. 建筑施工技术[M]. 北京:中国电力出版社,2019.
[8] 建筑地基基础工程施工质量验收标准(GB 50202—2018)[S]. 北京:中国建筑工业出版社,2018.
[9] 建筑基坑工程监测技术标准(GB 50497—2019)[S]. 北京:中国计划出版社,2019.
[10] 混凝土结构工程施工质量验收规范(GB 50204—2015)[S]. 北京:中国建筑工业出版社,2015.
[11] 墙体材料应用统一技术规范(GB 50574—2010)[S]. 北京:中国建筑工业出版社,2010.
[12] 砌体结构工程施工质量验收规范(GB 50203—2011)[S]. 北京:中国建筑工业出版社,2011.
[13] 混凝土强度检验评定标准(GB/T 50107—2010)[S]. 北京:中国建筑工业出版社,2010.
[14] 建筑施工安全检查标准(JGJ 59—2011)[S]. 北京:中国建筑工业出版社,2011.
[15] 泵送混凝土施工技术规程(JGJ/T 10—2011)[S]. 北京:中国建筑工业出版社,2011.
[16] 钢结构工程施工质量验收标准(GB 50205—2020)[S]. 北京:中国计划出版社,2020.
[17] 钢结构现场检测技术标准(GB/T 50621—2010)[S]. 北京:中国建筑工业出版社,2010.
[18] 建筑机械使用安全技术规程(JGJ 33—2012)[S]. 北京:中国建筑工业出版社,2012.
[19] 混凝土外加剂应用技术规范(GB 50119—2013)[S]. 北京:中国建筑工业出版社,2013.
[20] 点支式玻璃幕墙工程技术规程(CECS 127:2001)[S]. 北京:中国工程建设标准化协会,2001.
[21] 玻璃幕墙工程技术规范(JGJ 102—2003)[S]. 北京:中国建筑工业出版社,2003.
[22] 建筑装饰装修工程质量验收标准(GB 50210—2018)[S]. 北京:中国建筑工业出版社,2018.
[23] 金属与石材幕墙工程技术规范(JGJ 133—2001)[S]. 北京:中国建筑工业出版社,2001.
[24] 建筑工程施工质量验收统一标准(GB 50300—2013)[S]. 北京:中国建筑工业出版社,2013.
[25] 建筑外墙外保温防火隔离带技术规程(JGJ 289—2012)[S]. 北京:中国建筑工业出版社,2012.
[26] 屋面工程技术规范(GB 50345—2012)[S]. 北京:中国建筑工业出版社,2012.
[27] 建筑与市政工程防水通用规范(GB 55030—2022)[S]. 北京:中国建筑工业出版社,2022.